U0888793

“十四五”国家重点出版物
出版规划项目

中国肥料研究与应用全书
Books of Fertilizer Research and Application in China

# 有机（类）肥料制造与应用

沈其荣　李季　王敏　主编

Organic-based Fertilizers Manufacture and Application

化学工业出版社
·北京·

## 内容简介

本书介绍了传统有机肥与堆肥、商品有机肥、有机无机复混肥、生物有机肥、微生物有机肥、商品全元生物有机肥、液态有机肥及其在农田、果园、菜园和其他经济作物上的应用。重点详述了现代商品有机（类）肥料。全书按有机肥类别进行分类，特别对具有代表性的有机肥料的生产工艺和质量标准、在代表性作物上的应用效果等进行了详细介绍。本书是我国有机肥产业近30年理论研究、技术创新和生产应用的系统性总结，体现了我国传统有机肥料的继承和发展，具有较强的实用价值。

本书适合有机（类）肥料领域的学术、科研、教学和管理等方面从业人员使用，也可供高等院校肥料、植物营养等农业方向师生参考。

**图书在版编目（CIP）数据**

有机（类）肥料制造与应用 / 沈其荣，李季，王敏主编. -- 北京 ：化学工业出版社，2025. 4. --（中国肥料研究与应用全书）. -- ISBN 978-7-122-47254-0

Ⅰ. S141

中国国家版本馆CIP数据核字第2025D2E096号

责任编辑：刘　军　陈思逸　冉海滢　孙高洁
文字编辑：王丽娜
责任校对：宋　玮
装帧设计：王晓宇

出版发行：化学工业出版社
（北京市东城区青年湖南街13号　邮政编码100011）
印　　装：北京建宏印刷有限公司
787mm×1092mm　1/16　印张21¾　字数502千字
2025年11月北京第1版第1次印刷

购书咨询：010-64518888　　售后服务：010-64518899
网　　址：http://www.cip.com.cn
凡购买本书，如有缺损质量问题，本社销售中心负责调换。

定　　价：188.00元　版权所有　违者必究

# 《中国肥料研究与应用全书》编辑委员会

顾　问：

**黎乐民**　北京大学，中国科学院院士
**赵玉芬**　宁波大学，中国科学院院士
**金　涌**　清华大学，中国工程院院士
**刘炯天**　郑州大学，中国工程院院士
**陈　勇**　中国科学院广州能源研究所，中国工程院院士
**李天来**　沈阳农业大学，中国工程院院士
**张洪程**　扬州大学，中国工程院院士
**邵明安**　西北农林科技大学，中国科学院院士
**张佳宝**　中国科学院南京土壤研究所，中国工程院院士
**徐明岗**　山西农业大学，中国工程院院士

主　任：

**张福锁**　中国农业大学，中国工程院院士

委　员：（按姓名汉语拼音排序）

**曹卫东**　中国农业科学院农业资源与农业区划研究所，研究员
**陈立平**　北京市农林科学院，研究员
**陈新平**　中国农业大学，教授
**杜　森**　全国农业技术推广服务中心，研究员
**顾宗勤**　中国氮肥工业协会，教授级高级工程师
**郎红旗**　化学工业出版社，编审
**沈其荣**　南京农业大学，中国工程院院士
**施卫明**　中国科学院南京土壤研究所，研究员
**王孝峰**　中国无机盐工业协会，教授级高级工程师
**修学峰**　中国磷复肥工业协会，教授级高级工程师
**张福锁**　中国农业大学，中国工程院院士
**张四代**　《中国化工报》社有限公司，主任编辑
**张卫峰**　中国农业大学，教授
**赵秉强**　中国农业科学院农业资源与农业区划研究所，研究员
**赵春江**　北京市农林科学院，中国工程院院士
**钟本和**　四川大学，教授

# 本书编写人员名单

**主　　编：** 沈其荣　李　季　王　敏

**编写人员：**（按姓名汉语拼音排序）

董彩霞　郭俊杰　郭世伟　侯　勇　李　季　李俊华
李　荣　李世清　凌　宁　鲁剑巍　陆志峰　罗文海
马啸驰　马　艳　邱慧珍　阮建云　阮云泽　沈其荣
沈玉芳　沈宗专　汤　利　汪景宽　王　敏　危常州
韦　中　徐阳春　荀卫兵　杨向德　张俊伶

# 序言

肥料是粮食的“粮食”，是保障国家粮食安全、人类营养健康和生态环境安全的重要的战略物资。肥料产业是关乎“粮食－资源－能源－环境”乃至经济社会绿色可持续发展的巨大产业。

进入新时代，绿色低碳发展成为高质量发展的主旋律。国家在“十二五”至“十四五”期间不断出台政策来优化肥料产业结构，其中2015年工业和信息化部下发了《推进化肥行业转型发展的指导意见》，农业部出台《到2020年化肥使用量零增长行动方案》，从肥料生产端和消费端同时推动肥料产业升级以及产品结构调整，加之不断优化的肥料施用技术以及不断改进的农化服务技术体系实现了我国化肥消费总量在2015年达到峰值后连续10年持续下降。

当前，我国提出了2030年实现“碳达峰”、2060年实现“碳中和”的战略目标，在环境保护的高压态势下，新的肥料产品标准不断出台，肥料行业准入条件和环保标准不断提升，肥料产品质量逐渐提高，推动着肥料产业结构向着绿色低碳转型。因此，系统梳理中国肥料工业进步、分析肥料产业结构演变、了解行业技术现状等情况，对推动行业转型升级、提升国际竞争力、保障国家粮食安全、促进农业绿色发展以及提供国家政策制定依据都具有重要意义。基于此，受化学工业出版社的委托，我们组织了国内肥料领域的一线专家学者，编写了这套《中国肥料研究与应用全书》(以下简称《全书》)。

《全书》由十一个分卷组成，在强调历史性、阶段性、创新性的前提下，全面系统介绍了近年来我国肥料研究与应用领域，包括肥料创制、肥料产业、各大类肥料生产与加工、有机肥料制造、肥料生态环境效应、肥料精准科学施用技术等领域所取得的成果，充分反映了当前国内外肥料创新、生产与精准科学施用技术的最新进展。《全书》还通过成功案例分享和经验总结，结合国际前沿研究，细致分析了国家“十四五”

“十五五”肥料领域的研究现状、趋势和对策，针对农业可持续发展和行业绿色低碳转型的需要，对中国肥料发展方向和产品创新做了深入思考，提出了建议。

《全书》以独特的论述体系、编排方法和新颖丰富的内容，进一步开阔相关专业师生和肥料产业领域研发、管理人员的视野，提高科研工作者的系统思维和创新能力，创新绿色、清洁、可持续发展的肥料生产工艺，有助于高效率地发挥现有肥料品种的特长，提高现有肥料的应用效率，对我国新肥料的创制与科学施用具有重要的参考价值。

《全书》已顺利入选“十四五”国家重点出版物出版规划项目，这是对本书系的最大肯定与鼓励。

《全书》的编写得到了全国农业技术推广服务中心、中国氮肥工业协会、中国磷复肥工业协会、中国无机盐工业协会、中国化肥信息中心、中国农业科学院农业资源与农业区划研究所、中国科学院南京土壤研究所、北京市农林科学院、中国农业大学、南京农业大学、四川大学、西南大学、华东理工大学等单位的鼎力支持，这里表示衷心的感谢。

张福锁

2025 年 1 月

# 前言

我国每年产生6000万吨富含养分资源的固体有机废弃物，这些富含养分的固体有机废弃物如果不加以利用而随地弃置，不仅对大量的养分资源造成了极大的浪费，更严重污染了环境。据统计，我国水体富营养化的贡献份额中，上述固体有机废弃物的贡献率在60%以上。发展有机（类）肥料产业是国家的重大战略需求，对农业可持续发展和生态环境保护至关重要，是提高耕地质量、保障粮食安全和农产品质量安全的重大举措。发展有机（类）肥料关乎农业生产和环境保护，党中央和国务院也非常重视提倡施用有机肥料。目前我国的现状是：一方面土壤肥力低下，需要大量高质量的有机（类）肥料投入；另一方面大量的固体有机废弃物没有进入农田而正在污染环境，这是我国农业生产和环境保护必须正视和解决的问题。因此，发展有机（类）肥料是实现土壤改良、培肥地力、提高肥料利用率、改善农产品品质、减少环境污染的有效途径之一，这对我国发展资源节约型社会、改变经济增长方式起着重大作用。

本书是一部包括理论研究、技术创新和生产应用的系统性专著，其中商品有机（类）肥料制造技术与工艺及其相关设备和有机肥在不同作物中的应用效果与机制等相关内容，是近20年来编写团队与企业紧密合作摸索出来的经验与知识，对于有机肥企业有很强的指导意义。本书是对我国传统有机肥料的继承和发展，同时又具有鲜明的时代标志，重点详述了现代商品有机（类）肥料，具有极强的实用价值。本书的出版是加强我国有机（类）肥料生产和使用能力建设的需要，是向世界推广中国先进的有机（类）肥料研究成果和生产使用技术，促进我国肥料事业的国际交流与合作，向世界展示中国智慧的重要窗口。本书通过总结中国有机（类）肥料的发展、制作与应用的新技术、新成果、新方向和新思路，旨在推动我国有机（类）肥料领域的学术、科研、教学和管理等方面工作，带动相关学科的发展和进步。

参加本书编写的主要人员有：沈其荣（第1章、第4章、第7章），李季（第2章、第3章），徐阳春（第5章），李荣、沈宗专（第6章、第12章），杨向德（第8章），侯勇、罗文海（第9章），王敏（第9章、第11章），汪景宽、张俊伶、凌宁、荀卫兵、李世清（第10章），郭世伟、郭俊杰（第10章、第13章），马艳、邱慧珍、马啸驰（第11章、第12章），阮云泽、韦中、董彩霞（第12章），危常州、李俊华、阮建云、鲁剑巍、陆志峰、汤利（第13章）。李季教授和王敏教授为本书的策划和组织做了大量的工作，并负责全书的校对与文字审阅，南京农业大学资源与环境科学学院有机肥与土壤微生物团队的许多老师和研究生参与了资料的收集和整理，在此一并表示衷心的感谢。

由于时间仓促，书中疏漏与不足之处在所难免，望读者批评指正。

沈其荣

2024年5月1日

# 目录

中国肥料研究与应用全书

Books of Fertilizer Research and Application in China

FERTILIZER

# 第 1 章
# 概论

# 1.1 土壤和肥料在农业生产中的重要性

土壤是一个国家或地区最重要的农业生产资源，保护好土壤资源，并进行合理开发和利用，才能确保一个国家或地区的可持续发展。农业生产主要是由植物生产、动物生产和土壤管理三个环节组成的。植物生产是通过绿色植物的光合作用，把大气中的$CO_2$、水分、无机和有机养分等转化成有机物质，其产品可作为粮食或工业原料被人类直接利用，也可作为饲料、饵料等用于动物生产，从而为人类提供丰富的动物性食品和其他产品。农业生产的废弃物可通过耕作直接归还土壤，也可收集起来做成有机（类）肥料施入土壤，继续进入土壤物质循环之中，更新和提高土壤有机质，从而维持和提高土壤生产性能。因此，农业生产除了提供人们生存所需要的能量和营养物质外，还能固定大气中的$CO_2$，是一个不断固碳并把碳带入整个地球化学循环之中的大生态环境活动。如果把农业生产、工业生产、服务旅游和环境保护分别定义为“一产、二产、三产和四产”，那么“一四产业”融合将是落实习近平总书记提出的“两山理论”的重要抓手。

土壤是植物生长的载体，并给植物提供大部分生命必需元素，植物生长所需的水分、养分通过其根系从土壤中吸收。就现阶段而言，无论是植物生产还是动物生产，都离不开土壤这个基本的农业生产资源。

土壤是一种十分重要的自然资源，也是一种不可再生型资源，因为在自然情况下土壤的形成和更新速度非常缓慢，就是因为这种缓慢让人们有种错觉，即土壤不会在短时间内变坏，而实际上国内外的实践证明，人工干预导致土壤质量的破坏却可能是极为迅速的。因此，合理开发利用与保护土壤资源是当前人类活动的一项迫切而又长远的历史和现实任务。

## 1.1.1 土壤和肥料的概念

土壤是陆地表面由矿物、有机物质、水、空气和生物组成，具有肥力且能生长植物的未固结层。“陆地表面”说明土壤在地球上所处的位置；“矿物、有机物质、水、空气和生物”则是土壤这一物质客体的基本必要组成成分；“具有肥力且能生长植物”说的是土壤的基本特性或功能，即土壤具有肥力；“未固结层”指其物理状态之疏松多孔，明显有别于坚硬固结的岩石等。土壤由固相、液相和气相三部分组成，气相和液相总是处在此消彼长状态。淹水种植的水稻田土壤由于空气稀少，经常会发育出潜育层或潴育层的土壤剖面特征；而旱田土壤则经常由于含氧量高，有机质好氧分解太快，土壤有机质积累很困难。土壤中的固相主要为无机矿物和有机质（腐殖质），前者占土壤重量的 90% ～ 99%，后者为 1% ～ 10%。土壤有机质含量虽低，但作用很大，不要因为土壤有机质含量低，而低估了它对土壤功能的贡献。

土壤是由岩石风化后再经成土作用形成的阶段性产物，岩石在风化过程中变得疏松多孔，部分矿物彻底分解成为可溶性物质。土壤微生物和土壤动物的活动不仅加快了岩石风化进程，而且是土壤积累有机物质的主要驱动者，赋予土壤一定的生物活性，并能促进植物生长，这个时候真正的土壤就诞生了。在植物生长的全过程中，土壤具有供应与协调植物正常生长发育所需的养分、水分、空气和热量的能力，这种能力称为土壤肥力。很多人也把它理解为土壤生产力，这一概念涉及土壤学的各个分支，而狭义的土壤肥力特指土壤供给植物必需养分的能力。

生产实践和科学实验表明，土壤养分和水分对评价土壤肥力最为重要，但不能全面反映土壤肥力状况。土壤肥力因素至少应包括养分、水分、空气、结构、温度、生物等多个方面，以及这些因素之间的协调状态。土壤的植物生产性能还可以用土壤生产力，即土壤产出农产品的能力加以描述，土壤生产力高低除受到土壤肥力的影响外，还受到环境条件及植物本身的影响。土壤肥力仅仅是土壤生产力的基础之一，要提高土壤生产力，既要重视土壤肥力的研究，也要研究土壤、植物、环境间的相互关系。这就是为什么现在经常说农业生产系统是一个复杂的生态系统，而用生态系统的理念来讨论农业生产问题，就可以防止经常出现的顾此失彼的片面现象。

狭义地讲，凡是能够直接提供植物生长必需营养元素的物料均能称为肥料。肥料又可分成有机肥料和化学肥料。前者养分释放速度较慢，但肥效较长且兼有培肥土壤的作用，相当于医学上的“中药”；而后者养分释放速度快，但肥效时间短，植物可直接吸收，相当于医学上的“西药”。肥料可以直接施用于植物体，如叶面喷施、根施等，但更多的则是将肥料施入土壤后被植物吸收利用。目前，市场上又出现了很多“疑似肥料”，即那些广义定义的肥料（凡是能促进植物生长的物料），例如，植物生长刺激素、土壤调理剂等。这些物质通过调理植物地上部和地下部的协调、调理土壤结构和水肥气热等，可能确实有促进植物生长的效果，但它们都不是狭义定义的肥料，这些概念必须明确，以便有序管理好肥料市场。

### 1.1.2 土壤肥力在农业可持续发展中的地位与作用

土壤肥力又被描述为地球生命中能量和物质交流的库容。肥沃的土壤能持续协调农作物生长所需的各种土壤肥力因素，保持农产品产量与质量的稳定与提高。因此，土壤肥力是农业可持续发展的重要基础。许多国家都把提高土壤肥力、防治土地退化的综合治理纳入发展农业与整个国家经济计划之中，可以这么说，一个国家对土壤的保护程度标志着整个国家的文明程度。我国正在实施的第三次全国土壤普查活动，正是党中央、国务院在新时期发展阶段做出的一个英明决策，必将对我国的农业生产和生态环境保护产生深刻的影响，每个土壤肥料工作者都应该投入到这个具有历史意义的活动中去，让中国的土壤肥料事业发展历程留下我们的足迹。

我国施用有机肥料的历史悠久，也曾大面积推广扩种绿肥和秸秆还田，土壤养分供应较为平衡，土壤肥力得以维护与提高，粮食产量稳定增长。但近年来，由于农业生产与复种指数的提高，农民过量施用化学氮肥，耕地质量与20世纪80年代前相比明显下降，主要表现在土壤物理性状变差（如耕层变浅、容重增加）、土壤缓冲能力下降、土壤酸化加剧等，明显影响我国农业可持续发展。我们要坚持不懈地开展土壤肥力建设的调查、研究和实践，探索出一条符合我国国情且兼有生态、经济和社会效益的土壤改良和培肥途径，维持并提高土壤肥力，确保我国未来农业的可持续发展。

### 1.1.3 肥料在农业可持续发展中的地位与作用

土壤养分是土壤肥力最重要的物质基础，肥料则是土壤养分的主要来源，因而肥料也是农业可持续发展的重要物质基础之一。著名的育种学家 Norman E. Borlaug 在全面分析了 20 世纪全球农业发展的各相关因素之后断言，全世界农作物产量增加的一半是来自肥料的施用。联合国粮农组织（FAO）的统计也表明，在提高单产方面，肥料对增产的贡献份额为 40% ～ 60%。未来农业中，肥料在提高农作物产量与品质方面仍会继续发挥举足轻重的作用。

然而，在我国过去的几十年间，化肥投入越来越多，很多地方已经持续过量施用，尤其是过量施用化学氮肥。最近几年，国家开始实施化肥减施增效和有机部分替代化肥的国策，效果比较显著。2019 ～ 2021 年间我国化肥总养分投入为 5200 万～ 5500 万吨，较前几年下降了 10% 左右，显著遏制了化肥尤其是化学氮肥过量施用的势头。相应地，化学氮肥的利用率也从前几年徘徊不前的 30% 提高至 2021 年的 40% 左右。

在积极实施化肥减施增效并取得明显成效的同时，也要看到我国肥料的投入尚存在不合理性，主要表现在：①投入肥料品种不够协调，目前还主要是无机单质肥或无机复混肥，有机无机复混肥还没有占据一定份额，生物肥产业发展更是举步维艰，无论是在理念还是在产品标准修订等方面还需要下大功夫；②对化肥过量投入后可能产生的污染和土壤退化等问题未给予高度重视；③肥料的区域宏观分配不合理，肥料过多地投入高产地区，造成沿海各省、城郊、交通沿线、老商品粮基地施肥过多，而边远地区肥料投入量不足；④肥料生产、销售、供应存在不稳定性，肥料的销售与指导部门配合不佳，配方施肥、平衡施肥、有机无机生物结合施肥等还有很大潜力可挖掘。

## 1.2 发展有机（类）肥料产业的意义

### 1.2.1 肥料及有机（类）肥料定义

狭义的肥料定义是能给植物提供养分的化合物或物质，广义的肥料定义是能够促进植物生长和增加植物产量的物质或生物。不管是狭义还是广义的定义，肥料总是一种物质，只是它们的功能有强有弱、作用有大有小、作用方式不尽一样。肥料可分成化学合成肥料（化肥）和有机（类）肥料，这两类肥料又分别包含了各种不同种类的肥料品种（图 1-1），本册主要介绍有机（类）肥料，化肥在其他分册中进行阐述。这里要说明的是过去谈论的有机肥通常指传统的农家肥，如畜禽粪便、作物秸秆以及绿肥等，这些肥料不是商品肥料。如今，这些传统农家肥由于含水量高、体积庞大、味道严重、当季作物增产不明显等缺点，农民基本不用，随之而来的就是从这些农家肥转化而来的商品化的有机（类）肥料。因此，社会经济发展到今天，再用“有机肥”这个名词已经不能包括现代商品有机（类）肥料这个庞大的内涵了。

- 肥料
  - 化肥
  - 有机(类)肥料
    - 传统有机肥料
      - 人、畜粪便
      - 植物和农产品加工下脚料
      - 绿肥、作物秸秆
    - 现代商品有机(类)肥料
      - 商品有机肥
      - 商品有机无机复合肥
      - 商品生物有机肥
      - 商品有机无机生物复混肥
      - 商品有机液态肥

图 1-1　肥料及有机（类）肥料分类

所谓有机（类）肥料指的是一类包含有机物质的肥料。二十多年前，人们通常讲的有机肥料就是农家肥料，如人畜禽粪尿肥、秸秆肥、绿肥、人工堆肥或沤肥等，它们都是非商品化的有机肥料，从哪里出来，还是回到哪里，即从养殖场到田里，或从这块田里到那块田里。但是，随着我国社会经济的快速发展，现代农村已经没有多少劳动力去施用那些含水量高、体积庞大、味道严重的农家肥料，而且农家肥料培肥土壤的效应远被化肥当季增产的效果所淹没，很多人已经忘了“有机肥”这个词，施用农家肥料变得越来越稀少了。然而，如果一直施用（甚至过量施用）化肥，尤其是化学氮肥，就会出现土壤酸化、土壤结构破坏、土壤生物活性低下、农产品品质下降和风味丧失等结果，难以生产出“道地农产品”或地理标志农产品，严重影响现代高效农业的可持续发展。于是，党中央、国务院一方面继续大力推广施用传统农家肥料，如种养结合、秸秆直接还田等；另一方面，开始大力扶持商品有机（类）肥料产业发展，将农业有机废弃物集中处理制成腐熟堆肥，如果这些腐熟堆肥能够达到商品有机肥料的行业标准，就可作为现代商品有机肥料，或再将这些腐熟堆肥进一步加工制成有机无机复混肥料、生物有机肥料、复合微生物肥料以及全元生物有机肥料等商品有机（类）肥料。

商品有机（类）肥料与传统有机肥料的不同点在于：一是传统有机肥料不具备商品性，不能进入市场流通；二是传统有机肥料指农家肥、绿肥、作物秸秆等，而商品有机（类）肥料是利用传统有机肥料作为原料加工制成的各种含有机成分的一类肥料；三是传统有机肥料养分含量低、水分含量高、没有产品标准，而商品有机（类）肥料具备商品性，具有农业行业标准或国家标准，养分含量可稳定达到设计标准。

传统上都认为有机肥只能培肥土壤，很难增加当季作物产量；但有机（类）肥料既能培肥土壤，又能持续稳定地给作物提供养分，而且养分比较齐全。不仅如此，发展有机（类）肥料产业还能使农业生态系统中各种养分资源得以循环、再利用和净化环境，确保农业可持续发展。有机（类）肥料的最显著功效是通过调控土壤微生物区系和提高土壤生物活性让土壤始终保持活力。一方面连续不断地转化土壤养分形态，给作物平衡供应养分；另一方面显著促进作物根系生长，从而显著改善和提高作物的品质和风味。因此常常有人将农业生产中的有机（类）肥料比作医药上的“中药”，虽然没有像化肥那样作用迅速，但有机（类）肥料“医治”和改善土壤环境的意义远比“中药”来得深刻和重要，因为万物土中生，没有土壤就没有植物，就没有人类。

### 1.2.2 发展有机（类）肥料产业的重要性

党的十八大以来，我国各种惠农政策的出台使广大农民种田的积极性越来越高，尤其是规模化农业产业正在迅速发展，同时，土地承包期的延长和提升农产品质量和风味的需求更使广大农民或农业企业越来越注重培肥土壤。在这种大背景下，无论是施用传统农家肥料，还是施用现代商品有机（类）肥料，都已经成为现代农业生产中的一个重要环节或措施，社会对具备有机（类）肥料制造和施用知识和技术的人才需求显著增加。

发展商品有机（类）肥料产业，一是为作物优质高产和改善或提高土壤肥力提供新的肥料产品，减少或部分替代化学肥料；二是充分利用我国大量的有机养分资源，从而有效消纳农业有机废弃物，减少环境污染负荷。施用有机（类）肥料是最典型的兼顾农业生产和环境保护双重目的的有效途径。

#### 1.2.2.1 施用有机（类）肥料是提高土壤肥力和增加土壤碳汇的主要途径之一

土壤是农业生产的主要自然资源，作物生产从根本上可以说是土壤生产。通常将不施肥条件下的作物产量定义为土壤基础产量或土壤基础地力。大量的试验结果表明，土壤基础地力对作物产量的贡献率一般在 50% ～ 80%，土壤肥力或基础地力越高，化肥用量越少，基础地力对作物产量的贡献率就越大。不仅如此，与靠化肥增产相比，靠土壤基础地力来实现作物遗传产量潜力更容易。因此，培肥土壤是确保作物高产稳产的关键因子。此外，高肥力土壤由于其微生物活性高，具有更强的消除环境污染的能力，从而使突发性污染事件不至于立即或更大程度地污染农产品，甚至进入食物链而危害人类健康。高肥力土壤还具有协调土壤水肥气热能力强、养分供应持续和稳定、土壤微生物和酶活力强等特性，能使农产品品质和风味显著提高，蔬菜和水果保鲜期显著延长，这是有机培肥、生产“好吃食物”和道地农产品的理论依据所在。

国外近两百年、国内近百年的研究结果表明，影响土壤肥力的关键因子是土壤有机质，土壤有机质具有“一好百好”的作用。一个经济发展比较自然的国家或地区，其发展能力和状况与该国家或地区的土壤有机质含量呈极显著相关，经济发达的国家土壤有机质含量均在 3.5% 以上，经济发展中国家的土壤有机质含量在 1% ～ 2%，经济不发达国家的土壤有机质含量大多在 1% 以下。我国东北地区一直是国家的粮仓，源于其高含量的土壤有机质，对促进我国近四五十年来的经济快速发展做出了不可磨灭的贡献。因此可以这么说，除了不正常的经济爆发之外，大多数情况下，一个国家和地区要富就得先富土壤（提高有机质含量），正所谓藏富于土，必有其理论依据。而在今天经济快速发展和农村劳动力奇缺的情况下，施用商品化的有机（类）肥料是提高土壤有机质含量的主要途径。

施用有机肥或商品有机（类）肥料是实现我国“双碳”目标的主要途径。我国已向全世界庄严宣告，将在 2030 年实现碳达峰和在 2060 年实现碳中和，要实现这个“双碳”目标，农业就扮演了主要角色。首先，要充分利用光热资源和水土资源来提高作物同化大气中 $CO_2$ 的效率，这是国家提出“固碳减排”中的前半部分。目前，固定大气中的 $CO_2$ 主要是通过农业生产、林草业生产和水产品生产等来实现的，其中农业生产的固碳潜能还远远没有挖掘出来。其次，要将所固定的 $CO_2$（有机碳）储存起来，这个任务主要靠土壤来完成。据统计，如果我国耕地土壤的有机碳平均增加 0.1%，就能抵消（中和）我国所有钢铁厂排放 $CO_2$ 的 10% 左右。从这个意义上讲，提高土壤有机碳不仅是提高土壤肥力本身的问题，也是关系到我国实现碳中和目标的主要和可行途径。如果能将我国每年在农业和加工业等过程中产生的有机废弃物全部转化成商品有机肥料（约 20 亿吨）施入土壤，每亩每年增施 1 吨商品有机肥料，就可以使现有土壤有机碳含量增加 0.1%，为我国重工业发展做出碳中和的实际贡献。

#### 1.2.2.2 只有施用有机肥料，才能使自然界养分循环利用得以实现

有人说，如果农业不采用养分循环途径，而总是靠化肥来生产作物的话，地球上总有一天将不能生产出作物。此话有一定道理，因为化肥生产需要大量消耗地球上的天然气、煤炭、电力、矿产等不可再生资源，这些不可再生资源总有一天会被消耗殆尽，届时就不可能再生产出化肥，也就不可能再生产出作物。因此，全球人民，尤其是农业科学家和农业管理人员都应关注农业生产模式，尽可能地使自然界的有机养分得以循环利用，不足部分用化肥养分来补充。20 世纪 70 年代以来，我国由于化肥工业的迅速发展和农民文化知识的不足，盲目过量施用化肥，尤其是过量施用化学氮肥，而不施用有机肥料，导致传统有机肥料养分资源严重浪费，而用于生产化肥的不可再生资源消耗速度惊人，已经引起党中央和国务院的高度重视。

目前我国每年产生的农业有机废弃物资源折算成氮磷钾养分约 6000 万吨，其中农田利用量约 50%，还有相当大比例的农业固体有机废弃物养分资源散失在环境中，或被不适当地利用。而我国每年用于作物生产的化肥折算成氮磷钾养分约 5500 万吨（2020 年），若将上述有机养分资源充分利用，可以节省我国一半左右的化肥养分投入，这是一个巨大的养分资源。不仅如此，施用有机肥料更可以显著提高我国土壤有机质含量、改善土壤生物活性、提高农产品质量和风味。

在谈及自然界养分循环利用问题时，大家自然就会想到作物秸秆还田和畜禽粪便直接还田（狭义的种养结合）这两大生产实践问题。人们一般认为作物秸秆还田能显著提高土壤有机质含量，其实这是个误区，直接还田的作物秸秆在土壤中的腐殖化系数一般只有 0.15 左右，大量的作物秸秆被分解成 $CO_2$ 又回到大气中。因为土壤环境条件很难给腐殖化微生物提供合适的腐殖化条件，只有人为提供合适的堆腐条件，作物秸秆的腐殖化系数才能达到 0.75 左右。基于这一科学依据，人们主张将作物秸秆在田间地头集中堆腐制成有机肥料或生物有机肥料后施入土壤，一方面能够避免秸秆直接还田造成的下季作物农事操作困难以及下季作物病虫害发生严重的问题，另一方面能够更显著地提高土壤有机质含量和土壤微生物活性。至于目前有的地方为了消除秸秆就地焚烧污染大气环境的隐患，而进行秸秆收集后燃烧发电，这并不是一个不明智的行为。因为：首先，农作物秸秆水含量高、木质素含量低、纤维素含量高，这些造成了作物秸秆燃烧能值低，发电的经济价值不高，这些发电企业只能靠

政府补贴来维持生计；其次，集中燃烧发电时，大量 $CO_2$ 排放进入大气，同样污染大气环境，只是人们没有直接看到明火就误认为秸秆燃烧发电没有污染大气环境；最后，燃烧产生的灰分没有去处，易造成二次环境污染。因此，秸秆最好的处理方法还是制成有机（类）肥料或生物质炭后回用到农田，这才是自然界养分循环利用的核心问题与途径。

现在有很多人由于对基层养殖业情况不了解，在谈到养殖业畜禽粪便去处时总是提出所谓狭义的“种养结合”，即粪便直接还田。其依据是四五十年前广大农民都是将畜禽粪便直接还田，为什么现在不能？殊不知：①当时的畜禽粪便其实都是厩肥，即畜禽粪便已经在猪圈或牛圈中经过发酵腐熟，而不是像现在这种规模化养殖场直接排出的都是新鲜粪便；②以前的畜禽粪便中没有什么有毒有害物质，而如今的新鲜粪便中有时候这些物质含量超标，必须经过高温腐熟（分解与转化）后才能安全还田；③以前的绝大多数农户只养一两头猪，最多也就养三五头猪，与其对应的就有三五亩土地去承载，这才能实现狭义的“种养结合”，而如今，几万头猪的养猪场周边几乎没有什么种植作物的土地去消纳，即便其周边有几万亩土地承载，也不能直接还田。因此，在谈及“种养结合”的概念时一定是指广义的“种养结合”，指的是养殖场的排泄物一定要还到农田中去，但这种还田不是简单的直接还田，而是经过无害化处理和资源化利用，制造成达标的商品有机（类）肥料产品后施入农田。

值得一提的是，人们在谈及规模化养殖场排泄物处理时首先想到的总是规模化的沼气工程，但是从环境容量这个角度考虑，厌氧发酵有其不足之处。其一，养殖场刮板（粪便）工艺出来的固体粪便本来就可以进行好氧发酵制成有机（类）肥料，结果进入沼气池与外源加入的水混合，扩大了粪便环境污染的容量；其二，进入沼气池的养殖场液体部分经过厌氧发酵后含有较高浓度的养分，还需经过传统的污水处理（脱磷除氮），其处理成本不是养殖企业所能承受的。就我国长期和可持续发展畜牧业而言，规模化养殖企业的畜禽粪便处理最佳的途径，首先，应该推广干清粪养殖工艺，而不是水泡粪工艺；其次，应该将好氧发酵固体粪便和厌氧沼气池发酵液体相结合，尽可能减少养殖过程和粪便处理过程中外源水的加入，如此可尽可能减小养殖场排泄物的环境污染容量。

#### 1.2.2.3　发展有机无机生物复混肥是今后肥料发展的总趋势

自从 1840 年德国化学家李比希提出植物的矿质营养学说后，180 多年来化肥工业的蓬勃发展使农作物产量大幅度提高，也使得地球上 80 多亿人口能够过上丰衣足食的日子，因此，化肥的发明和大规模生产是世界人类历史上最伟大的文明事件之一。但是，当今世界，由于人们过量施用化肥产生了一些生态环境问题，因此而怪罪于化肥，这是对化肥的亵渎。我们应该敬畏化肥，因为化肥对人类发展和文明进程做出了和正在做出巨大贡献；应该敬畏化肥，因为如果滥用化肥，就会产生不良效果。

纵观我国 70 多年来的肥料投入（图 1-2），可以相对划成几个阶段：20 世纪 70 年代初以前以传统的有机肥料（农家肥料）为主；70 ～ 80 年代农家肥料与化肥并重；80 年代以后农家肥料投入比例急剧下降，化肥投入比例急剧上升；到了 20 世纪末和 21 世纪初，农家肥料养分的投入只占总养分投入的 10% 左右，我国成为世界化肥消费第一大国。那时候我国的农业已完全依附于化肥的投入，而且由于化学氮肥的长期过量施用，土壤酸化和板结、耕层变浅、土壤微生物区系破坏、生物活性很低，严重威胁我国农业生产的可持续发展。因此，进入21世纪后党中央和国务院审时度势，十分重视有机肥料的投入，先后出台了很多政策激励广大农民多施用有机肥料，合理施用化肥，同时商品化的有机（类）肥料产品不断出现，从而使我国有机肥料养分投入比例逐渐回升（图1-2），一个有机无机生物互助共济的农业生产新局面正在我国逐步形成。

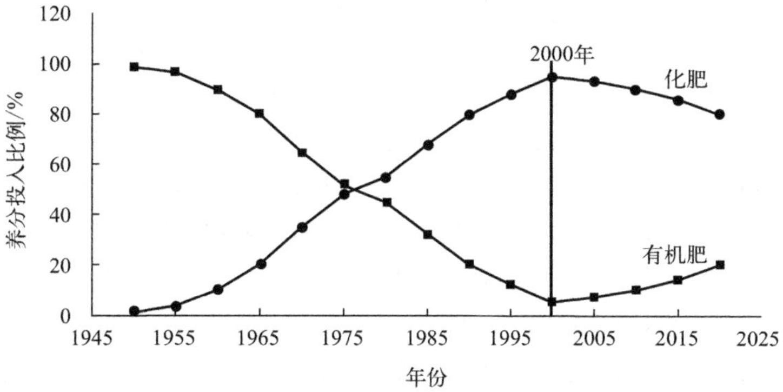


图1-2 我国70多年来化肥和有机肥养分投入比例

我国目前施用化肥面临的最大问题是如何克服化学氮肥过量施用和施肥不平衡的问题。单一过量施用化肥尤其是化学氮肥，会导致土壤酸化和土壤肥力退化、肥料损失严重而污染环境、不可避免地大量使用农药；而单一施用有机肥料，会导致当季产量不高，农民不高兴、也不愿意。这两条途径都不是解决我国农业生产和生态环境保护的有效途径，今后我国的肥料发展方向绝对不应该是无机（复合）肥料一统天下，而应该是有机无机生物复混肥料逐步替代无机复合肥料，只有这样才能使当季作物产量不减、农产品品质提高、生态环境得到保护。20世纪80年代以后出生的年轻人没能吃到有机无机肥料配合施用生产的农产品，体会不到那些农产品有何等的扑鼻香味，只是成了“传说”，这种只有二三十年历史的“传说”实在不应该发生！有机无机复混肥料或有机无机生物全元复混肥料应该成为今后作物生产中的肥料主角。

过去的三十年间，中国的单质化肥和无机复合肥料已经发展到了顶峰阶段，中国的耕地占世界耕地的7%，却消耗了世界化肥总量的30%左右，中国已经成为世界上最大的无机（复合）肥生产大国和消费大国。但中国的有机无机生物复混肥产业还处于发展的早期阶段，政府应继续加大支持和宣传力度，营造有机、无机、生物三者互济共助绿色农业氛围和文化，促进我国有机无机生物复混肥产业高质量迅速发展。总之，发展有机无机生物复混肥料，尽可能多用有机肥养分资源和尽可能节省或少用无机肥养分资源是21世纪中国乃至世界肥料发展的主导方向。

#### 1.2.2.4 施用有机肥料或有机（类）肥料能使农村生态环境保护落到实处

我国水体环境的富营养化主要来自固体有机废弃物向水体的排放，农田化肥养分的排放只占很小比例。例如，四五十年前太湖水体清澈见底，那时太湖周围全是水稻田，农田排入太湖水体的养分很少，加之太湖周围人口不多（太湖流域大约有300万人口），太湖产出的水产品蛋白（太湖“三白”、太湖螺蛳等）吸取了水体中的大部分氮磷钾养分，更重要的是所有固体有机废弃物全部进入农田。而21世纪初，太湖流域人口增加了近十倍，太湖周围人类活动和养殖业产生的有机养分绝大部分进入水体，没几年时间就使太湖水体养分达到超富营养化程度，水体成了藻体（图1-3），威胁着太湖周围居民的饮用水安全。2007年开始，在各级政府的支持与鼓励下，太湖周围出现了一批具有一定规模的有机肥料企业，它们将太湖周围的固体有机废弃物全部转化成商品有机（类）肥料，销往全国各地，取走了太湖流域大部分有机养分，太湖水的富营养化问题得到了一定的遏制（图1-4）。然而，从目前的情况来看，要彻底治理太湖水体的富营养化问题，唯一途径就是进行挖淤清底。50年前，太湖平均水深接近4m，比目前水深1.9m足足深了一倍，储有近百亿立方米的水，是苏南、上海、浙西城郊和农村人口最重要的淡水补给库。但是，现在的太湖湖底平均积累了近2m厚的淤泥，这些淤泥每时每刻都在释放养分，即便切断了太湖周边全部有机和无机养分向太湖的输入，太湖也不可能自净到50年前的状况，除非进行彻底的挖淤清底。对太湖进行挖淤清底的好处：首先是治理太湖水，使太湖水清澈见底；其次是扩大太湖流域的水容量，过去大批水稻田在夏天雨季可以容纳相当多的雨水，而如今苏南的水稻田所剩无几，都成了房子和水泥地，夏天雨水稍一集中就全往江湖排放，再加上这些江湖淤泥沉积，洪水泛滥频繁；最后是清上来的淤泥可用作造耕地之用，恢复废弃的农用地生产力。只要坚持控制有机和无机养分进入湖体，同时再进行挖淤清底和湿地生态修复，“太湖美，美就美在太湖水”的歌谣还可能再次流传。

图1-3　2007年太湖水富营养化引起蓝藻暴发

图1-4　太湖水经过十年治理后2016年水质情况

我国各湖泊水体环境富营养化程度目前还十分严重，很多知名湖泊虽然还没有出现像2007年太湖蓝藻暴发那么严重的事件，但如果不注意控制湖体周围有机和无机养分的输入，水体蓝藻暴发事件将随时出现，到那时再治理就需要耗费巨额资金来完成，况且，能像太湖水体治理投入那么大笔的资金，实乃非其他湖泊流域的经济所能及。前车之鉴，后事之师，对于其他湖泊来说，截断有机和无机养分向水体输入和逐年对湖底进行挖淤清底是唯一能实现防控水体富营养化的途径。而发展有机（类）肥料产业，在肥料产业发展中保护水体环境，这是一项肥料产业、土壤培肥和水体环境保护、作物优质高产等诸方面共赢的伟大事业。

### 1.2.2.5　关于有机肥料与有机农业问题

“有机农业”最早来自20世纪40年代一批具有强烈传统观念的欧洲人的想法，当时在欧洲石油化学农业发展几乎达到了顶峰，化肥对作物生产的贡献很大，许多农场主几乎不用农家肥。当时欧洲土壤肥力尤其是土壤有机质含量一度呈现明显下降趋势，农产品质量和风味严重变差，在这种情况下，有人提出了“有机农业”这个概念，它指的是在作物生产过程中不允许任何化学品投入，都要靠自然界的养分循环来实现。

事实上，提出在作物生产过程中不允许任何化学品投入，这既没有科学性，更没有可行性。新中国成立之前，我国的作物生产几乎没有化学品投入。而现在14多亿人民过着丰衣足食的日子，除了党的正确领导和政府的一系列有利政策外，化肥做出了关键性的贡献。就化肥而言，其本身没有任何毒性，而且很干净，养分含量又高，问题是不能过量施用化肥，尤其是不能过量施用化学氮肥。如果过量施用化学氮肥，就会导致作物生长郁闭、肉质化，从而易受病虫侵染，然后就会增加农药施用量和施用频率。科学的用肥方法应该是尽可能让有机肥料回到农田，不足部分用化肥来补充，而不是只能用有机肥料。

当然，如果已经培育了肥力足的土壤（例如，土壤有机质含量达到3%以上），每亩每季再施用200kg的商品有机肥料或生物有机肥料，作物产量和品质就会相当不错，诚然如此，少施一点（20%～60%）化肥，大部分施用有机肥料，就可以获得高产稳产。总之，不能一味地、片面地理解有机农业就是不允许任何化学品投入农田，也不能过量施用化肥，就像任何事情都具有两面性和物极必反一样，要兼顾各个方面，以达到最佳效果。

**参考文献**


[1] 沈其荣. 中国有机(类)肥料[M]. 北京：中国农业出版社，2021.

[2] 徐阳春. 土壤肥料学通论[M]. 北京：高等教育出版社，2020.

[3] 杨柳，孙富生，王韬略，等. 长期施肥下红壤中类芬顿反应及其对碳储存的影响[J]. 土壤学报，2019, 56(5): 1128-1139.

[4] 凌宁，荀卫兵，沈其荣. 根际沉积碳与秸秆碳共存下作物与微生物氮素竞争机制及其调控[J]. 南京农业大学学报，2018, 41(4): 589-597.

[5] 王炫清，苗嘉曦，陈兴，等. 高效木质纤维素分解菌 *Aspergillus fumigatus* Z5 原位分解小麦秸秆的研究[J]. 南京农业大学学报，2017, 40(4): 671-680.

[6] 赵军，李勇，冉炜，等. 有机肥替代部分化肥对稻麦轮作系统产量及土壤微生物区系的影响[J]. 南京农业大学学报，2016, 39(4): 594-602.

[7] 陆强，王继琛，李静，等. 秸秆还田与有机无机肥配施在稻麦轮作体系下对籽粒产量及氮素利用的影响[J]. 南京农业大学学报，2014, 37(6): 66-74.

[8] 哈丽哈什·依巴提，张丽，陆强，等. 猪粪堆肥与化肥不同配施方式对水稻产量和养分累积的影响[J]. 南京农业大学学报，2013, 36(5): 77-82.

[9] 王昶，黄驰超，余光辉，等. 近红外光谱结合偏最小二乘法快速评估土壤质量[J]. 土壤学报，2013, 50(5): 881-890.

[10] 沈其荣. 应加强固体有机废弃物高附加值资源化利用[J]. 中国农资，2012(47): 24.

[11] 郁洁，蒋益，徐春淼，等. 不同有机物及其堆肥与化肥配施对小麦生长及氮素吸收的影响[J]. 植物营养与肥料学报，2012, 18(6): 1293-1302.

[12] 张永春，汪吉东，许仙菊，等. 长期施肥和模拟酸沉降对土壤酸化作用影响的机制研究[C]// 面向未来的土壤科学(上册)——中国土壤学会第十二次全国会员代表大会暨第九届海峡两岸土壤肥料学术交流研讨会论文集. 2012:431-433.

[13] 杨兴明，徐阳春，黄启为，等. 有机(类)肥料与农业可持续发展和生态环境保护[J]. 土壤学报，2008(5): 925-932.

中国肥料研究与应用全书

Books of Fertilizer Research and Application in China

FERTILIZER

# 第2章

# 有机肥原料及评价

## 2.1 有机肥原料及性质

中国横跨寒带、温带、亚热带，幅员辽阔，有机肥料资源极为丰富、种类繁多、来源广泛、性质差异大。中华人民共和国农业农村部发布的《有机肥料》（NY/T 525—2021）标准中将有机肥料生产的原料分为适用类、评估类和禁用类三大类。其中适用类包括种植业废弃物、养殖业废弃物、加工业废弃物和天然原料等 4 类，评估类包括植物源性中药渣、厨余废弃物、骨胶提取后剩余的骨粉、蚯蚓粪、食品及饮料加工有机废弃物、糠醛渣、水产养殖废弃物和沼渣 / 液等 8 类，禁用类包括粉煤灰、钢渣、污泥、生活垃圾、含有外来入侵物种的物料、法律法规禁止的物料等存在安全隐患的物料。有机肥生产中常见的十类原料类型及评价如表 2-1 所示。

表2-1　有机肥原料类型及评价

| 原料种类 | 原料名称 | 主要来源 | 评价 |
|---|---|---|---|
| 作物秸秆 | 水稻秸、小麦秸、油菜秸等 | 水稻、小麦、油菜 | 易腐熟、养分低 |
| | 棉花秸、黄豆秸等 | 棉花、黄豆 | 不易腐熟、养分偏低 |
| | 花生藤、甘薯藤等 | 花生、红薯 | 易腐熟、养分偏低 |
| | 玉米秸等 | 玉米 | 较易腐熟、养分偏低 |
| 谷物加工副产品 | 谷壳 | 稻谷 | 难腐熟、养分低 |
| | 米糠 | 稻谷 | 较易腐熟、养分中等 |
| | 麦麸 | 小麦 | 较易腐熟、养分中等 |
| 畜禽粪便 | 猪粪、牛粪、马粪 | 养殖业 | 极易腐熟、养分低 |
| | 鸡粪、鸽粪、鹌鹑粪 | 养殖业 | 极易腐熟、养分偏高 |
| | 羊粪、兔粪 | 养殖业 | 极易腐熟、养分中等 |
| 食品加工业副产品 | 甘蔗滤泥、甜菜滤泥 | 制糖工业副产品 | 极易腐熟、养分偏高 |
| | 甘蔗渣 | 制糖工业副产品 | 难腐熟、养分低 |
| | 甜菜渣 | 制糖工业副产品 | 易腐熟、养分低 |
| | 啤酒泥 | 啤酒工业副产品 | 养分高 |
| | 酱油渣 | 酱油厂副产品 | 极易腐熟、养分偏高 |
| | 木薯渣 | 柠檬酸厂副产品 | 极易腐熟、养分中等 |
| | 味精厂废水回收物 | 味精厂废液 | 养分高 |
| | 麦芽粉 | 啤酒厂副产品 | 易腐熟、养分高 |
| 饼粕 | 豆粕、花生粕、芝麻粕 | 植物油加工副产品 | 易腐熟、养分高 |
| | 棉粕、菜粕、蓖麻粕 | 植物油加工副产品 | 易腐熟、养分偏高 |
| | 葵花籽粕、胡麻粕 | 植物油加工副产品 | 易腐熟、养分中等 |
| | 桐籽粕、茶籽粕 | 植物油加工副产品 | 不易腐熟、养分偏低 |

续表

| 原料种类 | 原料名称 | 主要来源 | 评价 |
|---|---|---|---|
| 制药工业副产品 | 西药药渣<br>中成药药渣<br>中药药渣<br>酶制剂废渣 | 抗生素培养基<br>中成药加工副产品<br>中药加工副产品<br>酶制剂生产厂 | 易腐熟、养分高<br>易腐熟、养分偏高<br>不易腐熟、养分极低<br>养分高 |
| 城市垃圾 | 动植物类厨房垃圾<br>其他类有机垃圾<br>城市污泥 | 厨余垃圾<br>纸、布、塑料等<br>河道、污水处理厂 | 易腐熟、养分中等<br>难腐熟、养分低<br>养分低 |
| 煤及燃煤废物 | 风化煤<br>煤灰、煤渣 | 煤矿<br>电厂、工厂燃煤 | 养分低<br>养分低 |
| 水生植物 | 浮萍<br>水花生<br>其他水生植物 | 河道、湖泊野生<br>河道、湖泊野生<br>河道、湖泊野生 | 极易腐熟、含钾量高<br>极易腐熟、含钾量高<br>依对象而定 |
| 其他 | 锯末<br>花生壳<br>菇渣<br>剑麻渣<br>糠醛渣<br>木糖醇渣<br>鱼粉 | 木材加工厂<br>食用油厂<br>食用菌基地<br>剑麻加工厂<br>相关工厂<br>相关工厂<br>商品 | 难腐熟、养分中等<br>较难腐熟、养分偏高<br>较易腐熟、养分低<br>易腐熟、养分低<br>较难腐熟、养分低<br>较难腐熟、养分低<br>易腐熟、养分高 |

资料来源：李季等，2021。

## 2.1.1　种植业有机废弃物

按来源可将种植业有机废弃物分为一次性生产有机废弃物和二次性生产有机废弃物。前者主要是指植物生产过程中产生的植物源有机废弃物，如农作物秸秆、枯枝落叶、落花落果、杂草、野树等；后者主要是指植物产品在运输、储存、加工、交易等过程中产生的有机废弃物，如米糠、稻壳、茶渣、烟梗等。

### 2.1.1.1　农作物秸秆

《第二次全国污染源普查公报》显示，2017年中国农作物秸秆产生量为8.05亿吨，可收集的秸秆量为6.74亿吨，秸秆综合利用量为5.85亿吨，资源化利用率为81.68%。农作物秸秆中含有大量的有机质、氮、磷、钾和微量元素等，是有机肥料生产的重要原料来源之一，表2-2为各主要农作物秸秆营养成分含量。常见的秸秆有玉米秸、小麦秸、豆秸、水稻秸等，其含有大量的纤维素和木质素等大分子物质，但氮、磷、钾等养分含量较低（除豆科类），单独使用这类物料作有机肥原料较为罕见，一般用来增加发酵物料的有机质，调节碳氮比。这类原料比较丰富，价格低廉，但因这些物料多存在于从事农业活动的散户手中，大面积收购比较困难，且季节性较强，使用时需提前准备。

表2-2 主要农作物秸秆营养成分含量

| 项目 | DM/% | CE/（MJ/kg） | CP/% | EE/% | NDF/% | ADF/% | Ash/% | Ca/% | TP/% |
|---|---|---|---|---|---|---|---|---|---|
| 玉米秸 | 92.34 | 17.02 | 6.79 | 1.45 | 66.69 | 38.05 | 10.83 | 0.62 | 0.14 |
| 小麦秸 | 93.71 | 17.22 | 3.94 | 0.94 | 78.90 | 48.44 | 8.93 | 0.34 | 0.07 |
| 稻草秸 | 92.47 | 16.02 | 4.69 | 1.62 | 66.78 | 39.96 | 13.02 | 0.47 | 0.14 |
| 大豆秸 | 91.77 | 18.18 | 7.17 | 1.10 | 64.90 | 45.74 | 6.06 | 1.00 | 0.16 |
| 绿豆秸 | 94.27 | 17.39 | 6.80 | 1.54 | 66.25 | 49.77 | 17.05 | 1.36 | 0.14 |
| 黄豆秸 | 92.53 | 18.11 | 8.38 | 0.52 | 71.46 | 54.60 | 5.89 | 0.92 | 0.11 |
| 甘薯藤 | 90.52 | 16.45 | 12.89 | 2.47 | 53.36 | 39.07 | 14.37 | 1.55 | 0.29 |
| 花生藤 | 91.17 | 16.99 | 7.92 | 1.18 | 65.11 | 48.31 | 11.09 | 1.31 | 0.16 |
| 花生壳 | 93.95 | 18.15 | 5.08 | 0.90 | 50.69 | 34.70 | 4.22 | 0.80 | 0.05 |

资料来源：王红梅等，2017。

注：DM 为干物质，GE 为总能，OM 为有机物，CP 为粗蛋白质，EE 为粗脂肪，NDF 为中性洗涤纤维，ADF 为酸性洗涤纤维，Ash 为粗灰分，Ca 为钙，TP 为总磷。

#### 2.1.1.2 园林废弃物

园林废弃物也称园林垃圾或绿色垃圾，就其产生途径而言，大致可以分为自然凋落和人工修剪所产生的植物残体两大类。由于城市绿化面积不断扩大，园林废弃物产生量巨大，且每年以 10% ～ 20% 的速度逐年上升。《2020 年中国国土绿化状况公报》显示，2020 年全国完成造林 677 万公顷、森林抚育 837 万公顷、种草改良草原 283 万公顷、防沙治沙 209.6 万公顷，开展国家森林城市建设的城市达 441 个，同比增长 17.6%，城市人均公园绿地面积达 14.8$m^2$，同比增长 3.1%，园林废弃物成为继生活垃圾之后的又一大城市废弃物。关于园林废弃物具体的量，无论是国家还是地方城市都没有确切的数据公布。据估算，2019 年中国城市地区园林废弃物的总产生量约 4729 万吨。自然凋落的植物残体包括枯枝落叶、草屑、败花；而人工修剪所产生的植物残体主要有树枝、草坪的修剪物以及其他绿化修剪物。园林废弃物是植物进行光合作用后的产物，主要由碳、氢、氧、氮、硫等元素组成，木质纤维是其主要成分。

### 2.1.2 养殖业有机废弃物

养殖业有机废弃物主要是指畜牧业、渔业生产过程中产生的残余物，包括畜禽粪便、脱落的羽毛、畜禽饲料残渣、畜禽圈舍的垫料、水产养殖塘污泥等，还包括病死的畜禽尸体、养殖过程中产生的污水等。表 2-3 为部分畜禽的粪尿产量（鲜量）。2017 年，我国畜禽粪污年产生量约 38 亿吨，综合利用率约为 60%。据《第二次全国污染源普查公报》调查显示，2017 年畜禽养殖业主要污染物化学需氧量、总氮、总磷排放量分别达 1000.53 万吨、59.63 万吨、11.97 万吨，分别占农业源排放总量的 93.8%、42.1% 和 56.5%，畜禽粪污已成为农业面源污染的重要来源。

表2-3　部分畜禽的粪尿产量（鲜量）

| 种类 | 饲养期 /d | 排泄量 / [ kg/（头·d）] | | | 排泄量 / [ t/（头·年）] | | |
|---|---|---|---|---|---|---|---|
| | | 粪 | 尿 | 粪尿 | 粪 | 尿 | 粪尿 |
| 泌乳牛 | 365 | 30 ～ 50 | 13 ～ 25 | 45 ～ 75 | ＜ 14.6 | ＜ 7.3 | ＜ 21.9 |
| 成年肉牛 | 365 | 20 ～ 35 | 10 ～ 17 | 30 ～ 52 | ＜ 10.6 | ＜ 4.9 | ＜ 15.5 |
| 育成牛 | 365 | 10 ～ 20 | 5 ～ 10 | 15 ～ 30 | ＜ 5.5 | ＜ 2.7 | ＜ 8.2 |
| 犊牛 | 180 | 3 ～ 7 | 2 ～ 5 | 5 ～ 12 | ＜ 1 | ＜ 0.45 | ＜ 1.5 |
| 成年马 | 365 | 10 ～ 20 | 5 ～ 10 | 15 ～ 30 | ＜ 5.5 | ＜ 2.7 | ＜ 8.2 |
| 种公猪 | 365 | 2.0 ～ 3.0 | 4.0 ～ 7.0 | 6.0 ～ 10.0 | ＜ 0.9 | ＜ 2.0 | ＜ 2.9 |
| 成年母猪 | 365 | 2.5 ～ 4.2 | 4.0 ～ 7.0 | 6.5 ～ 11.2 | ＜ 1.2 | ＜ 2.0 | ＜ 3.2 |
| 后备母猪 | 180 | 2.1 ～ 2.8 | 3.0 ～ 6.0 | 5.1 ～ 8.8 | ＜ 0.4 | ＜ 0.8 | ＜ 1.2 |
| 出栏猪 | 180 | 2.17 | 3.5 | 5.67 | ＜ 0.4 | ＜ 0.6 | ＜ 1.0 |
| 出栏猪 | 90 | 1.3 | 2.0 | 3.3 | ＜ 0.12 | ＜ 0.18 | ＜ 0.3 |
| 山羊 | 365 | 2 | 0.66 | 2.66 | ＜ 0.73 | ＜ 0.24 | ＜ 0.97 |
| 绵羊 | 365 | 2 | 0.66 | 2.66 | ＜ 0.73 | ＜ 0.24 | ＜ 0.97 |
| 兔 | 365 | 0.15 | 0.55 | 0.7 | ＜ 0.05 | ＜ 0.2 | ＜ 0.25 |
| 产蛋鸡 | 365 | 0.15 | — | 0.15 | ＜ 0.06 | | ＜ 0.06 |
| 肉鸡 | 50 | 0.09 | — | 0.09 | ＜ 4.5kg | | ＜ 4.5kg |
| 肉鸭 | 55 | 0.1 | — | 0.1 | ＜ 5.5kg | | ＜ 5.5kg |
| 蛋种鸡 | 365 | 0.17 | — | 0.17 | ＜ 62.1kg | | ＜ 62.1kg |
| 蛋种鸭 | 365 | 0.17 | — | 0.17 | ＜ 62.1kg | | ＜ 62.1kg |

资料来源：郝景锋等，2016。

#### 2.1.2.1　畜禽粪便

（1）牛粪　牛粪含水量高、含氮量丰富，含水量和 C/N 取决于牛圈垫料的用量、粪便清理方式、管理模式及当地的气候条件。牛粪堆肥处理时通常需要添加大量富碳、干燥的调理剂，每体积牛粪需添加 2 ～ 3 倍体积的调理剂。在堆肥发酵初始的一段时期内产生的恶臭气体相对较少，而且发酵降解很快。含垫料的牛粪相对较干，且其 C/N 比较适中。若是水冲牛粪或粪浆就必须经过过滤或干化处理，若其在混合堆肥物料中占的比例很小则可直接添加。即使存在其他的杂物，牛粪也是一种非常好的堆肥原料。

（2）禽粪　这里所指的禽粪主要包括鸡、鸭、鹅等家禽粪。禽粪具有很高的氮含量且湿度适中，堆肥处理时需添加大量的富碳调理剂。比如富含锯末或木屑的有机废物非常适合用作禽粪堆肥的辅料，甚至可按比例作为禽舍的垫料，然后直接从禽舍取出来进行堆肥处理。

因为禽粪的氮素含量与 pH 值都较高，所以禽粪堆肥的主要问题就是氮素损失和恶臭气体控制，这就要在配料时选用低 pH 值的调理剂来降低混合物料的碱性。禽粪是一种很好的堆肥原料，降解很快且能提高堆肥产品的肥效。

（3）猪粪　猪粪和牛粪一样具有高氮含量和高湿的特点，堆肥处理时需要添加干燥的高碳调理剂。但猪粪进行堆肥处理时会在贮存、混料和堆肥发酵过程中释放大量的恶臭气体。与其他粪便相比，猪粪高含水量与含有大量恶臭物质的特点使其堆肥操作成本要高很多。可通过在圈舍内添加垫料、进行固液分离或者恶臭控制等措施来改善猪粪堆肥操作条件。一般而言，采用干清粪技术获得的猪粪是很好的堆肥原料。

（4）马驴骡粪　马驴骡粪中通常含有大量的垫料，所以相对比较干燥，且 C/N 也较高，可单独进行堆肥或用作高湿牛粪堆肥的调理剂。若垫料为稻草，堆肥腐熟很快且恶臭气体污染小。可从养马场、赛马场、农户等处免费获得马驴骡粪，但是有时候这些来源的马驴骡粪中含有大量兽药、塑料袋等杂物。如上所述，马驴骡粪是非常好的堆肥原料。

（5）其他家畜粪便　绵羊、山羊、兔子和其他家畜的粪便也是很好的堆肥原料。这些动物大多都使用垫料进行垫圈，因此垫圈粪的含水率相对较低，且 C/N 较高。若没有使用垫料，这类动物的粪便湿度很大且含氮量高。垫料也可以作为调理剂用于其他家畜粪便的堆肥处理。相对而言，这类粪便是很好的恶臭成分少且发酵分解速度快的堆肥原料。

### 2.1.2.2　畜禽粪便的化学特性

（1）矿物质元素　包括钙、镁、钾、氯、碘、硫、磷、铜、铁、镁、钠、锌、钴、铝、铅、镉等。表 2-4 中列出了各类畜禽粪的肥分含量。

表2-4　各类畜禽粪的肥分含量　　单位：%

| 畜禽粪 | 水分 | 有机质 | 氮（N） | 五氧化二磷（$P_2O_5$） | 氧化钾（$K_2O$） |
|---|---|---|---|---|---|
| 猪粪 | 81.5 | 15 | 0.6 | 0.4 | 0.44 |
| 马粪 | 75.8 | 21 | 0.58 | 0.3 | 0.24 |
| 牛粪 | 83.3 | 14.5 | 0.32 | 0.25 | 0.16 |
| 羊粪 | 65.5 | 31.4 | 0.65 | 0.47 | 0.23 |
| 鸡粪 | 50.5 | 25.5 | 1.63 | 1.54 | 0.85 |
| 鸭粪 | 56.5 | 26.2 | 1.1 | 1.4 | 0.62 |
| 鹅粪 | 77.1 | 23.4 | 0.55 | 1.5 | 0.95 |
| 鸽粪 | 51 | 30.8 | 1.76 | 1.78 | 1 |

资料来源：郝景锋等，2016。

（2）含氮有机物　包括尿素、尿酸、氨、胺、含氮脂类、核酸及其降解产物、吲哚和甲基吲哚。

（3）粗纤维　包括纤维素、半纤维素和木质素。

（4）无氮浸出物　包括多糖（淀粉和果胶）、二糖（蔗糖、麦芽糖、异麦芽糖和乳糖）和单糖。粪便中的无氮浸出物主要来自消化道食物残渣。

#### 2.1.2.3　畜禽粪便的生物学特性

（1）微生物　粪便中的微生物主要有正常微生物和病原微生物两类。正常微生物包括大肠杆菌、葡萄球菌、芽孢杆菌和酵母菌等；病原微生物包括青霉菌、黄曲霉菌、黑曲霉菌和病毒等。

（2）寄生虫　粪便中含有蛔虫、球虫、血吸虫、钩虫等。

（3）毒物　粪便中的毒物主要来自两个方面：一是粪便中病原微生物和病毒的代谢产物；二是饲料中添加药物的残留物，包括重金属、抗生素、激素、镇静剂以及其他违禁药品等。

### 2.1.3　加工业有机废弃物

我国作为工业大国，会产生大量的加工业有机废弃物，这些有机废弃物数量庞大，种类繁多，成分复杂，处理相当困难。考虑到它们的资源性与危害性，通常将其制作成有机肥料。不同的加工业有机废弃物物理化学性质不同，使用效果也不同，应用较多的有以下几种。

#### 2.1.3.1　食品加工有机废弃物

是指在食品加工后剩余的废弃物，包括酒糟、醋糟、木薯渣、糖渣、菌糠、糠醛渣、木质素渣、乙醇渣等。此类原料市场规模较大，地域性强，价格低廉，有机质含量高，含水量普遍在 60% 以上，但在使用时注意调节 pH 值和重金属含量。

（1）醋糟　醋糟是指以大米、高粱、小麦等淀粉类粮食酿造米醋之后，或者是以葡萄、苹果、番茄等饴糖、糖渣类物质酿造果醋之后，最终所剩下的残渣。传统的酿醋方式是固态发酵，粮食经过两次发酵后，固液分离得到的固态部分就是醋糟。醋糟中含有大量纤维素、半纤维素和果胶质等营养物质，其中含有 6% ～ 10% 粗蛋白、2% ～ 5% 粗脂肪、20% ～ 30% 无氮浸出物、13% ～ 17% 粗灰分、0.25% ～ 0.45% 钙、0.16% ～ 0.37% 磷等，有很大的利用价值，以其制成肥料可以为植物提供全面营养，而且肥效长久。

（2）酒糟　我国是白酒的生产和消费大国，在白酒的产业链上，每年约有 3900 万吨酒糟亟待无害化处理和资源化利用。其中酒糟发酵的肥料含有大量的乳酸菌、酵母菌等多种复合菌群，是理想的有机肥发酵剂，不仅可以极大地缩短发酵时间，还可以杀灭残留的病菌和虫卵，提高有机肥的可利用养分和有益微生物数量。但酒糟中有机质含量较高，养分偏低，如果想发酵成合格的有机肥，建议和粪便或者饼粕之类含养分较高的物料一起发酵。

（3）木薯渣　在正常情况下木薯渣发酵是难以达到《有机肥料》（NY/T 525—2021）标准的，因此在生物发酵时需要调节好发酵的三要素，如碳氮比值、pH 值及专用的发酵菌剂等，避免原料呈弱酸性而影响无害化过程。

（4）糖渣　是制糖工业的副产品，饲用有甜菜糖渣和饴糖渣两种。新鲜糖渣含水较多，干物质中饴糖渣含蛋白质达30%以上，比甜菜糖渣高，可作蛋白质补充料。作为堆肥原料，其主要含有含碳化合物，需要搭配含氮有机物作为辅料发酵。

（5）菌糠 是食用菌种植的副产物。我国每年食用菌产量达到4000万吨，占世界食用菌产量的80%以上，由此产生的菌糠也有$1.3\times10^8$～$2.0\times10^8$吨之多。长期以来这些菌糠没有得到有效利用，大部分被当作农业废料随意丢弃或者焚烧，造成食用菌种植区杂菌污染严重，也对当地的自然环境构成了威胁。

菌糠中含有农作物生长所必需的氮、磷、钾等大量营养元素，钙、镁、硫等中量营养元素，铜、锌、铁、硼、铝、锰等微量元素。菌糠中含有的氮、磷、钾等元素可以为作物生长提供必要的营养，尤其磷和钾含量比较高，明显高于稻草和鲜粪。按照常用有机肥的用量，菌糠中的氮和磷能够完全满足一般作物生长的需要。菌糠中的微量元素是酶、维生素、激素的重要组成成分，直接参与机体的代谢过程，是作物生长不可缺少而在土壤中含量极其低微的元素。食用菌菌糠具有有机肥和菌肥的双重作用，含有钙、磷、钾、铜等多种元素，生物活性成分含量较高。菌糠施入土壤后可形成具有良好通气蓄水能力的腐殖质，降低土壤容重，增加土壤的孔隙度，对改良土壤、降低土壤板结有很好的作用。

### 2.1.3.2 产品加工有机废弃物

（1）饼粕类 常见的粕类物质有豆粕、棉粕、蓖麻粕、花椒粕、花生粕等，多为农产品加工产业的下脚料。用粕类物质作为原料的有机肥可称得上高端有机肥，因为粕类物质多为饲料级，原料成本较高，制作时发酵腐熟也不易控制，所以很少用这种物质作为有机肥原料。

常见的饼类物质有菜籽饼、大豆饼、花生饼、芝麻饼、油葵饼、棉籽饼、茶籽饼等，主要成分都是植物种子，只是压榨出了其中的油脂，种子中含有的绝大部分营养成分都留在饼中，是很好的畜禽饲料。绝大部分农作物的一生都是为了通过种子繁殖后代而生存，最终将其所吸收合成的绝大部分营养物质都储存到种子中，故植物种子中的营养元素含量较多、较丰富，用这些原料生产的有机肥无疑是很好的，价格相对较高。

（2）烟草（烟叶、烟末和烟梗等物质） 我国的烟草种植面积和产量均居世界首位，目前国内外烟草主要用于卷烟生产。作为烟草生产大国，我国每年烟叶产量为450万～500万吨，其中25%的烟叶、烟末、烟梗等下脚料被废弃，不能用于卷烟生产。我国农村使用烟草水或烟草粉作“土农药”的历史悠久，例如传统土农药配方：烟叶、花椒、硫黄、洗手果；烟梗、大蒜梗、苦楝子；烟梗、鱼藤酮。现代烟碱提取技术生产的高纯度烟碱类农药如：吡虫啉、啶虫脒、烯啶虫胺、氯噻啉、噻虫啉等。

目前，烟叶、烟末、烟梗可作为主要原料直接用于新型功能有机肥料生产。以云南为例，烟叶、烟末、烟梗这部分烟草下脚料几乎全部能用作有机肥料的主要原料，理论上这种功能性有机肥料将有60万吨用于农业生产，将产生巨大经济效益，特别在改善土壤有机质成分方面有着巨大作用。实践证明，卷烟生产中剩余的这些副产品在产生过程中实际上并未发生物质组成成分上的变化，化学成分主要是碳水化合物约占50%，烟碱占1%～4%，树脂、多酚、木质素等约占15%，蛋白质约占30%，灰分约占13%，特别适合用作有机肥原料使用。烟草中含有的特殊物质，如烟碱，又名尼古丁，能杀虫驱虫，有效驱除地下害虫；

单宁能杀菌除螨，抑制土传病害，有效防治地下线虫；酚、醛、醌、酯类芳香物质及有机酸属天然植物生长调节剂，能促进作物根系生长；单糖、二糖、多糖等糖类物质，以及纤维素、木质素、腐植酸等在改良土壤中有着独特作用。

（3）茶渣　是茶叶在生产、加工以及深加工、销售、饮用过程中产生的固体有机废弃物，主要包括以下三大类：一是茶叶在加工过程中产生的大量茶末、修剪叶等副茶（约占成品茶总产量的 10%）；二是销售过程中产生的滞销粗老茶，以及因为种种原因不能饮用的茶叶；三是茶饮料、速溶茶、茶多酚、鲜茶汁和茶酒等茶叶产品深加工过程中经浸泡提取后的废弃茶叶。在废弃的茶渣中，仍然残留较多的营养成分。据报道，茶渣中蛋白质含量较高，粗蛋白含量高达 17% ～ 19%，其中赖氨酸和蛋氨酸含量分别为 1.5% ～ 2% 和 0.5% ～ 0.7%，粗纤维含量也较高（16% ～ 18%），还含有一定量的维生素、茶多酚、咖啡碱及少量的茶皂素等。其中含氮 4.16%、磷 0.43%、钾 1.44%、有机碳 28.11%。

（4）氨基酸渣　该类原料蛋白质含量高，在 40% 以上，多数有味道也多为湿料，价格中下等，需烘干和晾晒，做成有机肥味道较重，但肥力效果好。

（5）药渣　我国制药工业总产值占全国 GDP 的 3% 左右，但污染排放总量却达到了 6%。全国药厂不计其数，每年产生的各种污染更是无法估计。近年来，全国对“三废”（废水、废气、固体废弃物）污染严重的药企加大了监管力度。在大力倡导绿色经济的今天，如果可以将这些废弃物资源化利用做成肥料，那才是真正做到了健康、绿色、环保、高效、可持续发展。药渣如阿维菌素渣、头孢菌素渣、泰乐菌素渣、青霉素渣，其中含有丰富的有机物和无机物。此外中药中还含有植物生长所需的氮、磷、钾类营养元素，用中药渣制作肥料对花木种植有很多益处，而且可以改善土壤的通透性。用药渣制造的肥料整体上蛋白质等其他养分含量较高，价格属于中下等，使用后肥力效果较好，且能够抵抗其他有害病菌。

### 2.1.4　天然原料

天然原料是指自然界原来就有的未经加工或基本不加工就可直接用来制作有机肥的原料，如海藻。海藻是生长于海洋中的无胚、无维管束、叶状体低等孢子植物，种类极多，共 1 万多种，有绿藻门、褐藻门、蓝藻门、红藻门等 10 门。海藻是藻类的总称或简称。海藻中含有大量陆地生物所缺乏的生物活性物质、营养物质及功能成分。这些特性决定了海藻具有重要的商业开发价值（如制作海藻肥）。

海藻肥中含有大量的天然生物活性物质和矿物质营养元素，不仅包含了传统有机肥所含有的 N、P、K 等大量元素，还包含了 B、Zn、Mn、Fe 等微量元素，且肥效长、快，满足了果树生长所需要的各种营养物质。此外，海藻肥中还含有大量的天然抗生素和抗病因子。与传统有机肥相比，海藻肥增强了果树的抗病性，如果树常见的白粉病、灰霉病、枯萎病等，且驱虫效果显著；药效与传统有机肥相比，更容易吸收，利用率更高。

### 2.1.5　其他类原料

有机肥除种植业、养殖业、加工业有机废弃物及天然原料等原料外，还有城市污泥和厨余垃圾等有机物料。

#### 2.1.5.1 城市污泥

随着我国污水处理行业的发展，污泥产生量也在不断积累，从而给我国污泥处置行业的发展提供了基础。相关数据显示，2020 年我国城市污泥产生量达 7288.3 万吨，其中生活污泥约 3578.3 万吨，工业污泥 3710.0 万吨（如图 2-1）。污泥作为污水处理的副产物，富集了污水中的污染物质（重金属、难降解有机质、持久性有机物、微塑料等）和营养物质（C、N、P 等），源头上具有“资源”和“污染”双重属性。污泥中含有的丰富有机质可通过厌氧处理转化为甲烷生物气（沼气）、氢气等热值较高的燃料，另外也能通过蛋白质提取等技术回收污泥中丰富的资源，处理后的稳定产物还能实现土地利用（营养物质、有机质稳定化处理产物）和建材利用（无机物）等，从而实现污泥的稳定化、无害化和资源化。

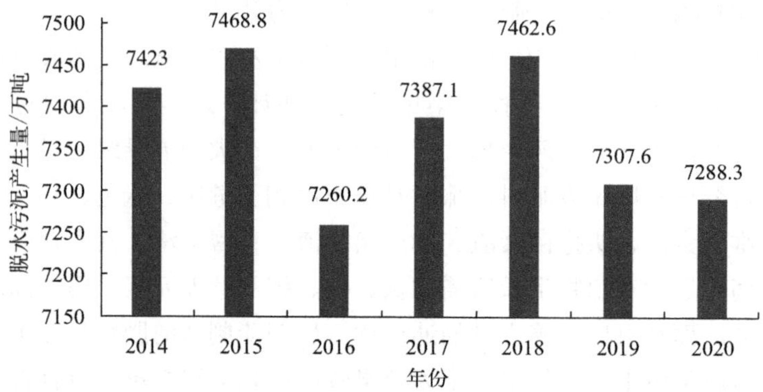


图 2-1 2014 ～ 2020 年我国脱水污泥产生量

Macnicol 等（1989）通过研究，将污泥分为生态絮凝态、颗粒态、水溶态及胶体 4 种组分，其中生物絮凝态组分约占污泥总量的 69%，颗粒态组分占 23%，水溶态组分占 8%，胶体组分占不到 1%。污泥中有机质及各种营养元素含量丰富，其含量及成分因污水的来源、处理工艺、城市居民的生活水平和饮食结构的不同而不同。通过对 29 个城市污泥组成的统计分析发现，中国城市污泥（不包括工业污泥）全氮、全磷和全钾含量分别为 27.0g/kg、14.3g/kg 和 7.0g/kg，有机质平均含量达 384g/kg，较美国的 534g/kg 低。其中全氮、全磷、有机质含量均比纯猪粪高出 1/3 ～ 2/3，但全钾含量比纯猪粪低 1/3。污泥中含有的有机质可给植物的生长提供 N、P 等营养物质，具有良好促进植物生长的作用。用阳离子交换树脂提取污泥中的有机质，测得其中蛋白质占 46% ～ 52%，腐植酸占 18% ～ 23%，碳水化合物占 17%，其余为尿酸和核酸。用污泥生产的有机肥料对土壤具有改良作用，可以加快土壤中腐殖质的形成，提高土壤的肥效；可以降低土壤的密度，促进土壤微团聚体的形成，从而提高土壤的孔隙度和土壤导水率，改良土壤结构。

#### 2.1.5.2 厨余垃圾

迅猛发展的餐饮业必将导致厨余垃圾产量的迅速增长，城市垃圾中有机废弃物约占

65%，其中厨余垃圾占 39%，如上海市日均厨余垃圾产生量为 1000 ～ 1200 吨。

由于厨余垃圾含有丰富的有机物，目前，人们已逐渐认识到厨余垃圾是一种可综合利用的生物质资源，已有将厨余垃圾加工成动物饲料、进行生物堆肥作为生物能源等方面的研究和工程实践。厨余垃圾是城市固体垃圾中有机垃圾的重要组成部分。从成分上看，厨余垃圾主要由蛋白质、脂类、淀粉、纤维素和无机盐等组成，其理化特点可用“四高”来描述，即含水率高、有机质含量高、盐分含量高、油脂含量高。厨余垃圾含水率高，一般水分含量在 70% ～ 80% 范围内，高的水分含量导致其不便收集运输，处理不当容易产生渗滤液等二次污染物。有机质含量高，厨余垃圾由于含有一定量的蛋白质、糖类、脂类及纤维类等有机物质，其有机质含量通常维持在 40% ～ 50%，高的有机质含量使其在长期堆放的过程中容易腐烂发臭。然而，高的有机质含量同样使其具有一定的利用价值（厌氧发酵、堆肥等）。符瞰等分析了海南某城市厨余垃圾的成分特性，该城市厨余垃圾有机质含量高达 62.26%，其中粗蛋白、粗脂肪和粗纤维含量分别达到 13.46%、17.30% 和 6.56%。

厨余垃圾中还含有一定量的 N、P、K 等养分，一般而言，N、P、K 养分含量分别为 1% ～ 2%、0.2% ～ 0.6%、1% ～ 1.5%，P 的含量相对略低。厨余垃圾中的重金属含量低，由于厨余垃圾直接来源于剩饭菜等废弃物，其重金属含量远低于相关标准要求限值。

## 2.2 有机肥原料安全评价

随着我国城市化不断推进和工业生产规模不断扩大，发展过程中的种植业、养殖业、加工业废弃物产量不断增加，如何有效处理这些有机废弃物，实现它们的资源化是城市发展面临的一个重要问题。通过堆肥将这些有机废弃物转化为有机肥，再用于土地利用是解决城市有机废弃物处理处置问题最有效也是最具前景的一条途径。有机废弃物中含有大量土壤生态系统中所需要的营养物质，可以用来改良土壤，一方面可以解决城市有机废弃物的处置和资源化利用的问题，另一方面可以用来改良贫瘠的土壤，实现退化土地的生态修复。

但有机废弃物堆肥土地利用难免也会带来一些环境问题。有机废弃物成分复杂，除了有改善土壤的氮、磷、钾、有机质等以外，还有重金属、多环芳烃、可溶性盐和油脂等污染物被一同带进土壤中，造成二次污染。因此要选择合适的有机肥生产原料，首先要了解不同原料存在的风险因子。在 2021 年修订的《有机肥料》（NY/T 525—2021）标准中对有机肥生产的原料进行了明确的规定，即有机肥生产原料应遵循“安全、卫生、稳定、有效”的基本原则，原料应按目录分类管理，分为适用类、评估类和禁用类。其中，适用类原料主要包括：种植业废弃物、养殖业废弃物、加工业废弃物（种植业加工过程中的副产物）及天然原料。有机肥生产时应优先选用适用类原料，禁止选用粉煤灰、钢渣、污泥、生活垃圾（经分类陈化后的厨余废弃物除外）、含有外来入侵物种的物料和法律法规禁止的物料等存在安全隐患的禁用类原料。其余为评估类原料，主要分为八类，分别是植物源性中药渣、厨余废弃物（经分类和陈化）、骨胶提取后剩余的骨粉、蚯蚓粪、食品及饮料加工有机废弃物、糠醛渣、水产养殖废弃物及来自种植业、养殖业、食品及饮料加工业产生的沼渣 / 液。

若选择适用类原料，可以不经过安全性评价，直接用于有机肥料生产；若选择评估类原料，则必须进行安全性评价，通过安全性评价后才能用于有机肥料生产。因原料类型多样、成分复杂，现就使用过程中可能会带来的诸多安全风险因素进行介绍，如盐分过高、重金属超标、抗生素消减难、潜在病原菌及生物毒素残留等。

## 2.2.1 盐分

有机废弃物成分复杂，除了含有能改善土壤品质的氮、磷、钾、有机质等营养元素外，还含有大量可溶性盐。有机废弃物堆肥施用量及施用频率增加，会导致土壤板结、植株长势变差、作物产量下降等危害。造成这种情况的主要原因有两方面：一方面是施用的肥料本身未完全腐熟，导致肥料本身的盐分或盐离子浓度超标，施用于土壤中势必会造成土壤的含盐量增加；另一方面是肥料虽已腐熟，但施用得不合理，造成盐分在土壤中的积累。土壤中的盐分增多，会抑制氮素的矿化和硝化，从而抑制有机质的矿化，降低土壤微生物量，抑制植物生长，这会对土壤和植物产生危害。

### 2.2.1.1 原料中存在的盐分风险

不同堆肥原料中盐分的含量存在较大差异，电导率（EC）是评判堆肥产品对植物造成盐害作用的重要参数，其反映了堆肥浸提液中可溶性盐离子浓度。当堆肥原料 EC 值超标时，物料中盐离子浓度过大，在一定程度上会对堆肥发酵过程产生抑制作用，堆体难以腐熟。堆肥的初始物料间 EC 值存在差异，据了解，常见的有机固体废弃物中畜禽粪便 EC 值可达 1.86 ～ 6.71mS/cm，厨余垃圾 EC 值可达 1.02 ～ 11.80mS/cm，蔬菜废弃物 EC 值可达 3.58 ～ 6.49mS/cm，园林绿化垃圾 EC 值可达 1.43 ～ 3.80mS/cm。不同物料间 EC 值的差异较大，下面根据原料类型的不同进行具体的介绍。

（1）畜禽粪便　不同畜种的粪便之间盐分含量差异显著，盐分含量依次为鸡粪＞猪粪＞牛粪，因此利用畜禽粪便制作有机肥料时应关注盐分对土壤次生盐渍化的影响。饲料中的添加剂是畜禽粪便中盐分的重要来源之一，常用的添加剂主要有骨粉、鱼粉、血粉等动物性饲料，氯化物、硫酸盐、磷酸盐等矿物质，非蛋白质氮（如尿素）等。如猪饲料中添加的 $CuSO_4$、$ZnSO_4$、$CoSO_4$ 等微量矿物质，鸡饲料中添加的骨粉等含钙磷物质。这些添加的物质在动物体内经过代谢后均有可能以盐离子的形态通过动物的排泄系统进入畜禽粪便，增加粪便中盐分含量。畜禽粪便中的盐分主要为 $K^+$、$Na^+$ 的硫酸盐和氯化物，其中 $SO_4^{2-}$、$Cl^-$ 约占到盐分离子组成的 45%。此外，养殖规模和养殖管理上的差异也会导致畜禽粪便中盐分含量发生变化。

（2）厨余废弃物　在厨余废弃物中，特别是餐厨垃圾中往往存在盐分过多的现象。研究表明，当含盐量高于 1.5% 时，就不利于堆肥的进行。因为含盐量较高会使得微生物活性受到抑制，微生物代谢酶活性受阻，生物增长缓慢，生化反应减弱，所释放的热量减少；堆料的含盐量越高，堆体经发酵所达到的最高温度越低，且高温期维持时间越短，不利于灭菌。对于肥料产品来说，若堆肥产物含盐量过高则会抑制微生物活性，降低产品肥效，而且容易损害作物根部，长期施用会导致土壤盐碱化。

#### 2.2.1.2　堆肥过程中的盐分变化

堆肥物料降解过程中会产生大量有机小分子和有机酸，随着物料损失增加，盐分逐渐浓缩，会导致堆体中盐离子相对含量增加；同时，小分子有机酸和部分盐基离子结合成大分子腐殖质，会使得物料 EC 值下降。因此，堆肥过程中的盐离子浓度变化较为复杂，受浓缩作用和消耗共同影响。一般认为，堆肥产品 EC ＜ 4mS/cm 时可达到堆肥腐熟标准。

#### 2.2.1.3　盐分与土壤盐渍化

土壤盐渍化问题在温室大棚等设施农业中较易发生，其根本原因是生产过程中“大水大肥”的管理方式。设施农业中肥料的施用量往往可达到露地栽培的 4 ～ 10 倍，达到作物需求量的 6 ～ 8 倍，生产结束后绝大部分肥料残留于土壤中。同时由于农户灌溉方式简单，以大水漫灌、沟灌为主，土壤常年处于高温干燥环境，水分上升蒸发作用明显，盐分下移困难，全都在表层富集。土壤盐渍化后，过高的盐分浓度将严重影响根系对水分的吸收，作物容易表现出生理性干旱。土壤盐分的高度累积会引起土壤结构破坏、土粒分散板结，同时土壤酸化、养分失衡、缺素现象也随之而来。不合理的施肥、养分比例失调、肥效下降、资源浪费严重等问题普遍存在，致使土壤养分富集、盐分累积现象日趋严重。有研究表明，长期施用有机肥会导致水溶性盐分在土壤中大量累积，但是化肥和有机无机肥配施且施肥量大则更容易造成盐分在表层土壤中累积。也有研究认为，有机质含量越高，土壤盐渍化程度越低，会显著促进作物生长。因此，减少化肥投入、增施有机肥成为减少土壤障碍因子的重要途径之一，前提是要控制好有机肥的施用量与有机肥产品品质。

### 2.2.2　重金属

重金属是有机肥产品和原料中有害成分检验的主要指标之一。重金属半衰期长，对动植物有毒害作用，可经大气、水体和土壤参与生态系统的物质循环，并通过食物链的传递在动植物体内积蓄和富集，最终影响人类健康和环境安全，具有潜在的、长期的危害性。有机肥原料中常见的重金属有镉（Cd）、铜（Cu）、锌（Zn）、铅（Pb）、砷（As）、汞（Hg）、铬（Cr）、镍（Ni）等。为了保证土壤和农产品的安全，农业农村部专门出台了有机肥料中有害成分的管控标准，最新的《有机肥料》（NY/T 525—2021）标准对重金属的限量要求如表 2-5 所示。常用于评估有机肥原料重金属污染的方法主要有单因子污染指数法、综合指数法、内梅罗污染指数法等。

表2-5　《有机肥料》（NY/T 525—2021）标准中重金属最高允许量的要求

| 项目 | 指标（以烘干基计）/（mg/kg） |
|---|---|
| 总砷（As） | ≤ 15 |
| 总汞（Hg） | ≤ 2 |

续表

| 项目 | 指标（以烘干基计）/（mg/kg） |
|---|---|
| 总铅（Pb） | ≤ 50 |
| 总镉（Cd） | ≤ 3 |
| 总铬（Cr） | ≤ 150 |

资料来源：标准《有机肥料》（NY/T 525—2021）。

#### 2.2.2.1 适用类原料中存在的重金属风险

（1）蔬菜废弃物　蔬菜在生长过程中会通过土壤、地下水、大气沉降等途径富集其周边环境中的重金属，因此，蔬菜中的重金属积累量不仅与土壤中重金属有效态含量有关，还受到大气、水环境等多种环境因子的影响。不同的蔬菜品种对重金属的富集能力有所不同，重金属在蔬菜中的含量由高到低依次为叶菜类、根茎类、瓜果类。Cd、Cu、Zn、Pb 是蔬菜中常见的重金属元素。此外，蔬菜的不同器官对重金属的富集量也有差异，总体而言，蔬菜地下部分重金属含量高于地上部分，因为重金属主要存在土壤中，蔬菜先通过根系吸收营养物质，故重金属先在根部积累，再运往地上部。何宗均等调查了天津地区常见蔬菜种植废弃物（黄瓜、番茄、茄子、菜花和芹菜）的重金属含量，发现 Hg 在几种蔬菜废弃物中均未检出，其余重金属 Cd（0.124 ～ 0.439mg/kg）、As（0.872 ～ 4.153mg/kg）、Pb（3.279 ～ 7.976mg/kg）、Cr（5.318 ～ 11.17mg/kg）的含量均远低于有机肥行业标准的限量。

（2）林草废弃物　林草废弃物主要包括种植树木的修剪枝叶和修剪草，其富集重金属的途径与蔬菜相同，主要包括吸收土壤、地下水中的重金属以及大气沉降等。兰欣宇等为了解不同园林树木对重金属的吸收情况，测定了北京市公园 8 种典型园林树木叶片、一年生枝条以及相应土壤中重金属 Cd、Pb、Cu 的含量，结果表明，对 Cd、Pb、Cu 吸收量最大的分别是紫薇、锦带和金银木，紫薇和金银木同时对 Cd 和 Cu 有较强的吸收力，太平花同时对 Cd 和 Pb 有较强的吸收力，而砂地柏吸收力较弱。唐敏等对北京道路绿地的 37 种常用园林植物对重金属的富集能力进行研究发现，37 种植物体内重金属平均含量表现为 Zn ＞ Cu ＞ Pb ＞ Cd，其中 Cd 富集含量较低（0.05 ～ 0.07mg/kg），Zn 富集含量最高（37.90 ～ 98.96mg/kg），Pb 和 Cu 富集含量分别为 0.39 ～ 8.07mg/kg、4.26 ～ 11.04mg/kg。

（3）畜禽粪便　随着规模化、集约化畜牧业的发展，各种微量元素被广泛添加于饲料中，使得畜禽粪便中的重金属含量上升。我国畜禽粪便中重金属元素含量分布范围较大，Cd、As 超标率达到 10% 以上；生态污染元素 Cu 和 Zn 超标率较高，在 50% 左右；Cd、Pb、Cr、As、Hg、Cu、Zn 和 Ni 的含量均值分别为 2.31mg/kg、13.5mg/kg、36.3mg/kg、14.0mg/kg、0.97mg/kg、282mg/kg、656mg/kg 和 21.8mg/kg。不同来源粪便中重金属含量有一定差异，猪粪中 Cd、As、Hg、Cu、Zn 和 Ni 共 6 种元素平均含量比牛粪、羊粪和家禽粪便高数倍，家禽粪便中 Pb 和 Cr 的平均含量最高。

Zhang 等（2018）在全国范围内开展了有机肥企业的调研，并对 263 个样品进行了采集与化验，发现 7 种重金属（Cu、Zn、Cd、Pb、As、Cr、Ni）的浓度（干重）分别在 7.53 ～ 580.4mg/kg、0 ～ 2818mg/kg、0.02 ～ 149.3mg/kg、0（未检出）～ 1321mg/kg、0.14 ～ 26.9mg/kg、3.70 ～ 1237mg/kg 和 0（未检测到）～ 214.6mg/kg。与表 2-5 中的重金属限量比较，分别有 9.51%、73.4%、3.19% 和 3.04% 的样品超过了 Cd、Pb、As 和 Cr 的限值。中国未对铜、锌和镍设定限值，参照德国标准，则分别有 35.0%、13.3% 和 16.7% 的样品超过了堆肥的铜、锌和镍限值。蒙特卡罗模拟表明，随着有机肥的持续施用，Cu、Zn、Cd、Pb 和 Cr 将在较短时间内累积达到《土壤环境质量　农用地土壤污染风险管控标准（试行）》（GB 15618—2018）限值。因此，制定我国有机肥中适宜的重金属限量，控制农用地重金属污染风险迫在眉睫。

整体来看，适用类原料的重金属含量非常低，基本上不存在重金属污染的风险；以畜禽粪便为原料的堆肥，应该注重其 Cu、Zn 含量，在施用过程中进行施用量的控制。

### 2.2.2.2　评估类原料中存在的重金属风险

（1）中药渣　金茜等测定百花医药废弃药渣中的重金属含量发现，Cu、Pb、Cd 均被检出，Cu 的平均含量为 14.32mg/kg，Cd 的平均含量为 0.2125mg/kg，Pb 平均含量为 8.356mg/kg。傅滟等以 6 种重庆大宗中药制剂的中药渣为研究对象，发现其中重金属元素污染值为 Cr 0.073 ～ 0.22mg/kg、Hg 0.03 ～ 2.895mg/kg、Cb 0.078 ～ 0.58mg/kg、As 0.0088 ～ 0.14mg/kg、Pb 0.0099 ～ 0.0856mg/kg。

（2）菌渣　我国黑木耳、杏鲍菇、秀珍菇、金针菇等典型食用菌菌渣中重金属含量总体较低，其中杏鲍菇菌渣的 Cd、Hg、As 含量均为最低，重金属含量较高的是黑木耳菌渣，Cr、Cd、Pb、Hg、As 的含量均值分别为 8.33mg/kg、0.17mg/kg、3.42mg/kg、0.007mg/kg、0.07mg/kg。

（3）水产废弃物　水产养殖及加工过程中会产生大量的废弃物，如虾、蟹、贝类的头、壳、尾，鱼的鳞片、骨骼和内脏等，水体污染可造成这些生物体对重金属的吸附和蓄积。我国贝类重金属污染主要是 Cd 超标，最高可达到 7.7mg/kg，远超我国食品污染物中 2.0mg/kg 的限值。杜瑞雪等对山东沿岸经济贝类体内重金属含量分析发现，所检贝类的 Cd、Pb、As、Hg、Cr 平均含量分别为 1.939mg/kg、0.0784mg/kg、0.5922mg/kg、0.01475mg/kg、0.1683mg/kg。苗利军等对秦皇岛海域海产品 Hg 污染状况进行调查分析，结果显示海产品中 Hg 的平均含量为 0.0446mg/kg。

（4）沼渣　不同地区沼渣的重金属含量差别较大，沼渣中重金属含量从大到小依次为 Cr ＞ As ＞ Cd ＞ Pb ＞ Hg，其中 Cd 和 As 含量超出了有机肥重金属控制标准限值。董志新等研究不同沼渣的重金属含量发现，猪粪沼渣中 As、Cr、Cd 含量高于秸秆沼渣。秸秆沼渣中各重金属元素含量差异较小，平均含量为 As 5.46mg/kg、Cr 14.0mg/kg、Cd 0.23mg/kg、Pb 12.7mg/kg、Hg 0.11mg/kg；猪粪沼渣中除 Hg 外，其他重金属元素含量差异较大，平均含量分别为 As 21.6mg/kg、Cr 16.7mg/kg、Cd 0.29mg/kg、Pb 6.84mg/kg、Hg 0.12mg/kg。

### 2.2.2.3　禁用类原料中存在的重金属风险

禁用类原料中污泥中重金属含量最高。从表 2-6 中可以看出，污泥中碳、氮、磷、钾这

4 种营养元素的含量很高，但污泥中的重金属污染物、有机污染物、微塑料等安全性风险因子也同样很多。污泥中含有的病原体，在污水净化处理过程中，病原体大部分被颗粒吸附而富集到污泥中，主要病原体有细菌类、病毒和蠕虫卵，其中以沙门氏菌、蛔虫和肠道病毒最为常见；污泥中含有的持久性、难降解的有机污染物，在污水处理过程中，有机污染物通过细菌吸收、矿物颗粒表面吸附等多种途径进入和富集于污泥中，富集系数高达几个数量级。因此以污泥为原料生产的有机肥料只能用于绿化、花卉种植，不能进入农田系统。

表2-6　污泥的物质组成

| 资源性物质 | 含量范围 /（g/kg） | 污染性物质 | 组成 | 含量范围 /（mg/kg） |
|---|---|---|---|---|
| C | 321.3 ～ 355.7 | 重金属污染物 | Zn、Cu、Cr、Pb、Ni 等 | 0 ～ 27300 |
| N | 7.4 ～ 54.9 | 有机污染物 | 抗生素、多环芳烃、多氯联苯等 | 0 ～ 33810 |
| P | 2.2 ～ 48.3 | 微塑料 | 聚烯烃、聚丙烯酸、聚酰胺等 | 1.60 ～ 56.4（103 个 /kg 干重） |
| K | 0.8 ～ 17.5 | 其他 | 致病菌、矿物油等 | 0.01 ～ 23 |

资料来源：桂萌等，2010。

## 2.2.3　抗生素

抗生素类药物（以下简称抗生素）是由微生物（包括细菌、真菌、放线菌属）或高等动植物在生活过程中所产生的具有抗病原体或其他活性的一类次级代谢产物，是一种能干扰其他生物细胞发育功能的化学物质。现在常用的抗生素除了 $\beta$-内酰胺类、氨基糖苷类、氯霉素类、大环内酯类和四环素类等从微生物培养液中提取的抗生素，还包括磺胺类和喹诺酮类等用化学方法合成或半合成的抗生素。据统计，全世界每年使用的抗生素数量巨大，为 10 万～ 20 万吨，其中约 70% 用于畜牧业治疗和促进作物生长，而 40% ～ 90% 的药物又通过粪便排出。在未来几十年中，抗生素的使用量将以 67% 的速度继续增长。

### 2.2.3.1　适用类原料中残留的抗生素

由于在集约化畜禽养殖场废水和畜禽粪便中频繁发现高浓度抗生素，检出浓度多在 μg/L 或 mg/kg 级别，故适用类原料，尤其是畜禽粪便中抗生素的残留量需要得到重视。抗生素残留的浓度通常遵循鸡粪＞猪粪＞牛粪的顺序。根据市场调查，氟喹诺酮类、$\beta$-内酰胺类、大环内酯类、磺胺类和四环素类是动物工业中消费的前五大抗生素，且主要以四环素类、喹诺酮类和磺胺类等兽药抗生素为主。

我国北方地区集中饲养动物和畜牧业分布广泛，其附近的农业土壤通常用动物粪便施肥。有学者采集样本以确定兽用抗生素在天津市和辽宁省（中国北方）土壤中的分布情况，结果表明，在堆肥土壤中检出最多的是四环素类抗生素，尤其是金霉素（最高检出浓度为 10967.1mg/kg）。在中国福建省养猪场周围的土壤中同样检测到高达 2668.9mg/kg 的金霉素。

### 2.2.3.2　评估类原料中残留的抗生素

（1）抗生素菌渣　抗生素是微生物次级代谢的产物，工业上对特定微生物进行调控发酵，使其在后期发酵过程中形成特定的抗生素等代谢物。这些代谢物或存在于发酵培养的液体或半固体培养基中，或存在于微生物菌体中。对发酵液进行离心或过滤等操作，使固液分离形成滤液和滤饼。滤液中含有抗生素等代谢产物、盐等可溶性成分；滤饼中包含菌体、未被微生物利用的培养基等成分，及菌体中含有的抗生素等代谢产物。对于产生胞外抗生素的菌体而言，其固液分离后滤饼即为抗生素废渣；而对于产生胞内抗生素的菌体而言，首次固液分离所得滤饼经过溶剂浸泡提取后，再固液分离的滤饼即为抗生素菌渣。常见的抗生素菌渣有青霉素菌渣、四环素菌渣、土霉素菌渣、洁霉素菌渣、金霉素菌渣、链霉素菌渣、红霉素菌渣、麦迪霉素菌渣等。

抗生素的菌渣用途广泛，可以加工为有机肥；菌渣具有较高的沼气产能；菌渣能通过热解产生生物炭、热解气以及生物油；菌渣可以配合制水煤浆，浆体流动性、稳定性均较好；菌渣中含有大量菌体蛋白、培养基残体、生长因子等物质，可将菌渣资源化处理为成型的产品或制备抗生素发酵培养基和活性炭吸附材料等。

青霉素菌渣中含 0.2% ～ 0.4% 的青霉素，即每百克 2143 单位左右；土霉素菌渣中含 0.25% ～ 0.60% 的土霉素，即每百克 4250 单位；四环素菌渣中含 0.3% ～ 0.5% 的四环素，即每百克 3789 单位；洁霉素菌渣中含 0.3% ～ 0.4% 的洁霉素，即每百克 3789 单位；金霉素菌渣中含 0.3% ～ 0.4% 金霉素；链霉素菌渣中含链霉素约 4700U/g；泰乐菌素菌渣中含有 1‰～ 3‰泰乐菌素；盐霉素菌渣中含 1% ～ 5% 的盐霉素。

（2）食用菌渣　食用菌渣如果不能够得到合理的处理、进行有效的利用就会分散到人类生活环境中，不仅仅会造成资源上的浪费，同时这些食用菌渣容易发生霉变，污染水源和土地资源。此外，由于春秋季节风沙较大，霉菌孢子会飞散到空气中，影响到人类的健康，也会对环境造成污染。不仅如此，有些地区食用菌渣随处堆放，在高温多雨的季节会导致大量的有害细菌滋生，为病菌提供了繁殖的场所，给人们身体健康和环境带来了很大影响。

### 2.2.3.3　有机肥中的抗生素风险

当粪便经过堆肥成为有机肥时，粪便中的抗生素也有可能会有残留。有学者采用高效液相色谱（HPLC）法对采集的 51 个生物有机肥样品进行了大环内酯类（泰乐菌素）、四环素类（金霉素、土霉素）、喹诺酮类（恩诺沙星、环丙沙星和诺氟沙星）、磺胺类（磺胺间甲氧嘧啶、磺胺二甲嘧啶、磺胺噻唑、磺胺甲噁唑）和酰胺醇类（氯霉素）等 5 类 11 种抗生素残留量测定，结果如表 2-7 所示。所有生物有机肥样品均检出抗生素残留，不同样品中抗生素的检出种类及检出率差异较大。大环内酯类和磺胺类抗生素检出率较高，其中，泰乐菌素、磺胺噻唑、磺胺甲噁唑和磺胺二甲嘧啶检出率分别为 100%、96.1%、86.3% 和 58.8%；其次为酰胺醇类和四环素类抗生素，检出率为 23.5% ～ 45.1%；喹诺酮类抗生素检出率相对较低，为 9.8% ～ 23.5%。通过对生物有机肥样品抗生素残留分析发现，主要原料为动物源的生物有机肥较植物源的生物有机肥抗生素含量更高，主要是鸡粪和猪粪原料。此外，农业农村部禁用兽药（如氧氟沙星、土霉素、磺胺类）和出口肉鸡产品不允许使用的抗生素（如金霉素和四环素）也有检出。这种抗生素残留现象在生物有机肥产品中较为普遍，虽然多数抗生素残留浓度相对较低，且经过施用后将逐步分解，带来的直接风险不明显，但是肥料产品中的抗生素施入土壤环境后，对植物生长和生态环境有显著的负面影响，并且有可能由植物进入食物链给人类健康带来风险。

表2-7　生物有机肥样品抗生素残留情况

| 项目 | 泰乐菌素 | 金霉素 | 土霉素 | 恩诺沙星 | 环丙沙星 | 诺氟沙星 | 磺胺间甲氧嘧啶 | 磺胺二甲嘧啶 | 磺胺噻唑 | 磺胺甲噁唑 | 氯霉素 |
|---|---|---|---|---|---|---|---|---|---|---|---|
| 最大值/（mg/kg） | 39.2 | 1.012 | 0.665 | 0.175 | 0.004 | 0.841 | 0.016 | 0.008 | 0.247 | 0.027 | 0.077 |
| 平均值/（mg/kg） | 1.88 | 0.178 | 0.292 | 0.057 | 0.004 | 0.208 | 0.005 | 0.002 | 0.026 | 0.007 | 0.024 |
| 样本数/个 | 51 | 51 | 51 | 51 | 51 | 51 | 51 | 51 | 51 | 51 | 51 |
| 检出数/个 | 51 | 12 | 23 | 9 | 5 | 12 | 12 | 30 | 49 | 44 | 21 |
| 检出率/% | 100 | 23.5 | 45.1 | 17.6 | 9.8 | 23.5 | 23.5 | 58.8 | 96.1 | 86.3 | 41.2 |

资料来源：马鸣超等，2017。

《有机肥料》（NY/T 525—2021）标准中缺少对抗生素指标的限量要求，需积累资料并结合实际情况，对有机污染物的种类和限量设定统一标准。虽然已制定了有机肥料中土霉素、四环素、金霉素和强力霉素含量检测的国家标准《有机肥料中土霉素、四环素、金霉素与强力霉素的含量测定　高效液相色谱法》（GB/T 32951—2016），方法检出限为土霉素 10μg/kg、四环素 10μg/kg、金霉素 10μg/kg、强力霉素 10μg/kg，但尚无其他种类抗生素的标准检测方法。2016 年，国家肥料分级标准就已完成编制工作，拟通过限制原料的准入和控制成品中有害物质的指标，将肥料分为园林级、农田级、生态级 3 个层级，对肥料中重金属、抗生素总量提出更为细化的要求，比如生态级肥料中抗生素总量限制为< 1.0mg/kg。

## 2.2.4　生物毒性

### 2.2.4.1　有机废弃物中产生生物毒性的物质

（1）种植业废弃物　种植业废弃物中的生物毒性物质包括农药和化感物质等。在种植过程中使用的农药主要包括杀虫剂、杀鼠剂、除草剂、植物生长调节剂等。有机氯、有机磷和氨基甲酸酯等有机合成农药的特征是高残留，其中有不少品种对哺乳动物有较高的急性毒性。在对蚯蚓的急性毒性试验研究中，采用滤纸接触法染毒 48h 发现，噁唑酰草胺对蚯蚓的毒性最高，半数致死浓度（$LC_{50}$）为 7.6μg/cm$^2$，属高毒级；其次为丙草胺、高效氟吡甲禾灵和灭草松，$LC_{50}$ 分别为 10.7μg/cm$^2$、12.7μg/cm$^2$、61.3μg/cm$^2$，属中毒级；二氯喹啉酸、二甲四氯钠、苯唑草酮、草铵膦、烟嘧磺隆和双草醚的 $LC_{50}$ 分别为 143.0μg/cm$^2$、198.2μg/cm$^2$、

211.1μg/cm²、466.9μg/cm²、433.7μg/cm²、649.2μg/cm²，属低毒级；吡嘧磺隆、五氟磺草胺、嘧啶肟草醚、氰氟草酯、乙羧氟草醚、二甲戊灵和硝磺草酮的 $LC_{50}$ 均大于 100μg/cm²，属微毒级。

（2）养殖业废弃物 养殖业废弃物的成分比较复杂，含有吲哚、胺类、尿酸、尿素、亚硝酸盐、寄生虫及虫卵，还含有细菌病毒及畜禽排出的毒素等。这些有毒有害物质的排放会对生物体产生有害影响。宋捷等研究了尿素的遗传毒性，尿素浓度为 5000μg/cm² 及以下时无诱导细菌碱基突变作用，在无明显细胞毒性作用浓度条件下无诱导哺乳动物细胞染色体结构畸变作用，剂量为 10000mg/kg 及以下时无诱导小鼠骨髓细胞染色体损伤作用，故尿素的整体遗传毒性评价结果为阴性。

（3）加工业废弃物 舒斌以生物斑马鱼为试验对象，研究了 3 种中药有效成分雷公藤甲素、大黄素和苦参碱的急性毒性，结果显示雷公藤甲素、苦参碱和大黄素对于斑马鱼的 $LC_{50}$ 依次为 $5.02\times10^{-3}$μg/mL、113.2μg/mL 和 $1.18\times10^{3}$μg/mL。王晓睿研究了制革污泥渗滤液对斑马鱼的急性生物毒性，发现渗滤液对斑马鱼的不同时长半数致死量（$LD_{50}$）24h-$LD_{50}$、48h-$LD_{50}$、72h-$LD_{50}$、96h-$LD_{50}$ 分别为 4.32%、3.47%、2.57% 和 2.13%，其生物毒性为剧毒。

#### 2.2.4.2 生物毒性标准和评价方法

生物毒性分急性毒性和遗传毒性两大类。急性毒性是指机体（人或试验动物）一次（或 24 小时内多次）接触外来化合物之后所引起的中毒效应，甚至引起死亡。当生物体暴露于遗传毒性化学物质时会产生一系列变化，污染物会诱导生物体遗传物质产生不良效应。

（1）急性毒性试验 目前，通常以《食品安全国家标准 急性经口毒性试验》（GB 15193.3—2014）为依据判断污染物的急性毒性，主要是采用急性毒性试验得出的致死剂量评判污染物的急性生物毒性级别。急性毒性试验是指经口一次性给予或 24h 内多次给予受试物后，在短时间内观察动物所产生的毒性反应，包括致死的和非致死的指标参数，致死剂量通常用半数致死量（$LD_{50}$）来表示。$LD_{50}$ 是指经口给予受试物后，能够引起动物死亡率为 50% 的单一受试物剂量，单位是每千克体重所摄入受试物质的量（单位毫克、克或毫升），即 mg/kg 体重、g/kg 体重或 mL/kg 体重。

（2）遗传毒性试验 常用的遗传毒性试验方法包括基因突变检测方法、染色体畸变测试方法、DNA 损伤测试方法。遗传毒性测试方法可参考《农药登记毒理学试验办法》（GB/T 15670.1 ～ 29—2017）系列标准。在遗传毒性试验方法中哺乳动物骨髓细胞染色体畸变试验测试方法较为简便。

### 2.2.5 病原菌

#### 2.2.5.1 不同原料中存在的病原菌风险

有机肥料种类繁多，可能含有多种病原菌和次生病原菌及寄生虫等物质，但不同有机肥原料在病原菌（又称病原微生物）方面的安全性也有差异，如表 2-8 所示。

表2-8　不同有机肥原料病原微生物来源及种类

| 有机肥原料 | 病原微生物来源 | 主要病原微生物种类 |
|---|---|---|
| 种植业废弃物（蔬菜类、秸秆等） | 受病原菌侵染导致自身携带 | 立枯丝核菌、尖孢镰刀菌、大丽轮枝菌等土传病害病原菌 |
| 养殖业废弃物（畜禽粪便等） | 畜禽粪便作为微生物排出体外的载体，存在大量微生物 | 大肠杆菌、沙门氏菌、李氏杆菌等 |

（1）种植业废弃物　种植业废弃物在种植过程中，直接或间接受到病原菌的侵染，造成自身携带大量病原菌。例如一些蔬菜类的废弃物会携带黑根病、细菌性黑腐病、茎腐病等一些土传病害，这些病原菌都可以在土壤中存活一定时间。在种植业废弃物的处理过程中，如果不及时合理地进行无害化处理，会加快病原菌的繁殖速度，可能还会造成一些腐生寄生虫的大量繁殖，对后续以种植业废弃物为原料的有机肥的使用造成隐患。

（2）养殖业废弃物　养殖业废弃物中可引起寄生感染的微生物有150多种，主要为大肠杆菌、沙门氏菌、贾第虫、弯曲菌及原虫等。如若使用不当会对作物造成污染，同时众多病原菌、高浓度恶臭气体以及粉尘等都会严重危害畜禽健康，甚至产生疫病，直接威胁生产安全以及人体健康。畜禽粪便中含有病原菌、寄生虫卵、杂草种子及不利于植物生长的有毒有害物质，在用作有机肥原料时需进行无害化处理。

（3）加工业废弃物　通常，餐厨垃圾中很大一部分为易腐垃圾。餐厨垃圾的水分含量占其垃圾总量的80%～90%，水分含量高。由于餐厨垃圾中80%～90%都是水，并且含有大量的有机物，所以餐厨垃圾很容易腐败变质发臭，成为蚊虫、病原菌的寄生体。餐厨垃圾如果处置不当，通常在4h后就会发生腐烂，产生恶臭，同时很容易对水体产生污染。

（4）天然原料　主要包括草炭、泥炭、含腐植酸的褐煤等。草炭、泥炭有机质含量高，褐煤中腐植酸类物质含量较高，可以用来改良土壤。以这类物质为原料的有机肥不含有害微生物，从病原菌方面来说没有安全风险，可以根据目的与其他肥料结合使用。

### 2.2.5.2　病原菌检测标准与方法

由于粪便中的致病微生物种类繁多且部分致病微生物的检测难度极大，通常参考水体微生物检测的方法，借助几项指示微生物指标来评估粪便的微生物污染状况。用于评价水体微生物污染的指示微生物主要有总大肠菌群、粪大肠菌群、大肠埃希菌（俗称大肠杆菌）、肠球菌、产气荚膜梭菌、大肠杆菌噬菌体等。

未经处理的畜禽粪便中致病微生物含量很高，所以在利用过程中需要进行无害化处理。在《粪便无害化卫生要求》（GB 7959—2012）中，粪大肠菌值是系统评价粪便无害化处理效果的重要卫生指标，粪大肠菌值是指检出一个粪大肠菌菌落形成单位的最小样本量，粪大肠菌值越大表明采用的方法处理效果越好。目前在无害化处理中高温堆肥可以有效减少致病病原菌数量，在标准中也规定了畜禽粪便高温堆肥后粪大肠菌值≥$10^{-2}$，且不得检出沙门氏菌。

而在标准《有机肥料》（NY/T 525—2021）、《生物有机肥》（NY 884—2012）中也规定了粪大肠菌群数要≤100个/g，蛔虫卵死亡率要≥95%。所以在利用废弃物生产有机肥过程中要关注病原菌等的无害化处理效果。

### 2.2.6　其他

有机肥料原料中可能含有各类有害物质，应当对其进行安全性评价，以免造成二次污染。除了对其重金属、盐分、生物毒性、抗生素、病原菌等进行安全性评价外，还应当对有机污染物、微塑料以及过量施用风险进行评估。

（1）有机污染物　有机肥料原料可带入挥发性和半挥发性、持久性或亲油性有机污染物。环境激素（环境荷尔蒙或环境内分泌干扰物）释放到农田环境中，会影响土壤微生物群落结构特征；长期与人类和动物接触，会使内分泌系统、免疫系统、神经系统出现异常。持久性有机污染物是一类典型的环境激素，在畜禽粪便中含有一定数量的天然动物雌激素，包括雌二醇、雌酮、雌三醇、雌马酚及其代谢中间体等环境激素。Khillare 等研究发现印度新德里 5 个污水处理厂污泥中 16 种多环芳烃（PAHs）的平均浓度为（20.67±4.14）mg/kg，致癌多环芳烃占 PAHs 总量的 47%，苯并［*g*, *h*, *i*］苝浓度较高，其次是二苯并［*a*, *h*］蒽。低分子量和高分子量 PAHs 分别占总 PAHs 含量的 19% 和 81%。污泥中 PAHs 的主要来源是煤和天然气的燃烧，木材燃烧、石油和石油衍生物也会带入 PAHs。我国关于有机肥料环境激素等污染风险方面的研究相对较少。标准《肥料中邻苯二甲酸酯类增塑剂含量的测定　气相色谱-质谱法》（GB/T 35104—2017）规定了肥料中邻苯二甲酸酯类增塑剂含量的测定方法。《肥料中多环芳烃含量的测定　气相色谱-质谱法》（GB/T 32952—2016）规定了肥料中萘、苊烯、芴、菲等 16 种多环芳烃含量的测定方法，测定含量范围为 0.1 ～ 30mg/kg。

（2）微塑料　微塑料主要是指粒径为 0.5mm 的肉眼可见的塑料碎片，含量在 2.38 ～ 180mg/kg。而在斯洛文尼亚的调查中发现，有机肥中微塑料含量更高，达到 1200mg/kg；Weithmann 等观测到粒径大于 1mm 的塑料碎片有 14 ～ 895 个 /kg。上述报道都是针对有机肥中粒径 0.5mm 以上的塑料碎片，更小粒径的微塑料污染状况研究还缺少报道。Li 等在我国 11 个省份的 28 个污水处理厂采集了污泥样品，结果发现微塑料平均含量为（22700±12100）个 /kg（干污泥），核算得出我国每年大约有 $1.56\times10^{14}$ 个微塑料颗粒通过污泥进入环境中。随着有机肥料产量和施用量的增加，有机肥料施用引发的农田土壤中微塑料积累值得关注。

（3）过量施用风险　大量研究表明，过量施用有机肥会直接导致硝态氮和磷在土壤剖面不断积累，当土壤对 N 和 P 的吸附能力达到一定程度后，会增加淋溶风险，易发生径流流失；且农田 N、P 流失与有机肥施用量呈显著正相关，避免有机肥过量施用可有效降低水体营养富集的风险。在我国，由于缺少科学专业的指导，农户不能合理地施用有机肥，存在有机肥滥用现象。政府相关部门应根据当地的实际情况，开展关于有机肥科学施用的技术培训，确保农户做到正确施用；同时对土壤进行检测，对症施肥；并根据作物种类、施肥地点和施肥时间，对 N、P 和 K 的最佳使用量提出建议，实现有机肥的精准投放。

我国自然资源丰富，人口基数大，为满足人们的日常生活需要，采取扩大、集约等生产模式，虽满足了社会发展需求，但却造成大量的资源浪费。我国有机固体废弃物产生量大，如何高效、合理、安全使用成为建设绿色美丽中国的关键。不同有机肥生产原料性质差异大，存在不同的安全性风险，因此需要对不同的原料进行合理的安全性评价后才能用于有机肥料的生产，且在有机肥施用过程中也需遵循合理、适量的原则。

## 参考文献


[1] 李季，彭生平．堆肥工程实用手册 [M].2 版．北京：化学工业出版社，2011.

[2] 王红梅，屠焰，张乃锋，等．中国农作物秸秆资源量及其"五料化"利用现状 [J]．科技导报，2017, 35(21): 81-88.

[3] 张晓庆，王梓凡，参木友，等．中国农作物秸秆产量及综合利用现状分析 [J]．中国农业大学学报，2021, 26(9): 30-41.

[4] 白娜．种植业有机废弃物厌氧发酵产气特性及动态工艺学研究 [D]．北京：中国农业科学院，2011.

[5] 常文韬，袁敏，闫佩．农业废弃物资源化利用技术示范与减排效应分析 [M]．天津：天津大学出版社，2018.

[6] 麻福芳，徐光耀，戴天放．畜禽养殖业废弃物污染防治研究 [J]．农业展望，2017, 13(4): 6.

[7] 郝景锋，于洪艳．动物环境与卫生 [M]．吉林：吉林大学出版社，2015.

[8] 李彦明编译．中小家庭农场实用堆肥化技术指南 [M]．北京：中国农业大学出版社，2015.

[9] 李哲．酒糟有机肥生产、肥效以及酒糟生物质炭的效应研究 [D]．重庆：西南大学，2021.

[10] Macnicol R D, Beckett P H T. The distribution of heavy metal between the principal components of digested sewage sludge[J]. Wat Res, 1989, 23(2): 199-206.

[11] 李艳霞，陈同斌，罗维，等．中国城市污泥有机质及养分含量与土地利用 [J]．生态学报，2003, 23(11): 2464-2474.

[12] 符瞰，任小玉，符芳欢．沿海旅游城市餐厨垃圾特性及处理方法分析 [J]．中国沼气，2013, 31(2): 11-14, 25.

[13] 郑慧清．太原市某高校厨余垃圾产生特性及其资源化利用潜力分析 [D]．晋中：山西农业大学，2013.

[14] 中华人民共和国农业农村部．有机肥料：NY/T 525—2021[S]．2021.

[15] 尹力初．合理施肥防止土壤盐渍化 [J]．湖南农业，2019(11): 18.

[16] 王智中．堆肥过程中除草剂的降解与生物毒性测试研究 [D]．北京：中国农业大学，2013.

[17] 薛晶晶，李彦明，常瑞雪，等．厨余与园林废物共堆肥过程氮素转化及损失 [J]．农业工程学报，2021, 37(10): 192-197.

[18] 常瑞雪．蔬菜废弃物超高温堆肥工艺构建及其过程中的氮素损失研究 [D]．北京：中国农业大学，2017.

[19] 任连海，黄燕冰，王攀．含盐量对餐厨垃圾堆肥理化特性变化规律的影响 [J]．重庆大学学报，2014, 37(7): 104-109.

[20] 贾军涛．易腐垃圾连续式好氧生物转化工艺构建 [D]．北京：中国农业大学，2017.

[21] 何宗均，梁海恬，李峰．天津地区蔬菜种植废弃物产生情况初步调查 [J]．中国农学通报，2017, 33(21): 33-37.

[22] 兰欣宇，程佳雪，万映伶，等．北京地区 8 种园林树木的叶片和枝条重金属含量比较 [J]．中国园林，2019, 35(9): 124-128.

[23] 唐敏，张欣，王美仙．北京 37 种园林植物对 4 种重金属的富集力及其分级评价研究 [J]．西北林学院学报，2019, 34(5): 263-268.

[24] Zhang X, Meng H B, Shen Y J, et al. Survey on heavy metal concentrations and maturity indices of organic fertilizer in China[J]. Int J Agric & Biol Eng, 2018, 11(6): 172-179.

[25] 金茜，魏福伦，曾启华，等．中药渣及袋栽平菇中重金属含量的研究 [J]．食品工业，2012, 33(5): 119-121.

[26] 傅滟，全健，杨天建，等．6 种中药渣安全性评价与利用潜力研究 [J]．时珍国医国药，2022, 33(2): 459-463.

[27] 陆娜，袁卫东，周祖法，等．4 种工厂化食用菌菌糠的主要营养成分及重金属分析 [J]．中国食用菌，2015, 34(6): 42-44, 49.

[28] 杜瑞雪，范仲学，魏爱丽，等．山东沿岸经济贝类体内重金属含量分析 [J]．山东农业科学，2009(8): 58-63.

[29] 苗利军，王静，李志芬．秦皇岛海域海产品汞污染状况及安全性评价 [J]．湖北农业科学，2013, 52(11): 2547-2549.

[30] 尹鹏，张辉文，刘宏达，等．4 省市沼渣沼液养分含量和重金属分析 [J]．中国沼气，2021, 39(5): 43-50.

[31] Bloem E, Albihn A, Elving J, et al. Contamination of organic nutrient sources with potentially toxic elements, antibiotics and pathogen microorganisms in relation to P fertilizer potential and treatment options for the production of sustainable fertilizers: A review[J]. Science of the Total Environment, 2017, 607: 225-242.

[32] Zhao L, Yuan H D, Wang H. Residues of veterinary antibiotics in manures from feedlot livestock in eight provinces of China[J]. Science of the Total Environment, 2010, 408(5): 1069-1075.

[33] Hu X, Zhou Q, Luo Y. Occurrence and source analysis of typical veterinary antibiotics in manure, soil, vegetables and groundwater from organic vegetable bases, northern China[J]. Environmental Pollution, 2010, 158(9): 2992-2998.

[34] An J, Chen H, Wei S, et al. Antibiotic contamination in animal manure, soil, and sewage sludge in Shenyang, northeast China[J]. Environmental Earth Sciences, 2015, 74(6): 5077-5086.

[35] Zhu Y G , Johnson T A , Su J Q , et al. Diverse and abundant antibiotic resistance genes in Chinese swine farms[J]. Pnas, 2013, 110(9): 3435-3440.

[36] Qiao M, Chen W D, Su J Q, et al. Fate of tetracyclines in swine manure of three selected swine farms in China[J]. Journal of Environmental Sciences, 2012, 24 (6): 6.

[37] Sq A, Ae B, Brcd E, et al. Veterinary antibiotics in animal manure and manure laden soil: Scenario and challenges in Asian countries[J]. Journal of King Saud University -Science, 2020, 32(2): 1300-1305.

[38] Huang Y, Cheng M, Li W, et al. Simultaneous extraction of four classes of antibiotics in soil, manure and sewage sludge and analysis by liquid chromatography-tandem mass spectrometry with the isotope-labelled internal standard method[J]. Analytical Methods, 2013, 5(15): 3721-3731.

[39] EMA. Sales of veterinary antimicrobial agents in 19 EU/EEA countries in 2010: Second ESVAC report, 2012.

[40] Xie W Y, Shen Q, Zhao F J. Antibiotics and antibiotic resistance from animal manures to soil: A review[J]. European journal of soil science, 2018, 69(1): 181-195.

[41] 朱培，张建斌，陈代杰．抗生素菌渣处理的研究现状和建议 [J]．中国抗生素杂志，2013, 38(9): 647-651, 673.

[42] 李益飞．青霉素菌渣热解产物特性及生物油催化脱氮机制 [D]．北京：北京科技大学，2021.

[43] 张明峰．抗生素渣的营养价值及饲用效果 [J]．饲料博览，2000(3): 40-41.

[44] 李月海，刘冬玲，谢幼梅．抗生素菌渣的综合利用 [J]．山东畜牧兽医，2000(6): 28-31, 39.
[45] 阎佩云．食用菌渣循环再利用探究 [J]．广东蚕业，2019, 53(4): 46, 50.
[46] 马鸣超，姜昕，曹凤明，等．我国生物有机肥质量安全风险分析及其对策建议 [J]．农产品质量与安全，2017(5): 5.
[47] 谢文凤，吴彤，石岳骄，等．国内外有机肥标准对比及风险评价 [J]．中国生态农业学报 ( 中英文 ), 2020, 28(12): 11.
[48] 宋捷，鄂蕊，杨颖，等．尿素遗传毒性评价研究 [J]．中国药事，2021, 35(9): 1007-1014.
[49] 舒斌，韦英杰，张陆勇，等．采用模式生物斑马鱼评价三种中药成分的急性毒性 [J]．云南中医学院学报，2010, 33(1): 35-37.
[50] 王晓睿．制革污泥渗滤液的基本特征及生物毒性效应研究 [D]．贵阳：贵州大学，2021.
[51] 魏勇，高嵩涓，曹卫东，等．绿肥影响农田土传病害的研究进展 [J]．草地学报，2021, 29(08): 1605-1614.
[52] 杨天杰，张令昕，顾少华，等．好氧堆肥高温期灭活病原菌的效果和影响因素研究 [J]．生物技术通报，2021, 37(11): 237-247.
[53] 陈欣．畜禽粪便中粪大肠菌群对蔬菜污染的研究 [D]．南京：南京师范大学，2007.
[54] 刘芳，吴晓磊．指示水体病原污染的微生物及其检测 [J]．环境工程学报，2007 (2): 139-144.
[55] 梁雨，邱志刚，李辰宇，等．冬季天津典型集约化畜禽养殖场粪便微生物污染调查 [J]．环境与健康杂志，2019, 36(7): 595-598.
[56] 董志新，卜玉山，续珍，等．沼气肥养分物质和重金属含量差异及安全农用分析 [J]．中国土壤与肥料，2015(3): 105-110.
[57] 马若男，李丹阳，亓传仁，等．碳氮比对鸡粪堆肥腐熟度和臭气排放的影响 [J]．农业工程学报，2020, 36(24): 194-202.
[58] 王辉，董元华，张绪美，等．江苏省集约化养殖畜禽粪便盐分含量及分布特征分析 [J]．农业工程学报，2007, (11): 229-233.
[59] 张鹏，金敏，邱志刚，等．天津海河流域冬季微生物污染和水质特征研究 [J]．环境与健康杂志，2014, 31(7): 575-578.
[60] 李涛，孟丹丹，郭水良，等．17 种常用除草剂对蚯蚓的急性毒性 [J]．生态环境学报，2021, 30(6): 1269-1275.
[61] 桂萌，熊建军，崔希龙，等．城市污泥堆肥化处理研究进展 [J]．农业现代科技，2010, 10.
[62] 王红梅，屠焰，张乃锋，等．中国农作物秸秆资源量及其“五料化”利用现状 [J]．科技导报，2017, 35(21): 81-88.
[63] 中华人民共和国生态环境部关于发布《第二次全国污染源普查公报》的公告 [DB/OL]. [2020-06-09]. http://www.mee.gov.cn/xxgk2018/xxgk/xxgk01/2-02006/t20200610_783547.html
[64] 秦韩淼，谭志海，李世浩，等．秸秆对厨余垃圾堆肥渗滤液减排的影响 [J]．西安工程大学学报，2021, 35(2): 9-14.
[65] 刘希元，吴春燕，张广臣，等．蔬菜重金属污染与防治研究综述 [J]．安徽农业科学，2019, 47(15): 10-12, 17.
[66] 蒋爱国．酱油渣醋渣加工优质饲料技术 [J]．农村新技术，2008, 10:32-38.
[67] 胡建民，苗俊艳，许秀成．科学认识和辨别有机肥 [J]．肥料与健康，2022, 49(1): 11-15.
[68] 徐永刚，宇万太，马强，等．环境中抗生素及其生态毒性效应研究进展 [J]．生态毒理学报，2015, 10(3): 11-27.

中国肥料研究与应用全书

Books of Fertilizer Research and Application in China

FERTILIZER

# 第3章

# 堆肥

堆肥既可理解为一个动词，它是一种废弃物处理的工艺和方法；也可以作为一个名词，理解为一种可以直接施用也可以作为商品有机肥料原料的产品。通过堆肥化过程，有机物由不稳定状态转变为稳定的腐殖质，堆肥产品不含病原菌，不含杂草种子，而且无臭无蝇，可以安全保存和使用，也是商品有机肥料的原料。因此，本章从堆肥的两种理解出发，分别介绍堆肥的概念及种类、堆肥生产和堆肥产品。

## 3.1 堆肥的概念及种类

### 3.1.1 堆肥概念及原理

目前堆肥还没有一个被广泛认同的定义。各国对堆肥的定义各不相同，例如欧盟委员会把堆肥定义为：“在通风条件下，通过自身发热分解的产物，是一类不会招致害虫、无臭气、可防止病菌繁殖的有机物”。英国堆肥协会（UKCC，现英国有机循环协会）的定义与欧盟委员会的定义完全一致。美国农业部（USDA）则认为：“堆肥为有控制地通过生物分解有机废弃物后得到的产物，在分解过程中产生的热量可使原材料得到无害化和稳定化以有益于植物生长，其物理性质与初始的原材料已截然不同。堆肥是一种有机质资源，其特有的性质可以改善土壤或生长基质的化学、物理和生物性质，它虽含有植物养分，但还不是一种典型肥料”。加拿大堆肥委员会的定义是：“堆肥是一个自然的生物过程，它在可控条件下把有机物转化成一种稳定的类腐殖质产品。堆肥过程中主要通过微生物，包括细菌和真菌把有机物分解为简单的化合物。堆肥是一个好氧过程，意味着微生物需要氧气来完成其工作”。日本于 2000 年修订的肥料管理法中把传统堆肥定义为：“把稻秸、稻壳、树皮、动物的排泄物及其他动植物的有机物质（污泥及鱼贝类的内脏器官除外）进行堆积或搅拌，腐熟而成的肥料”。日本有机资源协会于 2003 年出版的《堆肥化手册》中则把堆肥定义为：“在堆积、搅拌、通风的好氧状态下，利用微生物分解原材料中的有机物，分解产生的热量可使水分蒸发，能杀死病原菌、寄生虫卵和杂草种子，是一个安全、卫生、有机物稳定化的过程”。

国内对堆肥的理解是在人工控制和一定的水分、C/N 比及通风条件下通过微生物的发酵作用，将废弃有机物转变为肥料的过程。通过堆肥化过程，有机物由不稳定状态转变为稳定的腐殖质物质，堆肥产品不含病原菌，不含杂草种子，而且无臭无蝇，可以安全处理和保存，是一种良好的土壤改良剂和有机肥料。

堆肥实际就是废弃物稳定化的一种过程，但它需要特殊的湿度和通气条件以产生适宜的温度。一般认为这个温度要高于 45℃，保持这个高温可以使病原菌失活，并杀死杂草种子。在合理堆肥后，残留的有机物分解率较低且相对稳定，堆肥的臭味可以大大降低。堆肥还可以产生明显的干燥效果，这一点对于潮湿物料非常有用。堆肥中有机底物的降解与干燥过程同步进行，能够降低后续处理的费用，从而有利于增加堆肥的再利用或处置。

（1）堆肥的基本原理　可以表示为：

$$有机废物 + O_2 \xrightarrow[新陈代谢]{微生物} 稳定的有机残余物 + CO_2 + H_2O + 热$$

好氧条件下，堆肥物料中的可溶性有机物透过微生物的细胞壁和细胞膜被微生物吸收；固体和胶体有机物质先附着在微生物体外，由微生物分泌胞外酶将其分解为可溶性物质，再渗入细胞。好氧堆肥反应过程如图 3-1 所示。

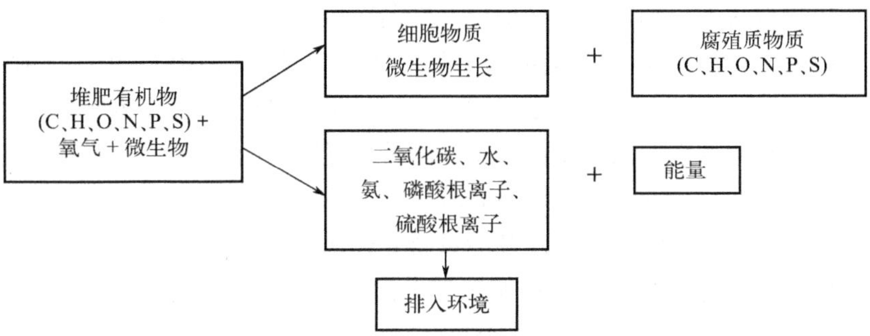


图 3-1　好氧堆肥反应过程

同时微生物自身的代谢活动也使一部分有机物被氧化成简单的无机物，并释放能量；使另一部分有机物用于合成微生物自身的细胞物质，提供微生物各种生理活动所需的能量，使机体能进行正常的生长与繁殖。堆肥中有机物的氧化与细胞物质的合成和氧化基本过程如下所述。

① 有机物的氧化　不含氮的有机物（$C_xH_yO_z$）的氧化：

$$C_xH_yO_z + \left(x+\frac{1}{4}y-\frac{1}{2}z\right)O_2 = xCO_2 + \frac{1}{2}yH_2O + 能量$$

含氮有机物（$C_sH_tN_uO_v \cdot aH_2O$）的氧化：

$$C_sH_tN_uO_v \cdot aH_2O + bO_2 = C_wH_xN_yO_z \cdot cH_2O(堆肥) + dH_2O(气) + cH_2O + fCO_2 + gNH_3 + 能量$$

② 细胞物质的合成（包括有机物的氧化，并以 $NH_3$ 作为氮源）

$$n(C_xH_yO_z) + NH_3 + \left(nx+\frac{ny}{4}-\frac{nz}{2}-5\right)O_2 = C_5H_7NO_2(细胞质) + (nx-5)CO_2 + \frac{1}{2}(ny-4)H_2O + 能量$$

③ 细胞物质的氧化

$$C_5H_7NO_2 + 5O_2 = 5CO_2 + 2H_2O + NH_3 + 能量$$

（2）生物学原理　堆肥过程有许多不同种类的微生物参与，由于堆肥原料和条件的变化，各种微生物的数量也在不断发生变化，所以堆肥过程中没有任何一种微生物是始终占据主导地位的。每一个环境都有其特定的微生物种群，参与堆肥过程的主要微生物种类是细菌、真菌以及放线菌，这三种微生物都有中温菌和高温菌。在好氧堆肥过程中，存在着大量的细菌，细菌凭借比较大的比表面积，可以快速将可溶性底物吸收到细胞中。研究表明，嗜温细菌是堆肥系统中最主要的微生物，在堆肥过程的初始阶段，嗜温细菌最为活跃，随着堆体温度达到最高值，其种群数量下降至最低；在降温阶段，嗜温细菌的数量又有所回升。放线菌可以分解纤维素并溶解木质素，同时，它们比真菌能够忍受更高的温度和 pH 值。所以，尽管放线菌降解纤维素和木质素的能力并没有真菌强，但是它们在堆肥过程中的高温期却是分解木质纤维素的优势菌群。真菌，尤其是白腐真菌可以利用堆肥底物中所有的木质纤维素，因此，真菌的存在对于堆肥的腐熟和稳定具有重要的意义。嗜温性真菌地霉菌（*Geotrichum* sp.）和嗜热性真菌烟曲霉（*Aspergillus fumigatus*）是堆肥物料中的优势种群，在整个堆肥微生物群落中，细菌占主导地位，真菌、放线菌也有较多的数量。研究表明，每克堆肥中细菌数为 $10^8 \sim 10^9$，放线菌数为 $10^5 \sim 10^8$，真菌数为 $10^4 \sim 10^6$。堆肥过程中微生物的种群随温度的变化发生如下的交替变化：低、中温菌群为主转变为中、高温菌群为主，中、高温菌群为主转变为中、低温菌群为主。随着堆肥时间的延长，细菌逐渐减少，放线菌逐渐增多，霉菌和酵母菌在堆肥的末期显著减少。

（3）热力学原理　热力学是一门涉及能量及其转化的学科，其原理也广泛用于堆肥系统的分析。根据热力学能量守恒定律，堆肥工艺中的主要能量输入是堆肥基质中的有机分子，当这些有机分子被微生物分解时，能量可转化为微生物机体或以热释放到周围环境中。由此可见，有机物分解产生的能量推动了堆肥化进程，使堆体温度升高，同时还可干燥湿基质。实际上也正好可以使微生物继续获得能量对周围有机质进行分解。堆肥热力学过程（图 3-2）描述了系统的主要输入、输出过程。主要输入有基质、调理剂、干燥气体及其携带的水蒸气；主要输出是堆肥产品、排出的干燥气体和水蒸气。图 3-2 分析了与这些物质相关的热量输入和输出，虽然散发到环境中的热损失没有计算在内，但通常它只是热输出的一小部分；堆肥回料和膨胀剂回料未在图中标出，这些物料的流动属于系统边界的内部因素，它们对系统内的平衡是重要的，但不影响整个系统热平衡。

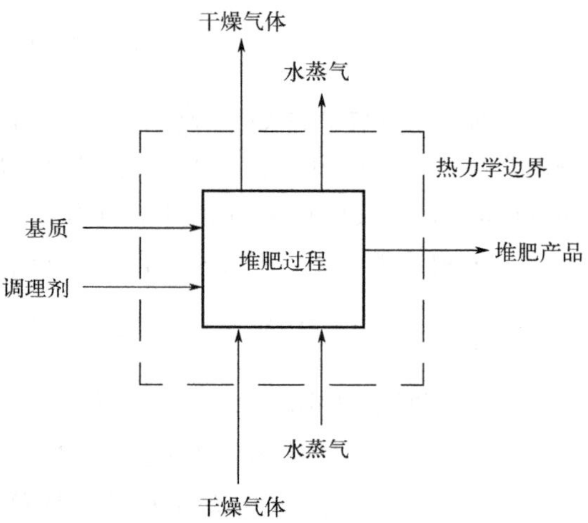

图 3-2　堆肥中的热力学过程

（4）动力学原理　堆肥过程中还涉及反应动力学内容，多数堆肥基质由固体有机物组成，是一种由固体基质和水分结合的异质系统。固体基质代谢的基本步骤及情形为：

① 细胞释放胞外水解酶，并把这种酶转移到基质表面；

② 基质分子水解为较小分子量的可溶性碎片；

③ 可溶性基质分子向细胞扩散传输；

④ 基质扩散进入微生物细胞、絮状物或菌丝体；

⑤ 氧气（通常是空气中的氧）在微粒孔隙间传输；

⑥ 氧气通过气 -液界面和该界面任一边分层界面传输；

⑦ 氧气穿过与固体基质结合的液相层面扩散传输；

⑧ 氧气进入微生物细胞、絮状物或菌丝体扩散传输；

⑨ 基质和氧气在微生物细胞内发生有氧代谢。

在这些过程中涉及众多的动力学，如微生物动力学、基质溶解动力学、氧气运输动力学等，在堆肥工程上集中体现为反应动力学。

堆肥一级反应速率方程可通过长期呼吸试验形成的耗氧量曲线得出。

$$\frac{\mathrm{dBVS}}{\mathrm{d}t}=-k_{\mathrm{d}}\mathrm{BVS} \tag{3-1}$$

式中　BVS——可生物降解挥发性固体的量，kg；

$t$——时间，d；

$k_{\mathrm{d}}$——速率常数，g BVS/（g BVS-d）或 $\mathrm{d}^{-1}$。

依照式（3-1），可生物降解挥发性固体的氧化速率 dBVS/d$t$ 是剩余可生物降解挥发性固体量的函数，负值表明随时间的增加可生物降解挥发性固体的量在减少。

一级反应动力学模型可以准确描述许多堆肥基质的降解过程，拟合的准确性有时可通过把基质分解为具有不同反应速率常数的部分来提高。反应速率不同可归因于两个因素：有机质的性质和微生物利用有机质的能力。水解速率是堆肥动力学的控制因子。

### 3.1.2　堆肥工艺流程

堆肥工艺流程如图 3-3 所示。堆肥过程通常分两个阶段，即一次堆肥（也叫快速或高温发酵）和二次堆肥（也叫后熟或陈化），这两个阶段之间通常没有明确的定义和区别。

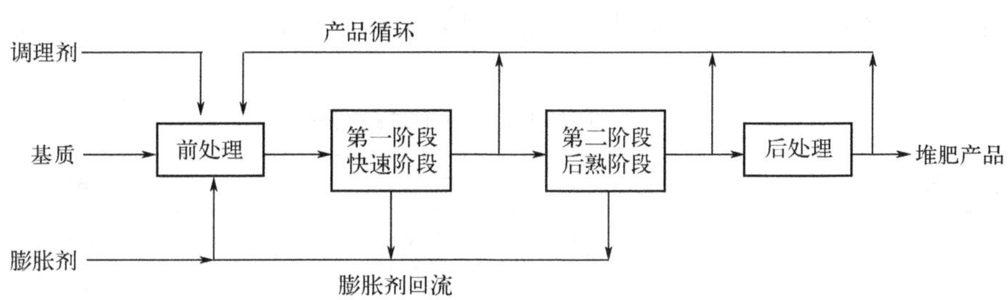


图 3-3　堆肥工艺流程

一次堆肥阶段的特点是：高氧气吸收率，高温，可生物降解挥发性固体（BVS）大量减少，但是臭味较重。通常，一次堆肥阶段由于需要减少臭气，因此需要提供通气和保持对堆肥过程的良好控制。二次堆肥阶段的特点是：温度低，氧气吸收率低，臭味潜力低。相对一次堆肥阶段来讲，二次堆肥阶段的管理和调控比较简单，然而从工程角度看，不能没有二次堆肥，因为二次堆肥阶段可继续降解那些难降解的有机物，还要克服反应速率变慢以及重建低温微生物群落，从而有助于堆肥腐熟、减少植物毒性物质和抑制病原菌。对一个完整的堆肥系统的设计和操作来说这两个阶段是缺一不可的，而且是生产腐熟堆肥所必需的。

根据温度的变化，堆肥过程一般分为三个阶段：

（1）升温阶段　一般指堆肥过程的初期，在该阶段，堆体温度逐步从环境温度上升到

45℃左右，主导微生物为嗜温性微生物，包括真菌、细菌和放线菌，分解底物以糖类和淀粉类为主。其间能发现真菌的子实体，也有动物及原生动物参与分解。

（2）高温阶段　堆温升至45℃以上即进入高温阶段，在这一阶段，嗜温性微生物受到抑制甚至死亡，而嗜热性微生物则成为主导微生物。堆肥中残留的和新形成的可溶性有机物质继续被氧化分解，复杂的有机物如半纤维素-纤维素和蛋白质也开始被强烈分解。微生物的活动交替出现，通常在50℃左右时最活跃的是嗜热性真菌和放线菌；温度上升到60℃时真菌几乎完全停止活动，仅有嗜热性细菌和放线菌活动；温度升到70℃时大多数嗜热性微生物已不再适应，并大批进入休眠和死亡状态。现代化堆肥生产的最佳温度一般为55℃，这是因为大多数微生物在该温度范围内最活跃，最易分解有机物，而病原菌和寄生虫大多数可被杀死。

（3）降温阶段　高温阶段必然造成微生物的死亡和活动减少，自然进入低温阶段。在这一阶段，嗜温性微生物又开始占据优势，对残余较难分解的有机物进一步地分解，但微生物活性普遍下降，堆体发热量减少，温度开始下降，有机物趋于稳定化，需氧量大大减少，堆肥进入腐熟或后熟阶段。

### 3.1.3　堆肥工艺分类

各种堆肥系统的主要区别在于维持堆料及通气条件所用技术手段的差异，因此就出现了不同的分类方法。有人将堆肥系统分成干预堆肥系统和非干预堆肥系统，还有按堆料运动与否将堆肥系统分成静态堆肥系统和动态堆肥系统。

一般来讲，应用反应器的系统被叫作“机械”系统、“封闭”系统或“容器”系统，而不用反应器的系统被称为“开放”系统。堆肥系统也可依据反应器类型、物料流动特点、反应器条件以及空气供应方式来分类。表3-1基本包括了大部分历史上和目前沿用的堆肥系统。

表3-1　国内外主要堆肥系统分类

| 反应器系统 | 搅动 | 鼓风 | 堆肥类型 |
|---|---|---|---|
| 开放 | 无搅动 | 不鼓风 | 传统堆肥 |
| | | 鼓风 | 静态堆肥 |
| | 有搅动 | 不鼓风 | 条垛式堆肥（自然通风） |
| | | 鼓风 | 条垛式堆肥（强制通风） |
| 封闭 | **物料流动方向** | **干预方式** | **堆肥类型** |
| | 水平 | 静态 | 隧道式堆肥 |
| | | 搅拌 | 搅拌槽式堆肥 |
| | | 翻转 | 转鼓式（DANO）堆肥 |
| | 垂直 | 搅拌 | 塔式堆肥 |
| | | 填充 | 筒仓式堆肥 |

资料来源：余群等，2003。

目前国内应用最为广泛的三大类堆肥系统是条垛式、搅拌槽式和反应器堆肥系统。其中条垛式堆肥主要通过人工或机械的定期翻堆配合自然通风来维持堆体中的有氧状态；与条垛式堆肥相比，搅拌槽式堆肥在发酵槽中采用物料翻堆搅拌和强制曝气，能更有效地确保堆体达到高温和病原菌灭活，堆肥周期缩短；反应器堆肥则在一个或几个容器中进行，通气和水分条件得到了更好的控制。

需要说明的是，每一种堆肥系统都有各自的优缺点，实际应用中采用哪一种系统主要取决于特定的条件，堆肥厂可以根据物料、场地、生产规模、当地气候、环保政策、投资、产品质量等来选择最切合自身实际的堆肥系统。

# 3.2　堆肥生产

## 3.2.1　传统沤肥

（1）传统沤肥概念　沤肥是利用作物秸秆、落叶、野草、水草、绿肥、草炭、垃圾、河泥、塘泥、人畜粪尿等各种有机废弃物为原料，加入过量的水（或污水），使有机质在常温嫌气条件下腐解发酵而成的一类有机肥料。由于沤制场所、时期、材料和方法上的差异，各地沤肥名称不一，有四川、湖北的垱肥，湖南的凼肥，江浙一带的草塘泥和江西的窖肥等。沤肥是我国南方水网地区的一种重要积肥方法，北方也有利用雨季或在有水源的地方进行沤制。

（2）传统沤肥发展历史　中国在历史上长期是农业大国的典型代表，人们用自己的智慧结合实践经验获得了丰富的用肥养地知识，逐步形成了用地与养地相结合的耕种传统，保持我国几千年的土壤肥力与粮食生产的相对稳定。

① 秦朝及秦朝前期　据相关的文献记载，孟子（公元前 372 年—公元前 289 年）在《孟子 • 万章下》中写到："耕者之所获，一夫百亩。百亩之粪，上农夫食九人"。意思是说一人耕种一百亩地，全部施肥，上等的农夫能养活九口人。篆体"粪"象征用双手或容器获得及储藏物料，表明在秦朝或秦朝早期粪便已开始被收集和制作肥料进行农业生产。汉代灰陶猪圈是将猪圈和厕所建在一起，这表明当时的人们已经懂得收集动物粪便及人粪尿，很好地证明了汉代农民对有机废弃物的收集与利用。在公元前 50 年，西汉时期的《氾胜之书》在开宗明义中写到："凡耕之本，在于趣时，和土，务粪泽，早锄早获""汤有旱灾，伊尹作为区田，教民粪种，负水浇稼""区田以粪气为美，非必须良田也"，这可能是我国历史上对沤肥及沤肥效果较早的记载。

② 北魏时期　汉朝之后，北魏的贾思勰在《齐民要术》中写到"凡人家秋收治田后，场上所有穰、谷、䵃等，并须收贮一处。每日布牛脚下，三寸厚；每平旦，收聚堆积之。还依前布之，经宿即堆聚。计经冬，一具牛踏成三十车粪。至十二月、正月之间，即载粪粪地"。

这段话对当时制作有机肥料的过程进行了较为完整的描述，也就是对厩肥制作过程的详细描述，是我国农家肥制作技术发展的雏形。

③ 南宋时期　在此之后堆肥又经过了近500年的发展，南宋的陈旉在《陈旉农书》“善其根苗篇”中描述了当时的堆沤技术“于始春又再耕耙转，以粪壅之，若用麻枯尤善。但麻枯难使，须细杵碎，和火粪窖罨，如作曲样；俟其发热，生鼠毛，即摊开中间热者置四旁，收敛四旁冷者置中间，又堆窖罨；如此三四次，直待不发热，乃可用，不然即烧杀物矣”。这段文字表明了好氧发酵领域中比较重要的两个科学原则：配料与翻堆问题，也就是只有将麻枯和火粪混合堆积才能提高堆体温度，而且堆体升温后要进行翻堆，达到调节温度、混合物料、均匀发酵的目的。为了验证南宋堆沤技术的实际效果，进行了一次模拟堆沤试验，试验结果表明，堆体最高温度可以达到50℃以上，腐熟程度较高（发芽指数92.94%），有机碳降解率达72.41%，说明南宋时期的堆沤技术已经相对成熟。

④ 元朝时期　元朝的王祯在《王祯农书》（约1300年）中写到：“南方治田之家，常于田头置砖槛窖，熟后而用之，其田甚美。北方农家亦宜效此，利可十倍。”他在书中也明确地阐述了需要建造专门的“粪屋”进行堆沤，并提出粪便需要腐熟后才能施用。

⑤ 明朝时期　堆沤技术在明朝得到了进一步的快速发展，《宝坻劝农书》（1588—1591年）中详细记录了6种堆沤技术，详细说明见表3-2。《宝坻劝农书》中的6种堆沤技术基本都是以各种粪便为原料，以腐熟生粪为目的，虽然采取的方式不同，但粪便都需要经过发酵后才能施用。

表3-2　《宝坻劝农书》中6种堆沤技术概况

| 技术名称 | 技术描述 |
| --- | --- |
| 踏粪法 | 南方农家凡养牛羊豕属，每日出灰于栏中，使之践踏。有烂草腐柴，皆拾而投之足下，粪多而栏满，则出而叠成堆矣。 |
| 窖粪法 | 须当照江南之例，各家皆制坑厕，滥则出而窖之，家中不能立窖者，田首亦可置窖。 |
| 蒸粪法 | 农居空闲之地，宜诛茅为粪屋，檐务低，使遮风雨，凡扫除之土，或烧燃之灰，箕扬之糠秕，断藁落叶，皆积其中。随即栓盖，使气薰蒸糜烂。 |
| 酿粪法 | 于厨栈下深凿一池，细甃使不渗漏，每舂米，则聚砻簸谷及腐草败叶，沤渍其中，以收涤器肥水，沤久自然腐烂。 |
| 煨粪法 | 干粪积成堆，以草火煨之。 |
| 煮粪法 | 郑司农云：“用牛粪，即用牛骨浸而煮之，”其说具“区田”中。 |

资料来源：郑守森，2000；杜新豪，2014。

⑥ 清末至改革开放之前　堆沤技术经过明清时代的快速发展，在20世纪30年代出现了“元平式”快速堆肥法，这种堆肥技术在堆肥前期接种一株纤维素分解菌，实现了3周内完成堆肥以及提高堆肥产品养分（氮磷钾含量提升20%～60%）的目的。我国的堆肥技术由此进入了以微生物接种和快速发酵为核心理论的发展阶段。20世纪60～70年代，虽然化肥已经逐渐开始广泛施用，但广大农民仍然采用田间就地堆沤的技术制作有机肥料。这种

技术在田间空地上进行，将畜禽粪便堆成圆堆状，并加入部分秸秆，经过 3 个月左右的堆沤后施入农田。这种技术能够处理很多种类的有机废弃物，使得堆肥原料在这一时期达到前所未有的全面。

目前，我国农村地区仍然有将秸秆、落叶、野草、动物粪便及垫圈料等农业废弃物通过堆沤的方式制成有机肥料并用于农业生产的习惯。农村地区制作沤肥一般是在耕地或温室大棚附近空地上进行，以畜禽粪便为主要原料，通常不添加或添加少量辅料，一般不进行翻堆，没有固定堆体形状，堆体以塑料布覆盖，堆肥周期一般为 2 ～ 5 个月不等。这类堆沤肥往往存在发酵周期长、腐熟度与无害化程度低等问题，具有一定的施用风险。

（3）传统沤肥的成分与性质　在传统沤肥沤制过程中，有机物质在嫌气条件下腐解，养分不易挥发，同时形成的速效养分多被泥土所吸附，不易流失。因此，传统沤肥是速效和迟效养分兼备的、肥效稳而长的多元素有机肥料。

1999 年，据全国 11 个省（自治区）有机肥调查取样测试结果显示，新鲜传统沤肥一般含有机碳 2.966% ～ 5.525%，平均含量为 4.245%；全氮含量为 0.217% ～ 0.375%，平均含量为0.296%；全磷含量为0.095%～0.148%，平均含量为0.121%；全钾含量为0.123%～0.259%，平均含量为 0.191%；速效氮含量为 159 ～ 255mg/kg，平均含量为 207mg/kg。同时还含有较为丰富的钙、镁、硅、铜、锌、铁、锰、硼、钼等多种中微量元素。由于沤制材料种类、配比及沤制方法等的不同，传统沤肥间的养分含量差异较大（表 3-3）。

表3-3　凼肥和草塘泥的主要养分含量

| 养分 | 凼肥 | | | 草塘泥 | | |
|---|---|---|---|---|---|---|
| | 样本数 | 平均值 | 95% 置信限 | 样本数 | 平均值 | 95% 置信限 |
| 水分　/% | 35 | 54.4 | 49.8 ～ 59.1 | 14 | 72.7 | 69.8 ～ 75.7 |
| 有机碳　/% | 7 | 7.2 | 4.5 ～ 9.9 | 14 | 2.2 | 1.5 ～ 3.0 |
| 粗有机物　/% | 26 | 5.0 | 3.9 ～ 6.0 | 14 | 5.2 | 3.8 ～ 6.7 |
| 全氮　/% | 33 | 0.23 | 0.18 ～ 0.28 | 14 | 0.16 | 0.11 ～ 0.20 |
| 全磷（P）/% | 33 | 0.1 | 0.06 ～ 0.14 | 14 | 0.08 | 0.05 ～ 0.10 |
| 全钾（K）/% | 33 | 0.77 | 0.60 ～ 0.94 | 14 | 0.33 | 0.26 ～ 0.39 |
| pH 值 | 57 | 7.2 | 6.9 ～ 7.4 | 8 | 7.8 | 7.3 ～ 8.2 |

资料来源：何平安，邢文英，中国有机肥料资源，1999。

传统沤肥的腐熟程度通常从颜色、软硬度和气味来判断。腐熟好的传统沤肥，表面起蜂窝眼，表层水呈红棕色，肥体颜色为黑绿色，有机原料完全腐烂变形，肥质松软，翻动有臭气，挖动不粘锄，施到田里不浑水。根据有机肥料养分分级评价标准和传统沤肥在有机肥料中所占据的地位，传统沤肥属于三等二级。

（4）传统沤肥的积制方法　传统沤肥是发酵肥料的另一种方式，所用的原料与堆肥差异不大，传统沤肥材料的 C/N 比较堆肥材料低，主要是易于分解的植物、动物废弃物。要积制优质传统沤肥，必须掌握好以下几点：a．下面不渗漏，面上保持浅水层，以隔绝空气，创造嫌气发酵条件；b．注意原料配合，尤其是高碳氮比原料与低碳氮比原料的合理搭配；c．通过添加粪引子和人畜粪尿等方法，增加微生物和微生物所需要的氮素营养；d．勤翻动，使物料混合均匀，腐熟一致，同时调整过强的还原环境，以利于微生物的繁殖、活动，加速腐解。传统沤肥因各地区习惯、材料、制法的不同，名称亦有区别，但它们的沤制方法大同小异，都是以嫌气发酵为主。传统沤肥制作简便，原料来源广，无论是牲畜粪尿还是作物秸秆、山青湖草均可就地混合，在田边地头加水沤制。现就传统沤肥的两种主要形式，即凼肥和草塘泥，分别叙述如下：

① 草塘泥　草塘泥又叫灰塘泥、塘草粪、挟草泥，它是江苏南部、浙江、上海等江南水网地区稻田常用的一种有机肥料。草塘泥是利用各种河塘泥、稻草、糠壳、绿肥、猪粪尿、青草等在水田嫌气低温条件下沤制而成的。

草塘泥的沤制可分为配制稻草河泥、挖塘沤制、翻塘精制三个步骤。

a．配制稻草河泥　在冬春季节挖取塘泥或河泥，加入相当于泥重 3% 的切碎（< 30cm）稻草，将草泥拌匀后放于泥塘边风化一段时间，即为稻草河泥。

b．挖塘沤制　在田边地头挖塘，塘的大小和深度根据田块面积而定，一般塘面积占田块面积的 1% ～ 2%。挖出的泥堆在四周做塘埂，塘埂高 0.5m，深 1m 为宜，适当增高塘埂可防止肥液外流或过多的田水流出。塘底和土埂应捶实防漏。三四月份将稻草河泥、猪粪、绿肥以及足够的水按比例分层加入，并不断踩踏或配料均匀，最后灌水，使之保持约 5cm 的浅水层进行沤制。

c．翻塘精制　沤制 15 天后可将塘内的肥料取出，补加绿肥和猪粪水，重新分层移入塘内，继续保持浅水层沤制。一般翻塘 1 ～ 2 次即可，以利于物料充分腐解，又可防止肥分损失。翻塘的主要作用是结合加料改善通气条件，但花费劳力较多，并可能使氮素损失。据试验，只要塘不渗漏，在入塘沤制时，将配料一次加足，充分混匀，在相同的沤制时间内，不翻塘也可得到同样腐熟良好的草塘泥，从而可节省劳力，利用河泥的吸氨能力稳定氮素。

② 凼肥　凼肥又叫窖肥，它是用青草、垃圾、山草皮、作物秸秆、人畜粪尿在淹水嫌气条件下沤制而成的一种有机肥料，在我国湖南、湖北、江西农村广泛使用，是一种重要的农家肥料。

凼肥的沤制因地点、方法和原料的不同，又可分为家凼和田间凼两种。

a．家凼　设在农家住宅前后，一般深 60 ～ 100cm，大小、形状根据地形、原料及需肥量而定。凼底及四壁捶紧，使之不漏水。以农家的污水、废弃物和垃圾等为主要原料，陆续加入，常年积肥，每年出凼肥数次。

b．田间凼　设在稻田的田角、田边或田间。由于沤制季节的不同，又分为冬凼、春凼和夏凼，但沤制方法基本相同。一般根据田块大小，设 1 ～ 5 个凼，多者 7 ～ 8 个，形状呈长方形或圆形，凼深 0.5m 左右，周围用田泥筑埂，埂宽 30cm 左右，内壁捶实打紧，以防漏水。将草皮、秸秆、绿肥、厩肥等与适量的人畜粪尿、泥土拌合均匀后保持一浅水层沤制。每次翻凼时，加入少量人畜粪尿或厩肥以促进腐熟，还可加少量磷肥一起沤制。翻凼次数随季节而定，一般翻凼 2 ～ 3 次，至凼面有蜂窝眼、水层颜色呈红棕色且有臭味时，凼肥即已腐熟。

③ 厩肥　厩肥的定义很广，通常是指人们养殖的家禽、牲畜排泄的粪便、尿液和垫在圈内的秸秆、吃剩后的饲料堆积在圈内的物质，然后充分发酵后的成品，在我国北方地区农村中广泛使用，是农家肥的一种类型。制作方法为：将畜粪尿放入圈内，经过牲畜不断踏踩、压紧，粪尿与垫料充分混合，并在紧密缺氧条件下就地分解腐熟，经 3 ～ 5 个月发酵，圈内的肥料达腐熟程度即可施用，上层的肥料如没完全腐熟，需再腐熟一段时间方可施用。家畜粪尿也可用坑圈、堆腐等方法进行腐熟，然后施用。

（5）传统沤肥的特点　传统沤肥的腐熟过程主要是在嫌气条件下进行的，氧化还原电位较低，一般不超过 60mV。腐熟过程中易溶性的有机物质首先被分解，纤维素的分解比较缓慢。与堆肥相比，其特点是腐熟时间长，受气温影响大，一般夏季气温高，20 天左右即可腐熟，冬季要一个月以上，气温长期在 0℃以下时不宜沤制。但传统沤肥内的温度及酸碱度变化较平稳，养分损失少，并且有利于腐殖质的积累。厌氧环境和超高的湿度导致有机酸在肥料中大量积累，碳氮比值和其他一些微量元素严重不足，且在水中也抑制了微生物的活动，大大降低了微生物的活性。因此，虽然传统沤肥操作简便，易于实施，但是由于它自身的缺陷性，在施用时需要加入其他肥料以补充其养分。此外，秸秆传统沤肥通常需要在高温、密闭条件下进行，有效杀灭了秸秆中的致病原，同时秸秆中的营养元素不会损失。但是，传统沤肥沤制过程时间较长，对人力、物力要求较高，导致不能大面积推广。

### 3.2.2　就地堆肥

（1）就地堆肥定义　就地堆肥是指在农田附近或农场空地对农业废弃物进行就地就近快速处理的堆肥技术。与工厂化堆肥相比，就地堆肥一般是分散的、小规模的，工艺与设备也相对简单，堆肥产品就近使用。

（2）就地堆肥的成分与性质　就地堆肥富含有机物质及多种营养成分，属肥效较高、养分齐全的热性有机肥料。

腐熟度是鉴别有机肥质量的一个综合指标，堆肥的腐熟度通常可以从颜色、软硬度及气味来判别。腐熟好的堆肥，颜色为黑褐色或黑色，堆制原料腐烂变形，松软有臭味。腐熟度高的堆肥一般盐基交换量大，无机态氮素增加，碳氮比降至 12 ～ 16，腐殖质的量占有机物总量的 30% 左右，五碳糖含量在 12% 以下。

（3）就地堆肥方式

① 普通堆肥　普通堆肥是在嫌气、常温条件下使有机质缓慢分解，操作简便易行，堆肥的温度不超过 50℃，腐熟时间较长，为 3 ～ 5 个月。堆积方式随季节等条件而不同，有平地式和坑式两种。

a. 平地式　适用于气温高、雨量多、湿度大、地下水位高的地区或夏季堆肥。堆制前选择地势较高而平坦、靠近水源、运输方便的地点堆积。堆宽 2m，堆高 1.5 ～ 2m，堆长以原材料数量而定。堆制前先夯实地面，再铺上一层细草或草炭以吸收渗下的汁液。每层厚 15 ～ 24cm，每层间适量加水、石灰、人粪尿等，堆顶盖一层细土或河泥，以减少水分的蒸发和氨的挥发损失。堆制 1 个月左右，翻堆一次，根据堆肥的干湿程度适量加水；再堆制 1 个月左右，再翻堆，直到腐熟为止。堆肥腐熟的快慢随季节而变化，夏季高温多湿，堆肥一次需 2 个月左右，冬季需 3 ～ 4 个月可以腐熟。

b．坑式　坑式一般分为半坑式和深坑式。北方早春和冬季常用半坑式堆肥。首先选择向阳背风的高坦处建坑，坑深 0.5 ～ 1.0m，坑底宽 1.5 ～ 2.0m、长 2.5 ～ 4.0m，坑底、坑壁有井字形通气沟，沟深 15 ～ 20cm，通气沟交叉处立有通气塔。堆肥高出地面 1.0m，然后加入风干秸秆 500kg、骡马粪 200kg、人粪尿 100kg、水 750 ～ 1000kg，堆顶用泥土封严。堆后一周温度上升，高温期后，堆内温度下降 5 ～ 7 天，可以翻堆，使堆内上下里外均匀，再堆制直到腐熟为止。深坑式堆肥坑深 2m，全部在地下堆制，也叫“地下式”，堆制方法与半坑式相似。

② 高温堆肥　高温堆肥是有机肥料，特别是人粪尿无害化处理的一个主要方法。秸秆、粪尿经过高温处理后，可以消灭病菌、虫卵、杂草种子等有害物质的影响。为了加快秸秆的分解，高温堆肥都必须接种高温纤维素分解菌，设立通气装置，寒冷地区还应有防寒措施。高温堆肥堆制的方式有平地式和半坑式两种。高温堆肥一般要经过发热、高温、降温、腐熟等几个阶段。高温阶段可以杀虫灭菌。各种农作物病菌和虫卵的致死温度见表 3-4。

表3-4　农作物病菌和虫卵的致死温度

| 病菌、虫卵名称 | 致死温度 /℃ | 需要时间 /min |
|---|---|---|
| 二化螟卵 | 55 | 3 |
| 粟夜盗虫卵 | 60 | 5 |
| 金龟子卵 | 50 | 5 |
| 麦蛾卵 | 60 | 5 |
| 谷象 | 50 | 5 |
| 小豆青虫 | 60 | 5 |
| 蛔虫卵 | 75 | 1 |
| 亚麻立枯病菌 | 60 | 240 |
| 小麦黑穗病菌 | 54 | 10 |
| 稻热病菌 | 51 ～ 52 | 10 |
| 化脓菌 | 54 | 10 |
| 麦锈病菌 | 54 | 10 |

资料来源：毛达如，有机肥料，1982。

（4）就地堆肥制作过程　就地堆肥制作过程包含以下步骤：

① 场地选择　需满足以下要求：首先，就近原则，将堆肥地点选择在离原料与产品施用最近的地点；其次，根据生产需要，确定合适的堆肥场地面积，建议场地加盖屋顶、棚子、墙体等遮蔽物，以最大限度地减少大风、下雨、光照等天气因素对堆肥过程的影响；最后，堆肥的场地应该进行夯实和平整，场地排水良好。

② 原料准备 一般情况下，畜禽粪便是田间堆肥最主要的原料，而其他农业废弃物如农作物秸秆、养殖垫料及农产品加工副产物等则作为辅料添加到畜禽粪便中，以促进堆肥发酵过程的进行。堆肥选料原则：原料的来源要广泛和稳定；原料的各项指标能满足制作堆肥的要求；原料能够快速腐熟。一般堆肥原料最佳粒度范围为0.5～1cm。常用的粒度调节方法有破碎法和混合法。破碎法是采用粉碎设备将粒度较大的原料破碎至合适粒度；而混合法则是将粒度较小并且无法使用粉碎设备的原料与适宜粒度的干物料进行混合，调整至合适粒度。实际生产与实践中，这两种方法一般都同时使用。原料配比主要指标包括水分含量和碳氮比（C/N）。水分含量：堆肥原料初始最佳含水率为50%～60%。碳氮比（C/N）：C/N即原料中C元素和N元素的比例，大量的堆肥试验表明，主料与辅料的最佳C/N为30∶1。如畜禽粪便等主料含氮素相对较高，C/N多为30以下；像农作物秸秆、稻壳粉、稻糠、草炭、蘑菇渣等辅料含碳素相对较高，C/N多为30以上，可通过调节主辅料的比例来调节原料C/N。

目前大多数采用田间堆肥的地方仅仅依靠感觉和经验判断调节原料配比。例如，通过添加水来增大原料湿度，通过添加干物料来减小原料湿度；通过添加主料如畜禽粪便或者化学氮肥来减小C/N，通过添加辅料如作物秸秆来增大C/N。有条件的农场或农业合作社可以对原料水分进行检测，并通过测定原料的理化性质，计算出不同原料的配比比例，形成堆肥配方。

③ 堆体制作

a. 原料混合堆垛 使用人工或小型搅拌设备对主料和辅料进行充分混合搅拌，混料过程中需要将初始含水率控制在60%左右；在完成主料和辅料的混合工作后，使用人工或小型铲车等进行堆垛，堆垛的高度要保持在1.5m左右。

b. 堆肥微生物接种 现代堆肥与传统堆肥最大的区别就是通过接种经过人工驯化的、具有不同功能作用的优势微生物菌株，促使堆体迅速升温，缩短堆肥时间，提高堆肥产品质量。一般在堆垛过程中进行堆肥微生物接种。将合适的菌剂按推荐浓度均匀喷洒于堆垛表面，接种菌剂可以起到使堆体快速升温、保留氮素并降低发酵过程臭味的作用。微生物的接种量一般在0.1%～0.5%（质量比）之间。选择微生物菌种时需注意：（a）一般要选用复合微生物发酵接种剂；（b）选用经过标准化生产和菌种安全评价或农业农村部登记的菌剂产品；（c）不存在万能菌种，要根据堆肥原料的特点选用合适的菌种；（d）若没有菌种保藏措施，不建议进行自主扩繁菌种。

④ 过程控制 控制指标包括水分、通透性、温度、气味和颜色等。

a. 水分控制 堆肥原料初始最佳含水率一般为50%～60%，还应根据地域、气候、物料及配方的特点，适当调整水分含量。现场判断混合原料含水量的技巧：用手紧握原料，有水从指缝渗出，但不会流下时较合适。在堆肥过程中要仔细观察物料的水分变化，及时采取调整措施，确保发酵的正常进行。

b. 通透性控制 田间堆肥过程中有机物的生化反应需要氧气的参与，所以在堆肥发酵过程中必须采取辅助增氧措施。可采用人工或小型机械进行翻堆，通常在整个发酵期内对堆体进行2～3次的翻搅即可。

c. 温度控制 堆肥前期的温度变化一定要处理好“快”与“稳”的关系，即发酵起温要快，通常第一天堆体温度即可上升到50℃以上，最高温度可达65℃。堆肥中期高温维持的温度值要适度，时长也要适度，堆肥理想的高温为 50 ～ 60℃，严禁突破 70℃，因为高于 70℃将会导致有益菌死亡。如果堆体过热，可通过翻堆和通风帮助散热。高温维持时间的长短反映了配方调整和前期原料预处理的好坏，理想时长一般为 5 ～ 10 天，这个阶段可以将大部分病原菌、虫卵、杂草种子杀死，实现了畜禽粪便无害化处理。高温维持时间过长或过短都需要对配方重新调整。

d．气味控制　针对堆肥过程中的不同气味可以迅速发现堆肥过程中出现的问题，从而制定有效的解决措施。如闻到氨的气味，那么说明堆肥物料可能氮含量太高（C/N 比过低）；如闻到霉味，有可能是堆肥物料太潮湿；如闻到硫的恶臭味，可能是堆体正在进行厌氧发酵，造成厌氧发酵的原因有原料水分含量太高、堆体孔隙度不够、微生物培养基迅速退化、堆体过大等。

e．颜色控制　堆体的颜色变化可以用来判断堆肥发酵程度，随着堆肥过程的进行，堆体的颜色会逐渐变深，堆肥过程结束后，堆体一般呈灰黑褐色或浅灰色。

⑤ 堆肥产品质量评价　可以通过物理、化学、生物三项指标来判断堆肥是否完全腐熟和堆肥产品质量。

a．物理指标　包括温度、气味和颜色。当堆体温度下降到 35℃以下或趋于环境温度且不再升温时，说明堆肥已经基本腐熟；堆肥腐熟后，堆肥产品应呈现疏松的团粒结构，一般情况下颗粒直径小于 1.3cm；腐熟后堆体不会再产生臭味，不再吸引蚊蝇，堆体呈现白色或灰白色。

b．化学指标　包括 pH 值、有机质、C/N 三个指标。堆肥原料或发酵初期，pH 值为弱酸到中性，一般为 6.5 ～ 7.5；腐熟的堆肥一般呈弱碱性，pH 值在 8 ～ 9。但 pH 值受堆肥原料的影响，故只能作为堆肥腐熟的一个必要条件之一。腐熟后的堆肥中水溶性有机质含量一般小于 2.2g/L，有机碳含量大于 10% 有机质总量，C/N 由发酵前的 30∶1 降为 15 ～ 20∶1。

c．生物指标　通过测试种子发芽指数（GI）判断堆肥是否完全腐熟。测量种子发芽后芽和根长度并计算出种子发芽指数，当 GI ＞ 70% 时，可认为堆肥产品完全腐熟、无毒性。

（5）就地堆肥特点　就地堆肥与沤肥的堆腐条件不同。就地堆肥是在湿润条件下，以好气微生物分解为主发酵腐解而成的，根据堆制条件的不同，又可细分为高温堆肥和普通堆肥两大类。沤肥的情况与堆肥基本相同，只不过是因为沤肥加入了过量的水（或污水），使肥料原料在淹水条件下，经嫌气微生物的作用发酵腐解而成的。这二者在发酵工艺上不同，堆肥属好气性，易产生高温；沤肥则是嫌气性的，主要在低温条件下发酵。

### 3.2.3　工业化堆肥

（1）条垛式堆肥　从 1905 年开发出印多尔法（Indore）堆肥后，堆肥开始走向机械化。20 世纪 30 年代出现了丹诺（Dano）式堆肥，40 年代出现了机械化较强的发酵装置——立式移动搅拌发酵仓，到 50 年代最常见的堆肥装置是条垛系统。

条垛式堆肥是将原料混合物堆成长条形的堆或条垛，在好氧条件下进行分解，是一种常见的好氧发酵方法。垛的断面可以是梯形、不规则四边形或三角形。条垛式堆肥的翻堆设备由条垛的大小、形状以及位置决定。条垛的通气主要由自然或被动通风完成，通气速率由条垛的孔隙度决定。条垛太大，在其中心附近会有厌氧区，当翻动条垛时有臭气释放；条垛太小，其散热迅速，堆温不能杀灭病原体和杂草种子，水分蒸发少。

国内外现已开发出许多用于条垛翻堆的专门机械，这些机器大量地节省了时间和劳力，原料能完全混合，堆肥也更均匀。在这些设备中，一部分机器靠农场拖拉机牵引，一部分机器自身具有驱动系统，还有一部分机器能装载在条垛旁的卡车或货车上。在条垛系统中，条垛的高度、宽度和形状随原料的性质和翻堆设备的类型而变化。氧气主要通过条垛里热气上升引起的自然通风来供应，或通过翻堆过程中的气体交换而少量供应。

在强制通风条垛系统中，氧气在空压机的强制或诱导通风下进入条垛。无论什么情况下，都可对条垛进行周期性的翻动，以调整其通透性。条垛式堆肥的技术改进主要表现在干燥堆肥的回流利用上，干燥堆肥的回流利用使堆体结构得到了改善，易于保持一个合适的条垛形状，物料的易碎性或孔隙度也得到极大改善，同时还提高了条垛翻堆的效果。条垛式堆肥的操作步骤通常与静态堆肥类似，主要工序如下：

① 原料预处理　按比例把物料、调理剂混合，控制物料含水率和碳氮比到合适堆肥条件。

② 加菌　在混合物料中均匀加入一定比例的微生物菌剂。

③ 建垛　用铲车将发酵物料堆制成条垛。

④ 定时翻堆直至腐熟。

⑤ 环境影响控制　堆肥原则上要在硬化地面上进行，要求适当收集条垛堆肥时产生的渗滤液，及时处理。

（2）膜覆盖堆肥　近年来，通过对条垛式堆肥工艺不断改进与优化，衍生出膜覆盖堆肥。膜覆盖技术（membrane cover technology，简称MCT）指高温好氧发酵过程在功能膜（半透性柔性复合膜）覆盖的环境中进行，控制料堆与周围环境的物质与能量交换，使料堆排放的污染物（臭气、气溶胶）浓度低于规定的限值。从本质上讲，膜覆盖技术是一种改良的静态堆肥技术。

早期工业化堆肥系统很多采用静态堆肥技术，因为此类技术具有节省投资、处理规模可调、平面布置灵活等特点，目前在美国、加拿大等地仍有大量静态条垛式堆肥系统保持运行状态。但由于静态条垛式堆肥系统存在占地面积大、受气候影响大、二次污染不易控制、自动化程度低等问题，因此在大多数情况下的应用受到了限制。20世纪80年代，德国Baden-Baden推出了利用功能膜作为覆盖层，将堆体与周围空气相对隔离进行好氧发酵的一种静态条垛式堆肥方法。这一技术的基本原理和运行方法与静态堆肥技术类似，最主要的创新之处是采用了具有防水、透气功能的功能膜覆盖层，在不影响通风曝气和去除水分的同时，可防止雨水对堆肥过程的影响，并且可极大缓解臭气对周围环境的影响。

膜覆盖堆肥的工艺过程与静态堆肥工艺过程类似，主要包括：原辅料的预处理、进料布料、一次发酵、二次发酵、出料和储存等工序。膜覆盖堆肥示意图见图3-4。

图3-4　膜覆盖堆肥

通常膜覆盖堆肥工艺的操作步骤如下：

① 原料预处理　原料先经机械均质预处理，即混合并分散为成分、含水率和粒径基本一致的小颗粒，然后用装载车或输送机送往通风发酵场地建堆。

② 建堆　发酵场地宜采用水泥或沥青地面，以便防止渗漏和收集渗滤液。发酵场地可建成三面墙、顶部敞开的混凝土构筑物，可有效地增加物料堆积（处理）量。发酵场地地面下设通风沟，8m 宽场地一般设 2 条沟，沟上设金属盖板，盖板上均布有钻孔，用以布气和收集渗滤液。气孔按高压均匀布气原理设置。发酵地面向入口倾斜，坡度 2%，以便渗滤液流出和汇集。

③ 膜发酵　建堆后，将测试探头插入料堆预定位置，并立即用膜覆盖堆体。盖膜可人工操作，也有多种机械化的辅助手段方便盖膜和收膜，如卷膜机。盖膜后需固定膜：a. 可用沙袋压紧膜的四边密闭堆体；b. 或用消防水管环绕料堆并充满水，以固定膜；c. 也可将发酵场地构筑物的墙做成1m高的圆弧顶，使膜与墙顶贴合起密闭作用。膜的周边设吊环孔，以便悬挂重物后拉紧并固定膜，可用焊接挂钩的钢管作为垂吊重物。可在外墙上设挂环，与膜的吊环孔相配合，以便用绳索或挂钩固定膜。盖膜固膜后，即可启动膜覆盖好氧发酵系统。一次发酵周期为 28 天，根据经验，一次发酵可不加水，不必中途翻堆。28 天后打开堆层，原料中的易降解有机物基本被降解。此时要做的是拔去测试探头，将膜卷回，用装载车（铲车）出料，送往二次发酵场地堆积。膜覆盖系统一般不需要建造生物滤池等附加技术装置，因为正常运行不会发生臭气问题。随着膜覆盖堆肥技术的不断完善，后期开发了卷膜机等机械化专用设备，为此类项目的推广提供了更加完善的设备条件。

（3）槽式堆肥　槽式堆肥实际上是一种介于条垛式堆肥与搅拌槽式堆肥间的特殊类型，堆肥过程发生在长而窄的被称作“槽”的通道内，通道墙体的上方架设轨道，在轨道上有一台翻堆机可对物料进行翻堆，槽的底部铺设有曝气管道可对堆料进行通风曝气，它是将可控通风与定期翻堆相结合的堆肥系统。

槽式堆肥是 20 世纪中叶出现的一种比较新的堆肥系统，最早由日本人冈田制作提出，又称为 Okada 工艺。1966 年美国出现的 Metro-Waste 工艺由多个并列的箱（槽）构成，每个箱宽约 6.10m，深 3.04m，长度 60.96 ～ 121.92m，箱体墙上安装有铁轨，铁轨上有布料机移动，并通过翻动及向前移动对堆体进行间断性搅拌。而 Paygro 工艺在以上基础上还增设了臭气收集和净化系统。1985 年在日本槽式堆肥系统的基础上 International Process Systems 公司提出的 IPS 工艺是一种典型的槽式堆肥系统，槽宽 2m，高 1.83m，槽的长度依发酵时间（一般 18 ～ 24d）调整，空气从槽的底部供应，堆料从每个槽的一端输入，每天翻堆一次，每次翻动物料沿槽向前移动 3.05 ～ 3.66m。翻堆设备的操作是全自动的，不需要操作人员，这种系统到 1991 年在美国就有 13 套设施在运行或建设。

综合考虑已有的槽式堆肥系统，可以根据物料的移动方式将其分成两种类型。一种是整进整出式，是将堆肥物料通过布料机或者铲车一次布满整个发酵槽，利用绞龙、驳齿等不同的翻拌设备，使堆肥物料通风、粉碎，并保持孔隙度，物料在整个发酵过程中不发生位移，或者位移很小，发酵结束后用出料机或者铲车再将物料清出。另一种是连续式，堆肥物料在发酵槽中的翻堆是通过链板、料斗等能使物料发生位移的设备搅动而完成的，一般翻堆一次物料可以在发酵槽中前进 2 ～ 4m，也可以通过皮带传输进行更长距离的位移。在连续式堆肥发酵中原料被布料斗放置在槽的首端，随着翻堆机在轨道上移动、搅拌，堆肥混合原料向槽的另一端移动，当原料基本腐熟时，刚好被移出槽外。这种堆肥系统因为操作简便、节约人工、能耗低，近年来在我国应用较为广泛。

槽式翻堆机与条垛式翻堆机相似，它利用旋转的桨叶、螺杆、链板或滚筒等使堆肥物料翻动，使原料通风、粉碎，并保持孔隙度。目前使用的翻堆机自动化程度高，机器利用控制开关可以自动工作，有的还可以遥控。同时多数槽式翻堆机配备了移行车，能使翻堆机从一个槽转移到另一个槽上，那么一台翻堆机就能用于多个槽的翻堆，设备使用效率提高。

大部分工厂化堆肥系统为了达到快速堆肥的目的，都在发酵槽底部安装了通气装置。由于沿着槽的长度方向放置的原料处于堆肥过程的不同阶段，因而沿着长度方向将鼓风槽分为不同的通风带，槽式堆肥系统可使用几台鼓风机，每台鼓风机把空气输送到槽的一个地带，并由温度传感器或定时器独立控制。

堆肥系统的容量由槽的数量和面积决定。槽的尺寸必须和翻堆机的大小保持一致。为了保护机器设备并控制堆肥条件，槽要建造在建筑物或温室内。如果在温带气候条件下，则仅需加上顶棚即可。

槽的长度和预定的翻堆次数决定了堆肥周期，鼓风槽式堆肥系统的建议堆肥周期为2～4周。槽式堆肥系统最大的优点是占地面积小、堆肥周期短、堆肥产品质量均匀以及节约劳动力。国内目前有几家单位均在开展槽式翻堆机的研究和生产，一些大型堆肥厂采用槽式堆肥，日处理规模高达500余吨。

槽式堆肥工艺流程为原料预处理、加菌、物料进槽、定时翻堆曝气直至腐熟、物料出槽、环境影响控制。其中不同于条垛式堆肥的工序包括：

① 发酵槽的设计和建设　包括单个发酵槽的尺寸和发酵槽的数量设计。常见的连续式槽式堆肥发酵槽的宽度、高度尺寸根据翻堆机的要求确定，发酵槽的长度根据发酵周期确定，发酵槽的数量根据每日需要堆肥的物料体积进行设计。一般发酵槽宽度为4.0m，翻堆深度最大为2.0m，发酵槽长度为60m，发酵周期为15天。发酵槽为钢筋混凝土结构，相邻两个发酵槽共用池壁，池壁的宽度根据翻堆机的要求确定，池壁要能承受翻堆机的压力。发酵槽底板既要承受发酵物料的重力，又要承受装载机的重力，同时还要满足通风的要求。

② 物料进出槽输送　在发酵物料进入发酵槽之前必须和其他物料进行混料，以获得合适的含水率与碳氮比。为配合混料机的连续工作，在混料机前设置了三个料仓，分别为原料仓、辅料仓和回用料仓，通过输送装置将三个料仓中的物料以设定的比例输送至混料机中。最经济的输送方式是皮带机输送，最不经济的输送方式是车辆输送。混合后的物料进入发酵槽是物料输送的另一个难点。在堆肥车间，发酵槽具有数量多、长度长的特点，比较理想的方案是采用皮带机加移动卸料机，即用皮带机将混合好的物料输送至移动卸料机，再由移动卸料机输送至整个发酵槽中（图3-5）。

③ 发酵曝气　槽式堆肥发酵过程主要操作是翻堆和曝气，一般一天翻堆一次。曝气通常采用间歇循环供氧，在保证效率的同时降低能耗，一般根据堆体温度、堆体氧气浓度等参数按照事先编制好的程序控制风机的鼓风量。发酵槽的底部为布气板，空气从底部向上进入堆体，曝气风量为0.05～0.20$m^3$/（min·$m^3$）。曝气系统现场和控制室如图3-6所示。

(a) (b)

图 3-5　自动进料装置（a）及自动皮带出料装置（b）

(a) (b)

图 3-6　曝气系统现场（a）和曝气系统控制室（b）

（4）反应器堆肥　20 世纪 80 年代后，世界各国开始研发出大量的反应器堆肥系统。美国把反应器堆肥系统叫作“容器”系统，许多早期的文献把它称为“消化器”和“发酵器”。反应器堆肥将原料由容器内向外、由下向上堆放，器壁可以是简单的木板墙（有顶或无顶），也可以是一个堆肥仓或贮藏建筑物。建筑物或堆肥仓允许堆放更高的原料，相比无支撑堆体能更好地利用地面空间。堆肥仓还能解决天气和臭气问题，也能提供更好的温度控制。反应器堆肥方法的操作类似于静态堆肥方法，如它们都采用强制通风，很少或无须翻堆等。对原料的重新混合有时可促进反应器堆肥的堆肥进程。

如果使用若干个堆肥反应器，堆肥原料可以连续地、定期地从一个反应器输送到另一个反应器。好氧堆肥的大部分原则和指导建议也可应用于反应器堆肥，但是较高的堆肥反应器例外，因为更深的原料增加了对气流的阻力（压力损失）。和好氧静态堆肥相比，反应器堆肥一般需要较强或更高压力的鼓风机。

按物料的流向可将反应器堆肥系统分为：水平流向反应器和竖直流向反应器。水平流向反应器包括旋转仓式、搅动仓式；竖直流向反应器包括搅动固定床式、包裹仓式。美国国家环境保护署把反应器堆肥系统分为：推流式和动态混合式。推流式系统中入口进料，出口出料，物料在堆肥发酵仓的停留时间相同。在动态混合式系统中，机械不停地搅动以混匀物料。根据不同的发酵仓形状，推流式系统分为圆筒形反应器、长方形反应器、沟槽式反应器；动态混合式系统分为长方形发酵塔、环形发酵塔。

下面介绍几种常见的堆肥反应器类型。

① 筒仓式堆肥反应器　该反应器堆肥技术类似于一种从底部卸出堆肥的筒仓，每天都由一台旋转钻在筒仓的上部混合堆肥原料，从底部取出堆肥。通风系统使空气从筒仓的底部通过堆料，在筒仓的上部收集和处理废气。这种堆肥方式典型的堆肥周期为14天。每天取出堆肥的体积或重新装入原料的体积是筒仓体积的1/14。从筒仓中取出的堆肥经常堆放在第二个通气筒仓。由于原料在筒仓中垂直堆放，因而这种系统中堆肥的占地面积很小。尽管如此，这种堆肥方式仍需要克服物料压实、温度控制和通气等问题，因为原料在筒仓内得不到充分混合，故必须在进入筒仓之前就混合均匀。图3-7是典型的筒仓式堆肥系统。

图3-7　筒仓式堆肥系统

② 塔式堆肥反应器　图3-8是典型的塔式发酵工艺系统，堆肥物料被连续地或间歇地输入这些系统，通常允许物料从反应器的底部向顶部周期性地运输。在输送期间物料发生了搅动，但当单次原料通过槽体时，原料保持静止，直到它们再一次从底部向上运输时，原料才发生搅动。

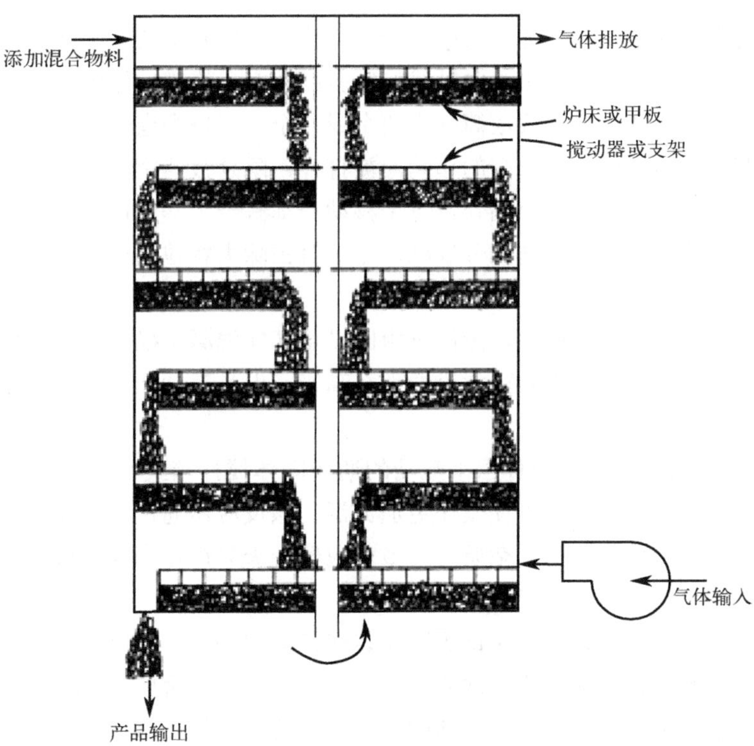


图3-8　塔式发酵工艺系统

③ 滚筒式堆肥反应器　滚筒式堆肥反应器是一个使用水平滚筒来混合、通风以及排出堆肥的堆肥系统，滚筒架在大的支座上，并且通过一个机械传动装置来翻动。在滚筒中堆肥过程很快开始，易降解物质很快被好氧降解。但是堆肥必须进一步降解，通常采用条垛或静态好氧堆肥来完成堆肥过程的第二阶段。在一些商业堆肥系统中堆料在滚筒中停留不到1天，滚筒基本上作为一种混合设备。图3-9是一个典型的滚筒式堆肥系统。

图3-9　滚筒式堆肥系统

滚筒式堆肥反应器由滚筒的排放端提供空气，原料在滚筒中翻动时与空气混合在一起，空气的流动方向和原料运动方向相反。靠近滚筒的排放端，堆肥由新鲜空气冷却；在滚筒的中部，气流温度升高且堆肥速率加快；在滚筒的入口处，添加新的堆料，气流温度最高，堆肥过程开始。

滚筒可分为合体式滚筒和分体式滚筒。合体式滚筒中所有堆料按照其装入滚筒时的次序运动，滚筒旋转的速度和旋转时滚筒中轴线的倾斜度决定了堆肥的停留时间。分体式滚筒的管理要比合体式滚筒方便，分体式滚筒分为两个或三个仓，每个仓包括一个装有移动门的移动箱。每天堆肥结束后，滚筒排放端的移动门被打开，隔仓被清空，其他隔仓随后开放并相继移动，一批新堆料被装入第一个隔仓。每个移动门都有一个基座以成功实现批次接种微生物。堆肥产品可由排放端直接输送到分选机，分选机去除大颗粒物质，大颗粒物质被送回到滚筒中进一步堆肥处理。

对于小型滚筒式堆肥系统而言，滚筒可由旧设备（如混凝土搅拌机、饲料混合机以及旧的水泥窑等）改造而成，尽管没有商业设备那么高级，但是其功能（混合、通风以及使堆肥过程迅速开始）相同。

④ 搅动箱堆肥反应器　是一种水平流动的通风固体搅拌箱式堆肥反应器（见图3-10），它采用强制通风和机械搅动，可以使操作更加灵活。该反应器通常不封顶，而且安装在建筑物内，为的是能够全天操作和控制杂质。许多反应器一天只进行一次原料循环。搅动箱堆肥反应器一般分为圆形反应器和矩形反应器两种。

在圆形反应器系统里，许多旋转钻顺次安装在移动的桥上，从反应器的中心旋转，很像一个圆形的清理器装置，一般完成一次旋转需要两个小时。当桥旋转的时候，原料沿外围给入。钻头在反应器里搅动原料，而且将新的原料与旧的堆肥物质混合。原料逐渐被输送到反应器的中心，在那里经过一个可以调节的溢流口下落到出口传送带上，出口传送带位于反应器下面的廊道上。

矩形反应器系统的搅动装置安装在箱壁顶端的横杆上，像圆形箱一样，原料从箱子的一端进入，然后靠搅动装置沿箱子移动，最后从箱子的另一端出来。箱子的长宽可调节，有较小的箱子，宽 2m，长 2m；较大的箱子宽可达 6m，高 3m，长 220m。较大的箱子通常把原料沿着箱子的长度方向放在指定的格子内操作，原料在一个星期后翻转，而且一直保存在指定的格子内，直到可以移出。如果用小箱子，原料可以每天搅动。

图 3-10　搅动箱堆肥反应器

⑤ 槽式堆肥反应器　槽式堆肥反应器是从一端进料另一端出料的卧式堆肥系统，设备配置了上料、除臭和自控等部分，使用输送带承载和移动物料，在行走过程中搅拌、通风和输出物料。槽式堆肥反应器见图 3-11。

图 3-11　槽式堆肥反应器

一体化槽式堆肥反应器由上料布料机、槽式堆肥机、出料机、智能测控系统组成，主体设备又分解成机头、中间标准段、机尾、翻堆机、曝气风机及管路、排气风机及管路、热回收器。混合物料通过上料输送机进入设备中，并使物料均匀分布到幅宽 2m 的输送带上。物料在各输送带上间断缓慢行走，行走到翻堆机位置进行搅拌翻堆。翻堆机是固定安装的弯刀式搅拌器，翻堆机的数量匹配物料停留时间。经过几天发酵的物料下放到出料口，经过一次发酵的物料通过输送机排出。

# 3.3 堆肥产品

堆肥产品可以直接施用，也可以作为商品有机肥、生物有机肥和有机无机复混肥等商品有机类肥料的原料。作为产品直接施用，须遵循并满足《畜禽粪便堆肥技术规范》（NY/T 3442—2019）的标准要求，其中需要重点关注的是水分、有机肥、养分、pH 值、种子发芽指数、粪大肠菌群和重金属等指标。

## 3.3.1 堆肥特点

堆肥无论是从废物处理方面还是土地利用方面来看均有许多好处。其中最重要的有两点：一是可以把令人讨厌的废物转变为易于处理的物料，二是能创造有价值的商品即堆肥产品。但是堆肥往往需要时间，也面临众多风险。

（1）堆肥优点　堆肥的优点主要包括改良土壤、产品可销售、改变原料性状、改善土地利用、降低污染风险和减轻臭味、杀灭病原微生物、作为养殖垫料替代物、减轻土传病害以及获得处理或利用补贴。

① 改良土壤　堆肥是一种很好的土壤改良剂，当堆肥被用于农田或退化土壤，可以增加有机质，改善土壤结构，减少化学肥料的使用量，并且可以减轻土壤的潜在侵蚀。

② 产品可销售　堆肥最具吸引力的特征之一就是产品有市场，其潜在的消费者包括菜农、园林种植者、草坪种植者以及高尔夫球场经营者等。由于被看作一种废弃物产品，所以堆肥的价格变化很大，其价格主要由本地市场需求、堆肥质量以及原材料价格等决定。

③ 改变原料性状　通过堆肥处理可以明显减轻原料的重量、水分和活性，便于后续操作。由于没有臭气和苍蝇问题，它可以长期储存，随时使用，从而减少了原料堆放导致的径流和氮素损失。

④ 改善土地利用　目前相当部分的有机废弃物还在直接或简单处理后土地利用，虽然也有肥料价值，并能起到改善土壤质量的作用，但还不能与堆肥相比。有机废弃物堆肥后使用具有以下优点：首先，堆肥可以使有机废弃物中的氮素转变为更加稳定的有机氮，尽管其中也有部分氮素的损失，但剩余的氮素通常不容易被淋失和挥发掉；其次，初始有机废弃物碳氮比偏高或偏低，直接施用到土壤后，会导致土壤中氮过量或氮不足，影响作物生长，相反经过堆肥后碳氮比趋于合理，更适合于土地利用；最后，堆肥过程产生的热量可以减少废弃物中杂草种子的数量，减轻草害的影响。

⑤ 降低污染风险和臭味抱怨　在城市化和农业不断规模化发展的过程中，有机废弃物开始成为一种负担而不是财富。特别对一些农业养殖企业来说，由于没有大面积土地吸纳这些动物粪便，动物数量远远超过了土地的承受能力，粪便的处理就成了很头疼的问题，而堆肥可以减轻这些问题的影响。由于堆肥产品通常有需求，因此其出路就不再是问题。此外堆肥可以储存和处理的性质允许它可以被运到比粪便或其他原料更远的地方。一个运行良好的堆肥设施基本不会出现臭气和苍蝇。

⑥ 杀灭病原微生物　近年来一些研究发现有机废弃物包括畜禽粪便中可能含有一些病原微生物，如鞭毛虫（*Giardia*）和隐孢子虫（*Cryptosporidium parvum*）。这些病原微生物若得不到控制，会通过被感染动物的排泄物向环境传播，以致污染饲料、饮水，进一步感染牲畜特别是年幼动物。多数病原微生物在堆肥温度达到60℃的条件下30min内可以被杀死，有时堆肥靠近表层的部分可能达不到这个温度，但可以通过翻堆使所有的物料都达到所需的温度。若堆肥温度达不到60℃，一般认为在较低的温度如55℃下停留较长时间，也能杀死这些病原微生物。

⑦ 作为养殖垫料替代物　从动物福利及养殖环境的改善角度看，养殖圈舍内应铺设垫料层。一方面有利于吸附动物排泄物，减轻环境污染；另一方面也给动物提供了舒适的地面环境。许多研究表明，堆肥可用来替代锯末、秸秆粉等在养殖场作为垫料使用。

⑧ 减轻土传病害　人们已经发现良好的堆肥可以在不使用化学药物控制的情况下减轻植物的土传病害，堆肥的这种抑制病害的特点已经开始被广泛地认识和赞赏。

（2）堆肥缺点　堆肥的缺点包括费时耗本、占用场地、产生臭气、受天气影响、需要市场销售、原料及其养分的转移、氮素流失、养分释放缓慢等。

① 费时耗本　像其他工程一样，堆肥也需要设备、人力和管理。如果有现成机械和设备的话，堆肥的最初投入会非常低。这种方式对原料相对少的农场很适合，但是大部分中等到大型的堆肥厂发现仅利用现有设备需要太多的人力，因此需购买专门的堆肥设备。堆肥设备中便宜的售价10万元左右，好一些的则需要100万元以上。

② 占用场地　堆肥处理、原料储存以及堆肥产品储存等都需要占用土地，有时甚至是建筑用地。

③ 产生臭气　说堆肥没有臭气是失实的，尽管堆肥过程的最终产品是没有臭味的，但是用来堆制堆肥的有些原料确实会产生臭气。直到它们被堆制前，这些有活性的原材料，如粪便及食品垃圾都会产生臭气，特别是它们被放置一段时间后。如果处理不当，也可能在堆制的过程中产生臭气。因此对臭气的敏感是必要的。有些场地，由于位置的关系，可能需要对臭气进行处理。

④ 受天气影响　寒冷的天气会降低堆肥物料的温度，也使得堆肥过程变慢，还可能导致其他的问题，如原料和设备结冻。雨和雪的潜在影响更加严重，大的降雨量会增加堆肥混合物中的水分，因此延长了堆肥的时间。目前多数堆肥厂均有顶棚设施，有的还装备了供暖设施，这些均大大减少了天气的负面影响。

⑤ 需要市场销售　销售堆肥需要市场，这意味着要寻找潜在的客户，并对产品进行包装、广告，还要管理库存，使产品符合顾客的需要以及保持产品质量。

⑥ 原材料及其养分的转移　堆制肥料然后作为产品销售出去，会把原料中的养分、有

机质和培肥当地土壤的能力转移出去，这意味着养分及有机质的向外转移。若再通过购买商品肥料来补充农田失去的养分会显得得不偿失。

⑦ 氮素流失　堆制过的堆肥常常只含有不到新鲜粪便一半的氮素。一个好的废物管理系统应能保留住绝大部分的氮素，堆肥实际上就代表了控制氮素损失的一条潜在途径。但是，除了土壤混合和恰当的储存，废物中的氮素会很快释放到大气中，最后可能比堆肥中残留的氮素还要少。

⑧ 养分释放缓慢　堆肥中的养分主要呈复杂的有机形态，需要在植物利用之前被矿化，而该过程比较缓慢。比如，堆肥的总氮中仅有约 15% 的氮素能在首个种植季节被利用。与新鲜粪便相比，堆肥起始的使用量应大一些，这样才能达到与化学氮肥相同的肥效水平。然而，在某一年份一般不会施加足够的堆肥以满足 100% 的作物氮素需要，因为这要耗费大量的时间与劳力。实际上在随后的几年中，前茬提供的氮素会逐渐被作物利用掉。

### 3.3.2　堆肥质量

（1）水分含量　不同国家对有机肥料 / 堆肥产品的含水率规定指标不一样。国外标准普遍认为，水分在堆肥产品中不是一个必须的参数，大部分标准将其作为一个附加参数。例如日本有机资源协会制定的标准中规定，家畜粪便堆肥含水率≤ 70%；加拿大标准委员会规定，堆肥含水率＜ 65%；美国农业部制定的环境工程手册（NEH Part 637）中规定，堆肥产品含水率推荐为 30% ～ 50%。国际上对于堆肥的水分含量要求较为宽松。

我国《畜禽粪便堆肥技术规范》（NY/T 3442—2019）规定堆肥产品含水率≤ 45%，《有机肥料》（NY/T 525—2021）规定，有机肥料含水率≤ 30%；香港有机资源中心《堆肥质量标准》（2005）规定，堆肥产品含水率为 25% ～ 35%。

（2）有机质含量　在堆肥过程中，堆料中的不稳定有机质分解转化为二氧化碳、水、矿物质和稳定化腐殖质，堆料的有机质含量变化显著。反映有机质变化的参数有水溶性有机质（酸）、化学需氧量（COD）、生化需氧量（$BOD_5$）、挥发性固体（VS）、淀粉和水溶性糖类（SC）、二氧化碳（$CO_2$）的释放量。水溶性有机质含量与堆肥时间有很显著的相关性，是指示堆肥腐熟程度的一个合适的参数。尽管水溶性有机质含量也受堆肥原料性质的影响，但在堆肥腐熟的后期，水溶性有机质含量不超过 2.2g/L，所以水溶性有机质含量＜ 2.2g/L 可作为堆肥腐熟的评价标准。

国际上对于堆肥的有机质含量并没有一个统一的标准。日本畜禽粪便堆肥的有机质含量要求为不小于 60%，而欧盟的要求为不小于 20%，中国香港的要求为大于 20%，中国台湾的要求为大于 40%。我国不同肥料产品对有机质含量的要求不同，例如，《畜禽粪便堆肥技术规范》（NY/T 3442—2019）规定有机质含量不小于 30%，而《生物有机肥》（NY 884—2012）规定有机质含量不小于 40%。由于生物肥和有机无机复混肥一般会添加一定量的菌剂及无机肥料，有机质含量相对较低，其要求也相应较低。而《畜禽粪便无害化处理技术规范》（NY/T 1168—2006）、《粪便无害化卫生要求》（GB 7959—2012）等标准则侧重于对堆肥过程的无害化控制，对于堆肥产品的有机质含量则不作要求。

（3）养分含量　各国对堆肥产品中的养分要求各不相同（见表 3-5），我国标准主要针对商品有机肥、生物有机肥或有机无机复混肥等产品有养分含量要求，对堆肥产品没有养分要求。中国农业大学2019年分析了两省198个堆肥样品，结果表明，堆肥产品中全氮含量在0.42%～8.57%之间，全磷含量在0.149%～8.549%之间，全钾含量在0.009%～2.058%之间；而有机肥产品中全氮含量在0.31%～8.91%之间，全磷含量在0.027%～6.197%之间，全钾含量在0.028%～4.97%之间。

表3-5　国内外有机肥料养分标准

| 国家和地区 | 分类 | 总氮 | 总磷 | 总钾 | 总养分指标 |
|---|---|---|---|---|---|
| 中国 | | | | | ≥ 4% |
| 日本 | 树皮堆肥 | ≥ 1% | | | ≥ 1% |
| | 下水污泥堆肥 | ≥ 1.5% | ≥ 2% | | ≥ 3.5% |
| | 粪类污泥堆肥 | ≥ 2% | ≥ 2% | | ≥ 4% |
| | 食品污泥堆肥 | ≥ 2.5% | ≥ 2% | | ≥ 4.5% |
| | 家畜粪堆肥 | ≥ 1% | ≥ 1% | ≥ 1% | ≥ 3% |
| 欧盟 | 家畜粪堆肥 | ≤ 2（干基） | | | |
| 印度 | 城市堆肥 | ≥ 0.5% | ≥ 0.5% | ≥ 1% | ≥ 2% |
| | 蚯蚓堆肥 | ≥ 1% | ≥ 1% | ≥ 1% | ≥ 3% |

资料来源：沈玉君等，2019；Saveyn and Eder，2014。

（4）pH值　有机肥主要来源于植物和（或）动物残体，是施用于土壤以提供植物营养为主要功能的含碳物料。不同国家、不同种类的有机肥，对pH值要求也不相同。根据pH值可以把有机肥分为3类：酸性有机肥、中性有机肥、碱性有机肥。国外有人推荐有机肥的pH值在6.0～8.5之间。施用有机肥前应先考虑土壤的pH值，pH值较低的有机肥适合碱性土壤，pH值较高的有机肥适合酸性土壤。

从堆肥工艺来看，在好氧堆肥初期，由于酸性细菌的作用，pH值下降至5.0以下；在高温阶段pH值上升到7.0～8.5，随着温度下降pH值降低到7.0～8.0。一般认为pH值在7.5～8.5时，可获得最大堆肥速率。pH值过低或过高均不利于堆肥原材料的发酵、分解，有机肥pH值低于5.0时可能腐熟不完全、含有对植物生长有抑制作用的物质或有毒物质，而当pH值高于8.5时氮素会以气态氨的形式释放，会产生恶臭气体。和文祥等研究表明，土壤脲酶酶促反应的最适pH值为5.5～6.0和8.0～9.0，所以pH值为8.5的有机肥施入土壤后更有利于酶促反应的进行。林毅等研究发现，土壤pH值与速效钾、交换性钙、速效镁、有效锌、水溶性硼、活性锰呈极显著正相关，所以pH值为8的有机肥有利于提高这些物质的活性，更有利于作物对这些物质的吸收利用。

世界各国有机肥的pH值限值不尽相同，例如，美国加利福尼亚州综合废弃物管理委员会和英国废物管理公司对有机肥pH值上限规定都是8.5，而中国的有机肥和有机无机复混肥pH值上限分别是8.5和8.0。其差别的具体原因可能是：①国外制定标准时，考虑到调节产品 pH 值的添加剂可能含有某些潜在有害物质，使用前须对添加剂进行检测，费时费工；②国外在制定 pH 值限值时考虑到 pH 值对重金属活性的影响，随着土壤溶液 pH 值的不断增加，土壤对 Cd、Cu 等元素的吸附也随之增加，当土壤 pH 值高于 8.0 时 Cd 几乎被完全吸附；③当 pH 值高于 8.5 时氮素损失较大，因而将 pH 值上限定为 8.5；④国外在制定标准时，不仅从养分含量方面考虑，生产的堆肥不仅能为作物提供养分，而且还从改良土壤能力方面考虑，堆肥还要有明显的改良土壤 pH 值的功效，pH 值限值为 8.5 的有机肥调节土壤 pH 值的效果较好。

（5）种子发芽指数（GI） 种子发芽指数是评价堆肥产物腐熟度的一项重要指标。有研究认为，种子发芽指数大于 50% 的堆肥产物基本无毒害，种子发芽指数大于 80% 的堆肥产物达到完全腐熟（Neyla S et al. 2009）。有研究依据堆肥过程中各时期种子发芽指数（GI）值将腐熟度划分为：未腐熟（Ⅰ级，GI ＜ 50%）、基本腐熟（Ⅱ 级，50% ＜ GI ＜ 60%）、较腐熟（Ⅲ级，60% ＜ GI ＜ 80%）、完全腐熟（Ⅳ 级，GI ＞ 80%）4 个等级。有研究报道，当堆肥腐熟度达到完全腐熟Ⅳ级时，GI 可达到 90% 甚至更高，有助于种子发芽。当水堇的 GI 达到 50% 时，表明堆肥已达腐熟，其植物毒性被认为已降至植物能够忍耐的水平。

2017 年，中国农业大学资源与环境学院组织“十三五”项目组成员对全国 23 个省 346 家有机肥 / 堆肥企业进行了调研，采集到畜禽粪便堆肥样品 54 个，化验结果表明：种子发芽指数均在 50% 以上，其中种子发芽指数为 50% ～ 60% 的样本占 16.67%，种子发芽指数为 60% ～ 70% 的样本占 9.26%，种子发芽指数在 70% 以上的样本占 74.07%。综合对比国内外标准，普遍认为种子发芽率指数大于 50% 时，表明这种堆肥已基本腐熟。

（6）粪大肠菌群数 目前，已查明粪便中可引起寄生感染的（从动物到人）微生物约有 150 种。例如，在汉堡包中发现大肠杆菌 O157:H7，在冰淇淋和鸡蛋中发现沙门氏菌。相关的研究结果表明，这些食品中病原菌的污染与畜禽排泄物有关，所以世界上许多国家密切关注畜禽粪便中致病微生物的浓度和处理方法。畜禽粪便中的病原菌（pathogen）主要有四类：病毒（virus）、细菌（bacteria）、原生动物（protozoa）、蠕虫（helminths）。畜禽粪便中病原菌数量见表 3-6。

表3-6 畜禽粪便中病原菌数量

| 粪便种类 | 粪大肠杆菌群 | 粪链球菌 | 沙门氏菌 |
|---|---|---|---|
| 猪尿 | $2.4\times10^3$ ～ $1.1\times10^6$ | $9.3\times10^3$ ～ $4.5\times10^5$ | $1.5\times10^3$ |
| 牛尿 | $4.5\times10^2$ ～ $1.5\times10^6$ | $4.5\times10^2$ ～ $9.5\times10^5$ | — |
| 养殖场泥浆 | $6.3\times10^4$ ～ $1.0\times10^7$ | $2.7\times10^7$ | — |
| 牛粪（干基） | $1.9\times10^6$ ～ $6.8\times10^6$ | — | — |
| 奶牛粪（干基） | $2.0\times10^5$ ～ $1.0\times10^7$ | — | — |
| 新鲜牛粪 | $1.0\times10^9$ | — | $1.0\times10^9$ |
| 新鲜羊粪 | $6.0\times10^6$ | $6.6\times10^5$ | — |
| 新鲜马粪 | $9.4\times10^4$ | $6.3\times10^6$ | — |
| 新鲜鸡粪 | $1.4\times10^3$ ～ $1.3\times10^6$ | $6.2\times10^5$ ～ $1.9\times10^8$ | — |

资料来源：Bicudo，Goyal，2003；姚志远，2015。

美国联邦政府在1977年颁布的《清洁水法》(the Clean Water Act)是所有有关污染物排放的基础法案，该法案规定不经美国国家环境保护署(USEPA)批准，企业不得向任何水域排放任何污染物，它第一次将畜禽养殖场列入污染物排放源。

欧盟制定的有关畜禽养殖污染防治的重要指令，如：①《水框架指令》(2000/60/EC)，要求成员国在其所有规定的流域设立并达到良好生态状况的水质目标，并识别确认现有基本的和辅助的措施来控制点源污染和扩散性污染；②《综合污染预防和控制指令》(96/61/EEC)，规定在设施启动前，经营者必须提供相关能力证明以取得许可证。还有《欧共体硝酸盐控制标准》《农村发展战略指南(2007—2013年)》等法令。由于这些法案中都没有具体规定病原菌浓度，因此，欧盟各成员国根据本国情况制定了明确的对畜禽粪便经堆肥处理后的病原菌限制浓度(见表3-7)。

表3-7 欧盟部分成员国有关畜禽粪便中病原菌浓度的标准

| 国家 | 法律名称 | 大肠杆菌(*E. coli*) |
|---|---|---|
| 比利时 | VLACO | 对处理过程的时间和温度进行限制 |
| 捷克 | Biowaste Ordinance | < 1000CFU/g |
| 丹麦 | Biowaste Ordinance | < 100CFU/g FM |
| 法国 | NFU 44-051 | < 100CFU/g |
| 德国 | Biowaste Ordinance | N/A |
| 意大利 | Fertilizer law | < 1000CFU/g |
| 斯洛文尼亚 | Decree on the treatment of biodegradable | N/A |
| 西班牙 | | < 1000CFU/g |
| 英国 | Wastes and Resources Action/Program (WRAP) | ≤ 1000CFU/g |

资料来源：Saveyn，Eder，2014。

我国畜禽粪便相关标准中对大肠菌值作了明确的规定，例如《畜禽养殖业污染物排放标准》(GB 18596—2001)中规定畜禽养殖业废渣经过无害化处理后粪大肠菌群数必须≤ $10^5$ 个/kg；《畜禽粪便还田技术规范》(GB/T 25246—2010)中规定畜禽粪便在还田前经过无害化处理后粪大肠菌值在0.1～0.01之间；《畜禽粪便无害化处理技术规范》(GB/T 36195—2018)中规定畜禽粪便(干基)经好氧发酵处理后粪大肠菌群数必须≤ $10^5$ 个/kg；《畜禽粪便安全使用准则》(NY/T 1334—2007)中规定堆肥和沼气肥施用的粪大肠菌值为0.1～0.01；《有机肥料》(NY/T 525—2021)中规定有机肥料产品中粪大肠菌群数≤100个/g。

(7)重金属含量　由于有机肥生产原料如规模化养殖场的畜禽粪便、生活垃圾、工农业废弃物等中存在不同含量的重金属，且这些重金属在制肥过程中难以降解，并随微生物的作用以及碳和水分的损失而浓缩，最终进入农业生态环境。施用不同溯源的有机肥料后，土壤中铜、锌、镉、铅、铬、砷、汞等重金属元素含量均明显增加。

许多重金属既是植物生长的必需营养元素，同时又是环境污染源，一旦过量，就会造成土壤环境污染，对土壤动物、土壤微生物、土壤酶的活动产生潜在威胁，致使土壤肥力和质量降低，引发食品安全问题。统计1999～2006年数据，研究表明，农田土壤中铜、锌、镉、铬分别约71%、51%、58%和43%的输入量来自畜禽粪肥；砷、汞、镍和铅为6%～27%的输入量来自畜禽粪肥。统计近10年数据，研究表明，农田土壤中铜、锌、镉和砷分别约81%、50%、18%和29%的输入量来自畜禽粪肥；铬、汞、镍和铅为4%～29%的输入量来自畜禽粪肥。

重金属长期在土壤中过量积累可能导致对植物、动物和人类的毒性。因此，要借鉴发达国家采用的有害元素对人类健康风险的评估方式，由评估报告得到可接受的重金属浓度，科学评估我国有机肥中所含重金属对土壤和环境的风险，并根据风险评估结果制定科学合理的有机肥料重金属限量标准，确保有机肥的安全施用，减少土壤污染，保护土壤环境质量，促进种养循环可持续发展。

## 参考文献


[1] Bicudo J R, Goyal S M. Pathogens and manure management systems: A review[J]. Environmental Technology Letters, 2003, 24(1): 115-130.

[2] Robert E G. National Engineering Handbook[M]. United States: United States Department of Agriculture Publishers. 2000.

[3] Roger T H. The practical handbook of compost engineering[M]. Boca Raton: CRC Press.1993.

[4] Saveyn H, Eder P.End-of-waste criteria for biodegradable waste subjectedto biological treatment (compost & digestate): Technical proposals[R]. JRC scientific and policy reports, 2014.

[5] 杜新豪，曾雄生.《宝坻劝农书》与明代后期江南农学知识的北传 [J]. 农业考古，2014(6): 282-285.

[6] 顾平. 社会主义经济建设与自然环境保护问题种种 [J]. 经济科学，1985, 7(5): 11-15.

[7] 何平安，邢文英. 中国有机肥料资源 [M]. 北京：中国农业出版社，1999.

[8] 黄国锋，钟流举，张振钿，等. 有机固体废弃物堆肥的物质变化及腐熟度评价 [J]. 应用生态学报，2003, 14(5): 813-818.

[9] 黄佩民. 中国近代农作物育种事业发展史略 ( 一 )——起步奠基阶段 (1892 ～ 1948)[J]. 山西农业科学，2002, 30(1): 3-12.

[10] 贾思勰. 齐民要术校释 [M]. 北京：中国农业出版社，2009.

[11] 李季，彭生平. 堆肥工程实用手册 [M]. 2 版. 北京：化学工业出版社，2011.

[12] 李季，徐智. 农场堆肥技术 [M]. 北京：中国农业出版社，2021.

[13] 李建波，刘晓静，邢延富，等. 秸秆还田对土壤和作物的影响 [J]. 农业工程技术，2020, 40(29): 49-50.

[14] 刘更另. 中国有机肥料 [M]. 北京：中国农业出版社，1991.

[15] 刘录民. 中国古代农业标准问题研究 [D]. 咸阳：西北农林科技大学，2003.

[16] 刘彦威. 关于我国古籍中有机肥施用问题的概述 [J]. 山西农业大学学报 ( 社会科学版 ), 2004, 3(2): 145-147.

[17] 毛达如. 有机肥料 [M]. 北京：中国农业出版社，1982.

[18] 潘云，姚兆余. 从元代王祯《农书》中透视农业生态思想 [J]. 安徽农学通报，2007(3): 73-75.

[19] 彭家元，陈禹平. 元平式速成堆肥制造法 [J]. 土壤与肥料，1937.

[20] 全国农业技术推广服务中心. 中国有机肥料资源 [M]. 北京：中国农业出版社，1999.

[21] 沈玉君，李冉，孟海波，等. 国内外堆肥标准分析及其对中国的借鉴启示 [J]. 农业工程学报，2019, 35(12): 265-271.

[22] 王洪敏，贾立明，段辉. 水溶性有机物荧光指标 LM 神经网络法评价堆肥腐熟度研究 [J]. 化学工程师，2017, 31(2): 21-25.

[23] 王涛. 膜覆盖条垛堆肥技术与应用案例 [J]. 中国环保产业，2013(12) :25-28.

[24] 姚志远. 土壤中大肠杆菌 O157:H7 存活和微生物群落响应机制的研究 [D]. 杭州：浙江大学，2015.

[25] 余群，董红敏，张肇鲲. 国内外堆肥技术研究进展 ( 综述 )[J]. 安徽农业大学学报，2003, 30(1): 109-112.

[26] 赵天涛，梅娟，赵由才. 固体废物堆肥原理与技术 [M]. 北京：化学工业出版社，2017.

[27] 郑守森. 宝坻劝农书 [M]. 北京：中国农业出版社，2000.

[28] 中国农业科学院土壤肥料研究所. 中国肥料概论 [M]. 上海：上海科学技术出版社，1962.

[29] 周纬. 槽式机械翻抛好氧发酵技术 [J]. 农业工程技术：农业信息化，2012 (4) :31-33.

中国肥料研究与应用全书

Books of Fertilizer Research and Application in China

FERTILIZER

# 第 4 章

# 商品有机肥料

# 4.1 商品有机肥料概念与质量标准

## 4.1.1 商品有机肥料的定义

商品有机肥料指的是一类由可腐有机废弃物经过高温好氧发酵工厂化制成并且达到农业行业标准的有机肥料。可用于制造商品有机肥料的可腐有机废弃物主要包括：农业废弃物（畜禽粪便、作物秸秆、瓜藤及尾菜、食用菌渣等）、城镇园林修剪物（树叶、树枝等）、食品加工下脚料（酒糟、醋糟、糠醛渣、木薯渣、甘蔗渣、玉米渣等）、废弃蛋白（榨油厂下脚料、屠宰场下脚料、藻泥等）。其中部分食品加工下脚料和废弃蛋白等物料要经过专家评估并符合相关要求后才允许作为商品有机肥料的原料。

党的十八大以来，中央政府高度重视农业绿色发展，各级政府出台了很多政策和措施，鼓励和刺激农民施用商品有机肥料的积极性，随之，在全国范围内有机肥部分替代化肥浪潮高涨，对商品有机肥料产品的需求量也越来越大。按照我国目前每年消耗5500万吨氮磷钾养分的化肥、有机肥替代化肥养分总量的50%（最大替代比例）、商品有机肥料氮磷钾养分为4%来计算，我国每年需要商品有机肥料约6.875亿吨，而我国2021年商品有机肥料的销售量约6000万吨，仅为将来潜在需求量的1/9，这一现实催生和加快了我国商品有机肥料产业的发展。但是，由于人们对商品有机肥料的认识和理解不够、商品有机肥料产品标准较低、商品有机肥料行业目录待制定、制造原料是有机废弃物（物料组成变异度很大）、产品处于政府补贴和市场营销双轨制阶段以及市场监管力度不够等，我国商品有机肥料产业发展并不顺利，相关企业也是举步维艰。

值得注意的是，由于过去50年间大量施用化肥，大家对化肥已经非常熟悉，所以一谈到肥料就用化肥（养分）来参照，上面的有机肥部分替代化肥也是基于养分来计算的。但实际上，化肥与有机肥很难相互比较，论养分（对当季作物增产的主要贡献者）含量，有机肥根本无法与化肥比；论有机质（能培肥土壤）含量，化肥则没有。鉴于此，在比较化肥与有机肥的效果或价格时，要综合考虑这两类肥料的具体特点和田间生物效应，化肥能帮助农民获得当季作物高产，有机肥则能帮助农民培肥土壤，确保他们的土地能可持续种植。两者物质形态很不相同，功能更是相差很大，对于这两类肥料不能仅仅用养分含量这一简单的指标来衡量。

## 4.1.2 商品有机肥料标准

一般认为，既然是商品有机肥料就应该按商品模式进行，而商品的标准（国家标准或行业标准）最为重要，影响着产品提档升级和行业发展方向。因此，合理、科学地制定或修订商品有机肥料标准，决定了我国有机肥产业是否能健康、可持续地发展下去。表4-1和表4-2分别是我国商品有机肥料技术指标和限量指标要求及检测方法，尽管这个标准已经修订了多次，但随着社会经济和农业生产形势的发展，还有待进一步完善，以便能为我国农业绿色发展提供技术和生产资料支撑。

表4-1　商品有机肥料技术指标要求及检测方法（NY/T 525—2021）

| 项目 | 指标 | 检测方法 |
|---|---|---|
| 有机质的质量分数（以烘干基计）/% | ≥ 30 | 按照附录 C 的规定执行 |
| 总养分（$N+P_2O_5+K_2O$）的质量分数（以烘干基计）/% | ≥ 4.0 | 按照附录 D 的规定执行 |
| 水分（鲜样）的质量分数 /% | ≤ 30 | 按照 GB/T 8576 的规定执行 |
| 酸碱度（pH 值） | 5.5 ～ 8.5 | 按照附录 E 的规定执行 |
| 种子发芽指数（GI）/% | ≥ 70 | 按照附录 F 的规定执行 |
| 机械杂质的质量分数 /% | ≤ 0.5 | 按照附录 G 的规定执行 |

表4-2　商品有机肥料限量指标要求及检测方法（NY/T 525—2021）

| 项目 | 指标 | 检测方法 |
|---|---|---|
| 总砷（As）/（mg/kg） | ≤ 15 | 按照 NY/T 1978 的规定执行。以烘干基计算 |
| 总汞（Hg）/（mg/kg） | ≤ 2 | |
| 总铅（Pb）/（mg/kg） | ≤ 50 | |
| 总镉（Cd）/（mg/kg） | ≤ 3 | |
| 总铬（Cr）/（mg/kg） | ≤ 150 | |
| 粪大肠菌群数 /（个 /g） | ≤ 100 | 按照 GB/T 19524.1 的规定执行 |
| 蛔虫卵死亡率 /% | ≥ 95 | 按照 GB/T 19524.2 的规定执行 |
| 氯离子的质量分数 /% | — | 按照 GB/T 15063—2020 附录 B 的规定执行 |
| 杂草种子活性 /（株 /kg） | — | 按照附录 H 的规定执行 |

### 4.1.2.1　有机肥料标准文本中的名称问题

关于有机肥料标准的文本，在过去的几轮修订中，其名称都沿用了“有机肥料”这四个字，而不是“商品有机肥料”，这容易造成商品有机肥料与非商品有机肥料即传统农家肥（畜禽粪便、作物秸秆、绿肥、田间地头的堆沤肥）的混淆。因为两者都叫有机肥料，但它们却有显著不同的特点：传统有机肥料不具备商品性，不能进入市场流通，它们统指人畜粪便、绿肥、作物秸秆等，而商品有机肥料是利用传统有机肥原料加工成的商品；传统有机肥料养分含量低、水分含量高，没有产品标准，而商品有机肥料具备商品性，具有农业行业标准。因此，应在有机肥料名称前加上“商品”二字，以区别于传统有机肥料，即农家肥。

### 4.1.2.2　商品有机肥料中的有机质含量

通常认为，有机质是商品有机肥料的核心组成成分，因为商品有机肥料最重要的功效是提高土壤肥力，其中有机质的作用最大。在 2011 年修改的商品有机肥料指标中，有机质含

量指标从 ≥ 30% 提高到 ≥ 45%，表面上看是提高了 15%，其实不是，因为在最终的有机质计算时还乘了一个校正系数 1.5。当时主要的原因是行业标准应该与国家标准相统一，在 2009 年《有机-无机复混肥料》（GB/T 18877—2009）的国家标准中有机质计算时乘了 1.5 这个系数（理由是为了校正在氧化过程中有机碳的氧化不完全）。在 2021 年的商品有机肥料指标修订中，有机质含量又改回 ≥ 30%，相应地计算时也就删去了乘以校正系数 1.5。但这里最大的问题是，国家标准《有机-无机复混肥料》（GB/T 18877—2009）中的有机质含量计算时是乘了这个校正系数 1.5 的，如此就出现了两类产品同样涉及有机质指标但测定或计算方法相矛盾的局面。

为了使商品有机肥料中的有机质含量达到行业标准，尽量不要用单一的固体有机废弃物原料来制作堆肥。通常情况下，以鸡粪、猪粪等动物粪便制成的商品有机肥料产品，其有机质含量较难达到行业标准，解决的办法是添加一部分秸秆、菇渣等植物源材料，这样方可使有机质含量达标。

一个值得提出来的问题是：一些商品有机肥企业为了生产高养分含量的商品有机无机复混肥，用高有机碳含量（70% 左右）的泥炭、褐煤甚至风化煤作为有机碳成分，与化肥混合生产商品有机无机复混肥。但大家都知道泥炭、褐煤或风化煤中的有机碳与堆肥中的有机碳作用特征相差很大。在 2012 版的商品有机肥料行业标准中，明确定义：商品有机肥料是植物残体和动物粪便经过发酵腐熟的含碳有机物料，其功能是改善土壤肥力、提供植物营养、提高作物品质。因此，根据这个定义，有机物料经过发酵腐熟达标才能成为商品有机肥料。而泥炭、褐煤甚至风化煤没有经过发酵腐熟（活化），若直接用于充当商品有机肥料或商品有机无机复混肥料中的有机碳成分，这些有机碳的生物有效性与腐熟堆肥中有机碳的生物有效性不能同日而语，它们只能充当有机碳的化学测定值，而对活化土壤微生物、改善土壤结构等作用甚微。至于有的企业采用化学或生物法先活化泥炭、褐煤等有机碳，然后再用其生产各种能够促进植物生长和改善土壤肥力的肥料产品就另当别论。总之，在制定商品有机肥料标准时要充分考虑有机质的测定方法和定义，以避免产生混乱，而影响有机肥料产业健康发展。

#### 4.1.2.3 商品有机肥料中的氮磷钾养分含量

1840 年德国李比希提出任何植物都需要从土壤中吸收养分，从而导致土壤中的养分日趋耗竭，所以就要不断给土壤补充养分，于是就有了肥料（有机肥和化肥等）这个概念。虽然有机肥料中的养分含量远不如化肥高，但有机肥料含有植物生长发育所必需的各种营养元素，从营养平衡供应这个角度考虑，有机肥料比化肥要好得多。商品有机肥料中氮磷钾总含量为 ≥ 5%（2012 版），或≥ 4%（2021 版），这个养分含量标准主要是以市场上大部分商品有机肥料产品都能达到为依据的。但原料不同，产品中养分含量会相差较大，以鸡粪和猪粪为原料制作的商品有机肥料氮磷钾养分含量可达 5% ～ 8%，而以牛粪、秸秆等为原料制作的商品有机肥料氮磷钾养分含量往往低于 4%，需要在堆肥制作过程中添加部分氮磷营养。其目的：一是通过调节堆肥材料的 C/N 比和 C/P 比来促进好氧堆肥顺利进行，二是确保制作出来的堆肥产品养分含量能够超过 4%。当然也可以采用不同有机原料配比进行堆制，以便使商品有机肥料的养分总量达到行业标准。

有人说在堆肥过程中添加了化肥氮磷就是假有机肥料，这种说法是有待商榷的。所谓有机肥料是指含有有机物质并且能给植物提供一定营养的一类肥料。为什么在有机肥料中不能添加少量化肥呢？有机肥料与化肥并不是对立的，为了使商品有机肥料产品中的养分总量达到或超过行业标准，添加少量化肥在科学上是非常合理的，更何况是在堆肥制作过程中加进去的。这些无机养分随着堆肥过程中腐殖物质的形成和微生物细胞的繁殖大部分会被转化成有机形态，成为名副其实的有机肥料养分，即便有少量加进去的养分仍然是无机形态，也对商品有机肥料产品质量提升和植物营养具有重要作用，不存在假有机肥料的说法（只要其有机质含量达标）。有的企业为了提高有机肥料对当季作物的增产效应，试图多加一点化肥养分，但是化肥养分一旦加多了，有机质含量就会下降，就达不到标准了，商品有机肥料产品中养分含量和有机质含量之间存在此高彼低的关系。此外企业要增加化肥养分，就会增加肥料产品的成本。

### 4.1.2.4　商品有机肥料中的水分含量

水分含量一直是商品有机肥料产品有争议的地方，在过去的几版修订标准中水分含量一直确定在≤ 30%，完全是建立在粉状有机肥料产品基础上的，因为如果水分含量定在 ≤ 25%，粉状有机肥料扬灰十分严重，根本不利于田间施用。但是，根据目前市场和广大农民的实际接受度情况，粉状有机肥料越来越不受欢迎，它们有着明显的缺点：扬灰、体积大、不适于机械化施肥等。因此，随着有机肥料造粒技术工艺的发展，粉状有机肥料会逐渐被淘汰。就商品有机肥料挤压造粒工艺而言，最适含水量为 25%，这个含水量能够使产品粒度适中、生产难度不大、挤压成本较低，可作为柱状或圆柱状商品有机肥料的水分含量标准；而粉状有机肥料含水量仍然可以定在 30%，以避免太干造成扬灰施用困难，太湿造成干物量低和效果差等问题。

关于粒状有机肥料的含水量问题，大部分以好氧堆肥为原料的商品有机肥不适合用于制造粒状有机肥料产品，因为粒状肥料需要滚筒造粒，造粒时要喷水成粒，成粒后需要高温烘干（如果水分含量不烘至 15% 以下，就会重新散开变成粉状），烘干后的粒状有机肥施入土壤后很难溶解化开，对当季作物的增产效果更差，尤其是施在旱地土壤上，施下去三五个月后还是原状粒子，效果更微。

### 4.1.2.5　商品有机肥料产品的pH值

利用农业固体有机废弃物进行高温堆肥时，所进行的生物化学过程就是一个有机物质的矿化和腐殖质的合成过程，这个过程最明显的特征就是堆肥物料的 pH 值显著上升。不同堆肥原料的初始 pH 值一般都在 5.5 ～ 7.5，但腐熟堆肥的 pH 值都会上升 1.5 ～ 2.5，例如以羊粪、鸡粪、猪粪、牛粪、秸秆为主要原料的腐熟堆肥 pH 值分别为 9.2 ～ 9.4、9.0 ～ 9.2、8.5 ～ 9.0、8.2 ～ 8.6、7.8 ～ 8.4。而目前商品有机肥料产品的 pH 值标准为 5.5 ～ 8.5，很显然这个标准有两个缺点：一是根据堆肥氨挥发原理，如果堆肥物料的 pH 值超过 7.5，就开始有大量氨挥发，这是所有堆肥场氨味都很重的根本原因，如此，就会导致堆肥场环境恶劣和商品有机肥料产品中氮的严重损失，使商品有机肥料中本来就不高的氮素含量更低，让农民更感觉商品有机肥不能使当季作物增产；二是即便是这么宽泛的 pH 值范围（5.5 ～ 8.5），试图尽可能覆盖各地企业生产的商品有机肥料产品，但由于原料不同，也尚未能覆盖所有有机肥料企业生产的产品的pH值。例如，最近某地对商品有机肥料产品进行抽查，产品不合格率很高，其中主要是产品pH值都超过8.5。鉴于此，为了减少甚至杜绝堆肥场的氨挥发，保住堆肥原料中的氮素，建议商品有机肥料产品的pH值确定在6.0～7.5，而各有机肥企业需要进行技术改造，在堆肥过程中调节堆肥物料的pH值，使之控制在6.0～7.5之间。

将商品有机肥料产品的pH值确定在6.0～7.5，还有一个优点就是可以防止产品储存过程中的氨挥发。商品有机肥料由于其脲酶活性很强，产品储存过程中不断产生铵态氮，这些铵态氮如果在pH值超过7.5的基质中就会不断地进行氨挥发，如此就会把商品有机肥料中的有益微生物杀死。堆肥中含有大量能够活化土壤养分的有益微生物，这些微生物进入田间土壤后可以显著提高土壤生物活性，让土壤“活”起来，但如果这些有益微生物在产品储存的袋子中遇到氨挥发被氨熏死了，产品的田间效果就会大打折扣。而且，如果这些腐熟堆肥的pH值未控制在7.5以下就直接用于生产生物（类）肥料（生物有机肥、复合微生物肥），因为生物（类）肥料的pH值是跟随有机肥料标准走的，那么，外源功能微生物与堆肥土著有益微生物一样会被氨熏死，也就谈不上所谓的生物（类）肥料了。

有人认为，目前我国绝大部分有机肥料企业在生产商品有机肥料产品时不调、也不会调pH值，如果将商品有机肥料产品的pH值确定在6.0～7.5，就会导致很多企业生产的商品有机肥料产品不合格。这说明我国有机肥料企业的技术工艺水平还有待提升，广大土壤肥料科技工作者应该帮助肥料企业进行技术改造和提升，而广大有机肥料企业应该吸纳具有土壤肥料知识背景的人才，从事企业技术改造和提升工作。传统有机肥料生产时代已经过去，随之而来的就是现代化的商品有机肥料生产。退一步说，如果将商品有机肥料产品的pH值还是确定在5.5～8.5之间，而绝大部分以鸡粪、羊粪、猪粪等为原料生产的商品有机肥料产品其pH值都大于8.5，也还是不合格。根本的解决方法是企业要具备一定的技术水平，不管是用什么原料制造商品有机肥料，最终产品的pH值都要调至产品制定的标准范围以内。有机无机复混肥料（基本不关注有益微生物）标准中的pH值也只有5.5～8.0，毫无疑问，商品有机肥料或生物（类）肥料（必须关注有益微生物）标准中的pH值应该确定在6.0～7.5，否则就很难谈论商品有机肥料或生物（类）肥料的质量和效果问题。

#### 4.1.2.6 商品有机肥料产品的造粒标准

如前所述，目前商品有机肥料趋于造粒，但全国大部分有机肥料企业一般照搬照抄无机复混肥造粒工艺。第一，就无机复混肥造粒工艺而言，无论采用圆盘造粒还是转鼓造粒，均需要先喷水成粒，然后高温（300～350℃）烘干，造粒成本（130～160元/吨）较高；第二，圆盘造粒和转鼓造粒均需要先粉碎通过1mm筛，这对化肥来说没什么问题，而有机物料粉碎过1mm筛则必须先将有机物料烘干再粉碎，如此粉碎过程灰尘飞扬，生产环境十分恶劣；第三，成粒后高温烘干杀死了所有堆肥有益微生物，严重影响产品的田间效果；第四，烘干需要锅炉，成本较高。

根据这几年探索的经验和计算，最佳的商品有机肥料造粒工艺还是挤压造粒，随着挤压设备的更新改造，目前一台18万～20万元的挤压设备每小时造粒3～4t。其优点如下：

一是腐熟堆肥物料不需要烘干粉碎，只需要过 4 ～ 5mm 筛就可直接造粒，凡是腐熟好的堆肥，有 70% ～ 80% 的物料能自然通过 4 ～ 5mm 筛子，不能通过的物料可以回料继续腐熟或做成粉状商品有机肥料；二是不需要喷水，好氧腐熟堆肥经后熟后含水量一般在 35% 左右，这时的后熟堆肥过筛后可直接挤压造粒，然后通过传输带自然冷却，水分很容易挥发至 25%（由于挤压强度较大，含水量为 25% 的挤压颗粒不会自然散开），无需建设烘干线；三是造粒成本很低，一般为 30 ～ 40 元 / 吨。这里要注意的问题是挤压造粒的硬度，经验表明，挤压造粒的硬度不需要太强，掌握在刚造粒出来的柱状有机肥产品（含水量 30% ～ 35%）用两个手指头轻压不碎为合适。如果此时手指头重压才碎，待产品储存过程中水分含量降到 25% 左右时，柱状产品的硬度就太强，导致施入旱地土壤后产品较长时间不碎或不化，影响产品的田间效果。因此可以在商品有机肥料产品标准中，增加一个柱状商品有机肥料剂型，其大小为：直径 4 ～ 5mm，长度 6 ～ 8mm，而不是粒状。

## 4.2　普通商品有机肥料

### 4.2.1　商品有机肥料与堆肥

腐熟堆肥是商品有机肥料的前身，如果腐熟堆肥的所有指标都能达到商品有机肥料的行业标准，就可以申请获得商品有机肥料生产许可证，而达不到行业标准的腐熟堆肥亦可以直接施入土壤。因此，制造商品有机肥料实际上就是做堆肥。

环境中的农业固体有机废弃物首先需要经过无害化处理，这种无害化处理主要包括厌氧（沼气工程）和好氧堆肥工艺。就农业固体有机废弃物处理而言，提倡采用好氧堆肥工艺，这是因为固体有机废弃物一旦进入沼气池进行厌氧发酵，无疑会把固体有机废弃物的污染容量增加几倍，这给后面的沼水和沼泥处理和去处都会带来更大的困难和麻烦。应该把厌氧和好氧两种工艺结合起来，发挥二者的互补作用，即厌氧发酵工艺用于处理养殖场的液体部分或含水量 85% 以上的固体有机废弃物，而好氧发酵工艺则用来处理含水量小于 65% 的所有固体有机废弃物。含水量在 65% ～ 85% 的固体有机废弃物需经过固液分离过程，使含水量小于 65%，液体部分再进入厌氧发酵。这里主要介绍农业固体有机废弃物的好氧发酵（好氧堆肥）工艺技术。

### 4.2.2　好氧堆肥概念

好氧堆肥是指在氧气供应条件下，依靠微生物的活动（分解有机物和合成腐殖质）使固体有机废弃物发生生物降解和生物合成的作用。国内外大量研究表明，在有机物的好氧堆肥分解过程中，不仅生成可被植物吸收利用的有效态氮、磷、钾等营养成分，同时更大量地合成新的高分子有机物质——腐殖质和一些小分子有机物质。腐殖质和小分子有机物质是堆肥产量的主体部分，也是构成土壤肥力的重要有机物质。完整的高温好氧堆肥过程包括升温阶段、高温阶段、降温阶段和后熟阶段。传统的堆肥通常在露天（田间地头）条件下进行，堆体也不大，一般为长 30m、高 1m、宽 1m，几乎不翻堆，堆体温度高于 50℃ 就称为高温阶段。但现代化堆肥工艺要求堆体最高温度达到 80℃，通常将 70℃以上的堆肥时期定义为高温阶段，这种高温阶段（通常维持 20 天左右）可以达到杀灭病原菌、寄生虫卵以及杂草种子等效果，也能快速分解抗生素及抗性基因、激素，以及钝化或转化重金属形态，所以高温堆肥也称为固体有机废弃物的无害化处理。

高温好氧堆肥是自然界物质循环的枢纽。英文中 composting 和 composts 具有不同的概念，前者特指堆肥过程，后者指腐熟后的堆肥。长期以来科学家们都注重对好氧堆肥过程中复杂的物理、化学和生物学变化的研究，并且认为堆肥过程受很多因素的影响，主要可以分为两类：一是堆肥原始物料的理化性质，包括营养物质平衡、颗粒度和 pH 值等；二是堆肥过程中的工艺参数，主要包括温度、供氧量、含水率等。

如前所述，国内外对高温好氧堆肥过程中的生物学过程进行了大量的研究，结果表明堆肥中发挥作用的微生物主要是细菌、放线菌、真菌和原生动物等。堆肥开始时，随着可溶性或易分解态有机物的降解，堆体温度逐渐升高，堆体基质的理化特性开始改变，堆肥微生物的种群和数量也随之发生变化。堆肥过程中有机物质转化与堆肥微生物活动是两个核心过程，决定着堆肥方向及其强弱。

细菌是堆肥中数量最多的微生物，因其自身的生物学特性，其主要功能是代谢可溶性有机物并产生热量。堆肥过程中主要靠细菌将可溶性有机物（例如六碳糖和五碳糖）吸入细胞内进行代谢而产能和升温，而堆肥物料中的纤维素、半纤维素在胞外酶（真菌比细菌和放线菌分泌这些酶的能力更强）作用下分别降解成葡萄糖和木糖，该过程产能很少，升温也微乎其微。但纤维素酶和半纤维素酶在多糖降解成单糖过程中起着关键作用，其中真菌对分泌纤维素酶和半纤维素酶起着巨大作用。其他的微生物也同时在不同阶段发挥其生物学功能，促进堆肥物料的腐熟。

在不同堆肥环境中分离得到的细菌在分类学上具有多样性，其中包括假单胞菌属（*Pseudomonas*）、克雷伯氏菌属（*Klebsiella*）以及芽孢杆菌属（*Bacillus*）的细菌。在堆肥初期，温度低于 40℃时，嗜温性细菌处于优势地位，是堆肥系统中最主要和最先启动的微生物种群。随着温度的上升，嗜温性细菌种群数量逐渐降低。在降温阶段，嗜温性细菌的数量又会有所回升。当堆肥温度升至 40℃以上时，嗜热性细菌逐步取代嗜温性细菌而占据优势。当环境变得不利于微生物生长时，有些细菌可以通过形成芽孢而幸存下来。例如芽孢杆菌能够生成很厚的孢子壁以抵抗高温等恶劣环境，当条件适宜时它们又恢复活性。枯草芽孢杆菌（*B. subtilis*）、地衣芽孢杆菌（*B. licheniformis*）和环状芽孢杆菌（*B. circulans*）等芽孢杆菌属（*Bacillus*）的一些种成为堆肥高温阶段的优势菌。

在堆肥化过程中，放线菌同样发挥着重要的作用。与真菌相比，它们能够忍受更高的温度和 pH 值。在不利于生长的恶劣条件下，放线菌就会以孢子的形式保存下来。因此，尽管放线菌降解纤维素和木质素的能力没有真菌强，但它们却是堆肥的高温阶段分解木质素、纤维素的优势菌群。诺卡菌（*Nocardia*）、链霉菌（*Streptomyces*）、高温放线菌（*Thermoactinomyces*）和单孢子菌（*Micromonospora*）等都是在堆肥中占优势的嗜热性放线菌，它们不仅出现在堆肥过程中的高温阶段，同样也在降温阶段和后熟阶段出现。

真菌通过菌丝的机械穿插作用，对堆肥物料产生物理破坏作用，起到了促进生物化学反应的作用。同时，真菌能大量分泌胞外酶（例如纤维素酶、半纤维素酶、漆酶等），加快大分子有机物质的降解速度。在堆肥化过程中，真菌对堆肥物料的分解和稳定起着重要作用。固体有机废弃物中含有大量的木质纤维素，纤维素分子本身结构致密，不容易降解，难以被大多数微生物直接作为碳源转化利用。嗜温性真菌地霉菌（*Geotrichum* sp.）和嗜热性真菌烟曲霉（*Aspergillus fumigatus*）是堆肥物料中的优势种群，其他一些真菌，如担子菌亚门（Basidiomycotina）、子囊菌亚门（Ascomycotina）、橙色嗜热子囊菌（*Thermoascus aurantiacus*）具有较强的分解木质纤维素的能力。绝大部分的真菌是嗜温性微生物，可以在 5 ～ 37℃ 的环境中生存，最适生长温度为 25 ～ 30℃。在 40 ～ 60℃ 时，嗜热性真菌发挥了最重要的接力作用，随着温度继续上升，真菌数量显著减少直至消失，但此时由真菌，尤其是烟曲霉等真菌分泌的大量胞外酶发挥着分解木质纤维素的功能；高温期过后，当温度下降到 55℃以下时，嗜热性真菌和嗜温性真菌又都会重新出现在堆肥中，此时堆肥过程中的腐殖化过程占优势。

微生物通过自身的生命活动进行分解和合成代谢，一方面把有机物分解成简单的无机物，并释放出自身生长增殖所需要的能量和养分；另一方面利用碳架和能量摄取其他养分以合成细胞物质，进行生长繁殖，此即同化作用，同时通过胞外酶的作用合成大量腐殖质。分解与合成过程相互联系、交叉进行，矿质化过程将复杂有机物转化成简单的有机和无机物质时，也会在酶作用下进一步用矿化的中间产物合成复杂的腐殖质，即腐殖化过程。

由此可见，好氧堆肥过程是一个完全由微生物活动主导的分解有机物和合成腐殖质的过程，这个生物化学过程需要一定的时间，少则半个月，多则一个月，甚至更长时间才能得以完成。现在，很多肥料企业宣传时经常会说采用某个工艺和菌剂可以使堆肥腐熟在 24 小时内完成，如果真正理解了好氧堆肥的生物化学过程，就不会说出这些没有科学依据的话了。他们所谓的 24h 腐熟实际上说的是 24h 高温灭菌和除臭，这是一个物理处理手段，而不是生物化学过程，更不是腐殖化过程。

## 4.2.3 好氧堆肥技术和工艺

### 4.2.3.1 堆肥原料复配

经过好氧堆肥过程后获得的产物叫作腐熟堆肥。通常所说的普通商品有机肥料实际上就是达到商品有机肥料农业行业标准的腐熟堆肥，当然不是所有固体有机废弃物制成的腐熟堆肥都能达到商品有机肥料的农业行业标准。因此，为了使好氧发酵腐熟的堆肥能够达到商品有机肥料的农业行业标准（总氮磷钾养分含量≥ 4%、有机质含量≥ 30%、水分含量≤ 30%、pH 值 5.5 ～ 8.5），需要进行堆肥原料的补充和复配。例如以鸡粪为主要原料生产腐熟堆肥，其有机质含量很难达到 30%；以牛粪、秸秆、尾菜等为主要原料生产腐熟堆肥，其养分含量较难达到 4%。所以在堆肥原料复配时就应该将上述两类原料进行有机搭配，以便使腐熟后的堆肥达到商品有机肥料产品的农业行业标准。如果当地的鸡粪或猪粪原料充足，那么为了提高腐熟堆肥的有机质含量，需加入 10% 的秸秆或尾菜（均以干基计）；如果当地的秸秆或枯枝落叶原料充足，那么为了提高腐熟堆肥的养分含量，需加入 20% ～ 40%

的鸡粪或猪粪（均以干基计），或直接喷洒含氮和磷的化肥溶液。如此既能保证腐熟堆肥指标达标，又能确保堆肥过程顺利进行。

堆肥的原材料虽含有一定量的养分，但大多都不能直接被作物吸收利用，通过堆制腐熟过程，有机物料进行分解和再合成（腐殖质），还可利用发酵过程产生的高温杀灭寄生虫卵、各种病原菌以及杂草种子，实现无害化的目的，同时还缩小了有机物料庞大的体积，节约运输成本，施用后便于耕作。

#### 4.2.3.2 好氧堆肥工艺

传统的好氧堆肥工艺可分成敞开式和封闭式两种发酵工艺。敞开式好氧发酵工艺是在一个几千平方米甚至上万平方米的钢架大棚内，通过行走式翻堆机给堆肥物料翻（抛）供氧而进行的好氧发酵工艺（条垛式）[图 4-1（a）]，或通过一个固定的槽进行的好氧发酵工艺 [图 4-1（b）]。其优点是处理量大、耗能小，但缺点是占地面积大、钢架大棚固定资产投入大、堆肥场地臭气收集和处理困难。

(a) 敞开式条垛式好氧发酵工艺
(适合于空气湿度大和中等的南方地区)

(b) 敞开式槽式好氧发酵工艺

图 4-1　固体有机废弃物好氧发酵工艺

封闭式好氧发酵工艺是在一个密闭的立式或卧式容器（图 4-2）中，通过强制性供氧设备供氧而进行的一种好氧发酵工艺。其优点是占地面积小、堆肥场臭气容易收集和处理，但缺点是处理过程耗能大、处理量小，满足不了大规模固体有机废弃物处理需求。对于小型养殖场（例如存栏量小于 2000 头的养猪场），这种封闭式好氧发酵工艺比较实用。

(a) 立式好氧发酵工艺

(b) 卧式好氧发酵工艺

图 4-2　固体有机废弃物封闭式好氧发酵工艺

在这几种传统好氧堆肥工艺中，条垛式发酵适合于空气湿度大于30%的北方半干燥地区和南方湿润地区，槽式发酵比较适合于空气湿度小于30%的北方干燥地区，而封闭式发酵则主要应用于小型单个规模化养殖企业的粪便就地处理。条垛式发酵和槽式发酵都需要大面积的钢架大棚，一般而言，年产10万吨商品有机肥需要4万平方米（条垛式发酵，380型翻抛机），或3万平方米（条垛式发酵，500型翻抛机），或3万平方米（槽式发酵）的钢架大棚。条垛式发酵工艺的大棚面积取决于翻抛机的大小，但总体上讲要比槽式发酵工艺需要的钢架大棚更大一点。但由于条垛式发酵工艺的地坪不需要硬化（便于复垦，不需要工业用地指标），也不需要水泥槽，布料出料也很方便，如此条垛式发酵工艺的固定资产投入比槽式发酵工艺的少一倍，各企业可根据当地的实际条件选择堆肥发酵工艺。封闭式发酵工艺最大的优点是不需要场地和基本没有臭味，但最大的缺点是处理数量有限，比较适合于小规模的养殖场粪便处理。通常情况下，一个存栏2000头商品猪的养猪场，需要一个90m³的立式发酵设备（约150万元）。

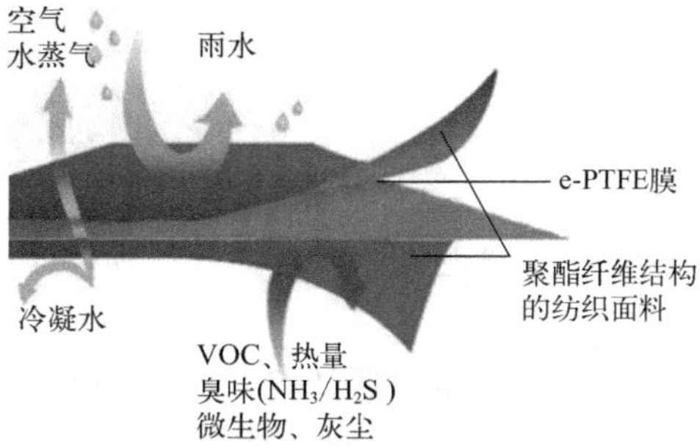

图4-3　用于气流膜好氧堆肥发酵的覆盖膜材料

最近几年兴起的气流膜好氧堆肥工艺推广速度很快，其工作原理是：将一层复合膜覆盖在堆体上面，该膜以聚四氟乙烯（PTFE）为原料经膨化拉伸形成多微孔膜（e-PTFE膜），正反面用聚酯基材膜夹持（图4-3），用于防止太阳紫外线长期辐射而老化及耐受堆肥物料的腐蚀性；e-PTFE膜微孔直径为0.1～0.5μm，远大于水蒸气直径（0.0004μm），而显著小于雨水直径（20μm），从而能确保堆体内的水蒸气、$CO_2$等小分子气体通过膜释放至大气中，而雨雪不能进入堆体（图4-4）；如此，通过外置的空压机及其底部供氧管道和自动化控制系统（图4-5）自动给堆体内输送空气（供氧），同时，通过堆体内微生物分解有机物产生的热量，将堆体内的水分以水蒸气的形式逐渐蒸发出来，实现高温好氧堆肥目标。

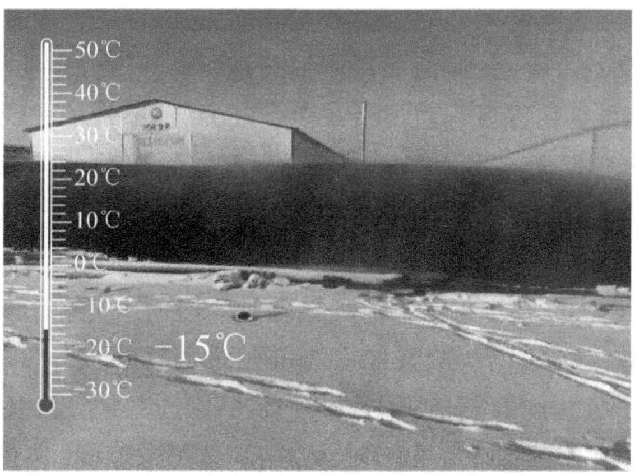

图4-4　气流膜好氧堆肥发酵（气温零下15℃，堆内温度72℃，堆高3m，堆底宽3.5m，堆长不限）

图 4-5　气流膜好氧堆肥发酵（气温 5℃，堆内温度 75℃，堆高 1.8m，堆底宽 3.0m，堆长不限）

气流膜好氧堆肥技术工艺具有以下优势：

① 无需钢架大棚，固定资产投入小。气流膜好氧堆肥只需选择好一块水泥地，铺上供氧管道，接上空压机和自动化控制系统，接种堆肥高温菌后就可以发酵，其固定资产投入只是槽式或条垛式好氧发酵的 1/4，为有机肥企业节省了大量成本；而且发酵设备具有可移动和便携等特征，克服了槽式好氧发酵存在的不可移动性和发酵产能增加受限等缺陷，出料和进料也都比较方便。具体建设时，为了进一步节省堆肥场面积和提高堆肥效率，在两侧砌起 1.2m 高的砖墙，可以使堆体最高达到 4m，如此可显著提高有机肥企业的生产能力和经济效益。

② 堆肥场臭气较少，容易通过环评。由于特殊膜材料的选择，挥发性有机分子臭气被膜隔离在膜内，不断被堆肥微生物分解。与槽式或条垛式堆肥场相比，气流膜堆肥场臭味浓度小得多。

③好氧发酵效率高。由于气流膜好氧堆肥发酵是通过静态的空压机及其管道供氧，无需翻动堆肥物料，从而使堆体内温度一直维持在 70 ～ 80℃，不像槽式或条垛式好氧发酵那样，每翻抛一次就降温和再升温一次。一般通过连续高温发酵 20 天后，就可进入陈化仓库进行后熟，陈化或后熟期间（一般为 20 天以上）需要每 2 ～ 3 天翻堆一次，以确保物料充分混合和后熟。

④ 容易控制堆肥物料的水分变化。控制好堆肥物料的水分和氧气（空气）含量是决定所有好氧堆肥工艺成败的关键。一般开始好氧堆肥时物料的水分含量都要求在 70% 以下，最好在 65% 左右。由于气流膜好氧堆肥工艺是通过其空压系统使堆体内水分逐渐蒸发掉的，因此，可以设计好空压供氧参数，定量控制堆体内水分蒸发速度，如此就能确保堆肥在南北方不同空气湿度区域均能顺利进行。例如，空压机的工作频率和强度参数按照当地当时气候

干燥或潮湿程度和堆体水分每天（24 小时）蒸发掉 1% ～ 2% 来计算，如此 20 天好氧堆肥后，堆肥物料的水分含量就可控制在 35% 左右，堆肥过程中无需加水（北方干旱区），也不会出现堆肥太湿情况（南方湿润区）。

当然事物都是一分为二的，气流膜好氧堆肥工艺最大的缺点是物料不均匀，由于整个高温阶段（20 天左右）堆肥物料不翻动，物料及微生物分布不均匀。为了克服这一缺点，气流膜好氧堆肥工艺特别强调堆肥的后熟（陈化）阶段，通过该阶段的物料翻动，一方面实现堆肥物料的均质性，另一方面进一步合成堆肥腐殖质。

## 4.2.4 好氧堆肥特征与过程

无论是哪种好氧堆肥方式或工艺，所有好氧发酵过程都必须经过如下四个阶段：升温阶段、高温阶段、降温阶段和后熟（陈化）阶段。好氧堆肥是在氧气充分供应条件下微生物分解新鲜有机物质，在微氧或局部厌氧条件下合成腐殖质。而这个条件只有集中堆肥过程才能提供，这就是为什么秸秆直接还田的腐殖化系数只有 0.15，而堆肥条件下秸秆的腐殖化系数可高达 0.8。

### 4.2.4.1 升温阶段

高温堆肥是否能成功与最初的起温密切相关，换句话说，只要能起温，堆肥就能成功。在一个从来没有堆肥过的地方，空气等环境中缺乏堆肥微生物种群，起温较慢，这时需要大量的堆肥菌种参与。由于所有微生物均能够快速利用可溶性碳（单糖和双糖）、可溶性含氮有机化合物以及一些半纤维素物质，堆肥物料接种堆肥菌后，温度能够迅速从室温升至 40℃；而后，主要由堆肥中的嗜热真菌接力分解半纤维素、纤维素和木质素，使堆肥物料温度继续上升至 60℃，这就是堆肥的升温阶段。可以看出，升温阶段最关键的时段是从 40℃上升至 60℃，因为这段时间堆肥物料中的可溶性有机碳已被消耗掉，而细菌需要的单糖和双糖要从难分解的半纤维素和纤维素甚至是木质素中转化而来，如果堆肥物料中的嗜热真菌数量不够或这些真菌分泌半纤维素酶、纤维素酶以及漆酶等的能力不够强，使嗜热高温细菌缺乏可溶性碳（主要为单糖和双糖），快速升温就会受阻。生产上为了确保堆体升温顺利，常常在堆肥起爆剂中添加一些商品化的纤维素酶和半纤维素酶，以弥补堆体中嗜热真菌数量或泌酶能力不够的缺陷。目前市场上的纤维素酶和半纤维素酶制剂已经很便宜了（6000 ～ 8000 元 / 吨），堆肥物料中添加 0.1% 的纤维素酶和半纤维素酶制剂就能收到很好的效果。当然这个添加就是在某个地方的第一次堆肥时需要添加一点，以后的堆肥就可以将第一次高温后的堆肥当作酵头使用。

### 4.2.4.2 高温阶段

当堆体温度升至 60℃及以上，此时大量嗜热高温细菌得到繁殖，从而继续分解堆肥物料中来自纤维素和半纤维素分解产物的可溶性糖类有机物，使堆温继续上升至 70 ～ 80℃。由于这一阶段为半纤维素、纤维素和部分木质素等大分子有机物分解的主要阶段，微生物或胞外酶消耗氧气的量和强度都很大，因此当堆温升至 70℃以上的 2 天后，如果不是采用气流膜堆肥工艺的话，就必须马上翻堆，而且翻堆越彻底（氧气供应越充分和均匀），堆肥质量就越高。供氧是好氧堆肥最关键的技术，通常在堆肥起始 24h 后堆体（50cm 处）温度就能升至 55 ～ 60℃，48h 堆体温度就能达到 60 ～ 65℃，72h（3 天）堆体温度就能超过 70℃，当堆体温度超过 70℃，就需要每天翻抛 1 次，以便及时供应氧气，翻抛后堆体温度会下降至 55℃左右，但 6 ～ 8h 后又会升至 70℃以上。如此不断升温—翻抛（降温）—再升温—再翻抛（降温），持续 15 ～ 20 天，堆肥物料就达到基本腐熟。在此过程中，有机物质的矿质化会导致堆体 pH 值显著上升，造成严重的氨挥发，这时要结合翻抛适当喷洒稀硫酸溶液，使堆体的 pH 值始终维持在 6.0 ～ 7.5 之间，以便有效控制堆肥过程中的氨挥发。

#### 4.2.4.3 降温阶段

在高温阶段过后，堆温逐渐下降到 50℃以下，此阶段称为降温阶段。此时，堆体内微生物种类和数量较高温阶段多，例如中温性的纤维分解黏细菌、芽孢杆菌、嗜热真菌和放线菌等数量又显著增加。在这个阶段，堆体内可分解的有机物料基质锐减，腐殖化作用占绝对优势。降温阶段还需要每 2 ～ 3 天翻抛一次，以便让堆肥充分均匀腐熟。

#### 4.2.4.4 腐熟保肥阶段（后熟阶段或陈化阶段）

此时堆体内物质的 C/N 比已逐步减小，腐殖质累积量明显增加。但分解腐殖质等有机物的放线菌数量和比例也有所增加，嫌气纤维素分解细菌、嫌气固氮菌和反硝化细菌逐步增多。在堆体表层，常形成以真菌菌丝体为主的“白毛”，此时如不采取保肥措施，会导致新形成的腐殖质强烈分解，并逸出 $NH_3$。所以，在降温阶段之后，必须将堆肥物料堆紧压实，使其处于嫌气状态，在这种情况下，嫌气纤维素分解菌也能比较旺盛地进行纤维素分解作用，缓慢地进行后期的腐熟作用。这时堆肥已完全发酵腐熟，其基本特征是颜色较黑。

如果是气流膜好氧堆肥工艺，升温至 70℃后一直维持着这个温度，因此，通过 20 天高温期后就直接进入降温和保温后熟期，没有像槽式或条垛式好氧堆肥工艺那么严格区分降温和后熟阶段。

总之，堆肥的腐熟过程是一个多种微生物接力交替活动的过程，是微生物对新鲜粗糙的有机物进行分解和再合成腐殖质的过程。这一过程受堆肥物料、环境温度、水分、通气、pH 值等因子的影响。堆肥腐熟的总时间取决于堆肥物料，一般而言，以人畜禽粪便为主的堆肥需 15 ～ 20 天就可达到腐熟，而以秸秆类物料为主的堆肥大概需要一个月的时间才能充分腐熟。

### 4.2.5 堆肥供氧和堆肥微生物起爆剂

由上述可知，好氧堆肥的两个关键因素或关键技术就是堆肥供氧和堆肥微生物起爆剂。

#### 4.2.5.1 好氧堆肥及其供氧效率

工作原理：条垛式好氧堆肥发酵工艺中，翻抛机的翻料滚筒快速旋转搅动物料，实现物料粉碎和供氧双重目的。工作起始时翻抛机行走到条垛的一端，启动工作部件后慢慢靠近条垛，将物料快速向后转移（定义翻抛机行走正前方为前方），在物料转移的过程中使菌种和原料充分混合和粉碎，同时使堆肥物料充分曝气，促进好氧微生物快速发酵堆肥物料和快速蒸发水分（图4-6）。

图4-6 内燃机式翻抛机工作状态

目前市场上的翻抛机大多数是中小型的，即380型及以下的翻抛机，堆体顶高和底宽分别为1.6m和3.5m，中小型翻抛机适合于年产3万吨以下的有机肥企业。但是随着有机肥企业规模不断扩大，年产10万吨及以上的有机肥企业越来越多，这些中小型翻抛机将逐渐被500型大型翻抛机所替代，这种大型翻抛机能翻抛顶高2m、底宽5m的堆肥物料，如此可以大大节省堆肥场地，提高条垛式好氧堆肥效率，而其柴油机耗油量略多于380型。

### 4.2.5.2 堆肥“起爆剂”

所谓堆肥“起爆剂”指的是好氧堆肥接种菌剂，通常由一些酵母菌、嗜热真菌、高温细菌复配而成。生产堆肥接种菌剂比较简单的途径就是将这些堆肥菌分别液体发酵后用干燥的固体吸附剂（谷糠、米糠、麸皮等）进行吸附，然后真空包装。如前所述，堆肥“起爆剂”中如果添加一定量的纤维素酶和半纤维素酶制剂将使堆肥升温更快和更顺利，而有些有机肥企业直接向堆肥物料中添加酶制剂，同样也能收到比较好的效果。

## 4.2.6 影响堆肥腐熟的因素

### 4.2.6.1 水分

水是微生物生命活动必需的物质之一，同时，堆肥材料必须先吸水软化后才能被微生物分解，水分过多或过少均会抑制微生物活动从而影响堆肥进程。因此，堆肥材料的含水量也是影响堆肥过程的关键因素之一。对于不同的堆肥材料来说，最优含水量的变化较大，但是一般应该控制在45%～65%。当材料的含水量高于65%时，则会阻碍氧气在堆体内的扩散，造成堆体的局部厌氧环境；如果材料的含水量过低，则不能满足微生物生长代谢的需要，同时也会造成有机物分解和代谢速率减慢。在现代化高温堆肥过程中，堆体中的水分主要依靠高温蒸发散失，在干旱地区进行高温堆肥过程中还需适当地补充水分，而在湿润地区如何使有机材料中过高的水分快速蒸发掉是堆肥的主要技术问题。目前，大多数堆肥材料为畜禽粪便，其含水量都很高（70%～80%），这种高水分含量在堆肥一开始很难使堆肥起温，所以，需要用比较干的有机材料，如秸秆、稻壳粉等，作为堆肥辅助材料来调节含水量。一般堆肥材料的起始含水量应控制在最大持水量65%以下（即手握成团，放开即散的状态最为适宜）。

### 4.2.6.2 通气

堆肥的腐熟发酵原理就是利用微生物好氧分解有机物和低氧或微氧合成腐殖质。当通气不良时，好氧微生物的活动繁殖都受到抑制，不易升温；当通气过分时，不利于保温、保肥。传统的堆肥都在田间地头进行，没有翻堆工具，也不怎么翻堆，所以，堆体中氧气缺乏（微生物活力降低）是堆肥时间长（通常需要 5 ～ 8 个月）的主要原因；而现代化高温堆肥都采用机械化翻抛或静态空压机供氧，能够充分供氧，使堆肥效率大大提高。使用鼓风机通风（静态好氧发酵）或者翻堆（槽式好氧发酵）甚至翻抛（条垛式好氧发酵）是好氧堆肥过程中常用的供氧方式，通过氧气的供应可以加速微生物的生长和有机物的代谢，还可以控制堆体的温度，去除微生物代谢所产生的 $CO_2$ 和多余的水分。研究表明堆肥过程中最适的氧气浓度在 15% ～ 20% 之间，这样既可以控制堆体温度，也能为微生物生长提供足够的氧气，不至于造成厌氧或半厌氧发酵，影响堆肥质量。

至于在后熟或陈化阶段，通过控制堆体的氧气含量来实现腐殖质的大量合成，这个阶段堆体中的氧气含量一般控制在微氧状态，即让堆肥物料（4 ～ 5m 高）自然压实即可。

#### 4.2.6.3 养分

微生物维持生命活动与繁殖要消耗必要的养分和能量，其中最重要的养分是碳源和氮源，有机碳为堆肥微生物提供能源，而有机氮则与堆肥微生物的繁殖有关。常以 C/N 比为指标。一般微生物利用 5 份碳和 1 份氮来构建其生物量（微生物细胞），而这一生命活动需要分解 15 ～ 20 份的含碳有机物所释放的能量来维持。因此，要求用作堆肥物料的最适 C/N 比为 25 ～ 30∶1。C/N 比过小，说明氮多（养料多）而碳少（能量少），造成氮的积累，不利于微生物正常活动；C/N 比过大，缺乏微生物细胞繁殖所需的 N 素，也不利于微生物活动。堆肥物料中，一般植物残体的 C/N 比较大，而人畜粪尿的 C/N 比较小。所以，应合理搭配植物残体与人畜粪尿的比例或适量加入一些含氮化肥如尿素等，以保证微生物对碳、氮的生理需求，有利于其活动，加速发酵腐解。农业有机废弃物材料的 C∶N 如下：稻草 60∶1，麦秆 80∶1，玉米秆 55∶1，泥炭 16 ～ 22∶1，豆秆 30∶1，苜蓿 18∶1，杂草 25 ～ 45∶1，人粪 12 ～ 13∶1，畜粪 15 ～ 30∶1。

#### 4.2.6.4 温度

温度是微生物活动的必要条件，也是影响堆腐速率和堆肥质量的主要因素之一，不同温度范围有不同微生物类群进行有机物分解和腐殖质合成。传统的堆肥都在田间地头进行，高温阶段温度最高也只能达到 55℃左右，而现代化高温堆肥的高温阶段温度都在 70 ～ 80℃，高温使有机物质分解速率显著加快，且实现了高温无害化处理的目标，这是现代化高温快速堆肥的一个最重要特征。根据温度的不同，整个堆肥过程可以分为升温、高温、降温和后熟四个不同阶段，因此温度的变化可以表明堆肥过程所处的阶段以及有机物代谢程度。过去国内外学术界都认为堆肥过程最适的堆体温度应该在 40 ～ 65℃的范围内，认为堆体温度高于 55℃就可以杀灭堆肥物料中的有害微生物和杂草种子，但是当堆体温度高于 65℃时，将会超过大部分微生物的最高耐受温度，它们要么以孢子或芽孢的状态存在，要么死亡，整个堆体的微生物代谢活动将受到严重的抑制，反而不利于有机物质的降解与腐殖质的合成。但我国现代堆肥产业的集约化程度很高，堆肥周期不可能像过去或国外那么长（2 个月以上），一般都在20天左右，所以堆肥过程中的温度一般都比较高。例如，高温阶段的温度一般要维持在70～80℃，需15～20天，其他时间为升温和降温阶段，而后熟阶段一般是把经过升温、高温和降温三阶段的物料堆放在一个地方，边后熟边存放，后熟期间最好也能每隔10天或15天翻堆一次。

#### 4.2.6.5　pH值

pH值通过影响微生物的生长来影响堆肥化的进程，微生物在pH值为5.0～9.0的范围内都可以很好地生长，但普遍认为堆肥过程最优的pH值范围为5.5～8.0。堆肥过程是一个有机物质矿质化以及腐殖化的过程，矿质化过程会显著增加堆肥的pH值。一般情况下，进入高温阶段5天后堆体pH值就会超过8，此时就会引起氨的挥发。尤其是以鸡粪或猪粪为主要原料的堆肥，在高温阶段堆体pH值可达到9或9以上，这种高pH值会导致严重的氨挥发，一方面使氮素挥发进入大气而污染大气环境和影响工厂生产环境，另一方面大量损失氮素，影响有机肥产品的田间生物效果。因此，工厂化生产堆肥时要结合翻抛动作，定时喷洒一定量的稀硫酸溶液，使堆体pH值一直控制在7.5以下。在传统的堆肥过程中，由于不翻堆，堆体处于厌氧状态，会产生一些有机酸和碳酸，不利于微生物活动。所以，在传统堆肥制堆时，反而需要加入适量碱性物质，如石灰、草木灰以调节酸碱度，并且能破坏秸秆表层的蜡质，有利于秸秆吸水和分解，这是传统堆肥和现代堆肥最大的不同点。

#### 4.2.6.6　原料颗粒度

原料颗粒度也是影响堆肥化进程的重要因素，最主要的就是平衡原料颗粒为微生物生长提供的表面区域与氧气供应之间的关系。如果原料颗粒过大，比表面积就小，不利于微生物与原料颗粒的充分接触，并且降解的有机物会在原料颗粒的表面形成一层不易通过的腐殖化膜，不利于有机物的充分降解；如果原料颗粒过小，则会导致物料过分挤压，氧气供应不足，造成堆体局部的厌氧发酵，产生臭气气体如$H_2S$等，另外还会导致堆体升温速度慢，延长发酵周期。

## 4.3　商品氨基酸有机肥料

这里所说的商品氨基酸有机肥料特指在腐熟堆肥中添加了部分氨基酸成分，以便提高对当季作物的增产效果的商品有机肥料，所添加的氨基酸主要来自正常和非正常死亡的畜禽、废弃羽毛以及藻泥等废弃蛋白酸解后获得的混合型氨基酸原料。

### 4.3.1　环境中的废弃蛋白

所谓废弃蛋白指的是一类不能用作养殖业饲料（当然更不能用作人类营养）的废弃动植

物蛋白，主要包括养殖过程中正常和非正常死亡的畜禽动物、屠宰场下脚料、水体富营养化产生的藻泥、进出口检疫不合格的动物蛋白或植物蛋白物料。

我国畜禽养殖业的正常死亡率为：生猪 8% ～ 12%，家禽 12% ～ 20%，奶牛 2% ～ 5%。如遇突发性疫病（如 2013 年鸡瘟、2019 年非洲猪瘟等）暴发时，死亡率会更高。

由于部分死亡畜禽携带着大量有害病原菌，如果处理和利用不当，就会对人类造成很大安全隐患，对环境也存在潜在污染。例如，利用死亡畜禽转化所得的蛋白产品中就存有能够导致牛海绵状脑病（即疯牛病）和猪瘟等一些动物疾病的朊病毒和猪瘟病毒，欧洲禁止其用作动物饲料添加剂。因此，如何有效地解决死亡畜禽无害化处理和资源化利用问题，对于保护环境、资源利用和保障公共卫生安全意义重大，刻不容缓。

我国是动物蛋白消费大国，目前有 3000 多家县级大中型屠宰场，其运行过程中会产生大量的废血、毛发、淋巴和三腺等疫性物质。这些物质含有大量的蛋白质，是宝贵的蛋白质资源，但如果不进行无害化处理，就会威胁到公共卫生安全。

我国治理水体富营养化的主要途径是每年捞取水中的蓝藻，然后脱水至含水量为 70% ～ 90%，再送入焚烧炉，处理这种藻泥的费用为 600 元 / 吨。

### 4.3.2 废弃蛋白无害化处理工艺技术

所谓废弃动物（蛋白）无害化处理指的是用物理、化学等方法处理废弃动物蛋白，消灭其所携带的病原菌，消除危害的过程。适用于国家规定的染疫动物及其产品、病死或者死因不明的动物尸体、屠宰前确认为国家规定的病害动物、屠宰过程中经检疫或肉品品质检验确认为不可食用的动物产品、国家规定的其他应当进行无害化处理的动物及动物产品。

目前我国推广的方法包括：焚烧法、化制法、高温法、深埋法、生物发酵法、化学处理法。

（1）焚烧法　是指在焚烧容器内使废弃动物（蛋白）在富氧或无氧条件下进行氧化反应或热解反应的方法，包括直接焚烧法和炭化焚烧法。该方法具有能够将废弃动物（蛋白）携带的病原菌彻底杀灭、处理周期短的优点。但是焚烧需要消耗大量的能源，并且排放大量 $CO_2$ 和 $PM_{2.5}$，污染大气环境，同时，对环境中的废弃蛋白资源造成极大浪费。

（2）化制法　是指在密闭的高压容器内，通过向容器夹层或容器内通入高温饱和蒸汽，在干热、压力或蒸汽（高温）、压力的作用下，处理废弃动物（蛋白）的方法。该方法不得用于患有炭疽病等芽孢杆菌类疫病、牛海绵状脑病、痒病的染疫动物及产品、组织的处理。

（3）高温法　是指在常压状态下，在特定密闭容器内利用干热处理废弃动物（蛋白）的方法。该方法不得用于患有炭疽病等芽孢杆菌类疫病、牛海绵状脑病、痒病的染疫动物及产品、组织的处理。

（4）深埋法　是指按照相关规定，将废弃动物（蛋白）投入深埋坑中，并覆盖、消毒，发酵或分解废弃动物（蛋白）的方法。该方法是通过土壤微生物的作用缓慢分解废弃动物（蛋白），优点是操作简单和成本低廉，缺点是会污染地下水和土壤，并且浪费蛋白资源。该方法适用于发生动物疫情时须扑杀销毁的动物处理，以及边远地区和交通不便地区零星废弃动物（蛋白）的处理，不得用于患有炭疽病等芽孢杆菌类疫病、牛海绵状脑病、痒病的染疫动物及产品、组织的处理。

（5）生物发酵法　是指堆肥法，即将废弃动物（蛋白）与秸秆等物质进行混合，在封闭的环境中进行堆肥处理。其优点是对废弃动物（蛋白）资源进行了合理利用，缺点是堆肥温度低，不能对病死猪携带的大量病原菌进行彻底杀灭，并且处理周期较长，处理过程中会造成病原菌的二次污染。该方法在国内已于 2017 年 7 月 3 日被废止，但国外仍然在采用。

综上所述，焚烧法和深埋法只是无害化处理，并没有资源化利用，造成生物资源的极大浪费，处理企业没有经济效益，很难形成长效运行机制。此外焚烧法固定资产投入大且处理过程会二次污染大气，深埋法需要土地且处理过程会二次污染土壤和地下水，这两种方法目前只在暴发性疫情出现时使用。化制法和高温法虽然都考虑了资源化利用的问题，但处理过程中会产生大量的废水、废气。上述处理方法均不太适合于废弃动物（蛋白）无害化处理和资源化利用。经过长达八年的研发，科研工作者建立了一种兼顾无害化处理和资源化利用两个方面的硫酸水解法，且处理过程没有任何废水、废气和废物排出，水解产物作为商品生物有机肥或液体商品氨基酸肥料的原料，具有广阔的推广应用前景。

（6）化学处理法——硫酸水解法　是指在密闭的容器内，将废弃蛋白（死亡畜禽、废弃羽毛、屠宰场下脚料、藻泥）与一定浓度的硫酸在一定条件下进行分解（主要产物是氨基酸和脂肪）的方法。该方法既能实现无害化处理，又能实现资源化利用，保证处理企业自身能够获利，是废弃蛋白无害化处理和资源化利用相结合的有效方法。

① 技术工艺　可视情况对废弃蛋白进行破碎等预处理，然后投至耐酸的水解罐中，根据水解所需的酸度、处理物的含水量和实际冲洗的水量，计算所加入的浓硫酸量，使硫酸浓度达到 3 ～ 4mol/L。密闭水解罐，加热使水解罐内升至 100 ～ 110℃，维持压力≥ 0.15MPa，反应时间≥ 4h，罐体内的废弃蛋白完全分解成氨基酸和脂肪。

② 注意事项　处理中使用的强酸应按国家危险化学品安全管理有关规定执行，操作人员应做好个人防护；根据水解所需的酸度，先将所需要的水加入耐酸的水解罐中，然后加入浓硫酸；控制罐内物质总体积不得超过水解罐总体积的 70%；待罐体内的废弃蛋白完全分解成氨基酸和脂肪后即可结束水解；酸解反应的容器及储存酸解液的容器均要求耐强酸。

### 4.3.3　全价氨基酸水溶肥料制造技术与工艺

经硫酸酸解后分离得到的氨基酸溶液进入板框压滤工艺，将过滤好的酸解氨基酸溶液放入一个能加热的反应容器（反应釜）内，边温和搅拌（20r/min 左右），边慢慢定量加入氢氧化钾（固体）或合成氨（气体），此时发生的酸碱中和反应使溶液的温度立刻上升，但需控制好加入氢氧化钾或合成氨的速度，最好不要让溶液温度超过 95℃，即不沸腾。通过此过程将溶液的 pH 值调整至 3 左右，然后趁热加入含钙或含镁的物质（中量元素型氨基酸肥料）或含铁 / 锰 / 铜 / 锌 / 硼 / 钼的物质（微量元素型氨基酸肥料），其加入量依据事先设计好的氨基酸水溶肥料产品标准《含氨基酸水溶肥料》（NY 1429—2010）的要求。此时需要加快搅拌速度（60r/min 左右），溶液的温度会因加入的化学物质而吸热降下来，如果溶液温度降到 60℃以下，就需要外加热使反应容器内的温度维持在 60 ～ 80℃，使氨基酸与钙、镁、铁、锰、铜、锌、硼、钼充分螯合，制备成高质量的氨基酸螯合态微肥或氨基酸螯合态钙镁肥水溶性肥料（图 4-7）。

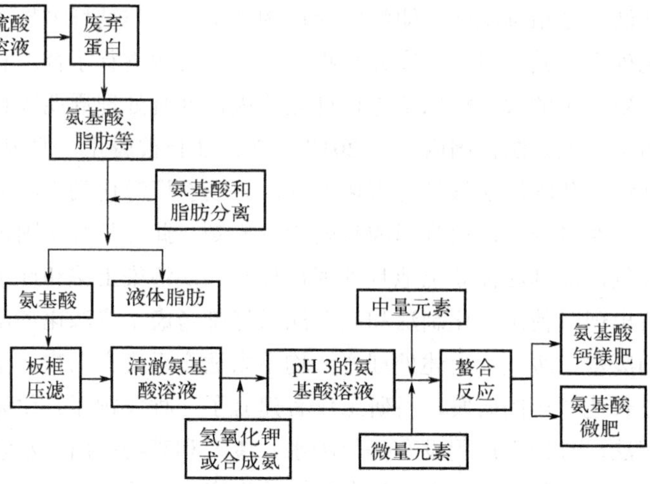


图 4-7　全价氨基酸水溶肥料制造工艺

### 4.3.4　固体氨基酸有机肥料制造技术与工艺

与生产普通商品有机肥（堆肥需要 100% 腐熟，即高温阶段后还要经过一个降温后熟阶段）不同，用于生产商品氨基酸有机肥的堆肥只需要经过高温阶段就行。具体制作步骤如下：在制作堆肥过程中，堆体温度会逐步上升至最高温度，例如 75℃，然后维持这个高温大概 10 天，其间不断翻抛，堆体温度交替降低和升高；待每次翻抛后升温不再超过 60℃，说明该堆体已经完成高温阶段，此时就可以加入酸解氨基酸溶液，加入的量主要依据堆体 pH 值和堆体含水量确定，堆体 pH 值越高和含水量越低，加入的酸解氨基酸量可多一点，例如可加到 20% ～ 25%（体积质量分数），反之，就加 10% ～ 15%（体积质量分数）；加入后要保持每天翻抛堆体 1 ～ 2 次，以使酸解氨基酸溶液与堆肥（pH 值一般为 8 左右）充分混匀而发生中和反应，如此重复 5 ～ 7 天，最终堆肥的 pH 值控制在 6.0 ～ 7.5 之间（图 4-8），堆肥中的氨基本不挥发，而且堆肥中游离总氨基酸和多肽含量达到 1% 以上，这种商品氨基

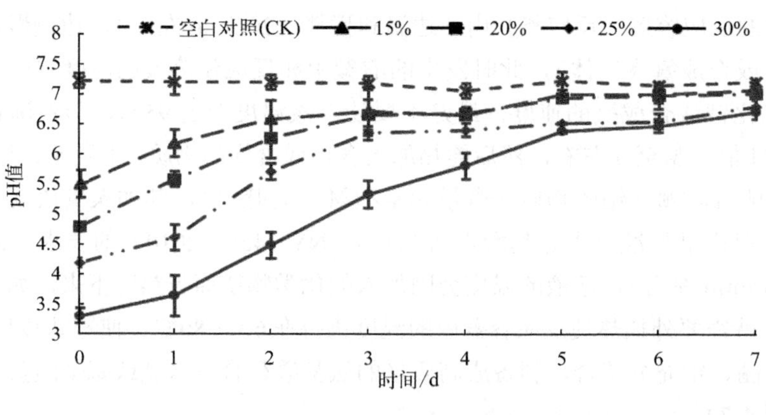


图 4-8　猪粪堆肥中加入不同比例酸解氨基酸溶液后的堆体 pH 值变化

酸有机肥比普通商品有机肥一般增产10%左右。这里值得一提的是，如果是用于生产这种固体商品氨基酸有机肥，其废弃蛋白酸解后水解液无需进行氨基酸与脂肪的分离，也无需进行板框压滤，只需使水解液（所有混合物）全部进入经过高温后的堆肥中去。一方面，增加了腐熟堆肥中的氨基酸和多肽含量；另一方面，溶液中的动物脂肪给堆肥微生物、土壤微生物和土壤有机质转化等提供了不可多得的有效碳源，使堆肥的田间生物效果更显著。

## 参考文献

[1] 白国凯，刘珊珊，郑宇，等. 病死动物源氨基酸研制的生物有机肥促生效果研究 [J]. 土壤，2018, 50(02): 270-276.
[2] 褚冰杰，余光辉，刘飞飞，等. 土壤微团聚体中矿物-有机复合体特征 [J]. 土壤学报，2017, 54(06): 1451-1458.
[3] 浩折霞，黄大鹏，顾少华，等. 酒糟-牛粪堆肥复配瓜果类蔬菜育苗基质配方筛选 [J]. 南京农业大学学报，2017, 40(03): 457-463.
[4] 何亩阳，徐谓，刘超，等. 木质纤维降解复合菌剂促进堆肥腐熟研究 [J]. 土壤，2020, 52(04): 728-735.
[5] 胡小璇，江尚焘，安祥瑞，等. 有机无机肥配施对芒果产量与品质及经济效益的影响 [J]. 南京农业大学学报，2020, 43(06): 1107-1115.
[6] 江高飞，暴彦灼，杨天杰，等. 高温秸秆降解菌的筛选及其纤维素酶活性研究 [J]. 农业环境科学学报，2020, 39(10): 2465-2472.
[7] 蒋忠纯，罗非，李新艳，等. 添加酸解氨基酸对植物源废弃物好氧堆肥品质及其应用效果的影响 [J]. 植物营养与肥料学报，2021, 27(08): 1445-1455.
[8] 凌宁，荀卫兵，沈其荣. 根际沉积碳与秸秆碳共存下作物与微生物氮素竞争机制及其调控 [J]. 南京农业大学学报，2018, 41(04): 589-597.
[9] 刘超，王若斐，操一凡，等. 不同碳氮比下牛粪高温堆肥腐熟进程研究 [J]. 土壤通报，2017, 48(03): 662-668.
[10] 刘超，徐谓，顾文文，等. 典型畜禽粪便配伍食用菌菌渣堆肥研究 [J]. 中国农学通报，2018, 34(21): 84-90.
[11] 刘超，徐谓，王若斐，等. 资源化利用冲施猪粪水高温堆肥研究 [J]. 中国环境科学，2017, 37(10): 3826-3835.
[12] 刘东阳，王蒙蒙，马磊，等. 高效纤维素分解菌的分离筛选及其分解纤维素研究 [J]. 南京农业大学学报，2014, 37(06): 49-58.
[13] 吕娜娜，沈宗专，王东升，等. 施用氨基酸有机肥对黄瓜产量及土壤生物学性状的影响 [J]. 南京农业大学学报，2018, 41(03): 456-464.
[14] 梅新兰，郑海平，李水仙，等. 降解水稻秸秆细菌-真菌复合菌系的构建与评价 [J]. 农业环境科学学报，2021, 40(10): 2217-2225.
[15] 任小利，王丽萍，徐大兵，等. 菜粕堆肥与无机肥配施对烤烟产量和品质以及土壤微生物的影响 [J]. 南京农业大学学报，2012, 35(02): 92-98.
[16] 孙江慧，张楠，沈其荣，等. 几种食用真菌降解稻草的潜力研究 [J]. 南京农业大学学报，2012, 35(06): 49-54.
[17] 唐思宇，刘秋梅，孟晓慧，等. 高温和酶解处理水稻秸秆后植物促生物质的鉴定及其效果研究 [J]. 中国农业科学，2021, 54(15): 3250-3263.
[18] 王蓓，高旭，王甜甜，等. 叶面喷施含氨基酸水溶肥料在辣椒和豇豆上的肥效 [J]. 土壤，2017, 49(04): 692-698.
[19] 王若斐，刘超，操一凡，等. 不同碳氮比猪粪堆肥及其产品肥效 [J]. 中国土壤与肥料，2017(06): 127-134.
[20] 王若斐，薛超，刘超，等. 起爆剂促进猪粪堆肥腐熟研究 [J]. 土壤，2017, 49(06): 1092-1099.
[21] 王孝芳，万金鑫，韦中，等. 畜禽粪便堆肥过程中微生物群落演替 [J]. 生物技术通报，2022, 38(05): 13-21.
[22] 王炫清，苗嘉曦，陈兴，等. 高效木质纤维素分解菌 *Aspergillus fumigatus* Z5 原位分解小麦秸秆的研究 [J]. 南京农业大学学报，2017, 40(04): 671-680.
[23] 徐春淼，韦中，廖汉鹏，等. 一种评价稻秆降解菌分解能力的方法 [J]. 南京农业大学学报，2015, 38(03): 417-423.
[24] 张西凯，刘红军，王东升，等. 曝气距离对植物源废弃物气流膜好氧发酵效率的影响 [J]. 土壤，2022, 54(02): 291-297.
[25] 赵鹏，董彩霞，申长卫，等. 3 种有机无机肥配施对西瓜氮、钾养分吸收以及产量和品质的影响 [J]. 南京农业大学学报，2015, 38(02): 288-294.

中国肥料研究与应用全书

Books of Fertilizer Research and Application in China

FERTILIZER

# 第5章

# 有机无机复混肥

有机无机复混肥料是人及畜禽粪便、动植物残体、农产品加工下脚料等有机物料经过发酵，进行无害化处理后，添加无机肥料制成的复混肥料。自20世纪80年代以来，我国开始大量施用化肥，当前我国化肥生产量及使用量均超过世界总量的1/3，是全球平均用量的3.4倍。由于化肥自身存在的问题，加之不合理的施用方式，土壤酸化、板结、地力衰退、理化性能变差以及真菌性病害、再植障碍等土传病害传播等问题日趋严重。此外，化肥产业高耗高排，难以满足“碳达峰、碳中和”和“绿色发展”的新需求。有机肥中不仅含有氮、磷、钾、钙、镁和微量元素等各种养分，而且还含有机物质如纤维素、半纤维素、脂肪、蛋白质、氨基酸及腐植酸类物质等。有机物质影响土壤的物理、化学和生物学性质，供给土壤微生物以碳源，促进其繁衍活动，故有机肥在保持和改善土壤结构、保持肥力方面起重要作用。化肥的养分含量稳定，浓度较高，水溶性好，有利于施用时计量调控和采用机械施肥，能快速提高对作物的供肥强度、效率并显示出肥效。化肥和有机肥混合制成的有机无机复混肥料可充分发挥两类肥料的功能优势，使耕地土壤的生产性能常新常青，作物产量和品质稳定。本章主要介绍有机无机复混肥料的配方设计、生产工艺、质量标准与控制等。

# 5.1 有机无机复混肥料的配方设计

有机无机复混肥料的配方是指在其制品中有机肥与无机氮、磷、钾肥以及其他元素肥料的投入量。有机无机复混肥料的养分表达式与复合肥料相同，例如9-5-6的有机无机复混肥料，是指100kg有机无机复混肥料中含有N 9kg、$P_2O_5$ 5kg、$K_2O$ 6kg。

## 5.1.1 原料选择的原则

有机无机复混肥料是在有机肥料的基础上加入化肥，经造粒烘干后制成的复混肥料。因此，首先要选择合适的有机肥与氮、磷、钾化肥的比例。养分元素的比例不能简单地采用数学计算法，因为有机肥中养分的释放既与肥料的碳氮比有关，又受到土壤温度、水分、根系吸收等外界因素的影响。因此，选择有机无机复混肥料的养分比例时应遵循以下几个原则：①有机氮与无机氮的适宜比例大致为2∶8或3∶7；②以纤维素为主的有机原料，碳氮比以1.0～1.6为宜，若有效碳比例较高，则碳氮比宜调低些，反之则高些，对于以改土补充有机质为目的的配方，则碳氮比可在1.6以上；③有机质通常可以增加肥料中磷的有效性，故有机无机复混肥料中磷所占的比例一般比复合肥料低。

## 5.1.2 主要原料

### 5.1.2.1 有机肥料

有机物料是农业生产、畜禽养殖、农产品制作加工等人类活动产生的各类富含有机质物质的总称，主要包括农作物秸秆、畜禽粪便、饼粕、菌渣、酒糟等农业生产、加工过程中产生的一些含碳量高的剩余物或废弃物料，其经过高温堆肥腐熟，再通过风干或烘干、粉碎即可得到有机肥料。

### 5.1.2.2　无机肥料

（1）大量元素肥料　常用于有机无机复混肥料生产的氮肥主要有硫酸铵、氯化铵等原料，磷肥主要包括过磷酸钙、钙镁磷肥，钾肥有氯化钾等原料。生产高浓度的有机无机复混肥料时，氮肥可用尿素加一定量的磷酸铵，磷肥可选用重过磷酸钙、磷酸一铵、磷酸二铵，钾肥可用硫酸钾、氯化钾。

（2）中、微量元素肥料　有机无机复混肥料配方中的中量元素钙可以由过磷酸钙、钙镁磷肥等提供，镁源有钙镁磷肥、硫酸镁等，硫主要来自硫酸钾以及配方中含硫的微量元素肥料，锌源包括硫酸锌、氧化锌、螯合态锌等，硼源有硼砂、硼酸，铁源有硫酸亚铁、硫酸亚铁铵等，钼源可选用钼酸铵、钼酸钠，铜源有硫酸铜，锰源包括硫酸锰、氯化锰。一般有机无机复混肥料中微量元素的安全添加量（以元素计）是：硼 0.2kg/t、锰 0.5kg/t、铜 0.5kg/t、铁 1kg/t、钼 0.005kg/t。此外，有机肥原料中也含有较丰富的中、微量营养元素，在进行配方设计时必须兼顾考虑这些元素的含量。不同有机物料所含中、微量元素的量不尽相同，如畜禽粪中含有较多的锌、铜，同时还含有砷等重金属元素，在作为原料使用前必须对其成分进行分析，以确保有机物料的质量安全。

（3）不同原料之间的相互影响　在选择原料时还要兼顾考虑混合过程中及混合后原料间可能发生的化学反应，如有些化学反应能够产生良好的提高肥效效果，而有些化学反应则可能导致肥效降低；有些原料混合后易吸湿、结块，甚至完全失去肥效，因而不能混用。肥料的吸湿性常用其临界相对湿度（critical relative humidity，CRH）来表示，从本质上讲，有机无机复混肥料是多种盐的反应产物和混合物，其临界相对湿度是各种原料吸湿性水平和配比关系的外在反映。在有机无机复混肥料生产原料配料选择时，一方面要考虑原料的吸湿性，另一方面也要考虑最终产品的吸湿性，原则上是临界相对湿度要尽可能高，要特别注意避免配料后形成临界相对湿度较低的有机无机复混肥料。图 5-1 中列出有机无机复混肥料生产中

| | | | | | | | | | |
|---|---|---|---|---|---|---|---|---|---|
| 尿素 | 75.2 | | | | | | | | |
| 氯化铵 | 57.9 | 77.2 | | | | | | | |
| 硫酸铵 | 56.4 | 71.3 | 79.2 | | | | | | |
| 磷酸二铵 | 62 | — | 72 | 82.8 | | | | | |
| 氯化钾 | 60.3 | 73.5 | 71.3 | 70 | 84 | | | | |
| 硝酸钾 | 65.2 | 67.9 | 69.2 | — | 78.6 | 90.5 | | | |
| 磷酸一铵 | 65.2 | — | 75.8 | 78 | 72.8 | 59.8 | 91.6 | | |
| 磷酸一钙 | 65.1 | 73.9 | 87.7 | 78 | — | 87.8 | 88.3 | 93.7 | |
| 硫酸钾 | 71.5 | 71.3 | 81.4 | 77 | — | 87.8 | 79 | — | 96.3 |

图 5-1　30℃时无机肥料盐及二元混合肥料盐的临界相对湿度（单位：%）

常用的无机肥料盐和二元混合肥料盐在30℃时的临界相对湿度。

把上述影响原料相合性的因素结合起来绘制成图5-2，有了它就可以在进行有机无机复混肥料配方设计时较快地判别出所选择的物料组分复配的相合性。

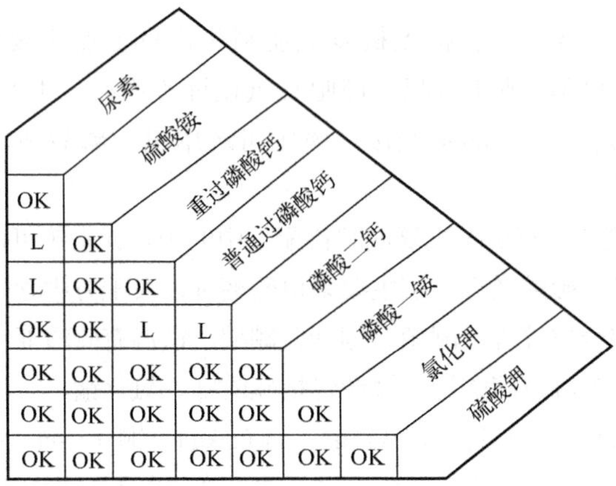


图5-2　有机无机复混肥料中原料组分相合性判别图

OK—原料能混配；L—原料有限混配

除了临界相对湿度外，有机无机复混肥料的吸湿性还与其吸湿速度、肥料颗粒平均粒径、暴露于空气的肥料颗粒的比表面积、肥料原始水分含量等因素有关。

### 5.1.2.3　黏结剂

团粒法生产有机无机复混肥料成粒时必须要有黏结剂，黏结剂是影响颗粒化生产的关键因素。有机无机复混肥料的配料组成中含有一种具有足够黏性的“可塑原料”（如过磷酸钙），该“可塑原料”即为成粒时的黏结剂，其必须以水或水蒸气进行喷雾，使“可塑原料”与雾接触形成黏性溶液，团黏其他粉末成粒。黏结剂应具有良好的黏结性和成球性，且制作的颗粒要有良好干、湿球破碎及落下强度。黏结剂含量不同，制得的肥料颗粒粒径分布是有较大差别的。生产上可供有机无机复混肥料生产中使用的黏结剂种类较多，组分各异（表5-1）。

表5-1　有机无机复混肥料中黏结剂的主要类型和组分

| 类型 | 分类 | 黏结剂组分 |
| --- | --- | --- |
| 无机黏结剂 | 硅酸盐类 | 黏土类：沸石、高岭土包膜、膨润土和高岭土<br>改性黏土：黏土-聚酯混聚物黏结剂、改性膨润土、改性蒙脱石等 |
| | 磷酸盐类 | 过磷酸钙 |
| | 肥料 | 硫酸铵、钙镁磷肥；高温熔解类：硝酸铵、尿素 |
| | 其他 | 磷石膏、钙粉 |
| 有机黏结剂 | 天然有机黏结剂 | 淀粉胶、变性淀粉黏结剂 |
| | 合成有机黏结剂 | 肽胺、聚乙烯醇、甲基纤维素；<br>脲醛树脂、松香等 |

### 5.1.3 配方设计

设计有机无机复混肥料配方时首先要考虑有机和无机原料的类型、企业的生产线能否用这些原料生产，以及产品的最终成本等。一般来说，秸秆源的有机肥纤维较长、颗粒较粗，畜禽粪便和饼粕源有机肥颗粒较细，企业需要依据其生产设备和产品的外观要求选择合适的有机肥料。就养分而言，在各种养分配比相同的情况下，采用硫酸铵、氯化铵作为氮源，其产品成本略低于采用尿素作为氮源；磷源采用钙镁磷肥较采用磷酸铵的成本要低；钾肥中氯化钾含钾量最高，单价最低，而硫酸钾含钾量稍低，单价较高。因此，除生产忌氯作物或果菜茶类作物专用的有机无机复混肥料外，生产小麦、玉米、水稻等大田作物施用的有机无机复混肥料则完全可以采用氯化钾。氮源和钾源中的阴离子搭配也是有机无机复混肥料配方设计要考虑的问题，氯化铵和氯化钾两种原料中均含有氯离子，为了使有机无机复混肥料产品中氯离子含量不至于过高，一般尽量不同时使用这两种原料。此外，还需要考虑生产成本的动态波动问题，由于市场变化，原料价格有一定波动，生产时需根据原料的实际价格进行具体成本核算，调整原料配方。

#### 5.1.3.1 通用型有机无机复混肥料配方

通用型有机无机复混肥料配方主要针对某一地区对 N、P 和 K 养分需求差异不太悬殊的多种主要农作物，施用同一规格的配方，均有较好的效果。多年的生产实践表明，有机无机复混肥料适用范围较广，在等 N 条件下，增产效果比一般复合肥高，而且成本降低；在某些情况下（如沙质土上），其效果甚至还优于专用型复合肥。

#### 5.1.3.2 专用型有机无机复混肥料配方

专用型有机无机复混肥料配方主要针对那些对 N、P 和 K 养分有特殊需求，且差异较大的经济作物以及土壤肥力特性的差异而专门设计的。

（1）作物种类　通常叶菜类需 N 较多，且在氮素形态上偏好硝态氮，茄果类蔬菜对 P、K 的需求较多；香蕉和烟草等对 K 的需求量较高，而对 N 的供应量则有一定的限制，以防止品质受损；茶树喜铵态氮，对 P、K 的需求量则需控制在一定范围内。一般的通用型肥料配方难以满足这些经济作物的特殊需求，且这类作物经济价值高，需要有针对性地设计专用有机无机复混肥料配方。如叶菜类专用型配方中以高氮低磷、钾为主，茄果类蔬菜专用型配方中以高钾为主。在有机物料的选择上，一年生的作物选择以易降解的畜禽粪便堆肥原料为主，多年生的果树则可以选用含木质纤维素较多的植物源堆肥原料。

（2）土壤条件　首先要考虑土壤肥力水平。尽管向土壤中施用肥料，但作物吸收的土壤中固有的养分量约占其吸收养分总量的 50%。土壤肥力水平越高，供作物吸收的养分含量就越丰富。相反，土壤肥力水平越低，作物从土壤中吸收的养分量就越低。因此，设计有机无机复混肥料配方时，必须考虑不同土壤类型所含有机质、氮磷钾的量和有效养分的含量，某些微量元素容易缺乏的地区还需要在配方中考虑特定微量营养元素的补充。其次要考虑土壤的保肥性能。保肥能力强的土壤可以设计高养分浓度的有机无机复混肥料配方，而保肥能力较差的土壤要适当增加配方中有机质含量，降低总养分的含量。

### 5.1.4 原料比例确定

在确定有机无机复混肥料配方时，对于土壤中含有的有效营养元素，配肥时应扣除，同时也要将有机物料所能提供的养分扣除。一般分两步进行：第一步依据有机无机复混肥料产品中有机质含量确定有机物料与无机肥料的比例；第二步依据土壤条件和作物类型确定无机肥料中各种养分间的比例。

① 养分的配方既可参照有机无机复混肥料产品目标推广地区的土壤养分状况和作物需肥特点，从已有的养分配方中选取；也可根据土壤养分供应量、单位作物产量需肥量以及氮磷钾养分的配比来设计。

② 根据有机物料的有机质含量确定有机物料的用量和无机肥料的用量。常见有机肥料的养分含量及当季利用率见表 5-2。

表5-2 常见有机肥料的养分含量及当季利用率

| 有机肥料名称 | 养分含量 /% | | | 当季利用率 /% | | |
|---|---|---|---|---|---|---|
| | N | $P_2O_5$ | $K_2O$ | N | $P_2O_5$ | $K_2O$ |
| 牛粪 | 0.32 | 0.25 | 0.16 | 25 | 20 ～ 30 | 50 ～ 60 |
| 猪粪 | 0.56 | 0.4 | 0.44 | 10 ～ 14 | 5 ～ 10 | 50 ～ 60 |
| 羊粪 | 0.56 | 0.47 | 0.23 | 20 ～ 25 | 15 ～ 20 | 50 ～ 60 |
| 猪厩肥 | 0.45 | 0.19 | 0.6 | 20 ～ 30 | 20 ～ 40 | 55 ～ 70 |
| 牛厩肥 | 0.34 | 0.16 | 0.4 | 15 ～ 25 | 15 ～ 25 | 60 |
| 马厩肥 | 0.58 | 0.28 | 0.53 | 20 ～ 30 | 20 | 55 |
| 羊厩肥 | 0.83 | 0.23 | 0.67 | 15 ～ 20 | 15 ～ 20 | 60 |

③ 在已知有机物料的加入量后，根据表 5-2 中对应的氮、磷、钾养分含量及当季利用率计算有机物料可提供的氮、磷、钾养分量。

④ 用各养分的总需求量减去有机物料可提供的各养分的量，即为需要加入的无机肥料量。

### 5.1.5 有机物料与基础肥料的配比与计算

首先需要确定拟生产的有机无机复混肥料中有机质、N、$P_2O_5$ 和 $K_2O$ 的含量，其次了解有机堆肥原料中有机质和氮、磷、钾的含量，最后计算出 1000kg 有机无机复混肥料中堆肥原料和氮、磷、钾化肥的量。

例如：某企业需生产有机质含量为15%、N-$P_2O_5$-$K_2O$ 等于 12-8-10 的有机无机复混肥料，使用的有机物料含有机质 30%、N 2.2%、$P_2O_5$ 1.2%、$K_2O$ 2.0%，氮肥选用含 N 46% 的尿素，磷肥选用含 N 17% 和 $P_2O_5$ 45% 的磷酸二铵，钾肥选用含 $K_2O$ 60% 的氯化钾，计算生产该产品所需的有机物料与无机肥料的量。

解：① 依据有机无机复混肥料中的有机质含量，计算 1000kg 有机无机复混肥料中需加入有机物料的量及其所提供的 N、$P_2O_5$ 和 $K_2O$ 的量。

设 1000kg 有机质含量为 15% 的有机无机复混肥料中有机物料的加入量为 $M$，无机肥料的加入量为 $Q$，则有以下两个平衡：

$$M+Q=1000$$

$$(M\times30\%)/(M+Q)=15\%$$

由上式计算得出有机物料（$M$）和无机肥料（$Q$）的加入量分别是 500kg 和 500kg。因为常用有机物料堆肥的水分含量在 30%，而有机无机复混肥料产品的水分含量控制在 12%，因此，实际生产中有机物料的投入量应扣除水分后折算。

② 计算质量为 $M$ 的有机物料所提供的 N、$P_2O_5$ 和 $K_2O$ 养分量为

$$N：500\times2.2\%=11.0(kg)$$

$$P_2O_5：500\times1.2\%=6.0(kg)$$

$$K_2O：500\times2.0\%=10.0(kg)$$

③ 计算氮、磷、钾化肥的用量

设 1000kg 有机无机复混肥料中尿素、磷酸二铵和氯化钾的投入量分别为 $A$、$B$、$C$，则各养分的总量为：

$$N：A\times46\%+B\times17\%+11.0=120$$

$$P_2O_5：B\times45\%+6.0=80$$

$$K_2O：C\times60\%+10.0=100$$

分别计算上式，得：

$A$=176.2kg，$B$=164.5kg，$C$=150kg。

即生产 1000kg 有机质含量为 15%、N-$P_2O_5$-$K_2O$ 为 12-8-10 的有机无机复混肥料，需加入有机质含量为 30%，含 N 2.2%、$P_2O_5$ 1.2%、$K_2O$ 2.0%，水分含量 30% 的有机物料 628.6kg，尿素 176.2kg，磷酸二铵 164.5kg，氯化钾 150kg，黏结剂等辅料 10kg，总养分含量约为 30%。

# 5.2 有机无机复混肥料生产工艺

## 5.2.1 原料处理

### 5.2.1.1 原料的预处理

有机物料的无害化处理是指通过高温堆肥技术杀灭有机物料中的病原菌、虫卵和杂草种子等有害物质。稳定化处理是指通过生物降解将有机物料中易被微生物降解的有机成分，如可溶性有机物、淀粉、蛋白质等转化为相对稳定的有机物，不会对作物种子和作物苗期生长产生不利的影响。

有机无机复混肥料由于生产中采用的有机物料不同，其理化性质差异较大，要分别考虑对原料进行预处理或调整原料的配方。调控的原则一般是物料混合后的pH值控制在5.5～8.0范围内，以确保养分的有效性。如糠醛渣和过磷酸钙均属强酸性物质，配方中尽量不同时使用这两种原料。糠醛渣可考虑与微碱性的钙镁磷肥搭配；过磷酸钙可考虑用碳法滤泥来调整酸碱度，碳法滤泥的主要成分是碳酸钙，虽然其pH值仅在8左右，但由于其中还含有大量的大分子纤维成分，故可中和大量的酸。具体的酸性物料和碱性物料的中和比例还应通过小批量配制并在实验室验证后确定。需要注意的是，中和过磷酸钙的游离酸不可使用石灰，因为石灰的pH值高，容易造成局部pH值过高而影响磷的有效性。北方一些地区腐熟鸡粪堆肥的pH值在9以上，也可以考虑将其与过磷酸钙混合。

有机物料中常含有杂质，需要通过筛分分拣去除这些杂质和发酵不完全的物料。此外，有些有机物料水分含量过高，需要预先经过风干或烘干使水分满足有机无机复混肥料生产要求。

#### 5.2.1.2 原料粉碎

有机肥、硫酸铵、尿素、氨化过磷酸钙、磷酸铵、硫酸钾、微量元素等生产有机无机复混肥的原料需要先进行粉碎，否则粒径大小不一，造粒不好，肥料混配不均匀，会直接影响有机无机复混肥的质量和外观，各种物料粒径最好小于1mm。磷酸铵、氨化过磷酸钙、尿素可用链式粉碎机粉碎（尿素不能用高速磨粉机粉碎，以免温度高，物料黏度大，粉碎效果差），硫酸钾可用高速磨粉机粉碎，也可用链式粉碎机粉碎。粉碎后的物料最好经振动筛筛选后，小于1mm的物料用来混合造粒，大于1mm的物料返回粉碎机再次粉碎。

#### 5.2.1.3 混合

混合就是将有机肥料与氮磷钾肥、中微量元素肥料，按照生产配方计量后输送到混合机内进行混匀。混合机可用立式圆盘或滚筒式，混合必须充分均匀，且即混即用，不宜混合后放置太久，以免受潮。对于直径为2m的混合机来说，转速24～30r/min为宜，混合时间30min左右。微量元素肥料用量少，不易掺和，混合不均匀不仅影响其使用效果，还容易产生肥害，可采取逐级放大混合的方法。即先将粉碎的微量元素肥料与少量粉碎的有机肥料掺混均匀，再用混有微量元素肥料的有机肥料向大量有机肥料中掺混，最后掺入大量元素化肥，混合均匀。

### 5.2.2 造粒

有机无机复混肥料造粒主要采用成本较低的团粒法。粉状的基础肥料借助于液相（水＋蒸汽＋肥料溶液）黏聚成粒，再借助于外力挤压成型。我国的基础肥料大部分为粉粒状。团粒法是我国目前复混肥料造粒加工的主要方法，根据使用造粒设备的不同，可分为圆盘成粒、转鼓成粒。典型团粒法造粒工艺流程是：原料经过计量后，通过输送装置进入造粒机，在造粒机内人工控制加入一定量（3%～4%）的液相；进入干燥机，与热风炉产生的热空气进行热交换，达到物料所需温度（一般为60～70℃）；冷却后，进行一次筛分、二次筛分，合格颗粒经二次烘干冷却、表面处理后包装成产品，一次筛分、二次筛分不合格的颗粒通过粉碎、计量再返回造粒系统。以生产上常用的团粒法工艺为例，影响产品指标的因素主要分三个方面：一是原料配方，包括原料粒度、规格、黏性、水分含量及原料搭配等；二是造粒工段，包括新料质量、返料质量、返料粒度、液相量及物料温度；三是烘干工段，包括燃煤发热量、炉膛温度、送风风量、引风风量等。统计分析得出共计 13 个指标影响团粒法造粒产品质量，其中设备操作指标 8 个，通过设备参数调整可以固定；原料指标 5 个，4 个可选择性固定，只有原料搭配（即配方计算）需随时调整。

团粒法的设备种类较多，不同的设备生产得到的颗粒性质也不同，如密实度、球形度、粒度、成粒率等都各不相同，总体上颗粒强度较高，断面为多心圆，但由于颗粒都是在团聚作用下形成的，因此致密度不高，表面也较粗糙。影响团聚造粒的因素有很多，包括水分、黏结剂、物料尺寸和凝集状态等。水分对颗粒间液桥的形成起决定性作用，造粒前可以用水进行预湿润，从而提高造粒的质量。加入黏结剂则可以提高成粒率和颗粒强度，可根据需求来加入合适的量。物料尺寸是影响颗粒强度的重要因素，物料直径越大，颗粒强度就越小。常用的圆盘造粒机规格与生产能力的关系见表 5-3。

表5-3　圆盘造粒机规格与生产能力的关系

| 圆盘直径（$\varphi$）/mm | 圆盘高度（$H$）/mm | 圆盘转速 /（r/min） | 圆盘倾斜角（$\alpha$）/（°） | 生产能力 /（t/h） |
|---|---|---|---|---|
| 1600 | 300 | 19 | 45 | 0.6 ～ 1.0 |
| 2000 | 240 | 30 | 60 ～ 65 | 1.5 ～ 2 |
| 2200 | 360 | 14 | 35 ～ 55 | 6 |

一般圆盘的倾斜角不得小于混合物料的自然休止角，否则物料会粘贴在底盘上，随转盘一起转动。刮刀的位置与水平方向成 60°，避免物料在刮板位置挤压成块。圆盘的高度与其直径比一般在 0.1 ～ 0.25 之间，物料从圆盘下面半径为 3/4 之处自动排出。

### 5.2.3　扑粉处理

有机无机复混肥料颗粒经干燥、冷却、筛分后，最好经扑粉处理，以确保成品在贮存过程中维持质量稳定、不结块、不潮解、耐强压、强度好、手感好。扑粉过程是将扑粉剂加到成品中，适当翻滚，混合均匀即可。扑粉剂通常为黏土、钙镁磷肥、石膏粉、滑石粉等，扑粉剂用量一般为有机无机复混肥料量的 2% ～ 4%。

### 5.2.4　生产工艺流程

有机无机复混肥料的生产工艺一般包括有机原料的前处理、高温堆肥发酵、干燥、粉碎、筛分、计量配料、掺混、造粒、干燥、冷却、计量和包装等步骤。

以畜禽粪便堆肥生产有机无机复混肥料为例。畜禽粪便好氧发酵一般采用“二段堆肥”的快速堆肥工艺，即先在条垛上（或发酵槽中）完成 10 ～ 15d 的一次发酵，依靠高温堆肥进行无害化处理，依据温度变化情况采用翻抛机翻堆（槽式平均每日翻堆一次），堆肥水分由开始时的 60% ～ 65% 降至 40% ～ 45%；然后将物料转移到二次发酵场所，经 15 ～ 20d 的二次发酵，有机物料充分腐熟，水分进一步降低至 30% 左右。采用“二段堆肥”的快速堆肥工艺，发酵周期一般为 25 ～ 35d；若单独采用槽式堆肥工艺，发酵周期多为 40 ～ 60d。畜禽粪便堆肥生产有机无机复混肥料的工艺流程主要包括配料、粉碎、混合、造粒、烘干、冷却、筛分、涂布和包装等环节（图 5-3）。

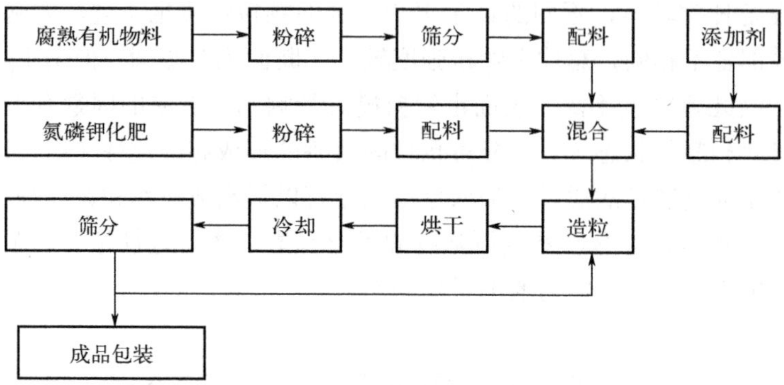


图 5-3　有机无机复混肥料生产工艺流程

（1）配料　由多台皮带输送机或斗提机将有机物料和氮磷钾化肥等分别提送至各自的贮斗中，依据配方设计用一台或多台斗式的带有电脑控制的电子秤进行各基础肥料的配料，每一批的配料自动卸入中间贮斗，在贮斗的底部由调速皮带输送机将物料连续送入粉碎机进行粉碎。

（2）粉碎　采用链式粉碎机进行原料粉碎，粉碎后的粒度要＜ 1mm，以满足造粒的要求。若原料粉碎的细度不好，不仅会导致各种原料间混配不均匀，而且造粒效果差，直接影响有机无机复混肥料的质量和外观。

（3）混合　通过传送带将粉碎好的原料送入混合器内并搅拌混合均匀。混合必须充分，同时要做到即混即用，混合后不宜放置太久，以免受潮。

（4）造粒　通过传送带或斗提机将混合后的物料送入造粒机（转鼓造粒机或圆盘造粒机），添加少量水或蒸汽使混合物料成粒。

（5）烘干　通过传送带（或斗提机）将造粒后的肥料颗粒送入回转干燥转鼓以降低水分含量，增加颗粒强度，便于保存。回转干燥转鼓入口的温度一般要求控制在 300℃以上，出口的温度通常在 60 ～ 80℃。

（6）冷却　通过传送带（或斗提机）将烘干后的肥料颗粒送入冷却转鼓，肥料颗粒的温度迅速降下来。烘干后的肥料颗粒温度过高，易结块，而经过冷却后，便于装袋保存和运输。冷却转鼓出口温度通常 ≤ 45℃。

（7）筛分　通过传送带（或斗提机）将冷却后的肥料颗粒送入筛分机，将未达到标准的过大或过小的颗粒筛分出来，大颗粒通过传送带（或斗提机）返料到粉碎机粉碎，小粉粒直接返料到造粒机。

（8）涂布　将筛分合格的肥料颗粒送入涂布滚筒中涂布抗结块剂。抗结块剂中机械油与防结剂质量比为 3.2∶1，机械油加热温度为 85 ～ 90℃，混合液加热温度为 90 ～ 95℃，混合搅拌时间为25min，每吨肥料防结剂及机械油混合液的用量为1.5 ～ 1.9kg。

（9）包装　利用包装机对检验合格的有机无机复混肥料成品进行计量分袋包装。包装机下面的链板输送机把包装产品送上输送带送入仓库。

转鼓造粒法生产有机无机复混肥料的工艺流程如图5-4所示。

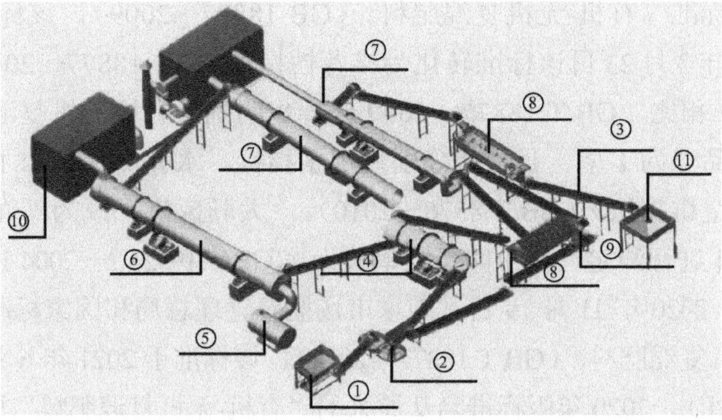


图5-4　转鼓造粒法生产有机无机复混肥料工艺流程

①一投料仓；②一立式搅拌机；③一皮带输送机；④一转鼓造粒机；⑤一热风炉；⑥一滚筒烘干机；⑦一滚筒冷却机；⑧一滚筒筛分机；⑨一链式粉碎机；⑩一除尘室；⑪一成品仓

拟建一座规模为年产$6\times10^4$t有机无机复混肥料的工厂，按一年生产300d计算，则日生产量为200t。复混肥中化肥所占比例为45% ～ 50%，有机质 ≥ 15%。按生产1t通用有机无机复混肥养分比例计算，设计N-$P_2O_5$-$K_2O$为12-8-10，扣除堆肥中原有的养分（N+$P_2O_5$+$K_2O$=5.4%），需添加的N、$P_2O_5$、$K_2O$比例为6%、4%、5%，换算成尿素、磷酸二铵和氯化钾的量，得出其原料配比和堆肥原料日需要量见表5-4。

表5-4　有机无机复混肥料原料配比

| 规模/t | 有机质/% | N-$P_2O_5$-$K_2O$/% | 堆肥/t | 尿素/t | 磷酸二铵/t | 氯化钾/t |
|---|---|---|---|---|---|---|
| 1 | 15 | 12-8-10 | 0.63 | 0.176 | 0.165 | 0.15 |
| 200 | 15 | 12-8-10 | 126 | 35.2 | 33 | 30 |

# 5.3　有机无机复混肥料的质量标准与控制

## 5.3.1　有机无机复混肥料的质量标准

我国有机无机复混肥料工业起步较晚，但发展较快，为了加强对该类产品生产的质量监督，维护消费者的正当权益，2002 年 11 月 18 日国家质量监督检验检疫总局首次发布了国家标准《有机-无机复混肥料》（GB 18877—2002），该标准于 2003 年 6 月 1 日开始实施。GB 18877—2002 标准技术内容包括有机无机复混肥料中总养分和有机质的指标要求，同时还规定了有害元素限量和卫生指标限量。随着有机无机复混肥料产业的发展，原有的标准已经不能满足生产的要求。2009 年 4 月 27 日国家质量监督检验检疫总局和国家标准化管理委员会发布了国家标准《有机-无机复混肥料》（GB 18877—2009），该标准于 2012 年 5 月 1 日开始实施，2017 年 3 月 23 日该标准转化为推荐性标准 GB/T 18877—2009，不再强制执行。与 GB 18877—2002 相比，GB/T 18877—2009 进一步明确了有机无机复混肥料的范围，将有机无机复混肥料产品分为Ⅰ型、Ⅱ型并分别规定了指标，水分测定增加了《复混肥料中游离水含量的测定　真空烘箱法》（GB/T 8576—2010），“大肠菌值”改为“粪大肠菌群数”并按 GB/T 19524.1—2004 进行测定，蛔虫卵死亡率改为按 GB/T 19524.2—2004 进行测定，细化了产品包装标识的规定。2020 年 11 月 19 日，国家市场监督管理总局和国家标准化管理委员发布了国家标准《有机无机复混肥料》（GB/T 18877—2020），该标准于 2021 年 6 月 1 日开始实施。与 GB/T 18877—2009 相比，2020 年版标准名从原来的“有机-无机复混肥料”更改为“有机无机复混肥料”；修改了范围（见第 1 章，2009 年版的第 1 章）；增加了部分规范性引用文件（见第 2 章）；修改了术语和定义（见第 3 章，2009 年版的第 3 章）；修改了产品的部分技术要求（见第 4 章，2009 年版的第 4 章）；增加了一种产品类型（Ⅲ型）并规定了技术指标（见 4.2），氯离子的质量分数细化为“含氯（低氯）”“含氯（中氯）”“含氯（高氯）”（见 4.2，2009 年版的 4.2）；增加了钠离子的标识要求和检测方法，并细化了产品包装标识规定（见 4.2、6.13）；增加了产品中有毒有害物质的限量要求（见 4.3）；修改要素“采样方案”为“取样”（见第 5 章，2009 年版的 6.3 和 6.4）；增加了自动电位滴定法测定氯离子含量（见 6.11.2）；增加了砷、镉、铅、铬、汞含量测定的等离子体电感耦合光谱法（见 6.12）；细化了产品标识的规定（见第 7 章，2009 年版的第 7 章）。到目前为止，有机无机复混肥料国家标准已经经过三次修订，最新版的 GB/T 18877—2020 中规定有机无机复混肥料的技术指标应符合表 5-5 要求，并应符合标明值。

**表5-5　有机无机复混肥料的技术指标要求**

| 项目 | 指标 | | |
|---|---|---|---|
| | Ⅰ型 | Ⅱ型 | Ⅲ型 |
| 有机质含量 /% | ≥ 20 | ≥ 15 | ≥ 10 |
| 总养分（$N+P_2O_5+K_2O$）含量①/% | ≥ 15.0 | ≥ 25.0 | ≥ 35.0 |
| 水分（$H_2O$）②/% | ≤ 12.0 | ≤ 12.0 | ≤ 10.0 |
| 酸碱度（pH 值） | 5.5 ～ 8.5 | | 5.0 ～ 8.5 |
| 粒度（1.00 ～ 4.75mm 或 3.35 ～ 5.60mm）③/% | ≥ 70 | | |
| 蛔虫卵死亡率 /% | ≥ 95 | | |
| 粪大肠菌群数 /（个 /g） | ≤ 100 | | |

续表

| 项目 | | 指标 | | |
|---|---|---|---|---|
| | | Ⅰ型 | Ⅱ型 | Ⅲ型 |
| 氯离子含量[④]/% | 未标“含氯”的产品 | ≤ 3.0 | | |
| | 标明“含氯（低氯）”的产品 | ≤ 15.0 | | |
| | 标明“含氯（中氯）”的产品 | ≤ 30.0 | | |
| 砷及其化合物含量（以 As 计）/（mg/kg） | | ≤ 50 | | |
| 镉及其化合物含量（以 Cd 计）/（mg/kg） | | ≤ 10 | | |
| 铅及其化合物含量（以 Pb 计）/（mg/kg） | | ≤ 150 | | |
| 铬及其化合物含量（以 Cr 计）/（mg/kg） | | ≤ 500 | | |
| 汞及其化合物含量（以 Hg 计）/（mg/kg） | | ≤ 5 | | |
| 钠离子含量 /% | | ≤ 3.0 | | |
| 缩二脲含量 /% | | ≤ 0.8 | | |

①标明的单一养分含量不应低于 3.0%，且单一养分测定值与标明值负偏差的绝对值不应大于 1.5%。

②水分以出厂检验数据为准。

③出厂检验数据，当用户对粒度有特殊要求时，可由供需双方协商确定。

④氯离子的质量分数大于 30.0% 的产品，应在包装袋上标明“含氯（高氯）”，标识“含氯（高氯）”的产品氯离子的质量分数不做检验和判定。

## 5.3.2　有机无机复混肥料的质量控制

随着农业生产的发展，肥料用量不断增长，结构也发生改变，在市场需求的驱动下我国大批不同规模的有机无机复混肥料厂纷纷建立，在生产流通领域中，时常出现伪劣有机无机复混肥料，严重干扰了肥料市场秩序，损害了农民利益。为加强肥料市场的管理，切实保护农民的利益和生产经营企业的合法权益，各地相继成立了肥料产品质量监督检验机构，对全国各地生产的有机无机复混肥料进行全面的质量监督检验工作，对提高化肥产品质量和促进农业增产发挥了积极的作用。

### 5.3.2.1　生产许可证制度

实施产品生产的许可证制度，是国家对产品质量进行监督的重要形式之一。有机无机复混肥料是农业生产资料中一种重要的肥料产品，因此国家对有机无机复混肥料实行生产许可证制度，以确保对有机无机复混肥料产品的质量控制。2018 年 11 月 22 日国家市场监督管理总局发布了《市场监管总局关于公布工业产品生产许可证实施通则及实施细则的公告》〔2018 年　第 26 号〕，其中的《化肥产品生产许可证实施细则（一）（复肥产品部分）》对企业生产有机无机复混肥料产品应具备的生产设备（见表 5-6）和检验设备（见表 5-7）做出了具体要求。鉴于 2021 年 6 月 1 日起有机无机复混肥料已执行《有机无机复混肥料》（GB/T 18877—2020），故表 5-7 中依据标准及条款必须依照 GB/T 18877—2020 执行。

表5-6　有机无机复混肥料生产企业应具备的生产设备

<table>
<tr><th>设备名称</th><th>设备要求</th></tr>
<tr><td>1．原料粉碎设备</td><td rowspan="14">1．造粒设备：采用圆盘造粒工艺的，圆盘直径≥2.8m；采用转鼓造粒工艺的，转鼓造粒机直径≥1.2m；采用挤压造粒工艺的，挤压造粒机产品说明书中规定的产能≥2万吨/年或同一条生产线不同挤压机混合后总产能≥2万吨/年。<br>2．干燥设备：干燥机至少一台，直径≥1.2m，长度≥12m。<br>3．冷却设备（包装前物料温度≤50℃）：冷却机至少一台，直径≥1.0m，长度≥10m。<br>4．无害化处理设备为自产有机质原料需要进行无害化处理时适用</td></tr>
<tr><td>2．配料计量设备</td></tr>
<tr><td>3．混合设备</td></tr>
<tr><td>4．造粒设备</td></tr>
<tr><td>5．干燥设备</td></tr>
<tr><td>6．冷却设备</td></tr>
<tr><td>7．干燥机进出口风温度测定仪</td></tr>
<tr><td>8．成品筛分设备</td></tr>
<tr><td>9．成品包装设备</td></tr>
<tr><td>10．成品包装计量设备</td></tr>
<tr><td>11．从配料计量到产品包装形成连续的机械化生产线</td></tr>
<tr><td>12．气体除尘净化回收设备</td></tr>
<tr><td>13．排风设备</td></tr>
<tr><td>14．无害化处理设备</td></tr>
</table>

注：①本表为企业应具备的基本生产设备，可与上述设备名称不同，但应满足上述设备的功能性能精度要求。

② 以上为典型生产工艺应具备的生产设备，对采用非典型生产工艺的企业，审查时可按企业工艺设计文件规定的生产设备进行。

③ 无干燥工序的有机无机复混肥料生产工艺，生产设备中干燥设备、冷却设备和干燥机进出口风温度测定仪不做要求。

④ 同一条生产线、同一套检测仪器仅限于一家企业的生产许可证申请。

表5-7　有机无机复混肥料生产企业应具备的检验设备

<table>
<tr><th>检验项目</th><th>依据标准及条款</th><th>检验设备</th><th>精度或测量范围</th></tr>
<tr><td rowspan="7">总氮</td><td rowspan="7">GB/T 18877—2020<br>有机无机复混肥料 6.5.1</td><td>消化仪器</td><td>1000mL 圆底蒸馏烧瓶<br>（与蒸馏仪器配套）和梨形玻璃漏斗</td></tr>
<tr><td>蒸馏仪器</td><td>—</td></tr>
<tr><td>防爆沸装置</td><td></td></tr>
<tr><td>消化加热装置</td><td>—</td></tr>
<tr><td>分析天平</td><td>精度 0.1mg</td></tr>
<tr><td>蒸馏加热装置</td><td>—</td></tr>
<tr><td>滴定管</td><td>50mL</td></tr>
</table>

续表

| 检验项目 | 依据标准及条款 | 检验设备 | 精度或测量范围 |
|---|---|---|---|
| 有效磷 | GB/T 18877—2020<br>有机无机复混肥料 6.5.2 | 电热恒温干燥箱 | 180℃ ±2℃ |
| | | 玻璃坩埚式过滤器 | 4 号，容积 30mL |
| | | 恒温水浴振荡器 | 60℃ ±2℃ |
| | | 分析天平 | 精度 0.1mg |
| 氧化钾 | GB/T 18877—2020<br>有机无机复混肥料 6.5.3 | 玻璃坩埚式过滤器 | 4 号，容积 30mL |
| | | 分析天平 | 精度 0.1mg |
| | | 电热恒温干燥箱 | 120℃ ±5℃ |
| 水分 | GB/T 18877—2020<br>有机无机复混肥料 6.6 | 电热恒温真空干燥箱（真空烘箱） | 50℃ ±2℃，真空度可控制在 $6.4\times10^4 \sim 7.1\times10^4$Pa |
| | | 带磨口塞称量瓶 | 直径 50mm，高度 30mm |
| | | 分析天平 | 精度 0.1mg |
| 粒度 | GB/T 18877—2020<br>有机无机复混肥料 6.8 | 试验筛 | 孔径为 1.00mm、4.75mm 或 3.35mm、5.60mm |
| | | 天平 | 感量为 0.5g |
| 有机质 | GB/T 18877—2020<br>有机无机复混肥料 6.4 | 水浴锅 | — |
| | | 滴定管 | 50mL |
| | | 分析天平 | 精度 0.1mg |
| 酸碱度 | GB/T 18877—2020<br>有机无机复混肥料 6.7 | pH 酸度计 | 灵敏度为 0.01pH 单位 |
| | | 分析天平 | 精度 0.01g |
| 氯离子 | GB/T 18877—2020<br>有机无机复混肥料 6.11 | 滴定管 | 50mL |
| | | 分析天平 | 精度 0.1mg |

注：①本表为企业必备的检验设备，可与上述设备名称不同，但应满足上述设备的功能性能精度要求。

②水分测定也可使用卡尔·费休法，所需检测仪器可由卡尔·费休法规定的仪器替代真空烘箱法所需仪器设备。

③企业如果使用氮、磷、钾自动分析仪法对肥料中氮、磷、钾含量进行测定，氮、磷、钾检测仪器可由氮、磷、钾自动分析仪替换。

④当企业生产具有缓控释功能复肥、硝基复肥、腐植酸复肥、海藻酸复肥时还应按照相应标准要求具备相应检验仪器设备。

⑤型式检验项目可进行委托检验，如企业和具备相关资质的检验机构签订了委托检验协议，型式检验项目所需仪器可不做要求。

有机无机复混肥料产品生产许可证由省级生产许可证主管部门或其委托的下级许可证主管部门颁发，对取得生产许可证的企业，由国家进行事后监督，如发现获证后产品质量不合格或企业质量体系不合格，依据有关法规给予企业以通报批评、限期整改、停产整顿或停止使用许可证编号，甚至吊销许可证等处罚。按规定，未获得生产许可证的企业进行无证生产和经销的，应责令企业立即停止生产和销售，没收其全部违法所得，并处以相当于销售额15%～20%的罚款。生产许可证每5年复查1次。

#### 5.3.2.2 原料质量控制

原料质量控制也称进厂检验，主要目的在于保证采购的生产物资符合标准要求，防止误用不合格的原辅材料，控制有毒物质的含量，减少和控制肥害的发生。有机无机复混肥料采用的有机物料需要进行彻底无害化处理，最大限度地杀灭病原菌、虫卵、杂草种子及降解激素和抗生素等兽药。要关注畜禽粪便有机肥中的重金属含量，严格限制褐煤粉、城市垃圾、污泥等原料的使用。无机肥料中的尿素、硫酸铵、氯化铵、磷酸铵、普钙、重过磷酸钙、氯化钾、硫酸钾等，除含对作物有效的成分外，可能还含有一些对土壤和作物有毒有害的物质，如尿素中的缩二脲，过磷酸钙中的重金属；还有一些小型企业采用废酸处理磷矿粉生产的过磷酸钙，其中可能含有除草剂、三氯乙醛等对作物生长有害的物质。此外，包膜材料、抗结块剂等辅料的安全性也要注意。因此，需要对采购的原材料进行质量检验或验证控制。

#### 5.3.2.3 生产过程关键节点质量控制

有机无机复混肥料产品质量控制的关键节点主要包括以下三个：其一是计量配料控制点，该过程直接控制有机无机复混肥料产品中有机质和N、$P_2O_5$、$K_2O$养分的含量，控制不好将使产品中有机质和养分含量不稳定，对策是加强计量秤检定或校准，调整料斗料位；其二是造粒控制点，该过程会影响粒度的大小和强度，可通过调节圆盘或转盘直径、倾角、转速以及料液喷洒位置等控制；其三是干燥控制点，控制产品的水分含量，主要通过控制进出口的风温、风量和进出料量调控水分含量达标。

#### 5.3.2.4 产品质量检验保证制度

① 化验室检验用仪器、计量器具必须定期进行计量检定，以保证量程的精度满足检验要求，确保原料和产品的分析数据准确可靠。

② 检验工作要严格按照GB/T 18877—2020规定的技术标准操作，不得随意更改或简化操作步骤。

③ 所有检验人员须持有合格证才能上岗。在分析测试过程中，从原始记录数据处理到编制检验报告检验人员应严格执行单位规定的各项制度，实行签字手续，逐级核对审核签发，加盖公章后检验报告方能生效。在检验过程中，检验人员不得擅离岗位，与检验工作无关人员严禁进入化验室。

④ 在检验过程中如遇停电、停水或仪器故障等意外事故，应立即停止测试，待恢复正常后，经检查确认对结果无影响后方可继续进行测试，否则需重新测试。

⑤ 质量保证体系的各级人员负责对本部门的工作质量进行监督、检查，其内容包括检验质量和工作质量两部分。

⑥ 定期由单位有机无机复混肥料产品质量控制负责人召集会议，检查检验质量控制工作，分析存在问题，提出改进措施。

## 参考文献

[1] 杜守良，丁美丽．生物有机-无机复混肥在花生上的应用效果研究 [J]．黑龙江农业科学，2015(11): 48-50.
[2] 方天翰．复混肥料生产技术手册 [M]．北京：化学工业出版社，2003.
[3] 高飞，田有国，哈雪娇．浅谈复合肥料生产中原料的合理选用 [J]．中国农技推广，2021, 37(12): 63-65.
[4] 马民强，张永强，张彦才，等．酸性物质对石灰性潮土中磷素有效性的影响 [J]．核农学通报，1997(2): 30-32.
[5] 沈其荣．中国有机(类)肥料 [M]．北京：中国农业出版社，2021.
[6] 陈跃均．白鳝泥作为粘结剂对有机复混肥造粒特性的研究 [J]．广东科技，2011(24): 75-77.
[7] 唐国昌．复混肥配方设计用原料处理技术 [J]．化工设计通讯，2005, 31(3): 24-25.
[8] 王中堂，彭福田，唐海霞，等．不同有机物料覆盖对桃园土壤理化性质及桃幼树生长的影响 [J]．水土保持学报．2011, 25(1): 142-146.
[9] 吴德胜，孙长征，马学良，等．采用畜禽粪便原料生产有机-无机复混肥工艺、设备探讨 [J]．磷肥与复肥，2009, 24(5): 59-61.
[10] 肖朋，高进华，卞会涛，等．团粒法复混肥料配方开发 [J]．磷肥与复肥，2019, 34(2): 13-14, 33.
[11] 谢曙钊，胥会祥，区汉东，等．造粒方法及设备的研究进展 [J]．化工装备技术，2022, 45(1): 10-14.
[12] 谢卫国，黄铁平，刘如清，等．湖南省有机-无机高效复混肥的配方研发及应用初探 [J]．磷肥与复肥，2008, 23(5): 49-51.
[13] 闫秋艳，董飞，杨峰，等．土壤温度和有机肥对黄瓜生长及养分吸收利用的影响 [J]．华北农学报，2017, 32(6): 222-228.
[14] 中华人民共和国国家标准．有机无机复混肥料：GB/T 18877—2020[S]．北京：中国标准出版社，2020.

中国肥料研究与应用全书

Books of Fertilizer Research and Application in China

FERTILIZER

# 第6章 生物有机肥

# 6.1 生物有机肥的定义及功能

生物有机肥是指用特定功能微生物与主要以动植物残体（如畜禽粪便、农作物秸秆等）为原料并经无害化处理、腐熟的有机物料复合而成的一类兼具微生物肥料和有机肥料效应的肥料。生物有机肥属于微生物肥料的一种，它与微生物接种剂的区别主要表现在有机物料、生产工艺和应用技术等方面。生物有机肥与有机肥最主要的区别在于其含有特定功能微生物，这些微生物具有促进植物生长、抵御植物病害、活化土壤养分等功能中的一种或几种。因此，生物有机肥在具有有机肥功效的同时，还具有功能微生物的特定功效，具有增效作用。

生物有机肥具有有机肥改善土壤结构和增加土壤养分的特点，长期施用能够促进土壤团粒结构的形成，改善土壤的物理性状，提高土壤有机质含量，从而起到培肥土壤的作用。生物有机肥同时具有微生物肥料增效的特点，根据生物有机肥中微生物菌种的特异性，含不同菌种的微生物有机肥具有不同的特点。其中部分生物有机肥含有固氮、解磷、解钾等菌株，该类菌株施入土壤后能够增加土壤养分或活化难利用养分为作物可利用养分，从而促进作物生长，增加作物产量；部分生物有机肥含有根际有益微生物，施用后能够抑制土传病原菌的暴发且能促进植物生长，起到防控土传病害、增加作物产量的功效。生物有机肥还具有提升作物品质的功效。由于生物有机肥还有明显的改土培肥、提高肥料利用率和保护环境等功能，因此具有良好的社会效益、生态效益。

# 6.2 生物有机肥制造工艺技术

目前国内大量企业采用腐熟有机载体添加功能微生物的生产工艺生产生物有机肥，首先将畜禽粪便、秸秆等废弃物发酵腐熟，研制成腐熟有机载体，然后在有机载体中添加功能微生物，复配形成生物有机肥。但该方法中直接添加功能微生物存在适应环境数量下降等问题，往往需要添加大量的液体功能微生物才能使微生物的数量达到国家标准。南京农业大学有机肥与土壤微生物研究团队研制出腐熟有机载体添加外源氨基酸作为发酵原料接种功能微生物二次固态发酵研制生物有机肥技术工艺。该团队首先开发出用一定浓度的硫酸酸解废弃畜禽尸体和屠宰场下脚料制备农用氨基酸技术，由于外源酸解氨基酸的加入，既降低了腐熟堆肥的 pH 值，又促进功能微生物在堆体中再次繁殖，从而生产出既含有外源添加氨基酸，又含有大量功能微生物的 pH 值小于 7.5 的新型生物有机肥。

目前常见的生物有机肥生产工艺如下所述。

### 6.2.1　有机载体腐熟后直接喷菌生产法

有机物料的腐熟方式很多，具体见第 4 章，将腐熟有机肥喷加菌液即制成生物有机肥（图 6-1），如需造粒，再进行造粒工艺即可。

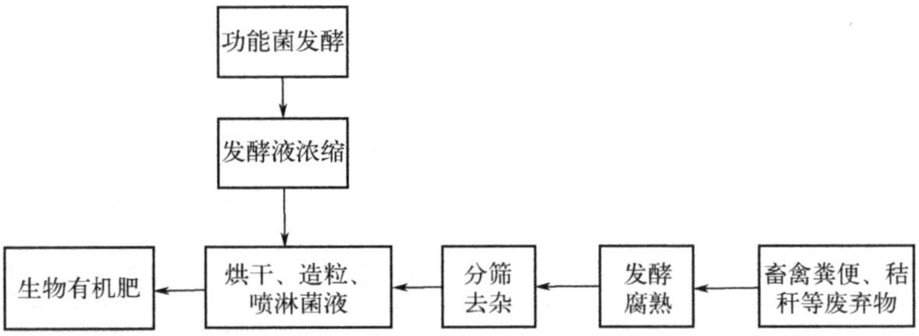


图 6-1　有机载体与功能菌复配生产生物有机肥生产工艺流程

### 6.6.2　腐熟有机载体添加外源氨基酸二次固态发酵工艺

将腐熟有机物料（包括畜禽粪便制成的有机肥等）与相应浓度的外源农用氨基酸（一定浓度的硫酸酸解废弃畜禽尸体和屠宰场下脚料制成）混合，按照 1% ～ 10% 的接种量接入功能菌，砌成条垛，利用翻抛机每天翻抛，根据功能菌数量的变化确定固态发酵天数，一般 3 ～ 7 天即可，粉碎过筛即得粉状生物有机肥（图 6-2），如需造粒，进一步采用造粒工艺即可。

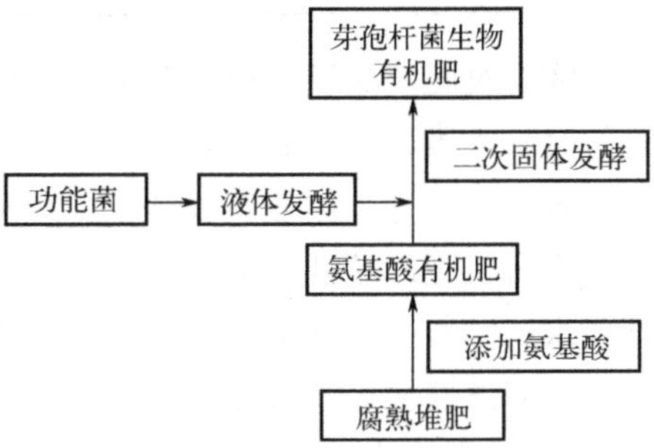


图 6-2　南京农业大学有机肥与土壤微生物团队开发的芽孢杆菌全元生物有机肥生产工艺流程

## 6.3　生物有机肥质量标准与控制

2012 年中华人民共和国农业部对《生物有机肥》（NY 884—2004）进行了修订，颁布了修订版《生物有机肥》（NY 884—2012）。新标准与旧标准的主要区别是有机质含量不同：NY 884—2004 中规定的有机质含量 ≥ 25.0%，而 NY 884—2012 中规定的有机质含量 ≥ 40.0%（见表 6-1）。生物有机肥中重金属有害指标的控制应符合行业标准 NY 884—2012 的要求（见表 6-2）。此标准规定使用的微生物菌种应安全、有效，有明确来源和种名。此标准对生物有机肥成品外观（感官）技术指标的要求是：粉剂产品应松散、无恶臭味；颗粒产品应无明显机械杂质、大小均匀、无腐败味。标准规定了生物有机肥产品的各项指标。

表6-1 《生物有机肥》（NY 884—2012）中的产品技术要求

| 项目 | NY 884—2012 技术指标 |
|---|---|
| 有效活菌数（CFU）/（亿/g） | ≥ 0.2 |
| 有机质（以干基计）/% | ≥ 40 |
| 水分 /% | ≤ 30 |
| pH 值 | 5.5 ～ 8.5 |
| 粪大肠菌群数 /（个 /g） | ≤ 100 |
| 蛔虫卵死亡率 /% | ≥ 95 |
| 有效期 / 月 | ≥ 6 |

表6-2 《生物有机肥》（NY 884—2012）中规定的产品5种重金属限量技术要求

| 项目 | NY 884—2012 限量指标 |
|---|---|
| 总砷（As）（以干基计）/（mg/kg） | ≤ 15 |
| 总镉（Cd）（以干基计）/（mg/kg） | ≤ 3 |
| 总铅（Pb）（以干基计）/（mg/kg） | ≤ 50 |
| 总铬（Cr）（以干基计）/（mg/kg） | ≤ 150 |
| 总汞（Hg）（以干基计）/（mg/kg） | ≤ 2 |

生物有机肥产品经检验符合下列任何一条款时，即视为合格产品：①产品的全部技术指标都符合标准要求；②在产品的外观、pH 值、水分检测项目中，有 1 项不符合要求，而产品其他各项指标符合标准要求。

生物有机肥产品具有下列任何一条款者，均为不合格产品：①产品中有效活菌数不符合标准要求；②有机质含量不符合标准要求；③粪大肠菌群数不符合标准要求；④蛔虫卵死亡率不符合标准要求；⑤ As、Cd、Pb、Cr、Hg 中任何一项含量不符合标准要求；⑥产品的外观、pH 值、水分检测项目中，有 2 项以上不符合标准确要求。

# 6.4 生物有机肥生产工艺实例

## 6.4.1 利用甜叶菊渣固体发酵贵州木霉 NJAU4742

### 6.4.1.1 供试材料

（1）发酵原料　试验中酸解氨基酸中游离氨基酸含量为 15%，游离氢离子浓度为 3mol/L；甜叶菊渣经烘干粉碎过 10 目筛网处理；米糠、麸皮、砻糠、水稻秸秆粉由市场采购获得。各发酵原料的主要成分见表 6-3。

表6-3 发酵原料主要成分

| 原料 | 含水量 /% | 有机质 /% | 氮 / (g/kg) | 五氧化二磷 / (g/kg) | 氧化钾 / (g/kg) |
|---|---|---|---|---|---|
| 甜叶菊渣 | 6.23 | 91.2 | 6.3 | 10.1 | 9.2 |
| 米糠 | 8.65 | 88.5 | 4.2 | 6.3 | 4.1 |
| 麸皮 | 8.66 | 81.2 | 5.9 | 5.1 | 4.3 |
| 砻糠 | 11.2 | 80.3 | 4.4 | 1.1 | 7.3 |
| 水稻秸秆粉 | 8.02 | 76.8 | 6.2 | 1.5 | 8.8 |

（2）微生物　贵州木霉 NJAU4742（*Trichoderma guizhou* NJAU4742）由南京农业大学资源与环境科学学院植物营养课题组实验室保存。

（3）马铃薯葡萄糖培养基（液体）　200g 土豆去皮后切成块放入煮沸后的去离子水中，将土豆煮至浓稠后用两层纱布过滤，往滤液中加入 20g 葡萄糖后定容至 1000mL，放入灭菌锅中 115℃灭菌 30min 后拿出放入恒温箱中。

（4）马铃薯葡萄糖琼脂（PDA）培养基（固体）　200g 土豆去皮后切成块放入煮沸后的去离子水中，将土豆煮至浓稠后用两层纱布过滤，往滤液中加入 20g 葡萄糖后定容至 1000mL，加 2.5% 的琼脂，放入灭菌锅中 115℃灭菌 30min 后拿出放入恒温箱中。

### 6.4.1.2　试验设计

（1）固体培养基筛选　固体培养基设置 5 个处理，分别为 100% 甜叶菊渣、70% 甜叶菊渣 +30% 米糠、70% 甜叶菊渣 +30% 麸皮、70% 甜叶菊渣 +30% 砻糠和 70% 甜叶菊渣 +30% 水稻秸秆粉。贵州木霉 NJAU4742 最适固体发酵初始 pH 值为 2.5 ～ 3.0，调节含水量为 60%，115℃灭菌 40min，冷却后接种 10% 贵州木霉 NJAU4742 液体菌液，温度 28℃、湿度 90% 环境下浅盘（物料厚度 3cm）固体发酵 4 天。每个处理设置 3 个重复，计算平均产孢量，确定最佳的固体培养基。

（2）固体培养基添加比例优化试验　在完成固体培养基筛选规定试验并得到最佳的固体培养基后，将固体培养基的添加比例设置 5 个处理，分别为 90% 甜叶菊渣 +10% 米糠、70% 甜叶菊渣 +30% 米糠、50% 甜叶菊渣 +50% 米糠、30% 甜叶菊渣 +70% 米糠和 10% 甜叶菊渣 +90% 米糠。pH 值为 2.5 ～ 3.0，含水量为 60%，115℃灭菌 40min，冷却后接种 10% 贵州木霉 NJAU4742 液体菌液，温度 28℃、湿度 90% 环境下浅盘（物料厚度 3cm）固体发酵 4 天。每个处理设置 3 个重复，计算平均产孢量，确定最佳的固体培养基添加比例。

（3）浅盘发酵厚度优化试验　发酵物料厚度设置 5 个处理，分别为 1cm、2cm、3cm、4cm 和 5cm。物料为 50% 甜叶菊渣 +50% 米糠，pH 值为 2.5 ～ 3.0，含水量为 60%，115℃灭菌 40min，冷却后接种 10% 贵州木霉 NJAU4742 液体菌液，温度 28℃、湿度 90% 环境下浅盘固体发酵 4 天。每个处理设置 3 个重复，计算平均产孢量，确定最佳的浅盘发酵厚度。

（4）浅盘发酵含水量优化试验　浅盘发酵含水量设置 5 个处理，分别为 50%、55%、60%、65% 和 70%。物料为 50% 甜叶菊渣 +50% 米糠，pH 值为 2.5 ～ 3.0，115℃灭菌 40min，冷却后接种 10% 贵州木霉 NJAU4742 液体菌液，温度 28℃、湿度 90% 环境下浅盘（物料厚度 3cm）固体发酵 4 天。每个处理设置 3 个重复，计算平均产孢量，确定最佳的浅盘发酵含水量。

（5）浅盘发酵接种比例优化试验　浅盘发酵接种比例设置 5 个处理，分别为 5%、7.5%、10%、12.5% 和 15%。物料为 50% 甜叶菊渣 +50% 米糠，pH 值为 2.5 ～ 3.0，含水量为 60%，115℃灭菌 40min，冷却后接种贵州木霉 NJAU4742 液体菌液，温度 28℃、湿度 90% 环境下浅盘（物料厚度 3cm）固体发酵 4 天。每个处理设置 3 个重复，计算平均产孢量，确定最佳的浅盘发酵接种比例。

（6）浅盘发酵时间优化试验　浅盘发酵时间设置 5 个处理，分别为 2 天、3 天、4 天、5 天和 6 天。物料为 50% 甜叶菊渣 +50% 米糠，pH 值为 2.5 ～ 3.0，调节含水量为 60%，115℃灭菌 40min，冷却后接种 10% 贵州木霉 NJAU 4742 液体菌液，温度 28℃、湿度 90% 环境下浅盘（物料厚度 3cm）固体发酵。每个处理设置 3 个重复，计算平均产孢量，确定最佳的浅盘发酵时间。

### 6.4.1.3　不同的固体培养基对木霉孢子生长的影响

如试验结果：木霉在不同的固体培养基中产孢量各不相同。不同固体培养基对木霉发酵的孢子数量具有显著的影响。甜叶菊渣添加米糠发酵效果显著优于其他处理，孢子数量达到 $3.5\times10^9$CFU/g FW（FW 表示鲜重）。纯甜叶菊渣处理孢子数量达到 $1.4\times10^9$CFU/g FW，表明纯甜叶菊渣也适用于木霉菌种固体发酵。相比纯甜叶菊渣处理，甜叶菊渣添加 30% 砻糠和 30% 水稻秸秆粉的两个处理孢子数量分别为 $1.5\times10^9$CFU/g FW 和 $1.2\times10^9$CFU/g FW，对木霉菌种孢子数没有显著的影响；而甜叶菊渣添加 30% 麸皮处理的孢子数量为 $0.7\times10^9$CFU/g FW，显著降低了木霉菌种孢子数量。上述结果表明米糠、砻糠和水稻秸秆粉都可以作为甜叶菊渣固体发酵木霉菌种的载体，但添加米糠效果最好。

### 6.4.1.4　固体培养基添加不同比例米糠对木霉孢子生长的影响

如图 6-3 所示，甜叶菊渣中添加不同比例的米糠对木霉发酵的孢子数量具有显著的影响。甜叶菊渣添加 50% 的米糠发酵效果显著优于其他处理，孢子数量达到 $7\times10^9$CFU/g FW；添加 30% 米糠和 70% 米糠孢子数量分别为 $3\times10^9$CFU/g FW 和 $2.7\times10^9$CFU/g FW，两者之间没有显著性差异；添加 90% 米糠的孢子数量为 $0.5\times10^9$CFU/g FW，显著低于其他处理。结果表明甜叶菊渣添加 50% 的米糠为最优比例。

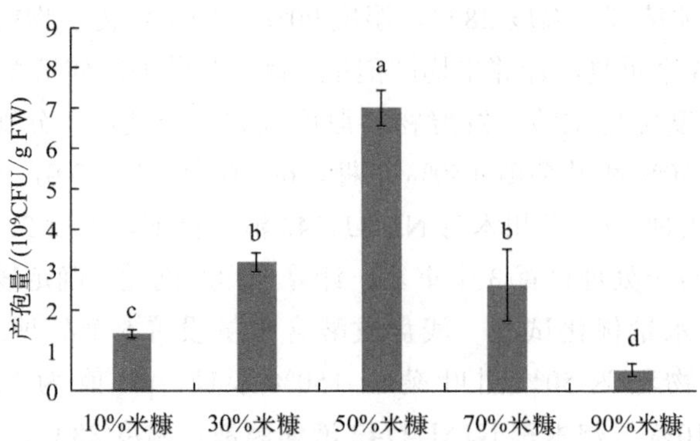


图 6-3　添加不同比例米糠对产孢量的影响

### 6.4.1.5　固体培养基浅盘发酵不同厚度对木霉孢子生长的影响

浅盘发酵物料厚度在 1 ～ 3cm 发酵孢子数量分别为 $2.3\times10^9$CFU/g FW、$6.2\times10^9$CFU/g FW、$6.3\times10^9$CFU/g FW，随着物料厚度的增加孢子数量呈上升趋势。然而当物料厚度大于 3cm 之后，浅盘发酵物料厚度为 4cm 和 5cm 时，发酵孢子数量分别为 $4\times10^9$CFU/g FW、$3\times10^9$CFU/g FW，木霉发酵孢子数量随着厚度的增加呈下降趋势。上述结果表明浅盘发酵物料厚度为 2 ～ 3cm 木霉都可以生长，厚度为 3cm 时效果最佳。

### 6.4.1.6　固体培养基浅盘发酵不同含水量对木霉孢子生长的影响

当含水量为 60% 时，孢子数量为 $6.6\times10^9$CFU/g FW；当含水量为 50% 和 55% 时，孢子数量为 $1.2\times10^9$CFU/g FW、$3.7\times10^9$CFU/g FW；当含水量为 65% 和 70% 时，孢子数量为 $4.4\times10^9$CFU/g FW、$2.4\times10^9$CFU/g FW。说明当固体培养基含水量低于 60% 时，随着含水量的增加孢子数量上升；当固体培养基含水量高于 60% 之后，浅盘发酵孢子数量随着含水量增加呈下降趋势。上述结果表明 60% 含水量最优。

### 6.4.1.7　固体培养基浅盘发酵不同接种比例对木霉孢子生长的影响

当浅盘发酵固体培养基接种比例为 5% 和 7.5% 时，孢子数量为 $2.7\times10^9$CFU/g FW、$4.5\times10^9$CFU/g FW，说明当接种比例低于 10%，浅盘发酵孢子数量随着接种比例的增加呈上升趋势且有显著性差异；当浅盘发酵固体培养基接种比例为 10% 时，孢子数量为 $6.9\times10^9$CFU/g FW；当浅盘发酵固体培养基接种比例为 12.5% 和 15% 时，孢子数量为 $7.1\times10^9$CFU/g FW、$7.4\times10^9$CFU/g FW，说明当接种比例高于 10% 之后，孢子数量随着接种比例增加没有显著性的差异。为了节约工业生产成本，确定 10% 为浅盘发酵固体培养基接种比例。

### 6.4.1.8　固体培养基浅盘发酵不同时间对木霉孢子生长的影响

如图 6-4 所示，浅盘发酵时间对木霉发酵孢子数量具有显著的影响。在第 2 天的时候，孢子数量为 $0.02\times10^9$CFU/g FW，木霉基本不长；第 3 天时，孢子数量为 $0.4\times10^9$CFU/g FW，木霉生长缓慢；但在第 4 天时，孢子数量达到 $6.8\times10^9$CFU/g FW，木霉生长速度加快；在第

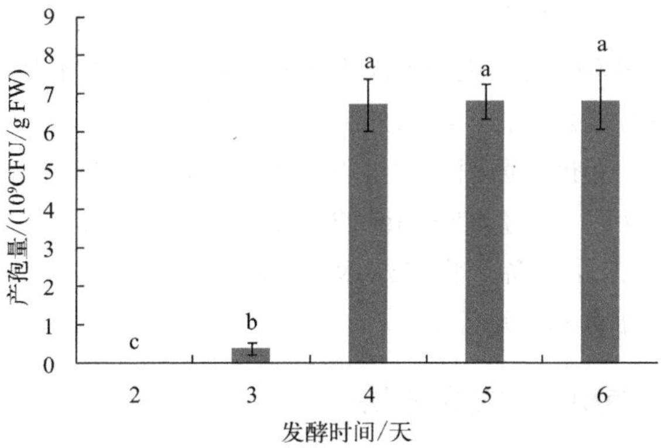


图 6-4　不同发酵时间对产孢量的影响

5 天和第 6 天时，孢子数量为 $6.8\times10^9$CFU/g FW、$6.9\times10^9$CFU/g FW。从第 4 天起，随着浅盘发酵培养时间的增加孢子数量没有显著性的差异，浅盘发酵 4 ～ 6 天的时候木霉孢子的生长状况良好。

### 6.4.2 复合菌生物有机肥的制备及其货架期

长期过量地施用化肥导致了土壤结构破坏、水体污染严重和土壤微生物区系恶化等一系列问题。因此，习近平总书记提出了“绿水青山就是金山银山”的口号，呼吁社会保护宝贵的土壤和水资源。国家越来越重视农业生产安全问题，提倡发展绿色农业，控制化肥过度施用。生物有机肥是指将特定有益微生物与堆肥腐熟的有机物料复合而成的具有微生物肥料和有机肥效应的肥料。生物有机肥营养元素全面，能够改良土壤板结、提高作物产品品质、改善作物根际微生物群落和提高植物抗病能力。复合菌生物有机肥相较于生物有机肥，改善了单一菌种肥效不稳定的缺点，复合菌在抑制土传病害方面效果更加稳定。

因此复合菌生物有机肥符合我国未来绿色农业发展趋势，对于农业绿色发展具有不可或缺的重要作用。当前市场上的生物有机肥主要为芽孢杆菌类有益微生物生物有机肥，存在少部分木霉菌生物有机肥。由于不同作物、不同土壤及不同环境等客观因素，单一有益微生物的生物有机肥往往效果不稳定。学者们已经在尝试研发含多种有益微生物的复合菌生物有机肥，比如专利 202010955502.5 公开了将芽孢杆菌菌粉与木霉菌菌粉直接加入 pH 值 8.2 豆粕堆肥中后造粒；再如，专利 202010756520.0 公开了将含枯草芽孢杆菌、地衣芽孢杆菌、绿色木霉菌等的复合菌剂直接加入 pH 值 8.0 ～ 9.0 的羊粪堆肥中制备复合菌生物有机肥。目前的研究主要评估了复合菌生物有机肥研制后对作物生长的影响，而往往忽略了复合菌生物有机肥的货架期，以致现有技术中的复合菌生物有机肥的货架期均比较短，且微生物复合后的效果也存在不确定性，因此具有良好持久效果的复合菌生物有机肥的研制具有重要的意义。

#### 6.4.2.1 试验材料

（1）供试微生物　供试菌株贵州木霉 NJAU4742、解淀粉芽孢杆菌 SQR9 均由江苏省固体有机废弃物资源化高技术研究重点实验室提供。

（2）供试培养基　供试培养基为 LB 培养基、PDA 培养基、孟加拉红培养基、木霉选择性培养基以及芽孢杆菌选择性培养基。

（3）供试肥料　酸解氨基酸有机肥为江苏惠农本份生物科技有限公司生产的腐熟鸡粪和江苏省阿波罗生物科技有限公司生产的腐熟猪粪。

（4）供试菌液制备　芽孢杆菌菌液通过以下方法制备：将解淀粉芽孢杆菌 SQR9 接种到 LB 培养基中，在温度 37℃，转速 170r/min 的培养箱中培养 24h。

木霉菌液通过以下方法制备：将贵州木霉 NJAU4742 接种到 PDA 培养基中，在温度 28℃，转速 170r/min 的培养箱中培养 72h。

#### 6.4.2.2 复合菌生物有机肥的制备方法

（1）解淀粉芽孢杆菌 SQR9 生物有机肥的制备　利用酸解动物氨基酸液与腐熟有机肥生

产功能型生物有机肥。所用配方及技术为：将酸解液以0.2mL/g（干重，下同）加入腐熟有机肥中，室温下自然堆置3～5天，每天翻堆一次；待堆肥pH值回升至5～6，接种0.05mL/g有益微生物SQR9，每天翻堆1次，发酵3～4天。所生产的生物有机肥促生菌数量为$1.5\times10^8$CFU/g，含水量为35%，pH值在6.0～7.0。

（2）木霉固体菌种的制备　将10%～15%贵州木霉NJAU4742菌液加入灭菌后的浅盘发酵物料中，混合均匀，浅盘发酵物料厚度2.5～3.5cm，温度26～28℃，湿度70%～90%，在万级洁净室培养3～5天获得。所述的浅盘发酵物料是以50%甜叶菊渣和50%米糠的混合物为原料，通过加入酸解氨基酸调节物料pH值至2.5～3.0，自来水调节含水量至60%～65%所得。

（3）复合菌生物有机肥的制备　解淀粉芽孢杆菌SQR9生物有机肥自然风干控制含水量为20%～25%。将上述制备的木霉固体菌种利用烘干的甜叶菊渣控制含水量为20%～25%。将解淀粉芽孢杆菌SQR9生物有机肥和木霉固体菌种按照9～19∶1的比例混合复配成含芽孢杆菌与木霉菌的复合菌生物有机肥产品，产品含$1.0\times10^8$～$1.5\times10^8$CFU/g解淀粉芽孢杆菌SQR9和$1\times10^8$～$3\times10^8$CFU/g贵州木霉NJAU4742，pH值6.0～7.0，含水量20%～25%。

### 6.4.2.3　测定方法

（1）肥料中木霉数量的测定　利用木霉选择性培养基涂布计数测定复合菌生物有机肥中木霉数量，步骤如下：称取5g肥料样品于45mL无菌水中，并于170r/min、28℃条件下振荡30min，之后稀释成$10^{-2}$倍、$10^{-3}$倍、$10^{-4}$倍、$10^{-5}$倍、$10^{-6}$倍和$10^{-7}$倍不同梯度稀释液，$10^{-5}$倍、$10^{-6}$倍和$10^{-7}$倍三个梯度各吸取0.1mL，涂布于木霉选择性培养基上；将培养基置于28℃恒温培养箱中培养至长出木霉菌落后计数。

（2）肥料中芽孢杆菌数量的测定　利用芽孢杆菌选择性培养基测定复合菌生物有机肥中芽孢杆菌的数量，步骤如下：称取5g肥料样品于含45mL无菌水的三角瓶中，用保鲜膜封口，于170r/min、28℃振荡30min，在2mL灭菌后的离心管中稀释成$10^{-2}$倍、$10^{-3}$倍、$10^{-4}$倍、$10^{-5}$倍、$10^{-6}$倍、$10^{-7}$倍不同梯度稀释液，一般$10^{-5}$倍、$10^{-6}$倍、$10^{-7}$倍三个梯度各吸取0.1mL，用涂布棒在芽孢杆菌选择性培养基上均匀抹匀；随后将培养基置于30℃恒温培养箱中培养至长出芽孢杆菌菌落后计数。

### 6.4.2.4　不同有机肥pH值对解淀粉芽孢杆菌SQR9和贵州木霉NJAU4742的影响分析

试验结果显示：当有机肥pH值高于上述复合菌生物有机肥的pH值范围之后，例如高于7.5之后，分隔平板左边肥料的挥发性物质对右边的解淀粉芽孢杆菌SQR9有着强烈的抑制作用。当有机肥pH值高于上述复合菌生物有机肥的pH值范围之后，例如高于7.0之后，分隔平板左边肥料的挥发性物质对右边的贵州木霉NJAU4742有着强烈的抑制作用。结果表明，在所述的复合菌生物有机肥的pH值范围内，芽孢杆菌与木霉具有良好的生物活性。

### 6.4.2.5　不同生物有机肥含水量对解淀粉芽孢杆菌SQR9保存的影响

如表6-4所示，控制制备的解淀粉芽孢杆菌SQR9生物有机肥的含水量，分别控制为含水量15%、含水量20%、含水量25%、含水量30%、含水量35%。通过6个月的货架期保存试验发现含水量超过20%时，例如含水量为30%时，制备的生物有机肥有益微生物数量低于国家标准要求；当含水量在以上所述的复合菌的含水量范围内时，保存6个月之后制备的生物有机肥有益微生物数量仍高于国家标准要求。

表6-4 不同有机肥含水量对解淀粉芽孢杆菌SQR9保存的影响 单位：$10^7$CFU/g

| 保存时间 | 含水量15% | 含水量20% | 含水量25% | 含水量30% | 含水量35% |
|---|---|---|---|---|---|
| 1个月 | 15.67±3.51 | 13.67±3.51 | 14.33±1.53 | 6.33±3.06 | 6.00±1.00 |
| 2个月 | 15.00±1.00 | 11.67±2.52 | 11.67±3.51 | 5.67±0.58 | 3.67±0.58 |
| 3个月 | 16.00±3.61 | 11.00±4.00 | 12.00±3.46 | 6.67±3.06 | 2.33±1.15 |
| 4个月 | 10.00±1.00 | 9.67±2.52 | 8.67±2.52 | 2.67±2.08 | 0.80±0.20 |
| 5个月 | 8.00±1.73 | 9.33±1.53 | 7.33±1.53 | 0.53±0.15 | 0.27±0.15 |
| 6个月 | 6.33±2.08 | 7.33±2.52 | 4.33±1.53 | 0.17±0.06 | 0.13±0.06 |

### 6.4.2.6 不同含水量对木霉固体菌种的影响

如表6-5所示，控制制备的贵州木霉NJAU4742生物有机肥的含水量，分别控制为含水量12.5%、含水量25%、含水量37.5%、含水量50%。通过6个月的货架期保存试验发现含水量超过25%时，例如含水量为37.5%时，制备的生物有机肥有益微生物数量迅速下降到低于国家标准要求；当含水量低于以上所述的复合菌的含水量范围，例如含水量为12.5%时，木霉固体菌种含量也有轻微下降，但是数量能够维持在高于国家标准水平；而当含水量在以上所述的复合菌的含水量范围内时，保存6个月之后制备的生物有机肥有益微生物数量仍远高于国家标准要求。

表6-5 不同含水量对贵州木霉NJAU4742保存的影响 单位：$10^8$CFU/g

| 保存时间 | 含水量12.5% | 含水量25% | 含水量37.5% | 含水量50% |
|---|---|---|---|---|
| 1个月 | 4.58±0.88 | 12.50±5.00 | 7.50±2.50 | 9.17±3.82 |
| 2个月 | 3.25±0.50 | 11.42±1.51 | 6.17±3.40 | 10.00±4.33 |
| 3个月 | 3.50±0.66 | 9.33±1.61 | 6.50±0.90 | 6.25±2.65 |
| 4个月 | 2.00±0.66 | 7.33±0.63 | 2.33±0.38 | 5.42±2.13 |
| 5个月 | 2.67±0.29 | 8.17±2.08 | 1.00±0.25 | 1.25±0.25 |
| 6个月 | 2.42±0.38 | 6.58±1.04 | 1.17±0.63 | 0.77±0.03 |

### 6.4.2.7 含芽孢杆菌与木霉菌的复合菌生物有机肥产品的货架期

通过货架期保存试验发现，生物有机肥不同的含水量对肥料含有的有益微生物的影响明显不同。不同生物有机肥中有益微生物有其最适含水量，超过和低于最适含水量范围将会影响生物有机肥有益微生物数量，对肥料效果产生重要影响，达不到国家标准要求，达不到肥料对农业生产预期效果。因此对于不同肥料，应该通过货架期保存试验验证其最佳含水量，以确保生物有机肥有益微生物数量在长期保存中仍然能达到国家标准要求，保证效果持久稳定。对于生物有机肥有益微生物数量在保存过程中是否仍然符合要求，不仅仅只有含水量单一影响因素，不同的有益微生物保存适应的环境不同，木霉数量受所处环境的影响，水分、温度、pH 值等因素都能够影响木霉产孢子数量及其生物有机肥施用效果。所以不同的 pH 值、不同的有机载体、不同的添加比例对生物有机肥影响是否明显，以及这些因素对生物有机肥有益微生物数量的影响都需要通过货架期保存试验验证。

## 参考文献

[1] 段婉冬．甜叶菊渣固体发酵木霉 NJAU 4742 及发酵菌剂对玉米苗期生长的影响 [D]．南京：南京农业大学，2020.
[2] 李洪旭．木霉与芽孢杆菌复合菌生物有机肥的研制及其对黄瓜苗期的促生效果 [D]．南京：南京农业大学，2021.
[3] 袁紫仪，商美妮，王琰，等．三株植物促生木霉的固体发酵工艺优化 [J]．微生物学通报，2023, 1:235-250.

中国肥料研究与应用全书

Books of Fertilizer Research and Application in China

FERTILIZER

第7章

# 商品复合微生物肥料

7.1 商品复合微生物肥料或商品全元生物有机肥料概念与标准

7.2 商品复合微生物肥料或商品全元生物有机肥料制造工艺技术

7.3 商品复合微生物肥料或商品全元生物有机肥料低温烘干工艺与设备

狭义的肥料是指能够给植物直接提供养分的物质或载体，而广义的肥料则是指一切能够促进植物生长的物质，甚至有时候把改良土壤环境的物质（土壤调理剂等）也当成肥料销售。在这种广义肥料概念的影响下，市场上就出现了各种类型的肥料品种，给肥料监管部门的工作带来一定的困难。诚然，从科学的角度去发现或挖掘一些确实能够促进植物生长的物质或生物，然后根据其作用方式或机制以及产品最佳载体形式，制造出标准的、可复制的、可检测的商品新型肥料产品，也应当受到鼓励和采纳。目前我国肥料界基本上可分成两大阵营，一个阵营总认为含有氮磷钾等 16 种或 17 种必需营养元素的物质才能称得上是肥料，另一个阵营的人通常会无限地扩大肥料概念。肥料工作者应该互相取长补短，更应该尊重客观事实，衡量一个物质到底能不能称为肥料，最直接的方法就是看其对当季作物增产的效果（与尿素比），看其培肥土壤的效果（与腐熟的秸秆堆肥比）。

## 7.1 商品复合微生物肥料或商品全元生物有机肥料概念与标准

对过去大量的田间试验结果统计表明，肥料的有效成分种类越多、含量越高，肥料的当季增产和土壤培肥效果就越好。于是，人们就设计出一种集有机质（培肥土壤）、化肥养分（当季增产）、功能微生物以及少量植物刺激素（促进根系生长）于一体的复合型肥料，这种复合型肥料比单一成分的化肥效果更全面，而且不同年份间和不同作物间效果更稳定。究其原因，主要是作物都是露天生产，每时每刻都会遇到环境胁迫，而且，各地土壤异质性大，因此施入土壤的肥料功能越多和越强，就越有利于确保作物正常生长发育。如前所述，化肥只能提供养分和提高当季作物产量，有机肥只能培肥土壤和提高农产品品质及风味，微生物兼具促生、培肥和活化土壤养分的优点，如果单独比较各自的强度，就不一定很强。因此，把三者集于一身，制造出一种功能齐全的复合型肥料就是今后肥料领域发展的方向，于是，商品复合微生物肥料或商品全元生物有机肥料等多功能肥料品种就应运而生。

我国现行的有机（类）肥料产品目录中有商品复合微生物肥料及其行业标准（表 7-1 和表 7-2），根据这个产品技术指标及脚注，“复合”二字既代表了复合肥（化肥）的意思，又代表了两种以上的有效菌。从理念上讲，商品复合微生物肥料包含了功能菌、化学养分和有机质三大成分，也就是之前有学者提出来的“大三元复合肥”，这是一个好的肥料产品设计思想和构架，但当时由于一些客观原因，“大三元复合肥”产业没有很好地发展起来。尽管如此，但我国现行的商品复合微生物肥料概念和内涵与过去的“大三元复合肥”一脉相承。在这个基础上，人们进行了大量的对比试验，对这些指标进行了进一步的完善和优化，获得了更理想的复合微生物肥料产品指标，例如，适当降低化学养分含量，适当增加有机质含量，降低 pH 值上限，再少量增加氨基酸含量，如此就构成了商品全元生物有机肥料的指标体系（表 7-3）。此类产品施入土壤后兼具了生物有机肥（持续提高土壤肥力和活化土壤）和化肥（当季作物增产）的作用，得到越来越多的认可。

表7-1　商品复合微生物肥料产品技术指标要求

| 项目 | 剂型 | |
|---|---|---|
| | 液体 | 固体 |
| 有效活菌数①/[亿 CFU/g（mL）] | ≥ 0.50 | ≥ 0.20 |
| 总养分（$N+P_2O_5+K_2O$）②/% | 6.0 ～ 20.0 | 8.0 ～ 25.0 |
| 有机质（以烘干基计）/% | — | ≥ 20.0 |
| 杂菌率 /% | ≤ 15.0 | ≤ 30.0 |
| 水分 /% | — | ≤ 30.0 |
| pH 值 | 5.5 ～ 8.5 | 5.5 ～ 8.5 |
| 有效期③/ 月 | ≥ 3 | ≥ 6 |

① 含两种以上有效菌的复合微生物肥料，每一种有效菌的数量不得少于 0.01 亿 CFU/g（mL）。

② 总养分应为规定范围内的某一确定值，其测定值与标明值正负偏差的绝对值不应大于 2.0%；各单一养分值应不少于总养分含量的 15.0%。

③ 此项仅在监督部门或仲裁双方认为有必要时才检测。

注：此标准中的有机质含量是依据有机肥料旧标准（NY 525—2012）中的测定和计算方法确定的，未根据有机肥料新标准修改，如果按照有机肥料新标准（NY/T 525—2021），则该有机质含量指标应为 20%÷1.5=13.3%。

表7-2　商品复合微生物肥料产品中限量技术要求指标

| 项目 | 限量指标 |
|---|---|
| 粪大肠菌群数 /[个 /g（mL）] | ≤ 100 |
| 蛔虫卵死亡率 /% | ≥ 95 |
| 砷（As）（以烘干基计）/（mg/kg） | ≤ 15 |
| 镉（Cd）（以烘干基计）/（mg/kg） | ≤ 3 |
| 铅（Pb）（以烘干基计）/（mg/kg） | ≤ 50 |
| 铬（Cr）（以烘干基计）/（mg/kg） | ≤ 150 |
| 汞（Hg）（以烘干基计）/（mg/kg） | ≤ 2 |

### 7.1.1　商品复合微生物肥料或商品全元生物有机肥料的有效活菌数和 pH 值

与商品生物有机肥产品一样，商品复合微生物肥料或商品全元生物有机肥料产品中同样强调有效活菌数必须大于 0.2 亿 CFU/g 肥料。但是考虑到商品复合微生物肥料或商品全元生物有机肥料产品中均要添加无机养分，而无机养分属于盐类化合物，添加后渗透压增加会降低有效活菌（芽孢或孢子）的活力。因此，出厂时产品中的有效活菌数应比生物有机肥产品更高，因为在产品储存过程中商品复合微生物肥料产品中的功能菌衰减速度比生物有机肥产品更快。

表7-3　商品全元生物有机肥料产品技术要求

| 项目 | 指标 |
| --- | --- |
| 有机质（以干基计）/% | ≥ 30 |
| 总养分（$N+P_2O_5+K_2O$）（以干基计）①/% | 8 ～ 15 |
| 有效活菌数 /（亿 CFU/g） | ≥ 0.2 |
| 总氨基酸（以干基计）/% | ≥ 0.5 |
| 水分（$H_2O$）②/% | ≤ 30 |
| 酸碱度（pH 值） | 5.5 ～ 7.5 |
| 氯离子③（以干基计）/% | ≤ 3.0 |
| 有效期④ / 月 | ≥ 6 |

①标明的单一养分含量不得低于 2.0%，且单一养分测定值与标明值正负偏差的绝对值不得大于 1.0%。

②水分以出厂检验数据为准。

③包装袋标识“含氯”产品，可不测定此项目。

④此项仅在监督部门和仲裁双方认为有必要时检测。

注：此标准中的有机质含量是依据有机肥料旧标准（NY 525—2012）中的测定和计算方法确定的，未根据有机肥料新标准修改，如果按照有机肥料新标准（NY/T 525—2021），则该有机质含量指标应为 30%÷1.5=20%。

这里值得一提的是，由于添加了化肥（例如磷酸铵、硫酸铵、硫酸钾等），如果腐熟堆肥的 pH 值没有调整至 7.5 以下，那么生产的商品复合微生物肥料产品或商品全元生物有机肥料产品中的铵离子就会不断地变成气态氨（$NH_3$），这些挥发出来的 $NH_3$ 就会熏蒸产品中的芽孢或孢子，使它们严重失活。因此，就商品复合微生物肥料或商品全元生物有机肥料制造工艺而言，将腐熟堆肥的 pH 值调整至 7.5 以下，是决定该类产品田间效果优劣的根本。遗憾的是，目前商品复合微生物肥料产品的技术要求指标中 pH 值还确定在 5.5 ～ 8.5 之间，而实际生产出来的所有商品复合微生物肥料产品其 pH 值一般都在 8 以上，有的甚至超过 9，这是因为作为主体原料的所有腐熟堆肥 pH 值都在 8 以上，这就是我国商品复合微生物肥料产品中有效活菌数即便是出厂时合格，但保存运输几个月后就不达标的根本原因。

鉴于此，在商品全元生物有机肥料产品的地方标准制定中，可以将产品的 pH 值确定在 5.5 ～ 7.5 之间，如此，企业要生产该类产品，就必须通过加酸或添加酸性类有机固体废弃物来调节腐熟堆肥的 pH 值，这样就能确保商品复合微生物肥料或商品全元生物有机肥料中有效活菌数达标。

### 7.1.2　商品复合微生物肥料或商品全元生物有机肥料的有机质含量和养分含量

众所周知，生物有机肥料产品技术指标中只强调有机质含量（旧标准≥ 40%，新标准

≥ 26.7%）和有效活菌数（≥ 0.2 亿 CFU/g 肥料），没有养分含量要求。按肥料的狭义定义，生物有机肥料不能划为肥料范围，只能定义为土壤调理剂。正是因为没有养分含量的要求，生物有机肥料产品质量良莠不齐，效果也千差万别。

人们设计了一款商品复合微生物肥料产品，其指标之一就是氮磷钾养分含量确定在 8% ～ 25%。然而，通过大量的试验发现在这个养分含量范围内，商品复合微生物肥料或商品全元生物有机肥料产品中有效活菌数随着养分含量的增加而显著下降（表 7-4）。由于所有样品的 pH 值都调整至 7.0，含水量调至 25%，因此不存在氨挥发熏死功能菌的问题，也基本避免了由含水量高导致产品储存期间芽孢或孢子萌发而影响有效活菌数的问题，产品的有效活菌数主要受养分含量（渗透压）的影响。从表 7-4 可看出，氮磷钾养分含量超过 18%，产品储存 6 个月后其有效活菌数就低于行业标准（$2\times10^7$CFU/g）；而且当养分含量超过 18% 时，产品中有效活菌数锐减。因此，商品复合微生物肥料产品的氮磷钾养分含量不宜超过 18%，且 15% 为最佳养分含量，这时产品中有机质含量也不会因为添加化肥养分而下降很多，其含量还能达到 20%（新标准），能确保功能菌进入土壤后有一定含量的有机载体帮助它们在土壤中定殖。这就是在商品全元生物有机肥料产品指标中确定有机质大于 20%（新标准）和氮磷钾养分含量 8% ～ 15% 的原因。

表7-4　商品复合微生物肥料产品中养分含量与有效活菌数的关系①　单位：CFU/g肥料

| 项目 | 氮磷钾含量 | | | | | | | |
|---|---|---|---|---|---|---|---|---|
| | 8% | 11% | 15% | 18% | 21% | 24% | 27% | 30% |
| 保存 0 天 | $1.9\times10^8$ | $1.8\times10^8$ | $1.7\times10^8$ | $1.7\times10^8$ | $1.6\times10^8$ | $1.4\times10^8$ | $1.3\times10^8$ | $1.3\times10^8$ |
| 保存 6 个月 | $5\times10^7$ | $3\times10^7$ | $2\times10^7$ | $1.5\times10^7$ | $8\times10^5$ | $1\times10^5$ | $5\times10^4$ | $6\times10^3$ |

①所有样品的 pH 值都调整至 7.0，含水量调至 25%。

### 7.1.3　商品全元生物有机肥料产品中的氨基酸指标

目前在商品全元生物有机肥料产品技术指标要求中增加了一个氨基酸含量指标，其理由如下：众所周知，氨基酸对植物根系的促生具有“四两拨千斤”的效果，按等氮量施用比较，氨基酸的生物效果是铵硝混合营养的 2 倍以上，0.5 份的氨基酸氮营养效果与 1 份的铵硝混合营养相当，因此，氨基酸肥料被人们称为“肥中之王”。不仅如此，研究者在微生物有机肥二次固体发酵时发现，添加少量氨基酸或蛋白类物质，能够极显著增加功能菌繁殖的数量。表 7-5 结果表明腐熟堆肥调整 pH 值后如果直接接种芽孢杆菌，二次固体发酵 7 天后芽孢杆菌含量基本还是发酵前加入的含量；但是一旦添加不同来源的含蛋白质或氨基酸（肽）类物质后再进行二次固体发酵，其产品中芽孢杆菌含量比发酵前加入的含量增加了一个多数量级；添加用硫酸酸解猪毛的含氨基酸液的效果与添加菜饼的效果差不多，但前者的原料成本比后者要低得多。不仅如此，产品中游离氨基酸含量能达到 0.5% 左右，显然这种产品施入土壤后对活化土著微生物活性、促进植物根系生长具有重要作用。这就是商品全元生物有机肥产品的田间生物效果比商品复合微生物肥料产品效果更好的直接原因之一。

表7-5 添加氨基酸类物质对芽孢杆菌二次固体发酵的影响①

| 项目 | 添加氨基酸类物质种类 | | | |
| --- | --- | --- | --- | --- |
| | 用硫酸溶液调整腐熟堆肥 pH 值，后熟 5 天后 pH 值达 6 再加菌液② | 用硫酸溶液调整腐熟堆肥 pH 值，后熟 5 天后 pH 值达 6 再加 10% 菜饼和菌液 | 用硫酸溶液调整腐熟堆肥 pH 值，后熟 5 天后 pH 值达 6 再加 2% 氮磷钾、8% 米糠和菌液 | 直接加入硫酸酸解猪毛溶液 20%（体积质量分数），后熟 5 天后 pH 值达 6 再加菌液 |
| 产品中芽孢杆菌含量 /（CFU/g 肥料） | $3.3\times10^7$ | $4.2\times10^8$ | $3.2\times10^7$ | $4.1\times10^8$ |
| 产品中游离氨基酸含量 /% | 检测不到 | 0.6 | 0.2 | 0.7 |

①加菌液后二次固体发酵 7 天，采样分析菌含量。

②菌液接种量为 2%（体积质量分数），发酵菌液中芽孢杆菌浓度为 $1.5\times10^9$CFU/mL。

肥料产品中添加氨基酸成分固然能显著提高肥料对当季作物的增产效果，但是氨基酸肥料资源很有限，我国目前市场上的氨基酸肥料大部分是生产特定氨基酸企业的下脚料，其中含有一部分剩余的氨基酸种类和含量。但是，这里值得一提的是，生产特定氨基酸的工艺绝大部分都是采用盐酸酸解蛋白质（基于提取和分离氨基酸容易），然后提取和分离特定氨基酸，剩余部分用合成氨来中和。这些副产品中的含氮量较高，但它们绝大部分不是氨基酸态氮，而是氯化铵中的氮（盐酸被合成氨中和的产物）。因此，在检测时一定要用氨基酸分析仪测定其中的总氨基酸含量，而不能检测总氮含量，再折算成氨基酸含量，因为这个总氮中绝大部分是氯化铵中的氮，而不是氨基酸中的氮。此外，也要注意这些副产品中的氯离子含量往往比较高，对于忌氯作物一定要限量施用或不施用。

现阶段最有效和最物美价廉的氨基酸来源是将屠宰场下脚料、死亡畜禽以及富营养化水体中捞出来的藻泥等用硫酸酸解获得的酸解氨基酸溶液，这些酸解液中的游离氨基酸和多肽总量均在 10% 以上。如果添加 20%（体积质量分数）的酸解氨基酸溶液，二次固体发酵后，产品中的游离氨基酸将超过 0.5%，能为高品位商品复合微生肥料或商品全元生物有机肥料产品提供更好的田间生物效果。

值得注意的是，在向腐熟堆肥中添加 10% ～ 30%（体积质量分数）的酸解氨基酸溶液时，一定要检测腐熟堆肥 pH 值的变化。一般而言，腐熟堆肥对外加酸的缓冲性能特别大，调节刚加进去时 pH 值到 3 左右，后熟 2 ～ 3 天后 pH 值会达到 5 ～ 6，此时接种芽孢杆菌，3 ～ 5 天后产品 pH 值会在 6.5 ～ 7.5，达到理想的酸碱度。

### 7.1.4 商品复合微生物肥料或商品全元生物有机肥料的造粒指标

商品复合微生物肥料或商品全元生物有机肥料的造粒问题一直是困扰科技人员、企业、经销商和广大农民的一个问题。从农民施用方便程度和经销商好销售这个角度出发，造粒是有必要的，但造粒也有很多的问题，其中一个最大的问题就是造粒后田间生物效果变差。其原因：一是在旱地土壤上由于粒状肥料含水量低，在土壤中长时间不化，故也就谈不上效果了；二是造粒前需要喷水，造粒后需要高温烘干（杀死了大部分微生物），其功能菌基本没有发挥作用。但是，如果不造粒，农民施用确实不方便，因为达到含水量小于30%（行业标准）的粉状产品，施用时扬灰非常严重，农民几乎没法施用，于是农民干脆挑选那些含水量在40%左右的粉状生物有机肥产品，他们认为虽然含水量不达标，但施用方便，而且生物效果不差。经过长期的试验，综合企业、经销商和广大农民三方面的利益和可行性，作者建议商品有机（类）肥料（有机肥、生物有机肥、复合微生物肥料、全元生物有机肥料）还是造粒更好，但这个造粒工艺不能照搬无机复混肥的转鼓或圆盘造粒工艺（即先烘干粉碎，然后喷水造粒，再高温烘干），而是采用新型挤压造粒设备，造出来的形状是柱状而不是粒状，柱状的大小为：直径4～5mm，长度6～8mm（图7-1）。与粒状肥料相比，柱状商品复合微生物肥料或商品全元生物有机肥料的硬度适中，在旱地土壤上遇水很快就会化开来，不会像粒状肥料那样在土壤中长期不化。挤压造粒时不需要先烘干粉碎，只需将拌好的物料通过4mm筛子，过筛的物料（35%左右含水量）直接挤压造成柱状，然后在仓库中放置10天左右（适合于北方空气比较干燥区域），待水分自然蒸发至25%左右就可包装出厂，无需任何粉碎和烘干步骤，工厂也没有扬尘产生，其造粒成本仅为30～40元/t，而粒状肥料的造粒成本为150元/t。当然，单机（约15万元）挤压造粒的速度（3.5t/h）不如滚筒或圆盘（250万元/套）造粒的速度（10t/h），但买3台挤压机（总计45万元）就能赶上滚筒或圆盘造粒的速度，再加2台挤压机作为后备轮流工作（换模），也就70万～80万元，比滚筒或圆盘工艺的固定资产投入小得多。最关键的问题是挤压造粒工艺不需要高温烘干步骤，能确保产品中的有效活菌数。至于在南方空气湿度较大的区域，不能通过自然蒸发来降低产品的水分含量，需要一定的烘干工艺和设备，但毕竟是将含水量从35%（挤压造粒工艺）烘至25%（只要采用低温烘干即可），而不是从50%（转鼓或圆盘造粒工艺）烘至25%，相对较容易。烘干工艺及其成本是有机（类）肥料制造中的瓶颈问题，希望有机（类）肥料产品制造界能够在近期内有所突破。

图7-1　柱状商品复合微生物肥料产品

值得指出的是，现行的行业标准中没有规定产品造粒问题。由于商品复合微生物肥料或商品全元生物有机肥料产品中含有一定养分的化肥，尤其是那些养分含量高至15%～20%的产品，如果不造粒，施入土壤后遇上下雨或灌溉就会被水迅速冲走，显著降低其养分利用率，所以建议商品复合微生物肥料或商品全元生物有机肥料产品还是造粒后出厂。此外，造粒也有助于提升产品的档次和卖相（当然不是粒状），还能大大缩小肥料体积，有利于物流运输和广大用户的施用。

# 7.2 商品复合微生物肥料或商品全元生物有机肥料制造工艺技术

## 7.2.1 肥料配方

商品复合微生物肥料或商品全元生物有机肥料的主要成分是生物有机肥和氮磷钾化肥两大类，功能菌重量几乎可以忽略。例如，要生产一个氮磷钾养分含量为12%，有机质含量为20%（新标准）的商品复合微生物肥料，其1t肥料的原料配方为：800kg生物有机肥，50kg磷酸二氢铵，50kg尿素，50kg硫酸钾，50kg硫酸铵。

商品全元生物有机肥料的配方与商品复合微生物肥料基本相同，只是在先前的生物有机肥制作过程中添加了部分氨基酸成分，即用的是含氨基酸的生物有机肥原料。

## 7.2.2 制造工艺技术

芽孢杆菌商品复合微生物肥料或商品全元生物有机肥料产品的制造工艺流程如图7-2所示。其关键步骤如下：

一是将腐熟堆肥的pH值调整好。通常情况下，腐熟堆肥的pH值一般都大于8，而且腐熟堆肥中的脲酶活性又很强，为了使后续加进去的化学氮肥尽量不挥发掉，必须把腐熟堆肥的pH值调整到3～4。可以直接用稀释的硫酸溶液调，也可以用硫酸酸解废弃蛋白获得的酸解氨基酸溶液来调。将pH值调到3～4的原因是腐熟堆肥的酸碱缓冲性能很强，若要使产品最终pH值在6～7，一开始调整的pH值一定要在3～4，这样经过后熟5天后，其pH值会在6左右，此时接种芽孢杆菌进行二次固体发酵后pH值会在7左右。

二是掌握好氮磷钾化肥加入的时间。这里要特别注意的是，不能像制造无机复混肥那样，按配方自动化加料，混料后就去造粒。如前所述，加进去的化肥一般都会吸潮，尤其是加了部分尿素（为了增加氮含量），再加上腐熟堆肥中的高脲酶活性，吸潮现象非常严重，以至于无法造粒。为了克服化肥吸潮，就需要把化肥提前加进去，最佳加入时间为酸解氨基酸加进去后熟2天后立即加入化肥，之后化肥与腐熟堆肥再一起后熟3～5天，通过后熟期间的不断翻抛，一方面将化肥与氨基酸有机肥充分混合，另一方面将物料中的水分蒸发掉，同时通过堆肥中的微生物进行同化，部分化肥成为有机形态，如此能够有效克服化肥吸潮问题。如此后熟5～7天后再接种功能菌进行二次固体发酵，就可以彻底避免化肥吸潮问题。

三是接种液体功能菌，接种量一般为2%～5%（体积质量分数）。接种量取决于芽孢杆菌液体发酵后的芽孢浓度，如果芽孢浓度＜$1\times10^{10}$CFU/mL，接种量为1%～2%（体积质量分数）；如果芽孢浓度为$1\times10^{10}$～$5\times10^{9}$CFU/mL，接种量为2%～3%（体积质量分数）；如果芽孢浓度＜$5\times10^{9}$CFU/mL，接种量为3%～5%（体积质量分数）。接种芽孢杆菌后要及时翻堆，使液体菌种与固体物料充分混匀，同时，注意观察物料温度。此时由于腐熟堆肥中的有机养分和无机养分比较充分，堆肥微生物（尤其是刚接种进去的功能菌）进入迅速生长和繁殖阶段，物料温度会明显升高，所以要观察记录物料温度。当物料温度超过45℃时就用翻抛机进行翻抛（图7-3），一般二次固体发酵开始后的前两天需要每8～10小时翻抛两次，后几天每天翻抛一次就行。如此二次固体发酵5～7天，功能菌含量就能超过$10^8$CFU/g肥料，此时物料的含水量一般在35%左右，过4mm筛后可以直接挤压造粒，没过筛的粗料（大概20%）可以再次回炉进入一次或二次固体发酵。

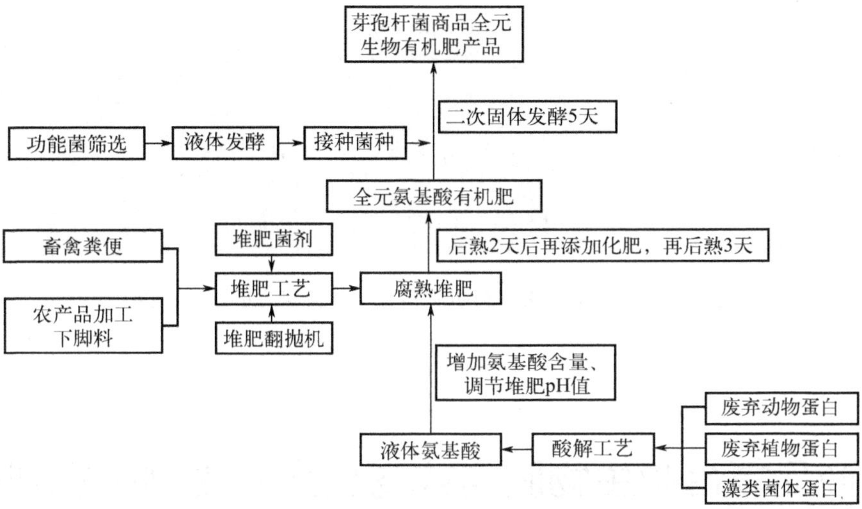


图7-2　芽孢杆菌商品全元生物有机肥制造工艺流程

图7-3　商品全元生物有机肥二次固体发酵时翻抛机进行翻抛

商品全元生物有机肥料应该是目前有机（类）肥料的最高级产品，因为其系统考虑了有机质、养分、功能微生物以及氨基酸各种成分的平衡、功能的互补，产品施用于土壤后：一是速效养分和氨基酸能够迅速促进当季作物生长，并提高作物产量；二是有机质与功能微生物搭配使功能微生物在土壤中有效定殖和迅速提高土壤生物活性，并促进土壤养分转化和分泌促进根系生长的活性物质；三是微生物剧烈的活动进一步促进土壤有机物质与土壤矿物质的相互作用，并形成有机无机复合体和土壤团粒结构，从而持续提高土壤肥力；四是有机物质与化肥充分混匀后施入土壤，使其中的化肥元素（尤其是化学氮肥）被大量固定在微生物体中及其他有机物质中，而后在当季作物生长的中后期又被释放出来，因此显著提高了化肥氮的当季利用率。鉴于上述优点，商品全元生物有机肥料在田间的增产效果明显优于化肥处理（图 7-4）。

图 7-4　商品全元生物有机肥料在小葱作物上的田间效果

# 7.3　商品复合微生物肥料或商品全元生物有机肥料低温烘干工艺与设备

高温堆肥过程使固体有机废弃物的含水量从 65% ～ 70% 下降到 35% ～ 45%，此时就可以分筛和挤压造粒。企业如果位于北方干旱和半干旱地区，挤压造粒后的商品复合微生物肥料或商品全元生物有机肥料产品靠自然晾干，就可以达到产品含水量标准（25% ～ 30%）。但如果在南方湿润地区，挤压造粒出来的产品需要进行低温烘干，至产品含水量达到 25% ～ 30%。商品复合微生物肥料或商品全元生物有机肥料等产品由于其含有功能微生物，不能像制造无机复混肥那样高温（300℃左右）烘干，因此，低温烘干在该类产品制造中有着很大的市场潜力。

目前主流的低温干燥工艺为热风对流干燥工艺：采用低温或者短时高温热风进行对流干燥。其中主要干燥设备有滚筒干燥、气流干燥、流化床干燥、振动流化床干燥等低成本、高效率的干燥装置，所适合的有机（类）肥料产品市场价格在每吨 1000 元以上。普通有机肥由于其市场价格一般在每吨 400 ～ 500 元，因此，一般不造粒，更用不上低温烘干，因为生产成本与销售价格不匹配。

商品复合微生物肥料或商品全元生物有机肥料是在有机肥的基础上添加功能微生物，由于含有活的微生物细胞或芽孢和孢子，在干燥过程中需要严格控制产品的脱水温度，防止温度过高或者干燥时间过长造成功能微生物休眠体（芽孢或孢子）失活。市场价格在 1000 ～ 2500 元 / 吨的商品复合微生物肥料或商品全元生物有机肥料产品的干燥，推荐常规低温热风对流干燥工艺；而对一些微生物菌剂的产品制备，由于其得到的微生物菌剂产品附加值较高，一般约为 2 万元 / 吨，考虑到更严格的低温工艺处理要求，可以采用低温除湿干燥、真空干燥和冷冻干燥技术，其投资和运行成本也相应的比较高。

从工业大生产角度考虑有机（类）肥料的低温干燥，相关企业生产规模在 4 万～ 5 万吨 / 年，产品市场价格在 1000 ～ 2500 元 / 吨，干燥工艺和设备推荐大型卧式多室流化床干燥冷却系统。

## 7.3.1　低温干燥工艺

如果仅从基本的低温干燥工艺字面上来界定，那么对于具备热敏性的产品，在较低的干燥温度下脱除水分，最大限度地保持产品的质量品质，包括微生物活性和有益功能组分等，是低温干燥工艺的基本要求和内涵，物料能承受的最高温度以及在此温度下的受热时间是影响产品质量和操作成本的关键因素。实现这一目的的工艺措施包括过程温度控制、过程操作压力控制和过程吸附气体相对湿度控制等三种，所涉及的干燥工艺包括低温热风对流干燥、低温真空干燥、真空冷冻干燥、低温吸附干燥。

一般物料的干燥过程可以分为两个阶段：恒速干燥阶段和降速干燥阶段。在恒速干燥阶段，干燥过程由湿物料表面水分蒸发的速率控制，表面温度接近其操作的室温温度，所以可以适当提高此阶段的热风温度，以提高干燥过程的经济性；在降速干燥阶段，干燥过程由水分从物料内部扩散到表面的速率来控制，产品温度会明显升高，对于热敏性产品来讲，降速干燥阶段是决定最终产品品质的关键操作区间，应在干燥动力学试验的基础上（干燥曲线、干燥速率曲线和等温吸附曲线等）确定经济合理的干燥温度和干燥时间。图 7-5 为典型的干燥动力学曲线，一般来说，普通低温热风对流干燥可以采用短时高温 80 ～ 150℃，干燥时间为几秒钟到几十分钟；而低温吸附干燥、低温真空干燥、真空冷冻干燥等主要通过扩散过程控制的低温干燥工艺，其干燥温度较低，所需的干燥时间较长，而且根据不同的干燥设备形式、产品的粒度范围和干燥动力学参数，其干燥时间可能需要数小时，因此运行成本较高。

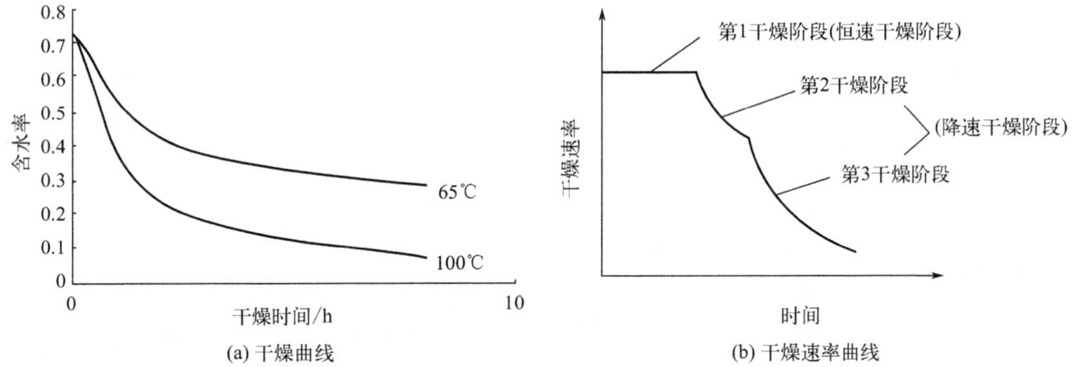


图 7-5　典型的干燥动力学曲线

### 7.3.1.1　低温热风对流干燥

采用低温热风对流干燥时，通常要在干燥动力学试验的基础上（干燥曲线、干燥速率曲线和等温吸附曲线等）确定经济合理的干燥温度和干燥时间，以满足工艺要求。干燥机可以选用气流干燥机、转筒干燥机和卧式多室流化床干燥机或振动流化床干燥机。气流干燥机投资低、干燥时间短，适合粉状有机肥料的快速低温干燥；转筒干燥机对产品的粒度分布和水分波动以及黏度适应性较强，运行费用低，但是由于干燥机内存在死角，会有部分产品质量不均匀，而且设备投资较大；而卧式多室流化床干燥机和振动流化床干燥机采用多段不同的进风温度，可以严格控制产品干燥指标，产品混合均匀，无死角，质量稳定，并可把干燥与冷却工艺集成在一台设备中，投资相对较低，是目前经济性较理想的干燥机（唐官鹏等，2016）。图 7-6 和图 7-7 为低温热风对流干燥工艺所涉及的流化床干燥、振动流化床干燥、气流干燥、转筒干燥工艺。

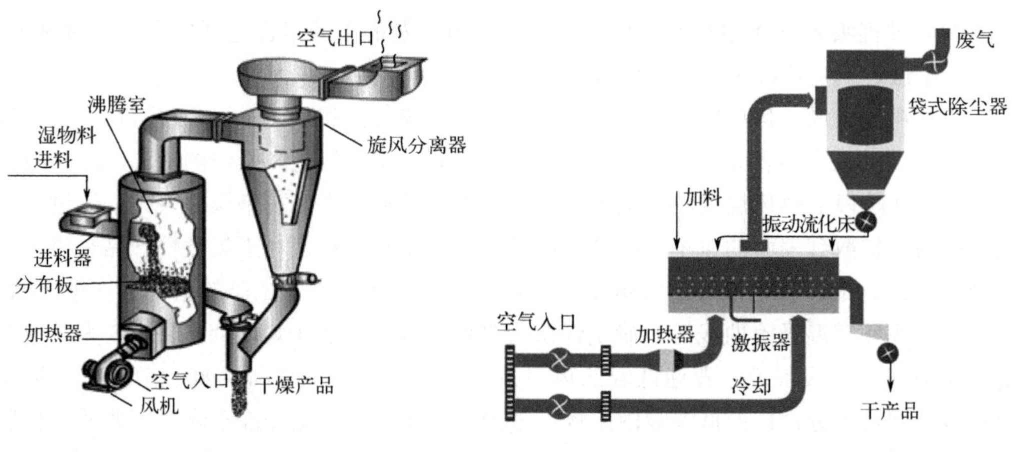


(a) 流化床干燥　　(b) 振动流化床干燥

图 7-6　低温热风对流干燥工艺中流化床干燥及振动流化床干燥

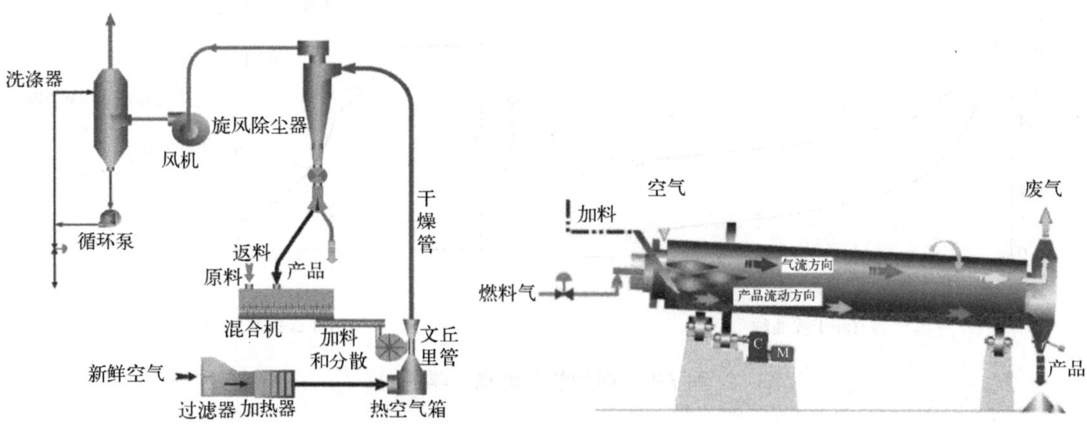


(a) 气流干燥　　(b) 转筒干燥

图 7-7　低温热风对流干燥工艺中气流干燥及转筒干燥

### 7.3.1.2　低温吸附干燥

在湿物料与其接触的过程气体及吸附剂材料的水分质量浓度梯度的推动下进行水分传递的过程，叫吸附干燥或除湿干燥。这是一门古老的科学，随着吸附剂种类的不断增多，如各种分子筛、沸石、活性炭、膨润土和硅胶等，吸附干燥工艺有了明显的发展。现代的低温吸附干燥是一种综合利用冷冻除湿和吸附干燥的新型非热力干燥方式，在节能、环保和品质保持方面的优势明显。低温吸附干燥技术采用吸附式转轮除湿器和表面式冷却器，提供温度为10～30℃、相对湿度5%左右的低温低露点空气为干燥介质，有效避免高温对微生物和功能单元的破坏，干燥速率快，相对于真空冷冻干燥节能效果更显著。

热泵低温干燥可以归类于低温吸附干燥，主要通过热泵来加热干燥介质，然后用干燥介质使物料得到干燥。一般典型的热泵低温干燥系统主要由干燥器、蒸发器和冷凝器等组成，热泵通过冷凝器将低温干空气加热到合适的温度后，进入干燥机（可选用流化床干燥机、转筒干燥机、振动床干燥机等），干燥完成后的高湿空气经过热泵的蒸发器降温除湿后循环使用。由于热泵的原理决定其性能系数（coefficient of performance，COP）能效比大于1，比常规采用电加热器的热风干燥降低能耗30%以上，而且热泵低温干燥采用密闭设计，在低温条件下具备低温吸附干燥的优势，干燥速率快，产品品质好。图7-8为转轮除湿和热泵低温吸附干燥的基本工作原理。

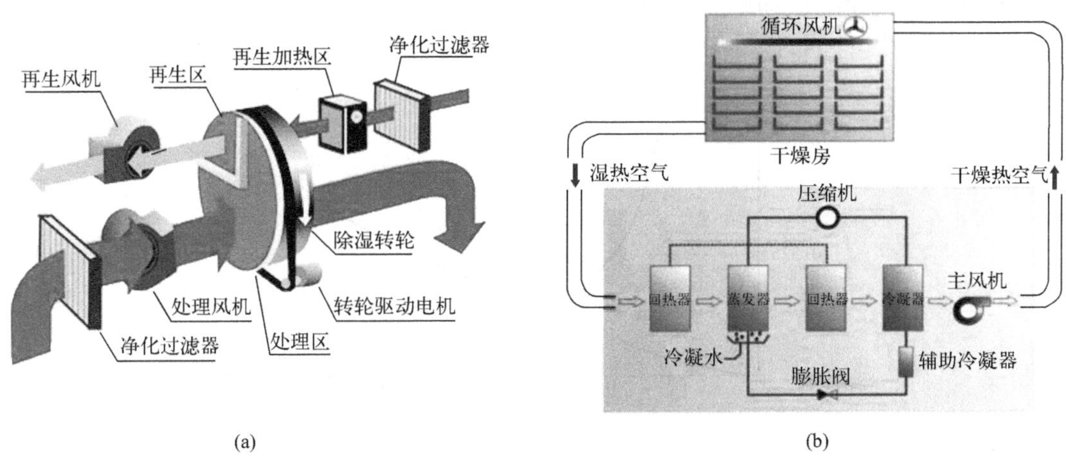


图7-8　转轮除湿（a）和热泵吸附干燥（b）的基本工作原理

### 7.3.1.3　低温真空干燥

真空环境下水分的沸点相应降低，例如19.6kPa气压下水的沸点降为60℃，如果在干燥室内维持一定的真空度，湿物料水分汽化的温度会明显降低。真空干燥机就是在一定真空度的工作状态下，通过热传导、热辐射等传热方式供给物料热量，使水分在低温下蒸发。同时，真空系统实时抽出汽化的蒸汽，在物料周围形成稳定的负压状态，物料的内外层之间及表面与周围介质之间形成较大的湿度和温度梯度，达到快速低温干燥的目的。图7-9为工业规模的用于液体、浆状和膏糊状物料及粉体物料的连续真空带式干燥工艺和真空耙式干燥工艺。

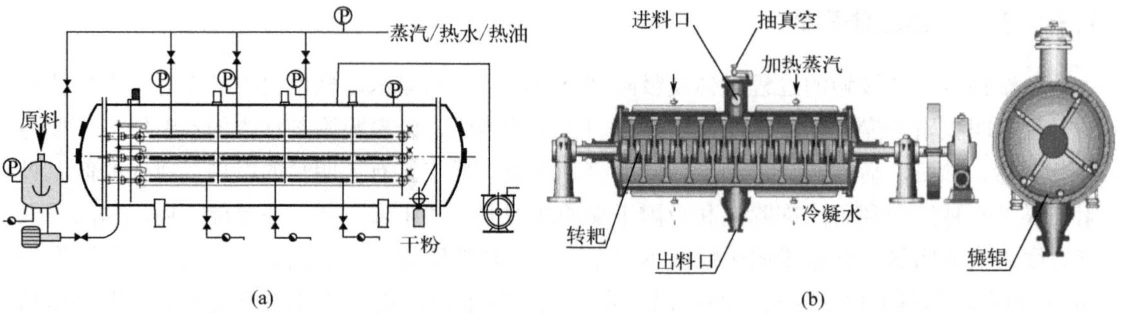


图 7-9　连续真空带式干燥工艺（a）和真空耙式干燥工艺（b）

### 7.3.1.4　真空冷冻干燥

对于高附加值且有严格产品温度控制要求的产品，可以采用真空冷冻干燥工艺，产品被预先快速低温冷冻后，在真空环境下（0.1 ～ 130Pa），利用水三相点下冰的升华原理（图 7-10），在 0℃以下完成脱水过程，产品复水后各项指标几乎跟原料完全相同，而且在真空下操作，氧气极少，对易氧化组分保持率高，被广泛用于医药、食品和生物行业高品质产品的脱水工艺中。但是间歇操作、较高的真空系统投资和运行费用以及较长的干燥时间明显制约着其在常规的有机（类）肥料产品脱水工艺中的应用。

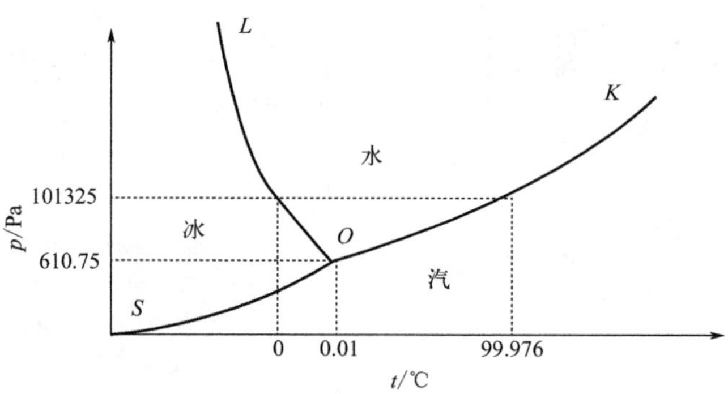


图 7-10　水的三相点示意图

## 7.3.2　低温干燥设备

### 7.3.2.1　转筒干燥机

转筒干燥机［见图 7-11（a）］的圆筒是一个与水平线略呈倾斜的旋转圆筒，物料从较高的一端加入，载热体由较低的一端进入，与物料呈逆流接触，也有载热体和物料一起并流进入筒体的。随着圆筒的转动，物料受重力作用运行到较低的一端。湿物料在筒体内向前移动过程中，直接或间接与载热体进行热量传递，湿物料得以干燥，然后在出料端经皮带机或螺旋输送机送出。在筒体内壁上装有抄板，它的作用是把物料抄起来后在筒体截面上均匀撒下，使物料与载热体的接触表面增大，以提高干燥速率并促进物料前进。载热体一般分为热空气、烟道气等。载热体经过干燥机以后，一般需要用旋风除尘器将气体内所携带物料捕集下来。如需进一步减少尾气含尘量，还应经过袋式除尘器或湿法除尘器后再排放。

#### 7.3.2.2　气流干燥机

气流干燥是将散粒状固体物料分散悬浮在高速热气流中，在气流输送下进行干燥的一种方法。气流干燥在我国是一种应用最广泛和最久远的干燥方法，由于干燥时间短，所以适合热敏性物料的干燥。气流干燥机［见图 7-11（b）］中气体相对于物料颗粒高速流动，气固相间接触面积很大，体积传热系数相当大，比常用的转筒干燥机大 20 ～ 30 倍。气流干燥机适合于处理粒径小、干燥过程主要处于表面汽化控制的恒速干燥阶段的物料。但由于物料在气流干燥机内的停留时间很短（一般只有几秒），不易得到含水量更低的干燥产品。

#### 7.3.2.3　流化床干燥机

流化床（也称沸腾床）干燥是流态化技术和传热传质技术的结合，在我国 20 世纪 60 年代就已有成功运用，从早期圆形单室流化床，现在发展到大规模连续生产的多室流化床、振动流化床、搅拌流化床、内热流化床、惰性粒子流化床、喷动床、脉冲流化床、离心流化床等。

流化床干燥过程是散状物料被置于孔板上，并由其下部输送气体，引起物料颗粒在气体分布板上运动，在气流中呈悬浮状态，形成物料颗粒与气体的混合流态化床层。在流化床干燥机［见图 7-11(c)］中物料颗粒在混合流态化床层中与气体（热空气）充分接触，边界层薄，气膜阻力小，传热传质系数高，容积传热能力可高达 8000 ～ 25000kJ/（$m^3$ · h · ℃）。流化床干燥机具有较高的传热和传质速率，热效率高，结构紧凑，基本投资和维修费用低，便于操作等，因此被广泛用于化工、食品、陶瓷、药物、聚合物等行业干燥中，是目前粉粒状物料优先选用的干燥机之一。

#### 7.3.2.4　振动流化床干燥机

典型的流化床干燥机有一个锥形空气分配室，热空气从底部进入，通过物料层，再从顶部排出。工程上在普通流化床干燥机的基础上进行改型，研制开发了振动流化床干燥机［见图 7-11（d)］，扩大了流态化干燥的范围，改善了流化质量，提高了热质传递的强度。在干燥过程中由机械振动帮助物料流化，不仅有利于边界层湍流，强化传热传质，而且还确保了干燥设备在相对稳定流力学条件下工作。此外，还能根据振动流化床干燥机工艺需要进行物料造粒、冷却、筛分和输送等工艺单元操作。振动流化床干燥机目前已在制糖、医药、化肥、化工、塑料、乳品、盐业和矿冶等工业部门得到广泛应用。

#### 7.3.2.5　热泵吸附干燥机

热泵吸附干燥机利用外界空气能做热源，原理如同空调反装，干燥空气在干燥室与热泵吸附干燥机间进行闭式循环，利用热泵吸附干燥机的制冷系统使来自干燥室的湿空气降温脱湿，排出其中的大部分凝结水。脱湿后的干冷空气流经冷凝器，被加热为热风又回到干燥室继续干燥，从冷凝器流出的高压制冷液经膨胀阀降压后流入蒸发器继续下一个循环。增加了回热循环的热泵吸附除湿干燥比普通热泵吸附干燥节能 30% 以上。热泵吸附干燥机可以应用于蔬菜烘干、造纸烘干、蚊香烘干、果脯烘干等领域，对节能减排起到很大的作用。

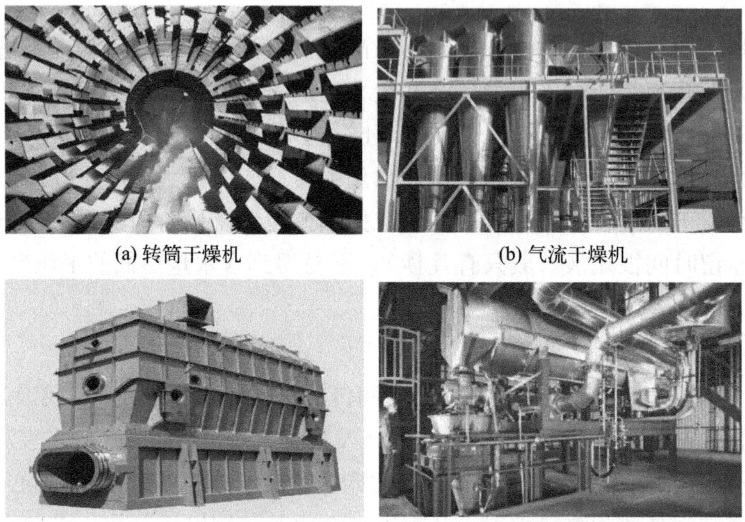

(a) 转筒干燥机　(b) 气流干燥机

(c) 流化床干燥机　(d) 振动流化床干燥机

图 7-11　典型低温热风对流干燥的干燥设备

### 7.3.2.6　真空带式干燥机

如图 7-12（a）所示，真空带式干燥机是一种连续进料、连续出料的接触式真空干燥设备，待干燥的料液通过输送机直接进入处于高度真空的干燥机内部，摊铺在干燥机内的若干条干燥带上，由电机驱动特制的胶辊带动干燥带以设定的速度沿干燥机筒体方向运动，每条干燥带的下面都设有三个相互独立的加热板和一个冷却板，干燥带与加热板、冷却板紧密贴合，以接触传热的方式将干燥所需要的能量传递给物料。当干燥带从筒体的一端运动到另一端时，物料已经干燥并经过冷却；干燥带折回时，干燥后的料饼从干燥带上剥离，通过一个上下运动的铡断装置打落到粉碎装置中，粉碎后的物料通过两个气闸式的出料斗出料。由于物料直接进入高真空环境，经过一段时间（通常是 30 ～ 60min）逐步干燥，干燥后所得的颗粒有一定程度的结晶效应，同时从微观结构上看内部有微孔。带式真空干燥机对于绝大多数天然产物的提取物都适用，尤其是对于黏性高、易结团、热塑性、热敏性的物料，不适于或者无法采用喷雾干燥，此时带式真空干燥机是最佳选择。而且，可以直接将浓缩浸膏送入带式真空干燥机进行干燥，无需添加任何辅料，这样可以减少最终产品的服药量，提高产品档次。产品在整个干燥过程中，处于真空、封闭环境，干燥过程温和（产品温度 40 ～ 60℃），对于天然提取物制品，可以最大限度地保持其色、香、味，得到高质量的最终产品。

### 7.3.2.7　真空耙式干燥机

真空耙式干燥机是一种新颖的卧式间歇式真空干燥设备，如图 7-12（b）所示，湿物料经热传导蒸发，带有刮板的搅拌器不断清除热面上的物料，并在容器内推移形成循环流，水分蒸发后由真空泵抽出。真空耙式干燥机在化学工业中的有机半成品和燃料干燥操作中用得较多。真空耙式干燥机利用蒸汽夹套间接加热物料，并在高真空下排气，因此特别适合不耐高温、在高温下易于氧化的物料或干燥时容易产生粉末的物料（如各种燃料），以及干燥过程中排出的蒸汽或溶剂必须回收的物料干燥作业。真空耙式干燥机中被干燥物料含水量或溶剂量最高达到 90%，而最低的只有 15%。被干燥物料有浆状的、膏状的、粒状的、粉状的，也可以是纤维状的。这些物料干燥后的含水量一般达到 0.1%，甚至 0.05%。

(a)　　(b)

图 7-12　真空带式干燥机（a）和真空耙式干燥机（b）

被干燥物料从壳体上方正中间加入，在不断转动的耙齿的搅拌下，物料与壳体壁接触时，物料表面不断更新，被干燥物料受到蒸汽间接加热，从而使物料中的水分汽化，汽化的水分由真空泵及时抽走。该干燥机可采用夹层与耙齿同时加热方式，传热面积更大，热效率高，使其获得更高的干燥效率。由于操作真空度较高，被干燥物料表面水蒸气压力远大于干燥机壳体内蒸发空间的水蒸气压力，从而有利于被干燥物料内部水分和表面水分的排出，有利于被干燥物料的水分子运动，达到干燥目的。

### 7.3.2.8　真空冷冻干燥机

冷冻干燥是指通过升华从冻结的生物产品中去除水分或其他溶剂的过程。升华指的是溶剂，比如水，像干冰一样不经过液态，直接从固态变为气态的过程。传统的干燥会引起材料皱缩，破坏细胞。而在冷冻干燥过程中样品的结构不会被破坏，因为固体成分被在其位置上的冰晶支持，在冰升华时，留下孔隙在干燥的剩余物质中，保留了产品的生物和化学结构及其活性的完整性。冷冻干燥通常被用来制备可长时期保存的生物材料，例如微生物培养、酶、血液与药品，除具有长期保存的稳定性以外，还保留了其固有的生物活性与结构。真空冷冻干燥机适用于高档原料药、中药饮片、生物、野生蔬菜、脱水蔬菜、食品、水果、化工、药物中间体等物料的干燥。图 7-13 为真空冷冻干燥机，其将制冷系统、真空系统、导热油加热系统、排湿系统组合为一体，推出一种新型箱体结构，充分地利用箱体内存放物料的空间进行冷冻真空干燥。

图 7-13　真空冷冻干燥机

## 7.3.3　商品复合微生物肥料或商品全元生物有机肥料低温干燥工艺与设备推荐

对于商品复合微生物肥料或商品全元生物有机肥料低温干燥工艺与设备，推荐采用大型卧式多室（振动）流化床干燥冷却系统，见图 7-14。

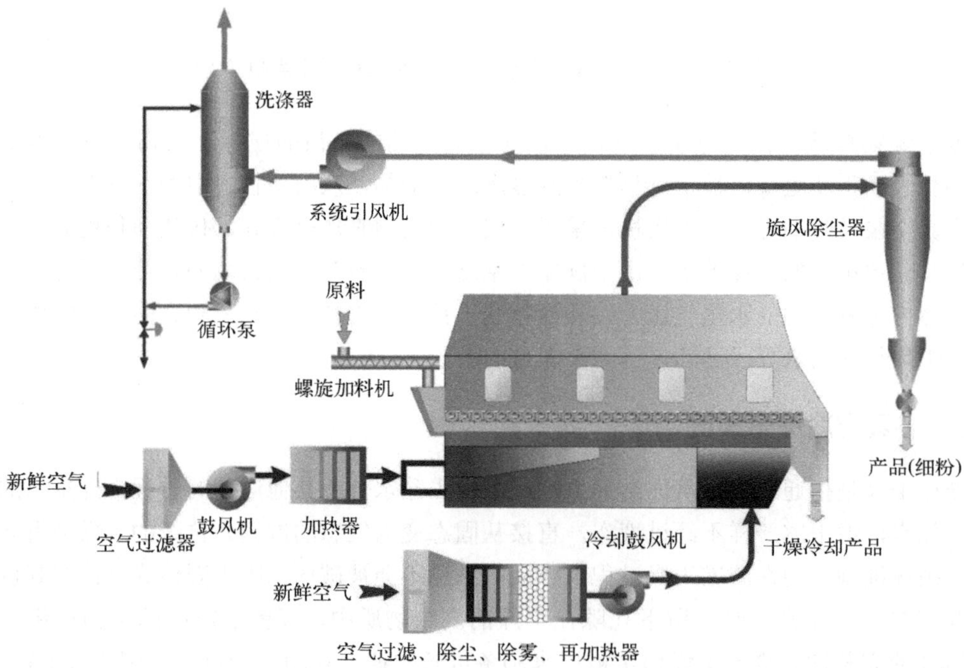


图 7-14　大型卧式多室流化床干燥冷却系统

卧式多室流化床干燥冷却系统的优点：

① 流体与固体物料颗粒充分混合，温度均匀；颗粒表面更新机会多，大大强化了两相间的传热传质，具有很高的体积传热系数，可达 4000 ～ 24000kJ/（$m^3$ · h · ℃）；单台生产能力大，装置易于大型化。

② 干燥过程温度可控，物料颗粒在床内滞留时间可控。因此可根据产品的干燥动力学参数设置不同的干燥进风温度，在保证产品质量安全的前提下，可优化干燥工艺，提高干燥效率，降低能耗。

③ 同一干燥设备内，既可干燥，也可冷却，简化了工艺流程；装置无或很少有运动部件，结构简单，易于操作；降低设备投资。

下面以年产 5 万吨商品复合微生物肥料生产线为例，简单介绍工业规模的卧式多室流化床干燥单元的主要工艺参数：

商品复合微生物肥料或商品全元生物有机肥料产品的烘干前含水量为 45%，烘干后含水量为 25%，每小时烘干产量为 6250kg，每小时脱水量为 2273kg，流化床的进风温度为 140℃，排风温度为 65℃，干燥时产品温度为 55 ～ 65℃，采用 $8m^2$ 的流化床干燥机，其中冷却面积为 $2m^2$，装机功率约 130kW。每吨商品复合微生物肥料或商品全元生物有机肥料产品的烘干成本在 150 ～ 180 元。

## 参考文献


[1] 张思奇，刘红军，沈宗专，等. 外包木霉内含芽孢杆菌颗粒生物有机肥研制及其促生效应 [J]. 土壤通报，2022, 53(2): 465-471.

[2] 杨天杰，王玉鑫，王佳宁，等. 不同基质生物有机肥防控番茄土传青枯病及促生效果研究 [J]. 土壤，2021, 53(5): 961-968.

[3] 方丹，朱明珠，魏梦玉，等. 含山梨醇的新型生物有机肥促生效应与机理研究 [J]. 土壤学报，2022, 59(6): 1606-1605.

[4] 王佳宁，王玉鑫，侯如娇，等. 噬菌体鸡尾酒联合生物有机肥防控番茄青枯病的效果研究 [J]. 微生物学通报，2021, 48(9): 3194-3204.

[5] 朱佳芯，商美妮，李荣，等. 适用热区芒果园的木霉生物有机肥研制及其应用 [J]. 中国土壤与肥料，2021(3): 155-162.

[6] 韦中，杨天杰，任鹏，等. 合成菌群在根际免疫研究中的现状与未来 [J]. 南京农业大学学报，2021, 44(4): 597-603.

[7] 于亚楠，邬海燕，王盼星，等. 木霉生物有机肥应用于滨海盐土甘蓝种植的生物效应 [J]. 土壤学报，2022, 59(4): 1112-1124.

[8] 任晶，王政淇，曹阿莉，等. 促生解淀粉芽胞杆菌 SQR9 定殖对黄瓜根系基因表达的转录组学研究 [J]. 南京农业大学学报，2021, 44(2): 296-304.

[9] 刘珊珊，胡夏茹，王云舟，等. 石灰碳铵熏蒸联合生物有机肥施用对香蕉土壤真菌群落的影响 [J]. 应用与环境生物学报，2021, 27(5): 1326-1333.

[10] 王小松，马磊，刘志颖，等. 贵州木霉 NJAU4742 几丁质酶基因 *chi*8 的克隆、表达和酶学特性研究 [J]. 南京农业大学学报，2021, 44(1): 111-118.

[11] 刘珊珊，夏萌，胡夏茹，等. 石灰碳铵熏蒸联合生物有机肥对香蕉枯萎病和细菌群落的影响 [J]. 应用生态学报，2020, 31(12): 4189-4196.

[12] 朱佳芯，张庚，商美妮，等. 耐热木霉菌株筛选及其对热作区香蕉促生效应的研究 [J]. 微生物学报，2021, 61(1): 206-218.

[13] 刘正洋，王若斐，乔策策，等. 木霉生物有机肥对白菜和甘蓝产量及土壤微生物区系的影响 [J]. 南京农业大学学报，2020, 43(4): 650-657.

[14] 郜普源，孟晓慧，李托，等. 基于响应曲面法优化贵州木霉 NJAU4742 产胞外木聚糖酶的研究 [J]. 南京农业大学学报，2020, 43(1): 98-107.

[15] 卢云峰，乔策策，许航，等. 含 *Bacillus amyloliquefaciens* SQR9“全元”复合微生物液体肥料研制及其促生效果研究 [J]. 土壤通报，2018, 49(5): 1150-1156.

[16] 白国新，刘珊珊，郑宇，等. 病死动物源氨基酸研制的生物有机肥促生效果研究 [J]. 土壤，2018, 50(2): 270-276.

[17] 吕娜娜，沈宗专，王东升，等. 施用氨基酸有机肥对黄瓜产量及土壤生物学性状的影响 [J]. 南京农业大学学报，2018, 41(3): 456-464.

[18] 袁先福，孙玉菡，朱成之，等. 轮作联用生物有机肥促进香蕉生长 [J]. 应用与环境生物学报，2018, 24(1): 60-67.

[19] 赵光雷，郑赛，古芸，等. 利用豆粕和小麦秸秆生产多肽的固体发酵工艺条件优化 [J]. 应用与环境生物学报，2018, 24(1): 20-25.

[20] 曹云，宋修超，郭德杰，等. 棉隆熏蒸与微生物有机肥联用对西瓜枯萎病的防控研究 [J]. 土壤，2018, 50(1): 93-100.

[21] 刘秋梅，陈兴，孟晓慧，等. 新型木霉氨基酸有机肥研制及其对番茄的促生效果 [J]. 应用生态学报，2017, 28(10): 3314-3322.

[22] 冯程龙，王晓婷，康文晶，等. 利用小麦秸秆生产木霉分生孢子及其生物有机肥对黄瓜的促生效果 [J]. 植物营养与肥料学报，2017, 23(5): 1286-1295.

[23] 乔策策，王甜甜，王若斐，等. 高效溶磷菌的筛选及其促生效应研究 [J]. 南京农业大学学报，2017, 40(4): 664-670.

[24] 沈宗专，孙莉，王东升，等. 石灰碳铵熏蒸与施用生物有机肥对连作黄瓜和西瓜枯萎病及生物量的影响 [J]. 应用生态学报，2017, 28(10): 3351-3359.

[25] 王誉瑶，韦中，徐阳春，等. 溶磷菌株组合的溶磷效应及对玉米生长的影响 [J]. 植物营养与肥料学报，2017, 23(1): 262-268.

[26] 张杨，王甜甜，孙玉涵，等. 西瓜根际促生菌筛选及生物育苗基质研制 [J]. 土壤学报，2017, 54(3): 703-712.

[27] 刁春武，曹亮亮，黄忠阳，等．酸解羽毛粉研制生物有机肥及其促生效果研究 [J]．土壤，2016, 48(04): 661-667.
[28] 梁晓琳，钟茜，高旭，等．复合微生物肥料圆盘造粒工艺研究 [J]．土壤通报，2016, 47(03): 695-700.
[29] 刘星，张文明，张春红，等．土壤灭菌-生物有机肥联用对连作马铃薯及土壤真菌群落结构的影响 [J]．生态学报，2016, 36(20): 6365-6378.
[30] 梅新兰，闪安琪，蒋益，等．适应玉米的溶磷细菌筛选及其对玉米生长的影响 [J]．土壤学报，2016, 53(02): 502-509.
[31] 钟书堂，吕娜娜，孙逸飞，等．连作香蕉园生态熏蒸剂的筛选及其对土壤微生物群落结构的影响 [J]．土壤，2015, 47(06): 1092-1100.
[32] 张杨，文春燕，赵买琼，等．辣椒根际促生菌的分离筛选及生物育苗基质研制 [J]．南京农业大学学报，2015, 38(06): 950-957.
[33] 马菁华，凌宁，宋阳，等．多黏芽孢杆菌 (*Paenibacillus polymyxa*)SQR-21 对西瓜根系分泌蛋白的影响 [J]．南京农业大学学报，2015, 38(05): 816-823.
[34] 梁晓琳，孙莉，张娟，等．利用 *Bacillus amyloliquefaciens* SQR9 研制复合微生物肥料 [J]．土壤，2015, 47(03): 558-563.
[35] 刘星，张书乐，刘国锋，等．土壤熏蒸-微生物有机肥联用对连作马铃薯生长和土壤生化性质的影响 [J]．草业学报，2015, 24(03): 122-133.
[36] 韦中，胡洁，董月，等．基于菜粕有机肥筛选番茄青枯病高效生防菌的研究 [J]．南京农业大学学报，2015, 38(03): 424-430.
[37] 钟书堂，沈宗专，孙逸飞，等．生物有机肥对连作蕉园香蕉生产和土壤可培养微生物区系的影响 [J]．应用生态学报，2015, 26(02): 481-489.
[38] 张苗，施娟娟，曹亮亮，等．添加三种外源蛋白研制生物有机肥及其促生效果 [J]．植物营养与肥料学报，2014, 20(05): 1194-1202.
[39] 沈宗专，钟书堂，赵建树，等．氨水熏蒸对高发枯萎病蕉园土壤微生物区系及发病率的影响 [J]．生态学报，2015, 35(09): 2946-2953.
[40] 张小兰，韦中，梅新兰，等．一种基于根际定殖能力筛选溶磷菌的方法 [J]．南京农业大学学报，2014, 37(02): 79-84.
[41] 曹亮亮，张苗，施娟娟，等．添加蛋白原料辅助固态发酵生产功能菌生物有机肥的研究 [J]．南京农业大学学报，2014, 37(02): 85-91.
[42] 袁玉娟，胡江，凌宁，等．施用不同生物有机肥对连作黄瓜枯萎病防治效果及其机理初探 [J]．植物营养与肥料学报，2014, 20(02): 372-379.
[43] 潘汝浩，王继琛，王磊，等．生姜枯萎病病原菌的分离鉴定及其接种浓度对生姜枯萎病发生程度的影响 [J]．南京农业大学学报，2014, 37(01): 94-100.
[44] 张瑞福，颜春荣，张楠，等．微生物肥料研究及其在耕地质量提升中的应用前景 [J]．中国农业科技导报，2013, 15(05): 8-16.
[45] 丁传雨，张国漪，沈其荣，等．马铃薯青枯病高效拮抗菌的筛选、鉴定及其生物效应 [J]．南京农业大学学报，2013, 36(04): 68-76.
[46] 马田田，蔡枫，丁传雨，等．山药专用生物有机肥的生物效应研究 [J]．南京农业大学学报，2013, 36(04): 83-90.
[47] 梁银，张谷月，王辰，等．一株拮抗放线菌的鉴定及其对黄瓜枯萎病的生防效应研究 [J]．土壤学报，2013, 50(04): 810-817.
[48] 宋松，孙莉，石俊雄，等．连续施用生物有机肥对烟草青枯病的防治效果 [J]．土壤，2013, 45(03): 451-458.
[49] 周毅，汪建飞，邢素芝，等．解磷微生物有机肥对冬小麦产量形成的影响 [J]．麦类作物学报，2013, 33(03): 526-529.
[50] 马田田，杨兴明，沈其荣，等．生物有机肥对防治山药根茎腐病和促进山药生长的研究 [J]．土壤，2013, 45(02): 1301-1305.
[51] 张鹏，韦中，朱震，等．生物有机肥对连作番茄和辣椒根际土壤微生物区系及茄科雷尔氏菌的影响 [J]．南京农业大学学报，2013, 36(04): 77-82.
[52] 邓开英，凌宁，张鹏，等．专用生物有机肥对营养钵西瓜苗生长和根际微生物区系的影响 [J]．南京农业大学学报，2013, 36(02): 103-109.
[53] 张鹏，王小慧，李蕊，等．生物有机肥对田间蔬菜根际土壤中病原菌和功能菌组成的影响 [J]．土壤学报，2013, 50(02): 381-387.
[54] 柳芳，田伟，李凌之，等．生防枯草芽孢杆菌 SQR9 固体发酵生产生物有机肥的工艺优化 [J]．应用与环境生物学报，2013, 19(01): 90-95.
[55] 韦巧婕，郑新艳，邓开英，等．黄瓜枯萎病拮抗菌的筛选鉴定及其生物防效 [J]．南京农业大学学报，2013, 36(01): 40-46.
[56] 王小慧，张国漪，李蕊，等．拮抗菌强化的生物有机肥对西瓜枯萎病的防治作用 [J]．植物营养与肥料学报，2013, 19(01): 223-231.
[57] 王丽丽，石俊雄，袁赛飞，等．微生物有机肥结合土壤改良剂防治烟草青枯病 [J]．土壤学报，2013, 50(01): 150-156.
[58] 沈其荣．应加强固体有机废弃物高附加值资源化利用 [J]．中国农资，2012(47): 24.
[59] 高雪莲，邓开英，张鹏，等．不同生物有机肥对甜瓜土传枯萎病防治效果及对根际土壤微生物区系的影响 [J]．南京农业大学学报，2012, 35(06): 55-60.
[60] 张国漪，丁传雨，任丽轩，等．菌根真菌和死谷芽孢杆菌生物有机肥对连作棉花黄萎病的协同抑制 [J]．南京农业大学学报，2012, 35(06): 68-74.
[61] 王小慧，朱震，马雪莲，等．田间大棚西瓜枯萎病病原菌的分离与鉴定 [J]．南京农业大学学报，2012, 35(06): 61-67.
[62] 付琳，阮云泽，沈宗专，等．生物有机肥对连作香蕉根际土壤可培养细菌区系的影响 [J]．南京农业大学学报，2012, 35(06): 82-88.
[63] 崔亚青，雍晓雨，张风革，等．一株溶藻细菌的分离鉴定及溶藻效果 [J]．应用与环境生物学报，2012, 18(05): 752-760.
[64] 张瑞福，沈其荣．抑病型土壤的微生物区系特征及调控 [J]．南京农业大学学报，2012, 35(05): 125-132.
[65] 俞鲁，凌宁，张楠，等．香蕉枯萎病拮抗菌的筛选鉴定及其生防效果 [J]．南京农业大学学报，2012, 35(04): 81-86.
[66] 乔焕英，丁传雨，沈其荣，等．拮抗菌发酵的生物有机肥对茄子生长和青枯病的防治效果 [J]．土壤，2012, 44(03): 461-466.
[67] 肖同建，李蕊，王小慧，等．施用生防菌菌剂与日光消毒和生物熏蒸相结合防治番茄根结线虫的研究 [J]．中国生物防治学报，2012, 28(02): 262-268.

[68] 黄新琦，雍晓雨，沈其荣，等. 土传黄瓜立枯病高效拮抗菌的筛选鉴定及其生物效应 [J]. 植物保护学报，2012, 39(01): 45-50.
[69] 李双喜，沈其荣，郑宪清，等. 施用微生物有机肥对连作条件下西瓜的生物效应及土壤生物性状的影响 [J]. 中国生态农业学报，2012, 20(02): 169-174.
[70] 陈巧玲，胡江，汪汉成，等. 生物有机肥对盆栽烟草根际青枯病原菌和短短芽孢杆菌数量的影响 [J]. 南京农业大学学报，2012, 35(01): 75-79.
[71] 丁传雨，乔焕英，沈其荣，等. 生物有机肥对茄子青枯病的防治及其机理探讨 [J]. 中国农业科学，2012, 45(02): 239-245.

中国肥料研究与应用全书

Books of Fertilizer Research and Application in China

FERTILIZER

第 8 章

# 发酵床养殖及其垫料处理利用技术

# 8.1 奶牛 / 肉牛场床一体化养殖技术

随着现代畜牧业的发展，肉牛和奶牛养殖生产向着集约化和规模化方向转变，但随之产生的是因粪污大量排放所导致的环境污染问题，以及水泥地板或拴系式饲养方式所引发的牛健康状况下降、各类疾病尤其是肢蹄病和乳房炎多发、牛肉和牛奶品质降低等诸多问题。据统计，1 头体重 600kg 左右的成年牛，每天的排便量是 30 ～ 40kg，而 1 头奶牛日产粪污近 50kg，相当于 20 头猪的粪便量。可见，规模化养牛所产生的超量粪污若处理不当，势必会对环境造成不可估量的威胁。尤其是在最新的《畜禽规模养殖污染防治条例》和《中华人民共和国环境保护法》相继实施以来，在空前严厉的环保压力下，倒逼各大规模养殖场或养殖企业不得不花费巨额成本投入粪污的处理和治理中，无形中降低了养殖收益。一直以来，影响我国乃至世界养牛业发展的 4 种重要疾病分别是肢蹄病、不孕症、乳房炎和营养代谢病，而前 3 种疾病与养殖环境密切相关。基于此，近年来我国部分地区的规模化大型养牛场受发酵床技术在规模化养猪和养禽中应用的启发，以及国外发酵床技术养牛的影响，引进了绿色、生态、环保的场床一体化（发酵床）养殖技术先进理念并应用于养牛生产中，取得了显著成效。相较于常规传统养殖模式，场床一体化养殖能够明显改善牛舍环境，减少疾病发生，确保牛健康生长，牛肉、牛奶品质和繁殖率得以提升，养殖成本得以降低，养殖效益得以增加，具有广阔的推广应用前景。

肉牛（奶牛）场床一体化养殖技术是国家“十三五”科技专项、农业农村部畜禽粪污资源化利用重点推广模式之一。由于肉牛（奶牛）场床一体化养殖模式不产生粪水，养殖场不需要配套沼气池、污水处理系统，粪便和垫料经高温好氧发酵无害化处理后可重复使用，平均可节省肉牛（奶牛）养殖场粪污处理基础建设费用约 25%。同时，由于粪便和垫料经无害化处理后循环使用，奶牛养殖场基本不需要购买垫料（辅料），不需要每天清理粪便、打理牛床和固液分离，平均可节省劳动力成本 30%。多轮循环利用的垫料和粪便随着氮磷钾养分的积累，成为生产有机肥的优质原料。

场床一体化养殖技术是利用好氧微生物对牛粪尿进行分解，将粪尿氧化分解为 $CO_2$ 和 $H_2O$，并产生一定的热量，可快速消化分解粪尿等养殖排泄物和有害气体，实现牛舍（栏、圈）无异味、免冲洗。同时，以发酵床为载体，有益菌群以牛的粪尿为基础营养进行迅速繁殖，进而抑制、竞争并杀灭各种病原微生物，从而实现健康养殖。其关键点在于利用活性强大的有益功能菌群，持续稳定地将畜禽粪尿转化为有用物质与能量，以达到无污染、零排放的目的，是迄今国际上一种最新的环保型养殖模式。垫料中有益菌群的形成会直接影响到牛粪的腐熟和除臭效果、发酵温度以及对病原菌的抑制效果。研究发现，这些优势菌群主要是一些兼性好氧微生物，适应范围广、繁殖比较快。张庆宁等在发酵垫料中筛选出的优势细菌均属于芽孢杆菌属（包括枯草芽孢杆菌、蜡样芽孢杆菌、解淀粉芽孢杆菌等）。

### 8.1.1　牛舍建筑与设计

（1）牛舍结构　双列式牛舍，给料通道居中，两边面积对称，四周为挡粪墙或外墙，舍内无任何障碍物，便于清粪；饮水槽位于给料通道对侧和 / 或两侧；顶棚呈人字形，左右对称，高度应适合机械作业，檐口与排水沟中心位置齐平。单列式牛舍，给料通道位于一侧，饮水槽位于给料通道对侧；顶棚为一面坡或两面坡式，高度应适合机械作业，檐口与排水沟中心位置齐平。

（2）挡粪墙　开放式牛舍的挡粪墙高度应≥ 1m，四周齐平，墙外设排水沟。封闭式牛舍的挡粪墙实质是牛舍的外墙。

（3）排水沟　排水沟与挡粪墙的距离应≥ 50cm，其中心位置与顶棚檐口齐平。排水沟的宽度应≥ 30cm，深度应≥ 10cm，沟底向下水道方向倾斜。

（4）牛舍建筑面积　与圈养牛群的种类、经济用途、生理时期以及牛舍所处的地理位置等因素有关，制约因素是牛群每日排泄的水分和单位面积牛舍每日的水分蒸发量。以南方地区为例，泌乳奶牛≥ $20m^2$/ 头，哺乳肉牛、水牛≥ $15m^2$/ 头，其他牛≥ $10m^2$/ 头。

（5）饮水槽　设置在给料通道两侧和 / 或对侧的挡粪墙外，近牛侧高度低于挡粪墙 5 ～ 8cm，远牛侧高度低于挡粪墙 8 ～ 10cm。鼓励使用可升降饮水槽。

（6）给料通道　高度与挡粪墙高度一致，宽度取决于给料方式。用自动化给料系统时，宽度不能＜ 1.5m。鼓励使用可升降给料系统。

（7）护栏　设置在给料通道和挡粪墙上方，可升降，高度距给料通道和 / 或挡粪墙≥ 30cm。

（8）隔栏　根据分群管理需要设置隔栏数目。隔栏正中央位置设置门，门宽与清粪门一致。隔栏与护栏高度一致。

（9）清粪门　设置在给料通道两侧正中央对称位置，门宽与清粪机械作业保持一致。清粪门应方便牛群和机械进出。

### 8.1.2　牛舍辅助设施建设

（1）牛粪垫料化处理棚　设置在牛舍下风口，面积取决于清粪方式；地面和墙体建筑应符合 GB/T 27622 的规定，墙外设排水沟。排水沟与挡粪墙的距离应≥ 50cm，中心位置与顶棚檐口齐平。挡粪墙高度取决于牛粪垫料化处理设备的作业高度，并应有防止飘雨的设施。

（2）牛群通道　与所有牛舍的清粪门及装牛台连接，宽度比牛群最大体宽宽 10cm ；通道设顶棚，两侧设排水沟；顶棚宽度与排水沟中心位置齐平，距地面高度≥ 3m。

（3）草料供给设施　包括青贮窖、干草棚、配料间等设施的建筑，应符合 NY/T 1567 的规定。

### 8.1.3　垫床维护

① 牛床垫料水分含量应低于 65%。

② 牛床局部垫料水分含量超过 65% 或出现局部硬化、高低不平时，应及时翻耙，或添

加无害化处理的牛粪。

③ 牛床垫料距离挡粪墙顶部 10cm 时，应及时清粪。

④ 清粪后，牛舍内应铺无害化处理的牛粪或其他干质垫料，厚度应≥ 30cm。

### 8.1.4 牛粪垫料化处理基本要求

① 温度与时间：所有牛粪尿必须经过 70℃以上高温持续处理 4 小时以上。

② 卫生学要求：处理后的牛粪垫料卫生标准应符合 GB/T 36195 和 NY/T 1168 的规定。

③ 水分含量：≤ 40%。

④ 处理后利用：垫料化处理后的牛粪直接用作肥料时，应符合 GB/T 25246 的规定。

### 8.1.5 牛舍卫生基本要求

① 按 GB/T 19525.2 规定的方法对牛场环境质量进行评定，环境质量综合指数应≤ 0.6，环境质量分级达到Ⅰ级。

② 牛场空气环境质量应超过 GB 18596—2001 和 NY/T 388—1999 标准，牛舍内氨气、硫化氢、二氧化碳、$PM_{10}$、总悬浮颗粒物和恶臭（稀释倍数）分别达到 $2mg/m^3$、$1mg/m^3$、$380mg/m^3$、$0.5mg/m^3$、$1mg/m^3$ 和 $40mg/m^3$。

## 8.2 生猪发酵垫料养殖技术

生猪发酵垫料养殖技术是基于解决猪粪污排放与污染的一种生态环保饲养模式，由家畜排泄物的堆肥化处理技术演变而来，是在猪舍内铺设厚垫料将饲育和粪尿处理同时进行的饲养方式，国外称为垫草养猪、厚垫草系统和发酵床养猪，国内有“生态养猪”“环保养猪”“零排放养猪”等多种提法。

发酵垫料养猪有助于减少 $NH_3$ 的挥发。$NH_3$ 是一种有毒有害气体，当浓度超过 $1.5\times10^{-5}$ 时就会刺激呼吸道引发疾病。大量研究表明，由于发酵床微生物对粪尿有机物质的快速分解，有效改善了猪舍内的空气质量，降低了 $NH_3$、$H_2S$ 等有害气体的含量等。C.M.Groenestein 研究比较了不同垫料对 $NH_3$ 挥发及其他气体挥发损失的影响，得出：相比漏缝地板而言，厚垫草系统饲养肥育猪能够减少的 $NH_3$ 排放，但却能够增加温室气体的排放量。

影响发酵床微生物生长的因素主要包括：

（1）温度　温度是影响微生物生长繁殖的一个重要因素，温度过高或过低都不利于微生物的生长。一般适于微生物生长繁殖的温度为 15 ～ 30℃。特别是在发酵床启动阶段更需要适宜的温度，温度过低不能形成有效的发酵，易导致发酵菌群功能衰败。如同在堆肥过程中，堆料内部温度上升是微生物对堆料中有机物质旺盛分解的结果，也是堆肥发酵顺利进行的证明。

（2）含水量　发酵床垫料的含水量是影响微生物生长与繁殖的又一重要因素，微生物在发酵床垫料的水膜中进行着生命活动。试验研究表明，垫料的含水量在 40% ～ 50% 为宜。如果低于 40%，猪粪尿的分解速率会下降，不利于微生物的生长。垫料过干则会导致发酵床的表面起灰尘，引起猪的呼吸道疾病。若含水量达到 50% ～ 60%，会使垫料分解过快，缩短发酵床的使用寿命；高于 80% 则会减慢发酵速率。中间发酵层不能保持较高温度，会阻碍空气在垫料中的流通和交换，易导致垫料的厌氧发酵，产生有害气体，不利于猪的健康。垫料的吸水性是发酵床保持合适含水量的重要条件。

（3）氧气　垫料中的微生物主要是好氧微生物，要进行好氧发酵，故必须保持垫料有一定的透气性。家畜排出的粪便内部厌氧，水分含量为 70% ～ 80%。若和木屑等混合则可以降低水分含量，增加透气性，营造好氧环境。粪便中的好氧微生物代谢旺盛，可以快速降解粪便中的有机物质，及时排出发酵生成的废气和蒸腾的水汽。如果垫料的透气性差，氧气供应不足，会导致好氧微生物活动受到抑制，厌氧微生物活动增强，不利于粪尿的正常降解，而生成大量的腐殖质，使氮素积留在垫料中，加快垫料老化。焦洪超等报道，通风量为 $0.3m^3/min$ 时，能促进堆体中温度快速上升和高温期的维持，还能够抑制堆肥过程中 pH 值的上升，有利于有机质的降解。

（4）营养　发酵床微生物的生存和繁殖需要一定的营养源，主要是 C 源和 N 源，包括未消化的碳水化合物、蛋白质和其他含氮物质（粗蛋白）等，而垫料中能够提供这些的主要是猪粪尿和麦麸等物质。发酵床一般采用稻草和锯末等作为原料，在微生物的作用下降解缓慢，可以保证发酵床有较长的使用寿命。卢秉林等的研究表明，猪粪高温堆肥时添加小麦秸秆可以缩短进入高温发酵阶段的时间，减少氮素损失，加快 C/N 的降低速率，加速有毒有害物质分解。猪粪与小麦秸秆按体积比 6∶4 进行堆肥较为适宜。分解发酵初期，微生物群落主要依靠垫料中麦麸等的营养物质维持生长和繁殖；进入正常的发酵期后，猪粪尿则是微生物获得营养的主要来源。通常，垫料原料中的 C/N 越高，维持发酵的时间越长。

（5）pH 值　pH 值是影响微生物活动的一个很重要的因素，它能影响微生物细胞对营养物质的吸收、酶活性和有害物质的毒性。发酵床功能菌群的适宜 pH 值一般在 7.5 左右，属微碱性环境，pH 值过高过低都会损害菌群的正常生长。王飞等报道称，控制初始物料的 pH 值在 7 左右，堆肥时酸碱度可处在相对较低、比较合适的范围内。在发酵过程中，会产生有机酸类物质，但同时也会生成大量的氨，使垫料的酸碱度趋于中性。垫料中的多数物质都能对酸碱度的变化产生缓冲作用，必要时也可通过翻耙垫料或其他措施调节酸碱度，以适应微生物的生长。

（6）厚度　参与发酵的微生物，通常在 30℃以上的环境温度下增殖旺盛。因此，发酵床垫料必须保持适宜的厚度，一方面只有相当的厚度才能保持单位面积内的发酵空间，以最大限度地降解粪尿；另一方面，只有足够的厚度才能保证中间发酵层的温度和正常运行。若垫料过厚，易导致发酵床透气不良，发酵层温度过高，升温过快，影响发酵效果。

（7）有害物质　在畜牧生产中，为追求猪的高生长速度而过量添加铜（250 ～ 400mg/kg）、锌（2500 ～ 3000mg/kg）等微量元素，是目前我国养猪业中普遍存在和急需解决的问题。猪对铜、锌等微量元素需求量较少，能够满足其正常生理活动的铜、锌量分别为 4 ～ 6mg/kg、100 ～ 125mg/kg。饲喂高铜、锌饲料的猪，每天排出的铜、锌占食入量的

90% 以上，易造成重金属污染。钱莘莘研究表明，猪饲料中使用高铜添加剂能显著增加肝铜，粪铜与饲料中添加铜量也有着密切关系，添加量越多，排泄量越多。在培养基中添加 250mg/kg 的铜会使猪粪中的细菌总数减少 60%。在饲料中过量添加铜和锌不仅会造成浪费和重金属污染，同时还会对垫料中许多有益菌产生强烈的抑制作用，破坏猪胃肠道和垫料中的微生态平衡。施用此类粪便可能对当季作物的质量安全影响不大，但由于重金属具有在土壤中累积的特点，长期施用含高含量重金属的猪粪，会造成重金属在土壤耕层不断积累，从而增加对土壤环境质量和农产品污染的风险。

农作物秸秆发酵垫料养猪技术是采用油菜、玉米等农作物秸秆，经专用菌种发酵制备成酸性发酵垫料，构建健康微生态养殖环境，生猪在酸性发酵垫料上生长，每天产生的粪便和尿液经发酵垫料中的微生物逐步分解后形成厩肥，平时不需要清理粪便、处理尿水，猪舍内外无臭味产生、无污水排放。

## 8.2.1 猪舍设计

猪舍最好坐北朝南，屋檐高一般在 2.3 ～ 2.7m，屋顶高 3.8 ～ 4.5m，顶部宜采用保温隔热材料防雨，如水泥瓦、铝镁锰板等（不宜使用单层彩钢瓦），墙体四周密封防雨，顶部与屋檐交接处开放通风，尽可能考虑光照。整栋猪舍长度不限，100m 内为好。猪舍可分成若干小间，每间猪舍长约 5m 为宜。

## 8.2.2 发酵池设计

农作物秸秆发酵垫料养猪技术由发酵池、生猪活动水泥地面（饮水、饮食、活动）、人行过道三部分组成，发酵池面积∶水泥面积∶人行过道面积约为 5∶1∶1，散养农户可按照发酵池面积∶水泥面积 6∶4 的比例设计。

（1）发酵池　发酵池底面与水泥地面高度差为 1m，发酵池体四壁砌挡土墙，确保泥土不塌陷；发酵池底面为泥土即可，无需水泥硬化，可通气省钱，但容易形成地下水反渗区域，必须做防渗漏处理。

根据发酵池在养殖圈舍内的位置可将其分为地下式、半地下式和地上式。

① 地下式　地面下挖 1m，形成发酵池。猪舍水泥面部分与猪舍外地面水平，发酵池底呈自然状态。

② 半地下式　地面深挖 0.4 ～ 0.5m，挖出的土回填猪舍面积的另一半，形成高度差 1m 的池体，发酵池底呈自然状态。填土猪舍地面浇上水泥面。

③ 地上式　发酵池底面与猪舍外地面水平，发酵池底呈自然状态，猪舍水泥面部分填土 1m，形成高度差 1m 的池体。

（2）生猪活动水泥地面　除发酵池外的地面宜用水泥硬化，为生猪饮水取食区。

（3）发酵池内通风管道　每间猪舍距发酵池底面 0.1m 处放置两个 *DN*100PVC 管，用弯头连通到猪舍外地面以上，用于发酵池内底部的通风。

（4）食槽设计　在生猪活动水泥地面选择合适位置安装固定食槽。

（5）饮水设计　在生猪活动水泥地面选择合适位置安装饮水器，要求与食槽错位、远离发酵池，必须做到饮污分离。具体做法：宜采用墙体嵌入式饮水碗，或者采用安徽歙县设计的在饮水处周边建设漏缝板，下加收集管道模式，确保生猪喝水玩水浪费的水全部能够收集引导到猪舍外，不得淤积于生猪活动水泥地面，更不得流淌进入发酵池、垫料层；饮水嘴宜更换成纽扣式饮水嘴。

（6）漏水收集池　在猪舍外根据现场情况配套建设饮用漏水双黑膜收集池，杜绝开放横流，深度厌氧发酵 100 天后作为肥水还田使用。

（7）雨水排水沟　猪舍四周（外围）应配套建设雨水排水沟，防止地下水、雨水渗入发酵床，造成死床。

## 8.2.3　发酵垫料制作

（1）原料准备　农作物秸秆 1000kg（长度 0.03 ～ 0.05m），泥土 100kg（地表约 0.3m 下未被化肥农药污染），粗盐 1.5kg，葡萄糖粉 2kg，乳粉 1kg，专用菌种 1kg，或者直接选用专用菌种 1kg、配套培养基 2kg，同时准备可装 250kg 水的塑料桶 1 只，40m$^2$ 塑料膜一块。

（2）物质混合　分层配料，将 250kg 秸秆平铺于 20m$^2$ 地面上，均匀撒上 25kg 泥土、0.375kg 粗盐，然后再铺上 250kg 秸秆，均匀撒上 25kg 泥土、0.375kg 粗盐，如此反复将 1000kg 秸秆和 100kg 泥土、1.5kg 粗盐混合。

（3）喷洒菌种和营养物　为保证均匀宜分两次喷洒：第一次，塑料桶装水 250kg，分别加入 1kg 葡萄糖粉、1kg 乳粉、0.5kg 菌种（液体菌种溶于水、固体菌种分层洒在配料上），混合均匀，人工将混合液喷洒入秸秆内（缓慢喷洒，防止未被秸秆吸收而流失），喷洒完成后应立刻翻堆，确保混合均匀；第二次，间隔 20 ～ 30min 后，开始第二次喷洒菌种和营养物，具体操作相同。最后，检查含水量（控制在 55% ～ 65%），覆盖塑料薄膜，压实四周进入兼性厌氧发酵。

（4）控制发酵　根据气温掌握发酵时间，夏秋季节 2 ～ 4 天，冬春季节 4 ～ 6 天。发酵过程中发酵堆中央温度上升到 50℃左右，表面略有白色菌丝出现即可终止，发酵好的垫料应用编织袋分装（最好有内胆，防止水分蒸发），有效期 2 个月。

## 8.2.4　发酵池制作

① 发酵池底铺放 0.4m 厚的圆木层（各种园木、杂木均可），形成架空状态，方便池底通气，如有饮水和排水管道应注意避让。

② 圆木上层铺满 0.3m 厚的晒干全株秸秆（不需要粉碎，油菜、玉米秸秆等），确保均匀平实。

③ 全株秸秆上层（最上层）铺满 0.3m 厚的发酵垫料，确保均匀平实。

## 8.2.5　进猪养殖

（1）前期准备工作　生猪进床前对发酵池以外的地方按有关程序进行消毒，入圈生猪应提前做好体内寄生虫防治工作，防止将寄生虫带入发酵垫料，同时提前做好重大动物疫病的疫苗接种工作。

（2）控制养殖密度　按每头猪平均配套 1.5m² 的养殖面积计算养殖量，仔猪可按每头猪配套 0.75m² 养殖面积计算，育肥猪可根据生长速度逐步调整存栏量，150kg 以上的育肥猪应按照每头猪配套 2m² 的养殖面积计算，散户一律按照每头猪配套 2m² 养殖面积计算，杜绝因养殖密度太大、存栏量过高、粪污量太多造成死床现象。

（3）仔猪排泄定位　仔猪入圈第 1 天，应通过隔离栏等设施把仔猪限制在发酵垫料层上生活 1 天，确保仔猪第 1 次排泄粪尿在发酵垫料层上完成，使其养成习惯，方便后期管理。

### 8.2.6　发酵池的管理

根据发酵池内垫料的干湿度和消耗量，确定每周是否需要通过表面覆盖添加发酵垫料，要保证垫料层干燥，无明显潮湿情况和粪便堆积现象。

（1）控制干湿度　发酵垫料湿度宜保持在 50% ～ 65%。如果表面湿度超过 65%，应打开通风口，利用空气调节湿度，或直接添加干垫料调节湿度；如果表面过于干燥，可定期在发酵床垫料层表面喷洒 1∶500 的菌种稀释液。

（2）补充菌种　密切注意猪舍内氨气变化，氨气增加（刺眼），说明垫料中菌种活性在下降，需及时补充菌种，采用 1∶500 的菌种稀释液（液体菌种采用稀释液喷洒，固体菌种可均匀泼撒）补充菌种，确保垫料正常发酵。

（3）添加垫料　根据发酵池内的垫料多少和干湿程度确定垫料添加量，一般 25kg 以下仔猪平均每半个月添加 1 次发酵垫料，25 ～ 75kg 育肥猪每 10 天添加 1 次发酵垫料，75kg 以上的育成猪必须 1 周添加 1 次发酵垫料。

（4）定点排泄管理　通过前期仔猪排泄粪便习惯定位，引导生猪在发酵池内定点排泄粪尿。如发现生猪在水泥面上排泄粪尿，应及时驱赶打扫；如发现生猪在发酵池内扎堆排泄粪尿，应及时覆盖无粪垫料，或者抛撒干的发酵垫料，确保粪便不暴露。

（5）正确控制饲喂量　利用生猪拱翻发酵垫料习性，可适当控制饲料用量，一般为正常饲喂量的 80% ～ 90%，可以降低生产成本。

### 8.2.7　发酵垫料还田使用

① 生猪出栏后，应将发酵池内上层约 30cm 的发酵垫料层全部清理出栏，圆形木料垫层、全株秸秆垫层保留继续使用。

② 清理出来的发酵垫料为粪便和尿液、垫料的混合体，应选择合适场所经 10 天以上的简易堆肥，通过高温发酵腐熟后作为农家肥使用，或者直接销售给肥料厂作为生产商品有机肥的原料。

### 8.2.8　注意事项

农作物秸秆发酵垫料养殖需注意以下事项：

① 发酵池内不能有地下水或雨水渗入，确保干燥通风。

② 生猪所用饮水中不能含有消毒剂，如果使用自来水，则需要静置24小时以上才能使用（使其中的消毒剂氧化）。

③ 生猪养殖过程中，最好配合使用发酵饲料，宜用全价料的10%替换。

④ 发酵池内的垫料需视板结情况适当进行人工翻堆整理。

⑤ 备足农作物秸秆，采用该养殖技术每年每头生猪可消纳农作物秸秆500kg以上，收割季节应及时收集、保存备用，农村几乎所有农作物秸秆均可。

⑥ 禁用抗生素，生猪饲料及圈舍内禁止使用各种化学药品、抗生素和消毒剂，确保不死床。

## 8.3　肉鸭高架网床养殖技术

### 8.3.1　肉鸭高架网床养殖技术简介

鸭粪便含水量高，利用传统沤制、堆肥和生产沼气等粪便处理技术不能有效处理大量粪污，且鸭粪便发酵会产生大量氨气等臭气，恶化鸭舍内空气环境，危害鸭健康和生产性能。发酵床结合网床架养技术是一种新型的生态环保型养殖模式，通过发酵床内功能微生物的分解发酵，鸭粪便中的有机物质得到充分的分解和转化，同时可抑制粪便肠道微生物的增殖，减少恶臭气体的产生，从而达到无臭、无味和无害化目的。而且，网床养殖将鸭与粪便有效隔离，从而减少鸭粪便产生的恶臭气体和病原微生物对鸭健康的影响，降低了鸭舍内空气中$NH_3$浓度，提高家禽生长性能，网床养殖还可提升肉鸭的质量。

虽然发酵床养殖在提高畜禽生产性能和环境控制中具有显著优势，但发酵床垫料发酵时产热增加了舍内温度，这是设计过程中需要克服的缺点。已有研究结果表明，适宜的圈舍结构或增加通风量可有效缓解发酵床夏季产热对舍内温湿度的影响。综合发酵床和网床养鸭新技术的明显优点对改善养殖环境、减少养殖污染具有重要的现实意义。

### 8.3.2　肉鸭高架网床养殖模式设计规则

#### 8.3.2.1　高架网床养殖大棚舍建设

（1）选址要求　地势高平、通风干燥，周边交通方便，水质清洁卫生。

（2）单棚设计要求　宽度12～14m，长度100～120m，檐高2.6～2.8m，顶高5.5m左右，棚顶弧度便于清除积雪、防风灾，棚顶宜增加防火布。

（3）多棚设计要求　棚与棚之间距离应不低于8m，两棚之间宜铺设便道，方便抓鸭装车进出。

（4）配套设施

① 大棚两侧垛墙　墙高 1.0 ～ 1.1m，铺设漏粪板后网面高度 1.2m。

② 大棚两侧双层卷帘　底层卷帘的卡槽高度要高于漏粪板面 50cm，上层卷膜使用与棚顶材料一致的黑白膜，下层卷膜使用绿白膜，有利于减少肉鸭啄羽现象。

③ 风机要求　宜安装 6 ～ 8 台风机，其中应含有 1 ～ 2 台变频风机，方便调节通风量。风机安装应符合 GB 50275—2010，电线应符合电器负荷要求，控制器安装位置应符合方便使用、安全操作要求。

④ 雾线安装　棚内应安装雾线，要求雾化效果良好，不宜形成水滴，便于夏季降温和棚内喷洒专用除臭菌剂。

⑤ 锅炉要求　应采用暖风锅炉或水暖锅炉，应按照生态环境保护要求选择燃料类型。锅炉房应独立于养殖大棚外建设，火灾防范应符合 GB/T 5907.2—2015 要求。

⑥ 用电要求　应安装漏电保护器，风机主线应铺设在棚外，照明线路应采用单股铜线，火线、零线应分开铺设，灯头应具有防水功能，电线应符合 GB 50168—2018 要求。

⑦ 水线要求　水线应横向安装于鸭舍分栏隔网中间位置，高度以肉鸭能够舒适地饮用到水为宜。要求全部使用乳头式饮水器，水线高度可升降，为防止水分进入发酵垫料，水线正下方需配备集水槽。水线水压不宜过大，以防雏鸭饮不到水或喷至发酵垫料内。发现饮水器漏水应及时更换。

#### 8.3.2.2　高架网床及发酵垫料层设计

（1）高架网床　网床离地高度应为 1.1 ～ 1.2m，网床采用拼装式塑料漏粪板，可拆卸拼装，易于清洗、消毒和维修。

（2）发酵垫料层　发酵垫料层的铺设有逐层添加发酵垫料和机械翻耙发酵垫料两种模式，可根据实际情况选择确定。

① 逐层添加发酵垫料模式　初期发酵垫料厚度应为 10cm，根据肉鸭的生长状况，30 日龄、40 日龄分别补充发酵垫料和专用发酵菌种，每次增加垫料厚度 5 ～ 7cm，日常应收集存储垫料备用。

② 机械翻耙发酵垫料模式　一次性添加发酵垫料和专用发酵菌种，垫料厚度为 60cm，在高架网床与发酵垫料层之间安装翻耙机，根据肉鸭生长状况，20 日龄至出栏前进行机械翻耙，翻耙频率为 3 天 / 次。发酵垫料和专用发酵菌种应根据发酵垫料层的水分含量予以适当补充。

③ 发酵垫料地面处理要求　采用素土夯实处理达到防渗要求，基础地面应高于周边地面 5 ～ 10cm，外设排水沟，避免周边地表水渗透到发酵垫料中。

#### 8.3.2.3　发酵垫料的制作

（1）发酵垫料的原料准备　发酵垫料应以干燥、吸水性强、透气效果较好、来源广泛的本地农作物秸秆为主要原料，秸秆切碎为 2 ～ 4cm 并揉成丝状，形成透气良好的基础原料；也可适当添加蓬松度和长短与秸秆相近的其他原料，如稻壳、玉米芯粒、蘑菇渣、花生壳等形成配方，添加比例控制在 20% 以下；发酵垫料的原料宜贮存在通风干燥处，并做好防霉措施。

（2）发酵垫料的制作方法　发酵垫料使用菌种为专用发酵菌种（非腐熟菌种）。发酵垫料制作方法：以 1500m$^2$ 的养殖大棚一次性制备铺设高度 10cm 左右的发酵垫料为例，将 60kg 糖蜜溶于约 3000kg 的清洁水中，混合均匀喷洒于 3000kg 干秸秆中，含水量控制在 50% ～ 55%；再将 30 ～ 60kg 的专用发酵菌种均匀混合于秸秆中，建堆 1.5m 以上，并盖上塑料薄膜压实，连续发酵 7 ～ 10 天，待秸秆出现酸香味后，即可终止发酵，晾干后即可使用。制备好的发酵垫料如不能及时使用，应装袋后存放于阴凉通风处。

（3）发酵垫料的铺设　根据不同发酵垫料层的制作方式，铺设底层垫料，底层垫料应干燥无霉变；在铺平的底层垫料上均匀铺撒发酵垫料，厚度约 5cm，并翻耙均匀，3 天后即可使用。

### 8.3.2.4　发酵垫料层的日常管理

（1）水分控制　发酵垫料含水量是影响其处理粪污效率的关键因素。发酵垫料含水量应控制在 60% 以内，当含水量高于 70% 时会进入厌氧发酵状态，产生臭气和黑臭污水。

（2）发酵垫料和菌种的补充　根据发酵垫料层的运行情况及棚内的环境状态，确定补充发酵垫料和菌种的频率。一般情况下，每个饲养周期补充专用发酵菌种 1 次，添加量应根据发酵垫料层的使用效果确定。

（3）发酵垫料养护措施

① 加强棚内通风。通风方式采用负压风机强制通风。

② 做好蝇虫处置。当发酵垫料层表面出现较多木糠虱或小飞蛾时，表明发酵垫料运行出现异常，应及时补充新的发酵垫料和菌种，并在鸭舍周边布置苍蝇诱杀剂。

③ 空栏期做好发酵垫料的维护。肉鸭出栏后，应及时检查发酵垫料，并根据积粪情况和含水量及时补充发酵垫料和专用菌种；发酵垫料的含水量应控制在 50% 以内。

④ 空栏期设施设备消毒。先将塑料漏粪板和其他可拆卸器具移至棚舍外进行清洗消毒，晾干后再还原到原位；严禁消毒水流入发酵垫料层，禁止向发酵垫料中喷洒消毒水、喷撒生石灰，并根据运行情况及时补充新的发酵垫料和专用菌种。发酵池、墙可采用火焰消毒。

## 8.4　发酵床垫料和畜禽粪便混合发酵堆肥技术

奶牛 / 肉牛场床一体化养殖技术、生猪发酵垫料养殖技术以及肉鸭高架网床养殖技术均是以大量纤维素（秸秆、蘑菇渣等）为基础，一次性构建成发酵床，随着养殖过程的进行，粪便和尿液直接或间接进入床体表面，通过动物的活动或垫料覆盖等方式形成高 C/N 比的简易堆肥发酵模式。随着养殖时间的推进，粪便中的 N、P、K 养分不断富集，C/N 比缓慢下降，垫料中纤维素持续降解，逐步形成半腐熟状态的有机物。同时由于发酵床养殖垫料和畜禽粪便、尿液一直处于中低温发酵状态，并没有经过高温发酵过程，垫料中的大肠杆菌、沙门氏菌等安全指标难以符合 NY/T 525—2021 的要求。综合以上分析，奶牛 / 肉牛场床一体化养殖模式、生猪发酵垫料养殖模式和肉鸭高架网床养殖模式更换下来的垫料，必须经过二次高温堆肥发酵无害化处理后，才能作为回床垫料使用，或作为商品有机肥的生产原料。

### 8.4.1 发酵床垫料降解菌的筛选

根据分析可知，发酵床养殖模式更换下来的垫料中含有大量难降解的纤维素、木质素等残渣，因此发酵床垫料二次腐熟发酵需要筛选对纤维素降解能力强的菌种。纤维素降解菌筛选的主要方法是：以纤维素为唯一碳源初筛获得目标菌株，通过分析各菌株耐高温、最适生长 pH 值（pH=7）、贫营养竞争能力、产酶能力等特性获得高效降解纤维素菌株。

### 8.4.2 发酵床垫料降解复合菌剂的组装

微生物菌剂能高效降解纤维素，发酵床垫料纤维素降解复合菌剂是由多种不拮抗的高效微生物菌株组成的，其降解作用相互协同。互不拮抗的复合菌群有利于提高降解效率，复合菌剂的降解效果一般优于单一菌剂。

## 8.5 发酵床垫料堆肥发酵工艺优化

响应面法常用于工艺优化试验中，Christian 等使用响应面法研究农业废弃物转化为生物肥料的工艺参数。影响堆肥发酵的因素较多，可通过响应面法确定主要影响因素，最陡爬坡试验确定因素取值范围，确定响应值，旨在使用响应面法优化发酵工艺条件，为发酵床垫料高温堆肥发酵生产有机肥提供技术支撑。

### 8.5.1 试验方法

（1）Plackett-Burman 试验设计　本试验设计选择 6 个主要影响因素，分别为 C/N、pH 值、堆肥时间、含水量、通气量（翻抛次数）、接种量，各个因素的取值范围对应不同的编码，结果见表 8-1。

表8-1　垫料堆肥发酵Plackett-Burman试验各因素水平

| 因素 | 编码代号 | 水平 | | |
|---|---|---|---|---|
| | | −1 | 0 | 1 |
| C/N | X1 | 20 | 30 | 40 |
| pH 值（±0.05） | X2 | 5 | 7 | 9 |
| 堆肥时间 /d | X3 | 20 | 25 | 30 |
| 含水量 /% | X4 | 50 | 60 | 70 |
| 翻抛次数 /（h/ 次） | X5 | 24 | 48 | 72 |
| 接种量 /% | X6 | 2 | 4 | 6 |

按照确定之后的影响因子，根据 Plackett-Burman 试验的设计方法进行编码数值的高低值排列，结果如表 8-2 所示，取样测定纤维素酶活，每组重复 3 次。

表8-2　垫料堆肥发酵Plackett-Burman试验设计

| 编号 | X1 | X2 | X3 | X4 | X5 | X6 |
|---|---|---|---|---|---|---|
| 1 | 1 | −1 | 1 | −1 | −1 | 1 |
| 2 | 1 | 1 | −1 | −1 | −1 | −1 |
| 3 | −1 | 1 | 1 | 1 | −1 | −1 |
| 4 | 1 | −1 | 1 | −1 | 1 | −1 |
| 5 | 1 | 1 | −1 | 1 | −1 | 1 |
| 6 | 1 | 1 | 1 | 1 | 1 | −1 |
| 7 | −1 | 1 | 1 | −1 | 1 | 1 |
| 8 | −1 | −1 | 1 | 1 | −1 | 1 |
| 9 | −1 | −1 | −1 | 1 | 1 | −1 |
| 10 | 1 | −1 | −1 | 1 | 1 | 1 |
| 11 | −1 | 1 | −1 | −1 | 1 | 1 |
| 12 | −1 | −1 | −1 | −1 | −1 | −1 |

（2）最陡爬坡试验设计　根据 Plackett-Burman 试验的结果，筛选出对垫料降解率影响最大的三个因素，即接种量、pH 值、C/N，通过最陡爬坡试验，确定三个影响因子的取值区间，分别取值为 3% ～ 5%、6 ～ 8、20 ～ 40，“Δ”代表因素取值步长，接种量、pH 值的“Δ”值为 1，C/N 的“Δ”值为 5，设计如表 8-3 所示。

表8-3　垫料堆肥发酵最陡爬坡试验步长设计

| 步长 | 接种量 /% | pH 值（±0.05） | C/N |
|---|---|---|---|
| 0 | 2 | 5 | 20 |
| 0+1Δ | 3 | 6 | 25 |
| 0+2Δ | 4 | 7 | 30 |
| 0+3Δ | 5 | 8 | 35 |
| 0+4Δ | 6 | 9 | 40 |

按照表 8-3 设计的各水平，确定起始 pH 值、接种量、C/N，分别在 30℃条件下固体发酵培养 20d，测定纤维素酶活。

（3）Box-Benhnken 试验设计　通过最陡爬坡试验确定三个因子的取值后，进行 Box-Benhnken 试验设计，分析垫料堆肥发酵的最优条件，明确 C/N、pH 值、接种量工艺参数，试验设计见表 8-4。

表8-4　垫料堆肥发酵Box-Benhnken试验设计

| 编号 | 接种量 | pH 值 | C/N |
|---|---|---|---|
| 1 | 1 | 0 | −1 |
| 2 | 0 | 0 | 0 |
| 3 | −1 | −1 | 0 |
| 4 | 1 | −1 | 0 |
| 5 | 0 | 0 | 0 |
| 6 | 0 | 0 | 0 |
| 7 | −1 | 0 | 1 |
| 8 | 0 | 1 | 1 |
| 9 | 1 | 0 | 1 |
| 10 | 1 | 1 | 0 |
| 11 | −1 | 0 | −1 |
| 12 | 0 | 0 | 0 |
| 13 | −1 | 1 | 0 |
| 14 | 0 | −1 | 1 |
| 15 | 0 | 1 | −1 |
| 16 | 0 | −1 | −1 |
| 17 | 0 | 0 | 0 |

## 8.5.2　结果与分析

### 8.5.2.1　垫料堆肥工艺参数Plackett-Burman试验结果与分析

通过 Plackett-Burman 试验，测定纤维素酶活和垫料降解率，结果见表 8-5。

表8-5　Plackett-Burman试验分析复合菌剂对垫料降解能力结果

| 处理编号 | 纤维素酶活 /（U/mL） | 垫料降解率 /% |
|---|---|---|
| 1 | 50.88±0.11 | 41.78±1.43 |
| 2 | 45.98±0.02 | 38.76±0.28 |
| 3 | 45.17±0.01 | 38.26±1.12 |

续表

| 处理编号 | 纤维素酶活 /（U/mL） | 垫料降解率 /% |
|---|---|---|
| 4 | 49.52±0.03 | 40.94±1.67 |
| 5 | 43.81±0.03 | 37.42±1.79 |
| 6 | 45.71±0.11 | 38.59±0.43 |
| 7 | 41.08±0.10 | 35.75±1.26 |
| 8 | 51.43±0.01 | 42.11±0.79 |
| 9 | 43.26±0.03 | 37.09±0.64 |
| 10 | 35.64±0.14 | 32.40±0.72 |
| 11 | 51.16±0.03 | 41.94±1.11 |
| 12 | 38.09±0.14 | 33.9±0.74 |

在表 8-5 研究分析基础上，用垫料降解率表征垫料降解效果，再对各水平的结果进行方差分析，分析结果见表 8-6。

表8-6　Plackett-Burman试验中垫料降解率方差分析结果

| 因素 | 自由度（DF） | 顺序平方和（Seq SS） | 调整平方和（Adj SS） | *F* | *P* |
|---|---|---|---|---|---|
| 主效应 | 6 | 1.54201 | 1.54201 | 29.08 | 0.001 |
| C/N | 1 | 0.96148 | 0.95284 | 105.95 | 0.001 |
| pH 值（±0.05） | 1 | 0.06731 | 0.06828 | 7.58 | 0.040 |
| 堆肥时间 /d | 1 | 0.40157 | 0.39332 | 44.02 | 0.061 |
| 含水量 /% | 1 | 0.03987 | 0.0435 | 4.92 | 0.089 |
| 翻抛次数 /（h/ 次） | 1 | 0.04023 | 0.04149 | 4.73 | 0.093 |
| 接种量 /% | 1 | 0.0501 | 0.0540 | 5.97 | 0.047 |
| 残差误差 | 5 | 0.04381 | 0.04381 | | |
| 合计 | 11 | 1.60437 | | | |

结果表明：C/N、pH 值、接种量对垫料降解率的影响显著，其中 C/N 的影响最大，接种量和 pH 值影响较大；堆肥时间、含水量和翻抛次数对垫料降解率的影响不明显。当以垫料降解率为指标时，选择 C/N、接种量和 pH 值为主要影响因子进行下一步试验。

### 8.5.2.2　垫料堆肥最陡爬坡试验结果与分析

最陡爬坡试验测定的各水平纤维素酶活结果见表 8-7，分析表明，在步长从 0 ～ 0+2Δ 之间纤维素酶活一直上升，在 0+2Δ ～ 0+4Δ 之间纤维素酶活是一直下降的。结果表明，锥形瓶中模拟垫料堆肥发酵试验的最佳条件在 0+1Δ 和 0+3Δ 之间，应选择 0+2Δ 步长作为试验中心点。

表8-7 垫料堆肥最陡爬坡试验结果

| 步长 | 接种量 /% | pH 值（±0.05） | C/N | 纤维素酶活 /（U/mL） |
|---|---|---|---|---|
| 0 | 2 | 5 | 20 | 22.70±0.01 |
| 0+1Δ | 3 | 6 | 25 | 33.17±0.03 |
| 0+2Δ | 4 | 7 | 30 | 43.43±0.02 |
| 0+3Δ | 5 | 8 | 35 | 36.27±0.03 |
| 0+4Δ | 6 | 9 | 40 | 25.18±0.02 |

根据最陡爬坡试验的结果确定各因素取值范围，见表 8-8，接种量为 3% ～ 5%、pH 值为 6 ～ 8、C/N 为 25 ～ 35。

表8-8 垫料堆肥最陡爬坡试验中各因素取值范围

| 因子 | −1 | 0 | 1 |
|---|---|---|---|
| 接种量 /% | 3 | 4 | 5 |
| pH 值（±0.05） | 6 | 7 | 8 |
| C/N | 25 | 30 | 35 |

## 8.5.3 垫料堆肥 Box-Benhnken 试验结果与分析

### 8.5.3.1 Box-Benhnken试验结果

通过 Box-Benhnken 试验，每个水平垫料降解率测定结果见表 8-9。

表8-9 Box-Benhnken试验垫料降解率结果

| 编号 | 接种量 | pH 值 | C/N | 垫料降解率 /% |
|---|---|---|---|---|
| 1 | 1 | 0 | −1 | 68.81±0.03 |
| 2 | 0 | 0 | 0 | 75.32±0.06 |
| 3 | −1 | −1 | 0 | 42.03±0.15 |
| 4 | 1 | −1 | 0 | 66.80±0.07 |
| 5 | 0 | 0 | 0 | 78.12±0.02 |
| 6 | 0 | 0 | 0 | 74.08±0.04 |

续表

| 编号 | 接种量 | pH 值 | C/N | 垫料降解率 /% |
|---|---|---|---|---|
| 7 | −1 | 0 | 1 | 55.47±0.12 |
| 8 | 0 | 1 | 1 | 62.43±0.11 |
| 9 | 1 | 0 | 1 | 72.53±0.09 |
| 10 | 1 | 1 | 0 | 48.12±0.12 |
| 11 | −1 | 0 | −1 | 41.33±0.04 |
| 12 | 0 | 0 | 0 | 74.80±0.12 |
| 13 | −1 | 1 | 0 | 38.02±0.10 |
| 14 | 0 | −1 | 1 | 58.13±0.04 |
| 15 | 0 | 1 | −1 | 45.33±0.02 |
| 16 | 0 | −1 | −1 | 54.67±0.16 |
| 17 | 0 | 0 | 0 | 78.07±0.08 |

### 8.5.3.2 回归方程与方差、误差统计分析

在测定垫料降解率的基础上，通过 Design-Expert11 软件分析，得到回归方程模型：$Y$=76.01+9.82$A$−3.47$B$+4.71$C$−3.71$AB$−2.62$AC$+3.41$BC$−11.46$A^2$−15.83$B^2$−5.05$C^2$ 其中，$Y$ 为预测响应值，即垫料降解率；$A$、$B$、$C$ 分别为接种量、pH 值、C/N。各因素有效性和偏回归系数结果见表 8-10 和表 8-11。

表8−10 垫料堆肥Box−Benhnken试验回归方程误差统计分析表

| 项目 | 平方和(SS) | 自由度(DF) | 均方和 | $F$ | $P$ | 显著性 |
|---|---|---|---|---|---|---|
| 模型 | 3250.98 | 9 | 361.22 | 36.21 | < 0.0001 | 显著 |
| $A$：接种量 | 791.42 | 1 | 791.42 | 82.13 | < 0.0001 | 显著 |
| $B$：pH 值 | 96.08 | 1 | 96.08 | 10.16 | 0.0128 | |
| $C$：C/N | 183.42 | 1 | 183.42 | 19.43 | 0.0021 | |
| $AB$ | 53.87 | 1 | 53.87 | 5.78 | 0.0374 | |
| $AC$ | 28.19 | 1 | 28.19 | 2.82 | 0.1422 | |
| $BC$ | 45.91 | 1 | 45.91 | 4.86 | 0.0591 | |
| $A^2$ | 543.02 | 1 | 543.02 | 58.47 | 0.0002 | |
| $B^2$ | 1061.48 | 1 | 1061.48 | 112.03 | < 0.0001 | |
| $C^2$ | 105.98 | 1 | 105.98 | 11.10 | 0.0112 | |
| 残差 | 67.19 | 7 | 9.59 | | | |

续表

| 项目 | 平方和(SS) | 自由度(DF) | 均方和 | $F$ | $P$ | 显著性 |
|---|---|---|---|---|---|---|
| 失拟项 | 53.02 | 3 | 17.67 | 4.93 | 0.0893 | 不显著 |
| 纯误差 | 15.07 | 4 | 3.76 | | | |
| 总离差 | 3248.07 | 16 | | | | |

表8-11　垫料堆肥响应面误差统计分析表

| 统计项目 | 标准差 | 平均值 | 变异系数(CV)/% | 模型决定系数($R^2$) | 调整性决定系数(Adj $R^2$) | 预测性决定系数(Pre $R^2$) | 模型信噪比 |
|---|---|---|---|---|---|---|---|
| 数值 | 4.17 | 59.39 | 4.95 | 0.9329 | 0.9527 | 0.7146 | 15.6941 |

根据表 8-10 可知，函数 Prob > $F$，即 $P$ 值的数值小于 0.0001，说明试验得到的这个模型是极显著的，并且该线性方程的拟合度较好，从而说明本试验的模型结果在统计学上有意义；失拟项 $P$ 值 0.0893 > 0.05，表明失拟项不显著，可以判断试验模型是稳定的。$A$ 的 $P$ 值< 0.0001，表明接种量（$A$）对垫料降解率的影响是极显著的，$B$ 和 $C$ 的 $P$ 值< 0.05，表明 pH 值（$B$）和 C/N（$C$）对垫料降解率有显著影响。根据方差分析，均方和数据判断：接种量 791.42 > C/N 183.42 > pH 值 96.08，表明各因素对垫料降解率的影响主次为：接种量 > C/N > pH 值。

由表 8-11 可知，变异系数（CV）数值为 4.95%，表明本次试验模型和数学回归方程的可信度和精确度是比较高的；模型决定系数（$R^2$）为 0.9329，表明垫料降解率变化中 93.29% 的结果与模型预测值符合，说明预测与实际之间有较高相关性；此外，调整性决定系数（Adj $R^2$）0.9527 > 0.95，表明模型可信度高。

### 8.5.3.3　三维响应面和等高线图的分析

图 8-1、图 8-2 结果分析表明，在 C/N 保持一定，接种量保持不变的条件下，垫料降解

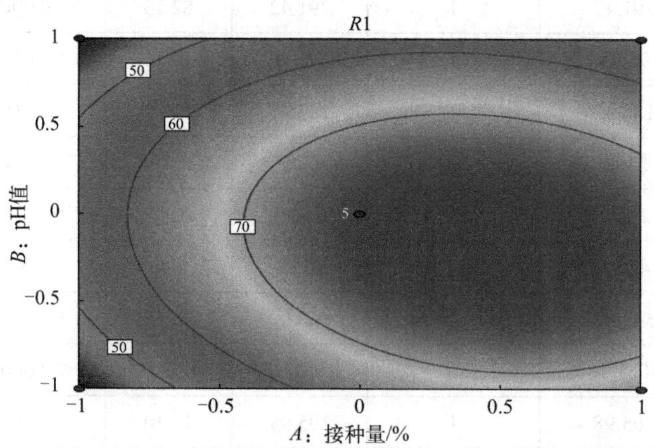


图 8-1　垫料降解率与菌剂接种量、pH 值的等高线图

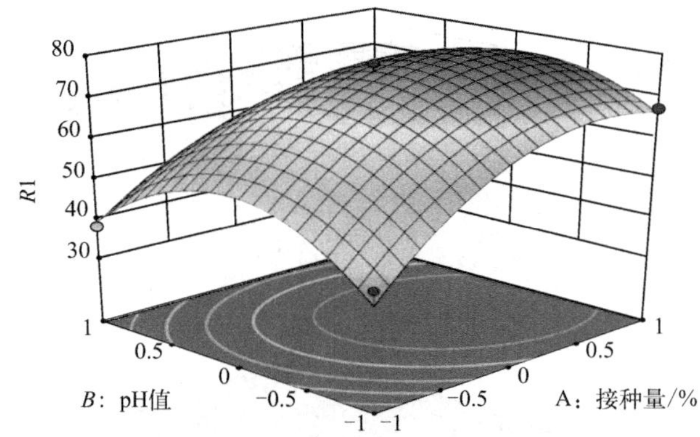


图 8-2　垫料降解率与菌剂接种量、pH 值的三维曲面图

率随 pH 值的升高，具体表现为先升高后下降；当堆肥发酵垫料 pH 值低于复合菌剂菌种最适生长 pH 值时，微生物生长达不到最高水平，随着 pH 值趋近于复合菌剂菌种最适 pH 值，微生物生长开始旺盛，并分泌增加纤维素降解酶活性，加快垫料的降解；同样，当 pH 值过高时也不利于复合菌剂中微生物的生长，垫料降解效果下降。另外，当 pH 值恒定时，垫料降解率随菌剂接种量的变化而变化，表现为先快速增加，然后当接种量超过 4% 的时候垫料降解率缓慢增加。可以看出微生物的数量增多，其产生的纤维素降解酶对垫料降解作用显著，但微生物数量超过一定值时，其与垫料的接触面积以及营养物质限制导致其生长代谢活动均受到限制。

图 8-3、图 8-4 结果分析表明，pH 值维持恒定，当菌剂接种量保持不变时，随着 C/N 的增加，垫料降解率表现为先缓慢地升高然后再缓慢下降，表明 C/N 维持在微生物合成自身生长活动所需物质的比值下，微生物都能够正常生长；当 C/N 保持不变时，随着菌剂接种量的增加，垫料降解率呈上升趋势，当菌剂接种量超过 4% 之后，垫料降解率表现出缓慢上升。原因可能是当菌剂加入过多时，微生物间对营养物质、生存空间产生竞争，生长受到抑制，降解效果增加，降解速率有所减缓。

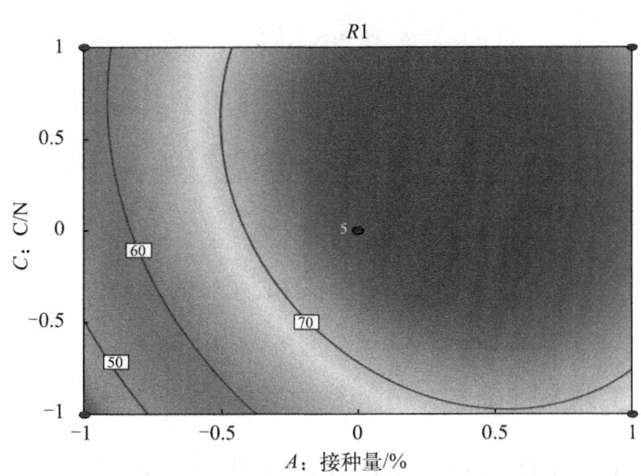


图 8-3　垫料降解率与菌剂接种量、C/N 的等高线图

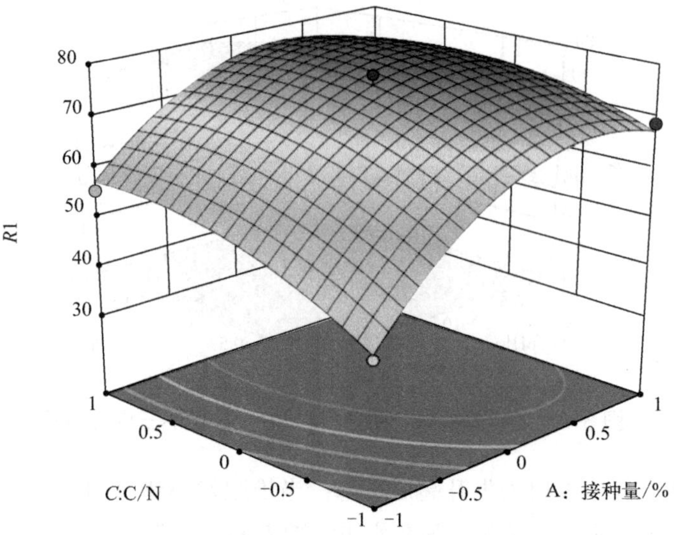


图 8-4　垫料降解率与菌剂接种量、C/N 的三维曲面图

图 8-5、图 8-6 结果分析表明，当维持菌剂接种量恒定时，在保持 pH 值不变的条件下，C/N 的增加对垫料降解率的影响不明显，表现为先缓慢增长后缓慢下降，变化趋势基本不大，甚至不变，说明 C/N 保持在一定范围微生物都能正常生长；当维持菌剂接种量恒定时，在保持 C/N 不变的条件下，随着 pH 值的增加，垫料降解率呈先升高再下降的变化趋势。

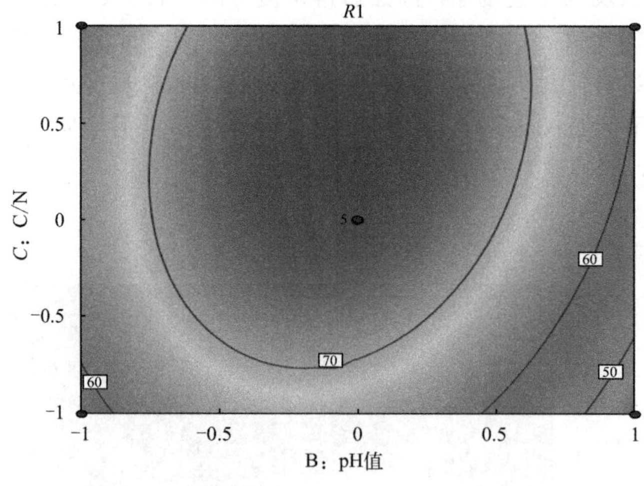


图 8-5　垫料降解率与 pH 值、C/N 的等高线图

#### 8.5.3.4　最佳发酵工艺条件确定

通过本次试验，在结合 Design-Expert11 软件分析情况下，根据上述三维曲面图的分析结果确定，当响应值达到最大时，在三个影响因素取值范围内选取对应的各个因素的值。如

图 8-7 通过软件及模型的线性回归方程得到垫料堆肥工艺最佳的发酵条件为：菌剂接种量取值为 4.42%，pH 值取值为 6.88，C/N 取值为 31.65，在发酵 20 天左右之后垫料降解率预测值达到 79.1%。考虑到实际生产当中各个工艺参数之间设定的局限性和环境的不可控性，最终确定垫料堆肥发酵工艺的最佳参数组合：菌剂接种量为 4%，pH 值为 7，C/N 为 30。

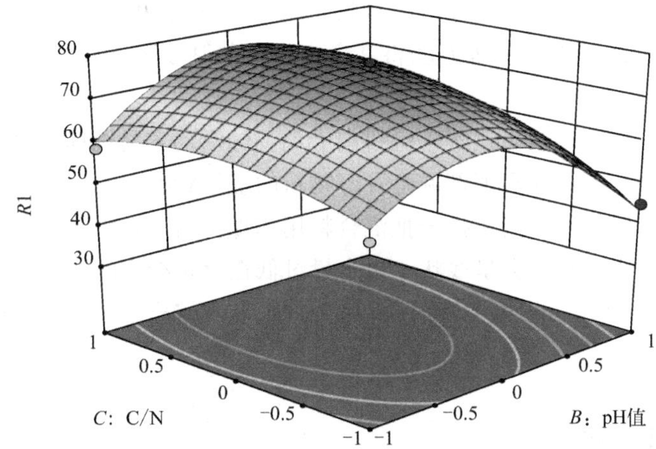


图 8-6　垫料降解率与 pH 值、C/N 的三维曲面图

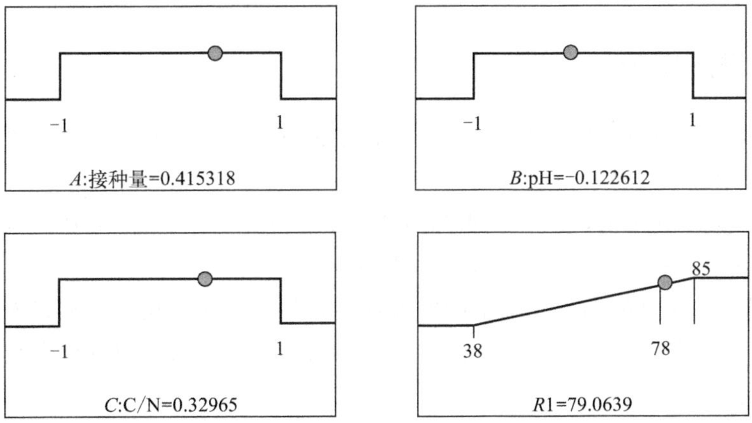


图 8-7　响应值垫料降解率最大时对应的各因素值

## 8.5.4　试验结论

有试验结果显示，影响垫料堆肥发酵的因素主要为 C/N、pH 值、堆肥时间、含水量、通气量（翻抛次数）、接种量。可通过 Plackett-Burman 试验设计确定 C/N、pH 值、接种量等主要影响因素。通过 Plackett-Burman 试验、最陡爬坡试验和回归方程模型分析获得优化工艺参数，在理想条件下，垫料降解率达到 79.1%，最终确定发酵床垫料堆肥发酵工艺的优化参数组合：菌剂接种量为 4%，pH 值为 7，C/N 为 30。

## 8.6 发酵床垫料简易堆肥操作规程

### 8.6.1 发酵床垫料预处理

（1）发酵床垫料含水量调节　发酵床垫料含水量一般在40%～80%，变化幅度比较大，需要通过添加干辅料或补充水分等方法将其含水量调整到55%～60%，为腐熟菌种快速启动创造必要的条件。

（2）发酵床垫料密度调节　发酵床垫料由于动物的活动容易结球，直接影响发酵物料的透气性，通过物理破碎或添加调理剂调整发酵物料的疏松状态。

（3）含水量的控制标准　用手抓一把混合料用力攥拳挤压，看到手指缝里有水出现，但下流不可呈线状（含水量过高会呈线状，含水量过低在手指缝之间看不到水珠）。

（4）pH值的调节要求　根据混合后原料的pH值状况确定，最后pH值控制在6.5～7.5即可。

### 8.6.2 接种发酵菌种

（1）发酵菌种选择　使用发酵床垫料专用发酵菌种（专门生产提供）。

（2）菌种添加量　按照预处理好的发酵垫料部分的比例进行添加0.1%～0.3%。

### 8.6.3 简易堆肥发酵

（1）堆制方法　将调节好含水量、密度和接种好菌种的垫料建堆，每堆重量≥3t，高度1.2m以上，堆体越大越好。

（2）温度变化　建堆后，24～36h堆温上升到50℃，48～56h上升到60℃。

（3）铲车翻堆降温、散失水分、提高发酵速度

① 翻抛降温　及时翻堆是提高堆肥发酵速度、保证菌种作用的主要措施之一。根据堆温进行翻堆，一般情况下堆温上升到50℃，并维持1～2天就可以开始翻堆，每天翻堆一次（用铲车翻堆）。

② 散失水分　利用发酵产生的堆温尽可能使发酵物料中的水分快速蒸发掉。

③ 提高发酵速度　堆肥发酵是一种好氧发酵，氧气是影响发酵速度的一个关键性指标，曝气是进行垫料堆肥发酵的关键性操作步骤，铲车翻堆一定要均匀。

（4）发酵终止　翻堆后堆温开始回落，一段时间后还没有回升到原来翻堆前的温度，表明发酵堆温开始下降，已经高温腐熟到位，可以进入后熟期。

（5）后熟期　后熟期就是把已腐熟的堆肥自然堆放在一个场所，一般保持15天以上。

### 8.6.4 腐熟堆肥

用双层塑料袋包装（内袋用塑料袋、外袋用蛇皮袋），内袋扎口包装，外袋用缝包机包装。

## 参考文献

[1] 路强强，赵叶子，陈智坤，等. 城市园林废弃物中纤维素高效降解微生物菌系的构建 [J]. 江苏农业科学，2020, 48(6): 272-277.
[2] 刘心吾，张威，马玲玲，等. 耐高温木质纤维素降解菌株的分离筛选鉴定及降解工艺的研究 [J]. 中国农学通报，2020, 36(21): 118-125.
[3] 李林超. 堆肥中具有纤维素降解功能的菌株筛选及其应用效果评价 [D]. 泰安：山东农业大学，2020.
[4] 肖艳萍，张仕颖，包立，等. 环境温度和酸碱变化适应性广的纤维素降解菌复合系筛选 [J]. 西南农业学报，2020, 33(5): 1019-1027.
[5] 包慧芳. 棉花秸秆微贮饲料复合菌系构建及发酵机理研究 [D]. 北京：中国农业大学，2019.
[6] 李春黎，李文豪，余君，等. 烟秆高效复合降解菌群的筛选鉴定及组合应用 [J]. 中国烟草科学，2019, 40(6): 26-32.

中国肥料研究与应用全书

Books of Fertilizer Research and Application in China

FERTILIZER

第9章

# 液态有机肥

# 9.1 液态有机肥概念及种类

液态有机肥是指生产原料主要来自养殖业、种植业、天然原料以及加工业（味精、酒、粉丝生产等），施于土壤或植物以提供营养为主要功效的液体含碳物料。液态有机肥包括清液型和悬浮型，具有以下优点：易吸收、见效快；可与杀虫剂、杀菌剂、除草剂混合均匀施用，施用后均匀分布在土壤中，不会像固体肥料那样形成集中施肥；可以喷灌、滴灌或浇灌，施用便捷，收效高；液态有机肥不需要经结晶、造粒、干燥、冷却、包装等过程，可降低生产成本；不会像固体肥料在储运过程中产生离析而质量参差不齐；产品不存在吸湿和结块问题；在生产、施用、运输过程中不会出现粉尘、烟雾、废水、废渣的排放问题，污染少。

## 9.1.1 养殖业废弃物源

养殖业废弃物如病死动物、动物毛发和蹄甲等含有丰富的动物源蛋白。利用蛋白废弃物生产氨基酸肥料是变废为宝的途径之一，例如鱼蛋白有机液肥、蚯蚓有机液肥、病死动物氨基酸水解液等。以低值鱼类、蚯蚓、病死动物为主要原料，将其粉碎，然后以一定的方法降解，把动物蛋白分解成小分子有机活性物质，再与植物必需营养元素复配形成农业投入品。产品中含有腐植酸、氨基酸、生物酶等活性成分，同时含有氮、磷、钾等植物必需营养元素，具有改良土壤微生物环境、提供植物营养元素、改善农产品品质、提高植物根系吸收能力、改善土壤理化性质和增强植物抗逆性等作用。研究表明，在柑橘膨大期施用鱼蛋白有机液肥可显著提高柑橘单果重量、还原糖和维生素 C 含量，且柑橘酸度、糖度均有所提高，在一定程度上改善柑橘的口感和营养品质；施入土壤有利于增强土壤酶活性，促进有机质的分解转化，具有改良土壤环境的作用。也有研究显示，当氨基酸水解液的添加量达到 20% 时，黄瓜盆栽的鲜重、茎粗、干重、株高和叶绿素含量都是最高的，相比于普通有机肥，添加量为 20% 的氨基酸水解液具有更明显的促生效果。

## 9.1.2 种植业废弃物源

当前用于生产液态有机肥的种植业原料，主要通过对不同种植业残体中的功能性物质进行提取加工制得。

种植业的秸秆可通过生物酶降解和热化学转化相结合的方法，分离纤维素和木质素，提取纤维素后，制得秸秆萃取液功能物质。将秸秆发酵、有机质酶解、水溶肥生产等技术相结合，利用农作物秸秆可生产出适合节水灌溉的液态有机肥。将酶解和发酵方法结合，可以更好地降解秸秆中的木质纤维，增加水溶有机质含量。研究表明，该类液态有机肥施用后可以促进作物生长，使植株健壮，增强作物抗病性，提高农产品品质，增产效果显著。

水分含量高的植物残体（蔬菜废弃物、香蕉皮等），可通过堆沤等方式处理，利用产生的沥出液进行液态肥料生产。水果和蔬菜废弃物中含有多种营养物质和微量元素，干物质养分含量高，以水果和蔬菜废弃物为原料堆沤产生的沥出液中含有作物生长所需的各种养分，同时还富含多种酶、维生素和矿物质等，不但可以调节土壤理化性质，还能提高作物产量和品质。研究表明，番茄秸秆厌氧发酵沤制的液态有机肥有利于增加植株的株高、茎粗、叶面积、地上部分鲜 / 干重、地下部分鲜 / 干重、壮苗指数及叶绿素含量。

### 9.1.3　天然原料源

天然原料如草炭、泥炭、含腐植酸的风化煤和褐煤等。草炭、泥炭等主要分布在我国东北地区，有机质含量丰富，氮、磷、钾等大量元素含量偏低。风化煤和褐煤的燃烧价值很低，本身几乎不含营养成分，但其中腐植酸类物质含量较高，其所含的腐植酸质量分数一般为 30% ～ 60%，因此可用来改良土壤。研究表明，可从天然原料风化煤、草炭中提取具有抗逆促生功能的高活性水溶性腐植酸，从褐煤废弃物中提取腐植酸、黄腐酸，制成液态有机肥。

### 9.1.4　加工业废弃物源

加工业废弃物有菜籽饼、麸皮、稻壳、大豆饼、花生饼、芝麻饼、油葵饼、棉籽饼、茶籽饼、骨粉等，以及各行业生产过程中产生的废污水。

① 加工业的植物源蛋白。其含有相对丰富的氨基酸，可通过化学水解、酶解等方式提取其中的氨基酸，进行氨基酸液态有机肥的生产。氨基酸液态有机肥能促进作物生长，提高叶绿素含量，增强叶片光合作用；增加农产品产量，改善农产品品质；增强农作物的抗病性；改善土壤理化性状，增强土壤肥力。例如，以植物蛋白（小麦面筋、豆粕、菜籽饼）为原料盐酸水解提取谷氨酸，其在植物的生长发育和代谢中起着重要作用。

② 啤酒、味精、酱油等食品加工行业的废酵母等发酵菌（微生物蛋白）及发酵废液。例如，从啤酒废酵母中提取核酸，将其降解液制成富含核苷酸、氨基酸的双酸液态有机肥，施用于水稻、棉花等作物，可获得一定程度的增产效果；从废酵母中提取核酸，混合氨基酸后作为液态有机肥在草莓生产上加以应用，可提高草莓产量和改善草莓果实的品质及经济性状。甘蔗糖厂的糖蜜又称“废蜜”“桔水”，是甘蔗制糖工业的一种副产物，研究表明，在糖蜜酒精废液处理过程中会产生大量的菌体蛋白，通过糖蜜菌体蛋白碱解工艺可制备氨基酸液态有机肥，也可制备黄腐酸有机碳肥。

③ 沼液是畜禽污水、淀粉废水、餐厨垃圾废水、作物秸秆等经沼气池厌氧发酵产生的残余物，实现了废水、废物的资源化利用。沼液营养全面，不仅含有植物所需的氮、磷、钾等大量营养元素，还含有各类氨基酸、维生素、蛋白质、赤霉素、生长素、玉米素等生理活性物质。研究表明，将生物学技术和农业方面的技术结合起来，经过特殊加工可合成沼液液态有机肥，使沼液利用更安全，效益更高，可增加液态有机肥的利用效率。

# 9.2 液态有机肥生产工艺

液态有机肥的生产流程可以分为原料预处理、养分及其他功能性活性物质的筛选、助剂选择以及复配。

## 9.2.1 原料预处理工艺

原料预处理是液态有机肥生产工艺流程前的必要环节，能有效提高液态有机肥的生产效率及质量。根据原料特性，选择适宜的预处理工艺，对其中的功能性物质进行提取。例如羽毛类的蛋白废弃物主要以羽毛角蛋白为主，化学性质特别稳定，有较高的机械强度，将粉碎的羽毛或猪毛在 15 ～ 20psi（103 ～ 138kPa）蒸汽压力下加热处理 1 小时，其消化率可提高到 70% ～ 80%，胱氨酸含量则减少 5% ～ 6%。由于生产原料主要来自养殖业、种植业、天然原料以及加工业（味精、酒、粉丝生产等），多属于成分复杂的大分子有机物，所以必须经高温、高压、酸、碱或酶等处理，转变成短肽或游离氨基酸。常用的废弃物原料预处理工艺主要有以下几类。

### 9.2.1.1 发酵

发酵是利用微生物在有氧或无氧条件下有效降解并转化原料中的有机物，使之转化为利于作物根系生长和土壤微生物吸收利用的稳定物质。发酵技术具有生产周期短、设备简单、易操作、年产量大、辅料用量少等优点，按照对氧的需求分为好氧发酵和厌氧发酵。

（1）好氧发酵技术　好氧发酵技术是原料中的有机物在好氧微生物，如细菌和真菌等的作用下分解代谢，产生热量，进而使有机物转化为腐殖质的过程。好氧发酵经历了中温阶段、高温阶段、降温阶段这三个阶段。中温阶段的温度在 15 ～ 45℃，此时嗜温性微生物活动最活跃，主要降解糖和淀粉；高温阶段是指发酵物料温度上升到 45℃以上的阶段，此时嗜热性微生物逐渐代替了嗜温性微生物的活动，分解转化残留有机物形成腐殖质；降温阶段是发酵后期温度下降微生物活性降低的过程，此过程中腐殖质不断增多且越来越稳定。

总之，好氧发酵中微生物经矿化、腐殖化等作用将原料中的一部分有机物分解转化为简单的无机化合物，如二氧化碳、水、氨气和钙、镁、钾、磷等矿物质养分及腐殖质、热量等；另一部分有机物被自身吸收利用用来繁殖生长。与厌氧发酵相比，好氧发酵具有发酵时间较短、有机质分解更彻底、不易产生恶臭气体等优点。

（2）厌氧发酵技术　厌氧发酵技术是指在满足一定的水分、温度、厌氧条件下，各类微生物对有机物进行分解代谢并形成甲烷、二氧化碳等气体的过程。厌氧发酵过程通常分为四个阶段：第一阶段是水解阶段，在水解酶的作用下一些不溶性高分子有机物转化为简单的二聚体或溶解性单体；第二阶段是酸化阶段，产酸发酵微生物将二聚体或溶解性单体继续转化为脂肪酸、醇和氢气等物质；第三阶段是产氢产乙酸阶段，产氢产乙酸菌将前一阶段产生的脂肪酸和醇转化为乙酸、氢气和二氧化碳等；第四阶段是甲烷化阶段，甲酸、乙酸、甲胺、甲醇、氢气等在产甲烷菌的作用下转化为甲烷和二氧化碳等。

厌氧发酵能将微生物难以吸收的有机氮转化成氨或硝酸盐，进一步提高养分的利用率。厌氧发酵是一种将原料分解产生甲烷等清洁能源的处理方式，发酵结束后的沼液和沼渣经过处理可施用于土壤中改良土壤、增加农作物的产量。相比于传统的好氧发酵技术，不需要烦琐的曝气系统，动力消耗少、投资小。此外，厌氧生物反应器经厌氧微生物的代谢活动产生沼气，能被利用带来经济收益。

### 9.2.1.2 水解

化学水解法是当前蛋白质水解最常用的方法，往往需要高温高压的协同作用。强酸、强碱会使蛋白质变性，可以使蛋白质中的氢键断裂，也可以和游离的氨基或羧基形成盐，在变化过程中也有化学键的断裂和生成。在酸、碱条件下，使用化学法水解蛋白质，使得肽键断裂，进行逐级水解，往往更加彻底。化学水解法主要分为酸解法和碱解法，其主要工艺流程相似，都需要通过添加高浓度的酸或者碱，在高温高压的剧烈条件下破坏蛋白质的一级结构，然后在酸或碱催化条件下进行水解反应。

酸解法是目前最普遍的蛋白质水解制备氨基酸工艺。虽然工艺过程十分剧烈且不易控制，但依然是当前最好的水解蛋白质方法。酸解反应主要用强酸如盐酸、硫酸来进行，也有少量工艺采用磷酸水解，然后用氢氧化钠、氢氧化钾、碳酸钠、氨水或生石灰等碱性化合物中和，成本主要取决于水解酸和中和碱的价格。

可用作水解提取氨基酸的原料种类丰富且数量巨大，通常从废弃蛋白资源中提取，一方面能够降低氨基酸的制备成本，另一方面有利于资源的高效利用。当前常作为化学法水解提取氨基酸的原料有以下几大类。

（1）废弃角蛋白　动物毛发、禽类羽毛、蚕蛹等废弃物中的粗蛋白含量在80% ~ 90%，远高于其他种类的蛋白废弃物，是回收制备氨基酸常见的原料。角蛋白由各种氨基酸组成，十几种氨基酸通过肽键网联构成多肽长链。这些长链又通过二硫键、氢键、盐键和其他键作用形成高度交联的三维稳定结构，在一般条件下不溶解，甚至动物来源的蛋白酶，如酪蛋白酶、胃蛋白酶和胰蛋白酶等都不能降解角蛋白，只有当二硫键或肽键断裂以后，才会分解成短肽。二硫键的断裂需要特殊pH值或强烈的还原作用，所以往往选择高温高压、强酸强碱等剧烈的水解条件。沈银书进行了压力为300kPa、400kPa、500kPa，时间为30min、60min、90min的9个处理试验，通过对9个处理样品的氨基酸有效率、蛋白质可溶性、氨基酸含量变化、密度等指标测定，指出400kPa、90min产品氨基酸消化率可达77% ~ 80%。

（2）废弃细胞蛋白　蛋白质在细胞中的质量分数为7% ~ 10%，是一般细胞中含量最多的有机化合物。废弃的细胞蛋白种类主要有动物血液、发酵菌渣中的菌体蛋白以及海洋中的藻类。该类废弃物往往水分含量高，水解产物中的成分相对复杂，还包括糖类、脂质等其他有机物。

（3）粮食副产物　我国粮食产品连续四年稳定在6.5亿吨以上，在粮食加工过程中会产生大量的副产物，例如米糠、小麦麸皮、玉米渣、豆粕、油籽饼、酒糟等，同时还有一些高蛋白的植物，例如苜蓿叶。

（4）肉产品副产物 屠宰场留下的动物筋骨、病死水产品加工废弃物，如鱼头、鱼骨、虾蟹壳中含有丰富的蛋白质，也常常作为水解原料进行再资源化利用。

#### 9.2.1.3 酶解

目前，国内外多数采用物理（高温、高压）和化学（强酸、强碱）水解法耦合回收废弃蛋白制备氨基酸，但存在能耗高、氨基酸损失大、“三废”不易处理、环境污染严重、经济效益不高等问题。酸水解蛋白生产的氨基酸价格低廉，受到市场的欢迎，但是一般植物蛋白或动物蛋白的原料都含有油脂，在浓盐酸和高温作用下，油脂被水解为甘油，甘油中的羟基被盐酸中的氯取代，生成致癌物质氯丙醇。酸水解蛋白生产企业酸雾污染严重，给环境造成污染，各地政府对此类产品的生产进行了严格的限制。同时强酸的作用会导致设备腐蚀严重，设备的使用年限大大缩短，维护维修费用很高。酸污染也会对生产工人造成健康伤害，导致招工困难或人工费用增加，提高了劳动力成本。

为了更好地利用废弃蛋白资源并且保护环境，许多研究者试图利用微生物及其微生物酶来降解蛋白，发现自然界中很多微生物可利用自身分泌的角蛋白酶将蛋白分解利用，作为生长所需的碳源和氮源，并且已有相应的商品应用于工业生产。采用现代生物工程技术，微生物通过发酵产生丰富的酶系，利用其产生的蛋白酶和组织分解酶，将蛋白质分解成小分子的肽和氨基酸。该生产过程在微生物发酵和酶的作用下完成，完全不使用盐酸、强碱类化学物质，产品不含氯丙醇，无盐酸和碱类的残留物。

酶法水解具有许多物理、化学法无可比拟的优点。首先它可以在不降低营养价值的前提下改善蛋白质的功能特性，而且酶解法生产活性肽安全性极高，易于推广。与酸、碱水解比较，酶水解是一种不完全、不彻底的水解，其产物主要是肽、氨基酸的混合物。其次是反应条件温和，一般常温（36 ～ 60℃）、常压和 pH 值在 2 ～ 8 时，氨基酸完全不被破坏，也不发生旋光异构现象，此种方法的氨基酸种类保留相对比较全面，植物可吸收的左旋氨基酸得到保护，寡肽含量较高，有害物质少，在农业中应用无疑是最适合的。

#### 9.2.1.4 提纯浓缩

目前提纯浓缩技术可分为膜浓缩技术、蒸发浓缩技术、冷冻浓缩技术和萃取浓缩技术等。

（1）膜浓缩技术 膜浓缩技术是在一定的外部温度和流体压力下，使用带微孔的高分子薄膜，水分子及小分子溶质透过膜壁为透过液，同时截留较大分子溶质，从而达到料液内清水与浓液分离及营养成分浓缩的目的。超滤、纳滤、反渗透和膜蒸馏等是目前常见的膜浓缩技术，对盐分和腐植酸、氨基酸等有很好的截留效果。膜浓缩技术已广泛应用于制药、工业等行业，近年来，对沼液进行膜浓缩处理也越来越广泛。杜静等采取纳滤膜对沼液进行浓缩，发现沼液体积缩减了 5/6，氮、磷、钾养分浓度分别提高了 2.06 倍、3.10 倍和 3.70 倍。祁步凡等采取反渗透膜对猪粪沼液进行浓缩，发现沼液浓缩液中营养成分随着浓缩倍数的增加呈上升趋势，浓缩 10 倍的反渗透沼液浓缩液中含有较高浓度的营养物质和腐植酸，进一步添加营养元素复配，可得到满足《含腐植酸水溶肥料》(NY 1106—2010）的液态肥料。

（2）蒸发浓缩技术　蒸发浓缩技术可依据操作压力划分为常压蒸发和负压蒸发，该技术在制糖、制药、食品、石化、废水处理等领域具有稳定的工程应用（图 9-1)。负压蒸发技术即在低压情况下，料液沸点降低，溶剂分子获得动能克服分子间的吸引力而逸出液面，蒸气不断排出，从而实现料液的浓缩，既能避免料液受高温而发生质变，又能有效浓缩养分。负压蒸发技术成为液态有机肥浓缩处理领域的研究热点。张洪志等用多效蒸发器来蒸发浓缩酒精废液，可将酒精废液浓缩 50% 以上。

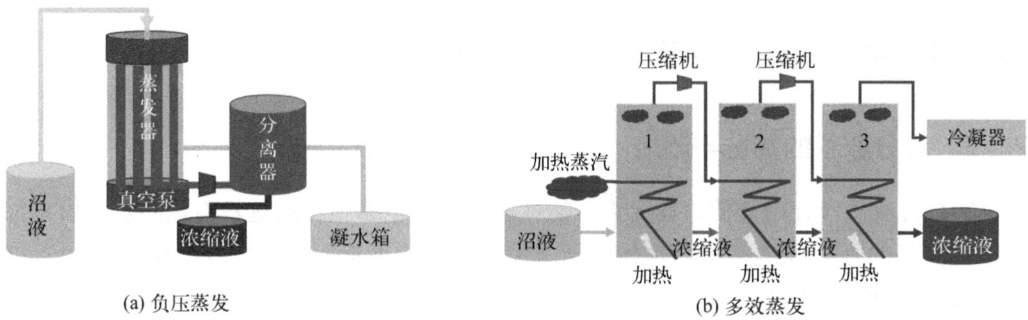


图 9-1　不同蒸发浓缩技术

（3）冷冻浓缩技术　冷冻浓缩是指利用冷冻分离的固液相平衡原理，在一定的冷冻条件下，形成上层冰晶、下层浓缩液的两相溶液（图 9-2)，可有效保留热敏、易挥发物质，并且设备不易结垢，但结晶物质易损失，设备投资较大。高年发等使用冷冻浓缩耦合等电点结晶技术处理谷氨酸等电母液，实现了谷氨酸资源化回收，回收率高达 92%。

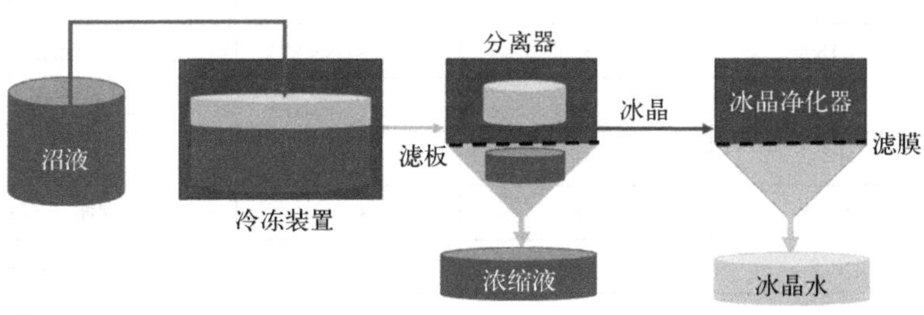


图 9-2　冷冻浓缩技术

（4）萃取浓缩技术　萃取浓缩技术是利用物质在两种互不相溶（或微溶）的溶剂中溶解度或分配系数的不同，使物质从原本溶剂内转移到目标溶剂中（图 9-3)，具有纯度高、针对性强的特点，但是萃取方法复杂，难以大规模开发利用。例如，李汪晟在萃取浓缩猪粪沼液时，可有效萃取出其中的活性物质，并且抑制病原菌的生长。溶剂萃取、液膜萃取和反胶团萃取是氨基酸提纯浓缩的常用技术。

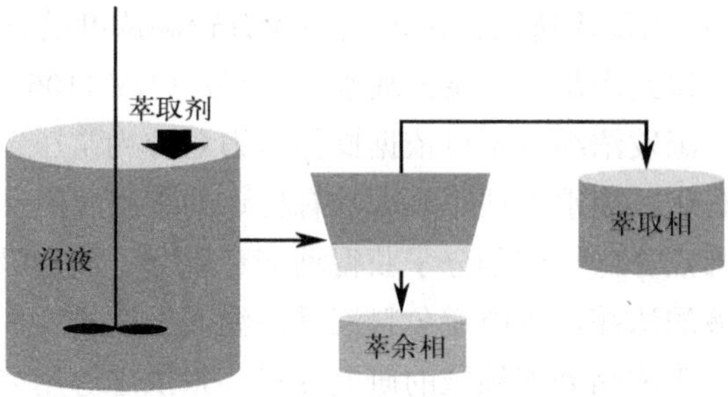


图 9-3　萃取浓缩技术

## 9.2.2　养分及其他功能性活性物质的筛选

### 9.2.2.1　养分原料的筛选与添加

虽然有机液体含有丰富的营养元素与活性成分，但很多指标远远没有达到农业农村部对于液体水溶肥的行业规定标准，具体包括《大量元素水溶肥料》（NY/T 1107—2020）、《中量元素水溶肥料》（NY 2266—2012）、《微量元素水溶肥料》（NY 1428—2010）、《含氨基酸水溶肥料》（NY 1429—2010）、《含腐植酸水溶肥料》（NY 1106—2010）和一些水溶性液体（复合）微生物肥料《农用微生物菌剂》（GB 20287—2006）等的登记标准。故需要筛选合适的基础原料，对于这些基础原料的要求是水溶性好、能够与液态有机肥载体相适应，并满足作物营养元素的养分形态和数量要求（表 9-1）。

表9-1　必需营养元素的生产重要性评价

| 元素类型 | 生理需要量 /% | 环境或土壤供给量 | 生产重要性评价 | 主要来源物质 |
|---|---|---|---|---|
| 氧 | 70 | +++++ | ×× | 大气、土壤空气、水 |
| 碳 | 18 | + | ××××× | 大气、土壤空气、有机质 |
| 氢 | 10 | +++++ | × | 液态水、气态水、有机质 |
| 氮 | 0.3 | ++ | ××× | 有机质、氮肥 |
| 磷 | 0.07 | ++ | ××× | 矿物质、有机质、磷肥 |
| 钾 | 0.3 | ++ | ××× | 矿物质、生物残体、钾肥 |
| 钙 | 0.3 | +++ | ×× | 矿物质、生物残体、钙肥 |
| 镁 | 0.07 | +++ | ×× | 矿物质、生物残体、镁肥 |
| 硫 | 0.05 | ++++ | ×× | 矿物质、生物残体、硫肥 |
| 铁 | 0.02 | ++++ | ×× | 矿物质、生物残体、铁肥 |
| 氯 | 0.01 | +++++ | × | 矿物质、生物残体、氯肥 |
| 锰 | $1\times10^{-3}$ | ++++ | ×× | 矿物质、生物残体、锰肥 |
| 锌 | $3\times10^{-4}$ | ++ | ××× | 矿物质、生物残体、锌肥 |

续表

| 元素类型 | 生理需要量 /% | 环境或土壤供给量 | 生产重要性评价 | 主要来源物质 |
|---|---|---|---|---|
| 铜 | $2\times10^{-4}$ | ++++ | ×× | 矿物质、生物残体、铜肥 |
| 钼 | $3\times10^{-4}$ | ++++ | ×× | 矿物质、生物残体、钼肥 |
| 硼 | $1\times10^{-4}$ | ++ | ××× | 矿物质、生物残体、硼肥 |

注：1. “+”表示元素环境或土壤供给量状态。
2. “×”表示元素的生产重要性评价结果。

养分原料的选择对产品的性状优劣有重要影响，包括原料的级别、元素种类以及养分含量（表 9-2、表 9-3）。养分原料的筛选主要关注两个方面的技术指标：一是肥料的盐指数，尽可能选用低盐指数的原料；二是肥料的水不溶物含量，国内水溶性肥料标准中规定水不溶物质量分数小于 5%，实际上对不同灌溉设备的要求不一致，如滴灌施肥则一般要求水不溶物质量分数低于 0.5%。液态肥料在储存、施用过程中，稳定性指标非常重要。对于液态肥料来说，溶液的 pH 值、养分浓度和养分存在形态对稳定性的影响很大，尤其是液态水溶性肥料，从原料的选择方面，必须注重混合物料之间的化学稳定性。一般，金属元素在酸性条件下比较稳定，例如 Ca、Mg、Cu、Fe、Mn 等中微量元素，在偏碱性条件下易生成氢氧化物沉淀；而非金属元素一般在碱性条件下比较稳定，例如，硼在酸性条件下生成不易水解的硼酸，导致液态肥料分层现象。对于一些溶解度较低的原料来说，温度对其稳定性的影响也较大。尽管一些液态水溶性肥料在生产时养分元素处于完全溶解状态，但是温度等外界条件改变时会导致养分元素处于过饱和状态，出现结晶；当环境温度降低时，悬浮型液态肥料还会出现黏度升高、流动性显著降低的情况，在施用过程中不易将肥料倒出。因此，在选择水溶性肥料原料时，不仅要从原料本身的物理化学特性出发，还应关注多种养分元素在溶液中的共稳定性及溶解性等。

表9-2 大量元素氮、磷、钾常见原料种类

| 项目 | 原料 |
|---|---|
| 供氮原料 | 尿素、尿素-硝酸铵溶液（UAN）、硫酸铵、硝酸铵、硝酸钾、硝酸铵钙、硝酸铵磷、液氮、氨水、磷酸一铵、磷酸二铵 |
| 供磷原料 | 磷酸、磷酸二氢钾、磷酸氢二钾、磷酸一铵、磷酸二铵、磷酸脲、聚磷酸铵、聚磷酸钾、亚磷酸钾 |
| 供钾原料 | 硝酸钾、硫酸钾、氯化钾、焦磷酸钾、三聚磷酸钾、甲酸钾、柠檬酸钾、氢氧化钾 |

表9-3 中微量元素常见原料种类

| 项目 | 原料 |
|---|---|
| 供钙原料 | 硝酸钙、氯化钙、甲酸钙、硝酸铵钙、硝酸钙镁、乙二胺四乙酸钙钠（EDTA-Ca） |
| 供镁原料 | 硝酸镁、氯化镁、硫酸镁、乙二胺四乙酸镁钠（EDTA-Mg） |
| 供铁原料 | 乙二胺二邻羟苯基大乙酸铁钠（EDDHA-Fe）、乙二胺四乙酸铁钠（EDTA-Fe）、硫酸亚铁、硫酸亚铁铵、磷酸亚铁铵 |
| 供锰原料 | 硫酸锰、氯化锰、乙酸锰、乙二胺四乙酸锰钠（EDTA-Mn） |

续表

| 项目 | 原料 |
|---|---|
| 供锌原料 | 硫酸锌、硝酸锌、氯化锌、乙酸锌、乙二胺四乙酸锌钠（EDTA-Zn） |
| 供铜原料 | 硫酸铜、氯化铜、乙二胺四乙酸铜钠（EDTA-Cu） |
| 供硼原料 | 硼砂、硼酸、四硼酸钠、四水八硼酸钠 |
| 供钼原料 | 钼酸铵、钼酸、钼酸钠 |

### 9.2.2.2 功能性肥料与活性物质

多功能肥料是21世纪新型肥料的重要研究方向之一，重点研究如何将作物营养与其他限制作物高产的因素相结合，如何实现生产符合生态肥料工艺学的要求，将农学、土壤学、信息学等领域的相关先进技术凝聚于农田管理措施当中。功能性肥料的功能主要包括：改善水分利用率，提高养分利用率，改善土壤结构，促进作物根系发育，改善作物抗倒伏性，防治杂草，以及抗病虫害等。液态肥料产品正从单纯营养型向功能型发展，从常规营养释放形态向高效利用形态发展。这要求肥料科研单位和生产企业根据市场需求，加快原料和生产工艺创新，加大功能性液态肥料的研发、推广力度，开发具有更多功能的液态肥料。

液态肥料功能化的实现离不开活性载体和功能活性物质的添加。有机废弃物功能性较多，专性较差，不利于在商品市场中的定位；增值化应用过程中为了提升功能性水溶肥的功能，往往需要与专性活性物质或生物刺激素、生物农药相结合，以更加有利于市场化的功能定位以及产业应用，未来以有机液体为载体的活性增效物质与大宗化肥协同作用的混配产品将受到市场的欢迎。

功能活性物质的种类丰富，主要来源有植物提取、微生物发酵和人工合成三个途径。功能性肥料的特点与其使用的有机液体载体以及添加的生物刺激素有关，主要功能包括：促根促生、提质增效、抗非生物胁迫、降盐改土、抑菌抗病、膨果转色。

生物刺激素的作用靶标是农作物本身和所在的土壤环境，主要通过多种途径作用于作物从种子萌发到成熟收获的整个生命周期。与传统的化学农药和肥料相比，生物刺激素的功能有很大不同（图9-4）。根据相关文献的报道，将其主要功能归纳为以下5点：a．通过增强营养物质的吸收和运输促进植物的生长；b．通过增强植物免疫力来提高植物的抗病和抗逆性；c．调节和改善植物体内的水分平衡；d．改善土壤的理化性质，保护和改善土壤，促进土壤有益微生物的生长；e．提高农产品的质量（糖度和色泽）和延长贮藏时间等。

目前，我国功能性水溶肥料产业研究发展中还存在一些问题：一是现在我国市面上许多功能性水溶肥产品是仿效国外同质产品，鱼龙混杂，存在炒作概念、夸大宣传等问题，且对活性物质的作用机理和最佳施用浓度等问题也不明确；二是很多功能性水溶肥产品在研发阶段只考虑了产品功效与达到水溶肥标准，而忽视了水溶肥产品的稳定性检测，这导致了许多水溶肥产品在存储和运输过程中出现高温胀瓶变质、冷冻再解冻出现结晶与絮凝、长时间存放后出现分层与沉淀的现象；三是功能活性物质的研究与应用未得到很好的结合，缺乏应用试验验证，导致其不能有效地推广应用。针对当前我国功能性水溶肥料产业面临的问题，未来功能性水溶肥料的发展应注重实现功能性物质机理研究与推广应用相结合。

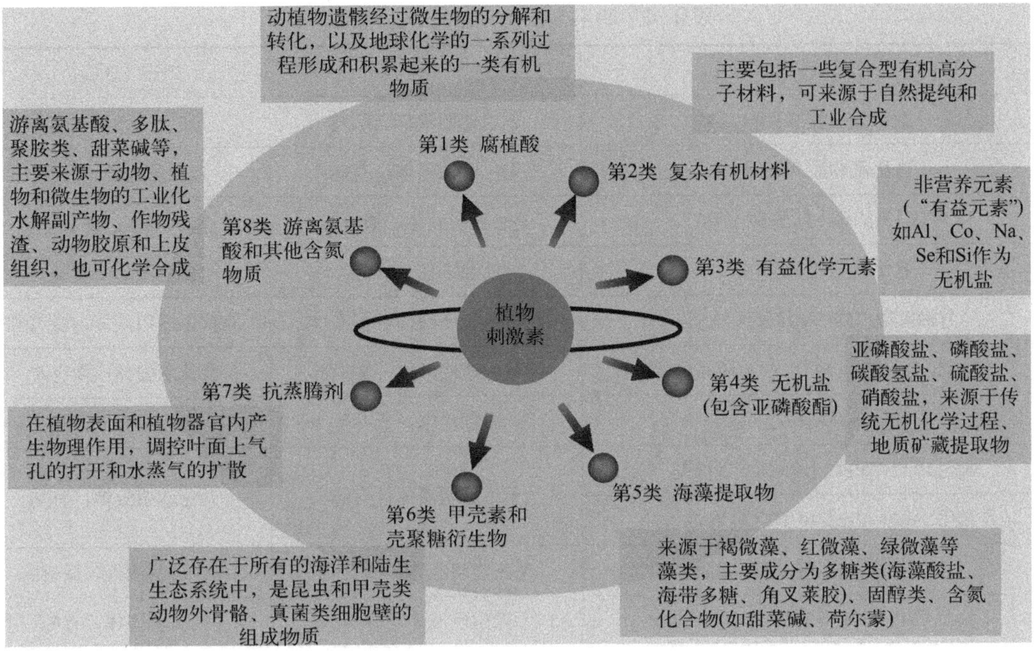


图 9-4 植物刺激素的 8 大分类

## 9.2.3 助剂的选择

肥料助剂是肥料生产过程中添加的有利于改善和提高肥料效果的非肥料成分。目前可将肥料助剂分为三大类：第一类是改善肥料理化性状的物质，如肥料生产过程中添加的分散剂、增稠剂、防结晶剂、消泡剂、润湿剂等；第二类是改善肥料养分转化的物质，如脲酶抑制剂、硝化抑制剂等；第三类是改善植物生长状况的物质，主要是植物生物刺激素。剂型的加工是肥料工业体系的重要生产环节，也是水溶肥商品化的最后的一步，所以一般涉及的助剂主要指第一大类。

### 9.2.3.1 防结晶剂

在含有高浓度养分的液态肥料中结晶现象是比较常见的问题。要解决这个问题，首先要了解各个营养元素的溶解度，在各元素的饱和或非饱和体系下，基本不会出现结晶问题。而一些营养元素的溶解度对于温度比较敏感，会随着温度的变化有较大变化，破坏液态肥料产品的原有饱和体系，导致营养元素结晶析出。为了解决结晶问题，通常在液态肥料中添加防结晶剂。

防结晶剂可以是具有降低体系冰点作用的多元醇类物质，如甘油、丙二醇等，或者是无机盐类物质，如尿素、硝酸盐、亚硝酸盐等，还可以是具有增溶作用的有机物。增溶作用又称作加溶作用、可溶化作用，指某些物质在表面活性剂的作用下，在溶剂中的溶解度显著增加的现象。增溶剂是指具有增溶能力的表面活性剂，如聚乙烯吡咯烷酮（PVP）、聚乙二醇（PEG）等。增溶剂已广泛用于难溶性油性原料的增溶，如香精、精油、油性活性物等，常用增溶剂的稳定性效果及性质见表 9-4。

表9-4　增溶剂的稳定性效果及性质

| INCI 名称 | 外观（室温） | 外观（3℃） |
| --- | --- | --- |
| 氢化蓖麻油 PEG-40 | 无色透明液体，有味 | 白色液体，有味 |
| 氢化蓖麻油 PEG-40 | 无色浑浊液体，有味 | 灰白色固体，有味 |
| PPG-13 癸基十四醇聚醚-24 | 无色透明液体，微有味 | 白色液体，微有味 |
| 氢化蓖麻油 PEG-40 | 浑浊膏体，有味 | 白色固体，有味 |
| 甘油醇醚-25PCA 异硬脂酸酯 | 淡黄色透明液体，微有味 | 淡黄色透明液体，微有味 |
| PEG-40 氢化蓖麻油 PCA 异硬脂酸酯 | 淡黄色透明液体，微有味 | 淡黄色固体，微有味 |
| $\gamma$-环糊精 | 白色粉末，无味 | 白色粉末，无味 |
| 椰油醇醚-7/PPG-1-PEG-9 月桂基 | 无色透明液体，有味 | 无色透明液体，有味 |
| 乙二醇醚 /PEG-40 氢化蓖麻油 | | |
| PPG-1-PEG-9 月桂基乙二醇醚 | 无色透明液体，微有味 | 无色透明液体，微有味 |
| PPG-2-4-癸醇聚醚-7 | 乳白色液体，有味 | 乳白色固体，有味 |

表面活性剂之所以能增大养分的溶解度，一般认为是由于它能在水中形成胶团（胶束）。胶团是由表面活性剂的亲油基团向内（形成一极小油滴，非极性中心区）、亲水基团向外（非离子型的亲水基团从油滴表面以波状向四周伸入水相中）而形成的球状体。整个胶团内部是非极性的，外部是极性的。胶团是微小的胶体粒子，其分散体系属于胶体溶液，从而可使原料被包藏或吸附，增大溶解度。由于胶团的内部与周围溶剂的介电常数不同，养分原料根据自身的化学性质，以不同方式与胶团相互作用，使养分分子分散在胶团中。

表面活性剂对活性物质的增溶主要应用于以下几种情形：a．对难水溶性甾体药物的增溶，甾体类活性物质主要用于作物促生方面，例如植物淄醇，需要加入合适的表面活性剂对其肥料体系进行增溶；b．对难溶于水的脂溶性维生素（维生素 A、维生素 D、维生素 E 和维生素 K）的增溶，例如，使用 Tween80 作增溶剂，制成的维生素 A 黏稠水溶液和维生素 $D_2$ 水溶液，再加入 10 倍水稀释后仍是澄清的水溶液；c．对生物碱的增溶，如抗病活性物质甜菜碱、苦参碱在水中的溶解度很小，达不到药效，加入十二烷基三甲基溴化铵可以使其溶解度增加 22 倍；d．对氯霉素、灰黄霉素、土霉素和四环素等难溶于水的抗生素的增溶；e．Tween 类表面活性剂对磺胺类物质和水杨酸的增溶。

#### 9.2.3.2　分散剂

分散作用从广义上讲是指固体物质粉碎并分散于固体、液体和气体等介质中的作用。分散体系由于具有很大的相界面和界面能，因而有自动减小界面、粒子相互聚结的趋势，即为热力学不稳定体系。为获得良好的分散体系，需要采取适当的方法将物质分散成粒子，并使其具有良好的润湿性，以提高分散体系的稳定性，通常的方法是使用分散剂。

分散剂可分为无机分散剂、低分子量有机分散剂和高分子化合物等。一般而言，低分子量有机分散剂和部分高分子化合物都属于表面活性剂。表面活性剂是良好的分散剂，具有提升研磨效果、改进润湿能力和防止凝聚作用。一般不溶性固体，如尘土、烟灰、污垢在水中容易下沉，当在水中加入表面活性剂后，就可使固体粒子分割成极细的微粒而分散悬浮在溶液中。狭义上，这种促使固体粒子粉碎，均匀分散于液体中的作用叫作分散作用。

农业用表面活性剂的分散作用是指使不溶或难溶于水的固态或膏状活性成分以细小微粒均匀分散于水或其他液体中的过程，形成具有一定稳定性的水分散液或悬浮液。活性成分分散过程主要是通过表面活性剂在液-液和固-液界面上的各种吸附作用，使分散粒子带上电荷，并在溶剂化条件下形成静电场，带同种电荷的粒子互相排斥；同时，表面活性剂牢固地吸附在分散微粒表面构成位阻效应。这两种因素都可以减少絮凝和沉降，增加分散体系的稳定性。

用作农业分散剂的表面活性剂主要有阴离子表面活性剂、阳离子表面活性剂和非离子表面活性剂，其中以阴离子表面活性剂和非离子表面活性剂为主。传统的肥料用分散剂一般是多环的阴离子表面活性剂，如烷基萘磺酸盐、二丁基萘磺酸钠甲醛缩合物、烷基酚聚氧乙烯基甲醛缩合物磺酸盐、甲基萘磺酸钠甲醛缩合物以及木质素磺酸盐等，研究和应用较多的是木质素磺酸盐类表面活性剂。新型的农药分散剂聚羧酸盐是一种高分子类阴离子表面活性剂，与传统的农药分散剂相比，不含萘、甲醛等有害物质，可减少环境污染，是国内肥料用分散剂研究开发的一个发展方向。

常用的阳离子型分散剂为季铵盐类表面活性剂，如十八烷基三甲基氯化铵、十八烷基胺聚氧乙烯醚双季铵盐、双十二烷基胺聚氧乙烯醚单季铵盐等。阳离子型分散剂常用在油性介质中，通过铵离子的静电作用吸附在带负电性的颗粒表面，亲油端伸展在介质中，通过空间位阻作用使整个体系分散开来。在水性介质中，由于阳离子型分散剂易引起絮凝以及对介质pH值的敏感性，限制了其在水分散剂体系中的应用。

除了阴离子表面活性剂之外，非离子表面活性剂也是农业用表面活性剂中的主要类型之一，主要起乳化、渗透、分散等作用。非离子表面活性剂不会解离成带电荷离子，在酸性、碱性和各种盐类介质中均比较稳定，可以和其他离子型或非离子型分散剂复配使用，非离子表面活性剂不会发生沉淀现象，而且对硬水不敏感，对水温适应性、耐气候性、热稳定性和储运安全方面都较好。常用的非离子表面活性剂有：聚氧乙烯-聚氧丙烯醚嵌段共聚物、烷基酚聚氧乙烯磷酸酯、烷基糖苷（APG）、异构醇聚氧乙烯聚氧丙烯醚等。

#### 9.2.3.3 增稠剂

增稠剂是近年来迅速发展起来的一类新型功能高分子材料，主要用于提高产品的黏度或稠度，具有用量小、增稠明显、使用方便等特点。增稠剂一般通过与表面活性剂形成棒状胶束、与水作用形成三维水化网络结构或利用自身的大分子长链结构等使体系达到增稠的目的。能够作为增稠剂的物质很多，并且随着应用的不同，增稠剂的种类也不一样。一般增稠剂按分子量分有低分子增稠剂和高分子增稠剂；按功能团分主要有无机增稠剂、纤维素类增稠剂、聚丙烯酸类增稠剂和缔合型聚氨酯类增稠剂四类。

低分子增稠剂包括脂肪醇与脂肪酸类增稠剂（如月桂醇、肉豆蔻醇、鲸蜡醇、月桂酸、亚油酸、亚麻酸、硬脂酸等）、烷醇酰胺类增稠剂（椰油酸二乙醇酰胺）、醚类增稠剂（一般以脂肪醇聚氧乙烯醚硫酸盐为主）、酯类增稠剂（目前最常用的是PEG-150二硬脂酸酯）和其他增稠剂。例如，少数甜菜碱和皂类也能作增稠剂，皂类可用于棒状化妆品中的增稠，甜菜碱主要用于表面活性剂水体系中。

用无机盐来作增稠剂的体系一般是表面活性剂水溶液体系，表面活性剂在水溶液中形成胶束，电解质的存在使胶束的缔合数增加，导致球形胶束向棒状胶束转化，运动阻力增大，从而使体系的黏稠度增加。但当电解质过量时会影响胶束结构，降低运动阻力，从而使体系黏稠度降低，这就是所谓的“盐析”。因此电解质加入量一般为1%～2%（质量分数），而且可以和其他类型的增稠剂共同作用，使体系更加稳定。低分子无机增稠剂包括氯化钠、氯化钾、氯化铵、单乙醇胺氯化物、二乙醇胺氯化物、硫酸钠、磷酸钠、磷酸二钠和三磷酸五钠等；高分子无机增稠剂是一类吸水膨胀而形成触变性的凝胶矿物，主要有膨润土、凹凸棒土、硅酸铝等，其中膨润土最为常用。

纤维素类增稠剂的增稠机理是利用纤维素增稠剂分子的疏水主链与周围水分子通过氢键缔合，增大了聚合物本身的流体体积，减少了颗粒自由活动的空间，从而提高了体系黏度。此外，也可以通过分子链的缠绕实现黏度的提高，表现为在静态和低剪切速度下有高黏度，在高剪切速度下为低黏度。这是因为静态或低剪切速度时，纤维素分子链处于无序状态，从而使体系呈现高黏性；而在高剪切速度时，分子平行于流动方向作有序排列，易于相互滑动，所以体系黏度下降。纤维素类增稠剂的使用历史较长，品种也很多，有甲基纤维素、羧甲基纤维素、羟乙基纤维素、羟丙基甲基纤维素等。

聚丙烯酸类增稠剂属阴离子型增稠剂，是目前应用比较广泛的合成增稠剂，尤其在印染行业。一般由三种或更多的单体聚合而成，主单体一般为羧酸类单体，如丙烯酸、马来酸或马来酸酐、甲基丙烯酸等；第二单体一般为丙烯酸酯或苯乙烯；第三单体是具有交联作用的单体，例如*N*, *N*-亚甲基双丙烯酰胺、双丙烯酸丁二酯或邻苯二甲酸二丙烯酯等。

聚氨酯全称为聚氨基甲酸酯，是分子结构中含有—NHCOO—单元的高分子化合物，可通过二异氰酸酯和聚乙二醇在封端剂的存在下合成。聚氨酯类增稠剂是近年来新开发的缔合型增稠剂，这种增稠剂是分子量相对较低的水溶性聚氨酯，分子结构中有亲水部分，也有亲油部分，呈现出一定的表面活性。

天然胶增稠剂的增稠机理是通过聚多糖中糖单元含有的3个羟基与水分子相互作用形成三维水化网络结构，从而达到增稠的效果。天然胶主要有胶原蛋白类和聚多糖类，但是作为增稠剂的天然胶主要是聚多糖类。

#### 9.2.3.4 消泡剂

在液态肥料的加工和应用过程中，极易产生气泡，气泡的存在会降低有效成分的均匀性和田间作业效果。泡沫是大量气泡在气液界面处形成的以表面活性剂溶液为液膜相互隔断的气泡聚合体，是一种热力学不稳定体系。通常情况下，在纯液体中形成的泡沫极不稳定容易破裂，平均寿命只有不到1s的时间。而当液体中含有一种或多种具有起泡或稳泡作用的表面活性剂时，形成的泡沫可以持续稳定存在数十分钟甚至数小时。这是因为液膜上的表面活性剂分子可以有效阻碍液膜上的液体流动，使得液膜排液过程难以实现，从而保持了液膜的厚度，维持了液膜的机械强度，提高了泡沫的稳定性。这就导致很多肥料加工过程，由于其他功能性表面活性剂的加入，产生大量气泡。

在液态肥料中加入消泡剂，可有效控制泡沫。消泡剂的表面张力较低，容易在溶液表面铺展，当消泡剂进入气泡液膜后，取代原来液膜表面上的表面活性分子，使接触处的表面张力和液膜其他处的表面张力不一致，继而发生一系列变化，最终导致气泡破裂而消除。

第一代消泡剂是以矿物油、脂肪酸及脂肪酸酯、脂肪醇、低级醇等有机化合物为主的一类消泡剂。该类消泡剂价格低廉，制备原料易得，产品性能环保，适合于在液体剪切力较小，所含起泡剂发泡能力较温和的条件下使用，但对致密型泡沫的消除能力较差。

聚醚型消泡剂是以环氧乙烷、环氧丙烷开环聚合制得的一类性能优良的水溶性非离子表面活性剂。针对不同类型的发泡体系，可通过调节环氧乙烷、环氧丙烷链段的长度、比值及分子量改善其亲水亲油性、浊度、表面张力等物性参数。只有当发泡体系的温度高于浊点时，聚醚型消泡剂才可发挥其消泡抑泡性能。因此，在制备过程中可以通过改变聚醚的浊点来适应不同场合的需要。聚醚型消泡剂通常以多元醇、多元碳酸、胺类等含有活泼氢（O—H 键或 N—H 键）的化合物作为起始剂，通过与环氧乙烷、环氧丙烷链段聚合，得到一定分子量的聚醚消泡剂。其中以甘油作为起始剂的聚醚消泡剂应用最为广泛，这类消泡剂统称为甘油聚醚。

有机硅消泡剂具有低溶解度、高活性、强稳定性、无毒等特点，因而被广泛应用于造纸、石油化工、发酵、废水处理等行业。但有机硅疏水性过强，导致其在溶液中分散性极差，单独使用时几乎没有消泡效果。因此，有机硅不能直接用于消泡过程，通常将其作为消泡剂的主要组分，与气相疏水二氧化硅、乳化剂、去离子水等助剂进行复配制备乳液型有机硅消泡剂。复配得到的乳液型有机硅消泡剂表面张力较低，在投加量很小的情况下即可达到很强的消泡效果。相比其优秀的消泡性能，有机硅类药剂抑泡性略显不足，且有机硅相较其他油类更难乳化，在复配过程中乳化步骤是关键也是难点，一旦乳化不完全、不彻底，会出现严重的破乳分层现象，进而影响消泡剂的消抑泡性能。

近年来，以改性聚醚为活性成分的有机硅消泡剂凭借其优良的性能在农药领域脱颖而出，越来越受到人们的欢迎。聚醚改性有机硅是通过接枝的方法将亲水性的聚醚链段连接至具有憎水性的有机硅分子链上而制得的聚醚-硅氧烷共聚物。此类消泡剂有效地结合了聚醚消泡剂耐高温、耐强碱、抑泡能力强，以及有机硅消泡剂无毒、无污染、挥发性低、破泡能力强等优点，大大地提高了消泡剂的适用范围。聚醚链段的引入增强了有机硅消泡剂的亲水性能，有利于其在水溶性起泡体系中充分分散，同时聚醚改性有机硅消泡剂也继承了聚醚消泡剂浊点可调的特性，可以通过改变聚醚链段中环氧乙烷、环氧丙烷链段的比例来调节消泡剂的浊点，以使消泡剂满足不同温度的发泡体系。疏水的聚硅氧烷链段具有极低的表面张力，可使聚醚改性有机硅消泡剂分子在液膜表面迅速铺展渗透从而实现快速破泡，极大地增强了消泡剂的破泡能力。由于聚醚改性聚硅氧烷兼具亲水疏水链段，在溶剂中可自发形成聚醚链段伸展朝外，聚硅氧烷链段折叠朝内的分散胶团。聚醚改性有机硅的这种“自乳化性”使其能够在发泡体系中均匀稳定分散，充分发挥消抑泡作用。针对不同的水溶性或油溶性的发泡体系，可通过调节聚醚链段和聚硅氧烷链段的比例以满足不同的消泡需求。

#### 9.2.3.5 润湿剂

液态肥料直接叶面喷施利用率较低，这是因为当肥料直接喷洒到农作物上时，一些植物难以被喷洒液润湿，大量肥料以水珠的形式从叶片上滚落，只有少量的肥料黏着在叶面上。由于表面活性剂有良好的叶面助吸作用，配合叶面肥喷施有利于喷施液在作物叶面的润湿，增加叶片对养分的吸收率。这种能够增加液态叶面肥湿润能力、延展能力的助剂被称为润湿剂。

润湿是指固体表面吸附的气体被水或水溶液等液体所取代，即原来的气 / 固界面消失，形成新的液 / 固界面，因此润湿作用实质上是一种表面变化过程。润湿是自然界中最常见的现象之一，在人类的生产生活中扮演着重要的角色。润湿过程的实质是界面性质和界面能量的变化，表面自由能降低时可以自发进行，即由自由能较低的液 / 固界面替代原有自由能较高的气 / 固界面。表面活性剂可以在液体和固体表面进行吸附，具有降低表面自由能和表（界）面张力的能力，因而表现出促进润湿过程发生的能力。

大多数植物表面有一层蜡质物，难溶于水。表面活性剂能够显著降低液 / 固界面张力，增加液体在固体上的扩展性和渗透力，其作用表现在两方面：一是提高活性物质在水中的润湿程度，从而形成悬浮液；二是增加肥料液滴与作用对象植物表面的接触，从而提高药效。目前常用的润湿剂有以十二烷基硫酸钠（SDS）和十二烷基苯磺酸钠（SDBS）为代表的阴离子表面活性剂，以及以脂肪醇聚氧乙烯醚（JFC）和烷基酚聚氧乙烯醚（NP）为代表的非离子表面活性剂。

在液态肥料悬浮剂型中，也会经常用到润湿剂。在悬浮剂中加入润湿剂可以有效解决粒子相互抱团堆积问题：一方面，表面活性剂吸附在活性物质的表面，润湿有效成分粒子，排出粒子间的空气，使其不再以裸露的形式存在，从而减小粒子间的吸引能；另一方面，表面活性剂在粒子周围形成扩散双电层或在粒子界面上形成致密的保护层，通过静电斥力或位阻效应阻止粒子絮凝和凝聚，从而提高悬浮剂的稳定性。目前，用作润湿分散剂的表面活性剂主要有阴离子型、非离子型、大分子型和梳子型聚合物。阴离子型表面活性剂主要包括脂肪醇（烷基酚）、聚氧乙烯醚磺酸盐、烷基酚聚氧乙烯醚磷酸盐和烷基酚聚氧乙烯醚甲醛缩合物硫酸盐等；非离子型表面活性剂主要包括烷基酚或烷基酚聚氧乙烯醚、脂肪醇聚氧乙烯醚和聚氧乙烯聚氧丙烯醚嵌段共聚物等；大分子型表面活性剂包括木质素磺酸盐及其改性物烷基聚糖或糖醚等；梳子型聚合物表面活性剂具有很长的疏水主链和很多亲水支链，能够牢固地吸附在原料表面上，以 Atlox4913 梳型接枝聚合物为例，它以聚甲基丙烯酸-甲基丙烯酸酯的共聚物构成主链骨架，起着吸附作用，以合适长度的聚氧乙烯链作为亲水部分接入水相，并围绕在粒子周围起着屏障位阻作用。这种聚合物表面活性剂比普通的表面活性剂吸附能力大 10 倍，几乎不能从粒子表面上脱离和转移，极大程度地改善了农药制剂的热稳定性，具有很大的发展潜力。

### 9.2.4 液态肥料加工工艺

液态肥料的配制关键在于合理利用原料的溶解度，特别是将各种原料混合在一起时，必须考虑溶解度的技术问题。在功能性液态肥料的制备过程中，由于还要添加不同的活性物质来达到功能化定位的目的，某些疏水性、固体活性物质往往具有高效的促生、抗逆、防虫、抗病等特定功能，这类物质专性效果强，但配伍困难大，同时肥料体系中较高的电导率（EC）值和成分复杂的液体有机废弃物也给复配工艺带来很大的挑战。故需要不同的技术工艺进行搭配来制备液态肥料，主要包括：搅拌、加热、螯合、纯化、过滤、悬浮等。

#### 9.2.4.1　基础液态肥料配制

基础液态肥料可以直接包装售卖，同时也可以作为其他配方配制的原料。基础液态肥料有两种。一种是氮溶液，氮溶液的主要工艺流程：来自尿素装置的尿素溶液经精制器处理后，通过尿素溶液泵按比例需求输送到混合器；来自硝铵装置的硝铵溶液经硝铵溶液精制器处理后，通过硝铵溶液输送泵进入防结晶器，然后经配料调节串接系统调整配比后，进入混合反应器；尿素溶液和硝铵溶液按给定的配合比例送到混合反应器中，并通过 pH 计调整产品 pH 值在指标范围内，再经过成品输送泵进入成品精制器，最后送到成品储槽。

另一种是聚磷酸铵液肥。液体聚磷酸铵最早在 20 世纪 60 年代被应用于农业生产。美国田纳西河谷流域管理局（TVA）于 20 世纪 60 ～ 70 年代通过在管式反应器中的热法过磷酸氨化，获得了分布较为宽泛的聚磷酸铵液肥，开创了液体聚磷酸铵产业。我国对液体聚磷酸铵的研究起步较晚，最早于 1997 年，四川大学首次公开发表了制备液体聚磷酸铵的论文，以农用磷酸一铵为原料在实验室条件下成功制备了液体聚磷酸铵。随后我国液体聚磷酸铵进入缓慢发展阶段，直至近年来，我国液体聚磷酸铵（APP）在生产技术及研发上进入了快速发展时期。总体来说，生产液体聚磷酸铵的工艺有多种，根据生产原料的不同，大体上可分为两种，即磷酸氨化法与磷铵尿素法。其中，磷酸氨化法主要是通过磷酸或者过磷酸与尿素、氨等氮源反应聚合而生产液体聚磷酸铵，又分为湿法磷酸氨化法及热法磷酸氨化法；而磷铵尿素法则是以磷酸一铵或者磷酸二铵为磷源，与尿素等缩合剂通过热缩合反应制备液体聚磷酸铵。两种工艺各有优缺点，目前均有企业采用以制备液体聚磷酸铵产品。

磷酸氨化法生产液体聚磷酸铵主要包括磷酸浓缩、聚合反应等步骤。此法即为美国 TVA 公司研制的工艺，是国外生产液体 APP 的主流工艺，可用于生产含 APP 的液态肥料及含液体聚磷酸铵的粒状肥料。应用此法生产含 APP 的液态肥料时，在 T 形管式反应器中制得液体聚磷酸铵后，经冷却、混合等步骤后得到产品；而生产含液体 APP 的粒状肥料时，则在制得液体聚磷酸铵后，经冷却、料幕造粒等步骤后得到产品，同时可根据需求添加尿素等而制得含液体聚磷酸铵的复合肥料。图 9-5 即为 TVA 公司生产含聚磷酸铵的液态肥料的工艺流程。此工艺的关键在于参与聚合反应的磷酸浓度，需采用浓度较高的磷酸或过磷酸，常用的磷酸浓度为 115%、105% 及 95%（质量分数），产品聚合度分布宽。若原料磷酸浓度高，则可省略浓缩步骤，因而适宜采用热法磷酸为原料。我国磷矿品质较差，湿法磷酸中杂质含量较高，磷酸浓缩困难。因此，为了提高磷酸浓度，常采用净化手段降低湿法磷酸中的杂质含量，从而提高磷酸浓度，以满足生产需求。总体来说，磷酸氨化法生产液体聚磷酸铵工艺简单，便于连续操作，体系流动性好，但体系中水的存在阻碍了聚合反应的正向进行，聚合率和生产强度较低，且所需磷酸浓度较高，不论是采用热法磷酸，还是通过湿法磷酸净化、浓缩后所得磷酸，其生产成本均较高。目前，我国广西越洋化工集团等企业整体将美国

TVA 流程转移到国内，采用过磷酸氨化法于管式反应器中生产液体聚磷酸铵，产品型号主要为 11-37-0（液体）（图 9-5）。

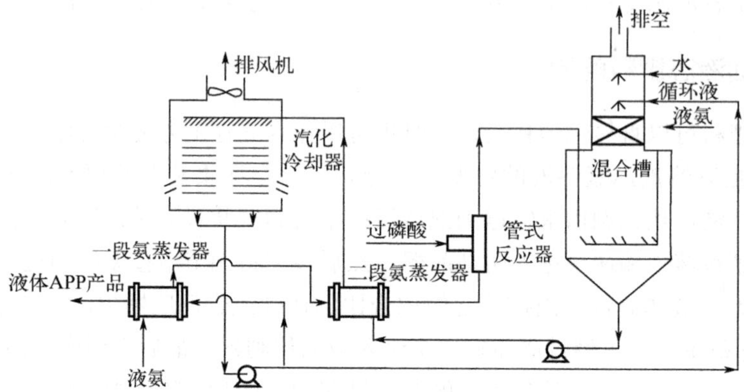


图 9-5　TVA 公司生产含聚磷酸铵的液态肥料的工艺流程

### 9.2.4.2　复合型清液肥配制

液态复合肥的基本原料为含氮、磷、钾原料。通常情况下，含氮原料为尿素、硝铵，含磷原料为磷酸一铵、磷酸二铵或磷酸，含钾原料为氯化钾、硝酸钾或磷酸二氢钾。然而，上述原料制备的液态肥料养分含量较低，且结晶温度高，生产应用不方便。用尿素-硝铵溶液、聚磷酸铵混合，可配制养分含量较高的液态肥料，结晶温度较低，生产使用方便，且聚磷酸铵对金属离子有螯合作用，可利用其螯合作用在液态肥料中添加微量元素。一些微量元素在聚磷酸铵溶液中的溶解度远高于在正磷酸铵溶液中的溶解度，如一水硫酸锌在聚磷酸铵溶液中的溶解度大于 1.5g/100g 水，是其在正磷酸铵溶液中溶解度（0.06g/100g 水）的 25 倍；五水硫酸铜在聚磷酸铵溶液中的溶解度是其在正磷酸铵溶液中溶解度（0.13g/100g 水）的 10 倍。利用聚磷酸铵原料作为无机螯合剂，相对于有机螯合剂价格较为便宜，同时又能提供氮、磷养分。另外，聚磷酸盐不能被植物直接吸收，而是在土壤中逐步水解成正磷酸被植物利用，因而是一种缓溶性长效磷肥。综上所述，聚磷酸铵作为含氮、磷的复合肥，符合当今世界复合肥料向高效化、复合化、缓效化、液体化发展的趋势，所以通常把尿素-硝铵溶液、聚磷酸铵作为配制液态肥料的基础肥料来源。

液态复合肥料养分配合比例可根据作物特性及当地的土壤情况，实行按需配方生产和施用。这样配制的液态复合肥具有很高的灵活性，能很好地满足植物的需要。可根据需要，分别做成高氮、高磷、高钾的液态肥料。高氮液态肥料，以尿素-硝铵溶液为主要原料；高磷液态肥料，以聚磷酸铵为主要原料；高钾液态肥料，以氯化钾为主要原料。上述液态肥料在聚磷酸铵存在条件下，均可添加微量元素肥料，还可以添加除草剂、杀虫剂、植物激素等。

### 9.2.4.3　中微量螯合液态肥配制

高浓度的中微量元素液态肥料，通常采用螯合工艺技术进行生产，除了要考虑原料的溶解度问题，还要对原料的种类品质、螯合反应的投料顺序、螯合体系的酸碱度、螯合温度、螯合时间、螯合压力等整个生产工艺技术参数进行试验筛分。例如，生产常见的复合糖醇螯合液态肥的加工工艺。糖醇是具有两个及两个以上羟基结构的多元醇，能为配位原子提供多个孤对电子，且空间结构满足螯合物形成的必要条件。糖醇螯合肥是以不同类型糖醇（甘露醇、山梨醇、赤藓糖醇等）为螯合配体，作物所需一种或多种无机矿质元素（钙、镁、锌、钾等）为中心离子，经特定螯合反应而生成的水溶性肥料。其生产多采用水体系合成法，基本生产流程如图 9-6 所示，在某些糖醇螯合肥的生产中还需要加入助剂以促进原料溶解、维持产物稳定等。目前仅有糖醇螯合硼的反应历程较为明确，实质是硼酸或硼酸根离子与糖醇中两个邻位顺式羟基发生脱水反应而形成环状结构，但其他糖醇螯合物的反应历程及结构构型等需要进一步地试验分析。

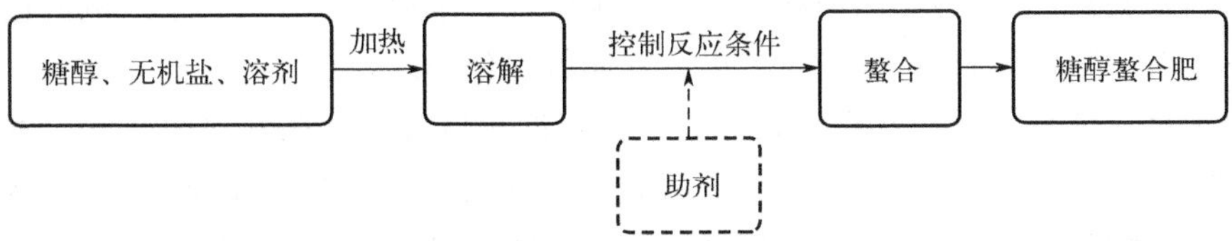


图 9-6　糖醇螯合肥基本生产流程

复合氨基酸与金属离子在水溶液中的螯合反应是快速反应，主要与配体摩尔比及反应液的 pH 值有关，受反应时间和温度的影响不明显。复合氨基酸与亚铁、锌、锰、铜的最佳配体摩尔比均为 2∶1，反应液最佳 pH 值分别为 5.0、8.0、4.0 ～ 5.0 和 6.0 ～ 7.0，反应温度为常温，反应时间为 30min，螯合率分别达到 97.3%、98.0%、96.9% 和 95.6%。利用无水乙醇分离提纯螯合物，用原子吸收法测定，方法简便易行，准确率高，可达到直接测定螯合态金属离子的目的。在生产上常用的磷酸盐喷施浓度范围内，氨基酸微量元素螯合物可与磷酸盐复配并保持稳定，克服了磷肥与微量元素肥料不能复配使用的缺陷，这是传统微量元素肥料所不具备的优点。采用本工艺，其优点在于在最佳螯合参数条件下，产品螯合率可达 95% 以上，所得产品纯度高；在生产上常用的磷酸盐喷施浓度范围内，螯合物可与磷酸盐复配并保持稳定；复合氨基酸亚铁合成过程中加入一定量的抗氧化剂可大大提高螯合率，且可增强螯合物的稳定性，这是原有工艺条件下产品所不具备的。

螯合肥之间的差异主要是由配体不同而造成的，目前常用的螯合配体主要分为两类：一类是以乙二胺四乙酸（EDTA）等为代表的人工合成螯合剂；另一类是各种天然螯合剂，如腐植酸、氨基酸、糖醇等。某些传统螯合配体的生物降解性差，导致其在环境中不断积累，且此类配体更易与重金属结合而存在潜在的浸出风险，进而造成二次污染等。因此，这些配体在可持续农业发展中的认可度正在不断下降。

#### 9.2.4.4　悬浮型液态肥料配制

悬浮型液态肥料借助悬浮剂的作用悬浮于水中成为悬浮液，是含有一种或一种以上农作物需要的营养元素的液态肥料，这些营养元素可全部溶解于水中。相对于固体化肥，液态肥具有肥效高、易吸收、施用方便等优势。然而，液态肥料的生产并不只是将各种原料简单地混合在一起，它对生产工艺要求很高。比如，生产过程中的温度控制、原料比例的控制，以及液位的控制，这些控制指标难以实现人工控制。因此，在液态肥料生产领域急需一种既能满足上述要求，又具有一定的控制速度、精度和稳定性的液态肥料生产设备以及相应的生产工艺。

由于液态肥料生产既要达到实际应用的效果，又要考虑生产成本，故其原料必须是市场上普遍存在的，而且包含作物生长所必需的营养元素，除此之外还必须是水溶性的或者能借助悬浮剂悬浮于水中。原料可分为三部分：大量元素原料（氮、磷、钾）、中微量元素原料（钙、镁、硫、铜、锌、铁、锰等）、辅助原料（悬浮剂、增稠剂、防结晶剂等）。由于用常规原料所配制的液态肥料结晶温度比较高，在配制液态肥料时需要加入悬浮剂，使肥料中的养分含量高度浓缩的同时仍然能够保持液态肥料的均一性和流动性，不出现分层和结块现象。

通过近几年的生产探索得出，制备悬浮型液态肥应注意，在控制成本和保证产品稳定性的前提下，尽量减少硬度较高的原料，采用质地较软、水溶性较好、易于用机械设备处理的原料进行生产，进一步保证产品稳定效果。具体流程分为：

① 配制悬浮体系：采用具有剪切、乳化功能的机械设备，在剧烈搅动下，添加悬浮材料（增稠剂 + 分散剂），使其在水中形成凝胶，不同材料制备黏度和成品添加量各有差异。实际生产中，增稠剂等在水中经设备处理时容易抱团，导致分散不均匀，不能充分发挥出悬浮效果，应注意设备选型和生产操作，如延长处理时间和缓慢均匀加入悬浮材料。

② 原料处理：若要使产品稳定悬浮，颗粒必须足够小。生产过程中配置研磨设备和大型剪切装置、砂磨机或者胶体磨等，将原料处理至微米级，处理时间依据原料选型和设备功率等实际生产情况而定。

③ 成品分散：将研磨后的原料与悬浮体系充分混合，使原料粒子均匀分散在悬浮体系中，可阻止晶体粒子长大发生沉淀和分层。一般采用大型搅拌分散机和循环泵配合使用。

### 9.2.5 液态有机肥生产工艺实例

（1）糖蜜酒精废液生产液态生物有机肥工艺流程　糖蜜酒精废液是利用糖蜜发酵生产酒精过程中产生的一种浓度较高的有机发酵液。糖蜜酒精废液全部进入培菌池处理后，再进入曝气池发酵，将废液腐殖化处理，生产工艺流程如图 9-7 所示。酒精生产企业排放的糖蜜酒精废液经预存池初步冷却后，送往鼓风式冷却塔降温至 40℃以下后送往培菌池，与发酵投加的菌种溶解混合均匀后进入曝气池。糖蜜酒精废液的 pH 值在 4.0 ～ 4.5，适当调节 pH 值。曝气单元是整个液态肥生产的核心部分，曝气池中好氧微生物大量消耗分解糖蜜酒精废液中的营养物质，将蛋白质、有机质、有机酸转化成氨基酸、腐植酸和挥发酸，逐渐将废液腐殖化。当糖蜜酒精废液中的腐植酸与全碳比例基本保持不变时，可判断腐熟完成，糖蜜酒精废液转变为液态有机肥。

（2）氨基酸液态肥料生产工艺流程　氨基酸液态肥料的主要生产步骤为：水解 / 酶解—盐析—离心过滤—水洗—混合—浓缩 / 复合—包装，生产工艺流程如图 9-8 所示。蛋白质废液经酸性、碱性水解或酶解后得到多肽及氨基酸混合液，混合液经过盐析后，未分解的蛋白质和多肽物质与盐离子生成沉淀，氨基酸则被保留在液体中，通过反复离心过滤、水洗后，得到纯氨基酸溶液。氨基酸溶液通过浓缩或外源养分复合得到液态肥，经检验合格后装罐包装，得到氨基酸液态肥料。

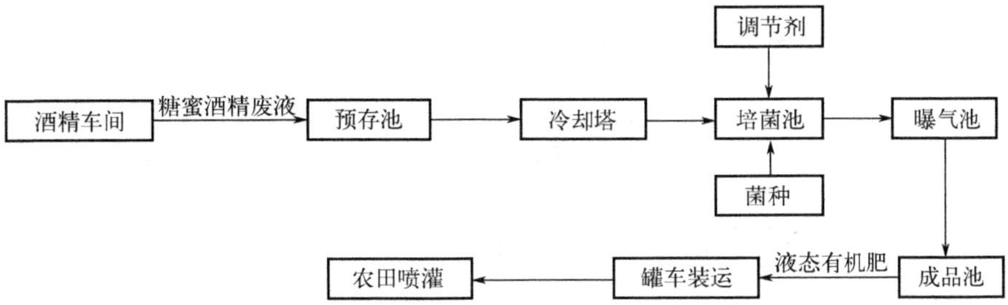


图 9-7　糖蜜酒精废液生产液态有机肥工艺流程

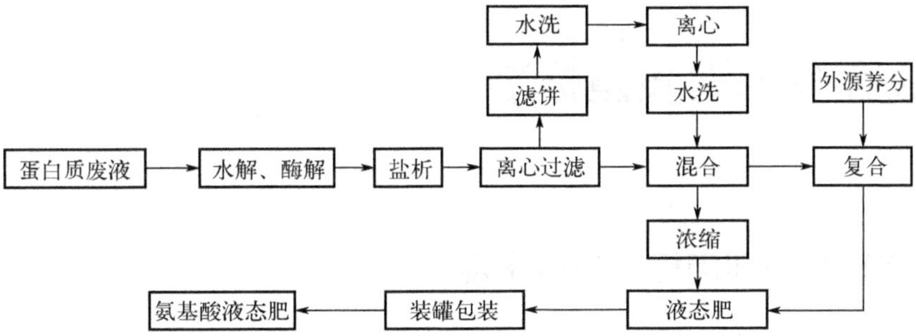


图 9-8　氨基酸液态肥料生产工艺流程

（3）秸秆萃取液生产工艺流程　秸秆萃取液是以农业秸秆为原料，利用生物发酵与高温蒸煮萃取相结合的工艺，提取纤维素、木质素等物质后的高 pH 值且富含有机质和腐植酸的有机混合物。腐植酸是带负电荷的胶体，具有较强的离子交换和吸附能力；同时有机质含量的增加可促进土壤团聚体结构的形成，培肥土壤。

以农作物秸秆为原料，在微生物的作用下，通过生物酶降解和化学分解相结合的方法，使纤维素和木质素分离，提取纤维素后，制得秸秆萃取液功能物质，生产工艺流程如图 9-9 所示。

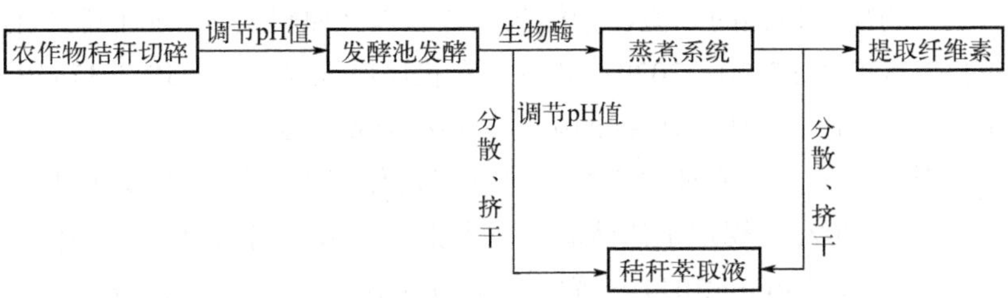


图 9-9　秸秆萃取液生产工艺流程

（4）沼液液态有机肥生产工艺流程　沼液液态有机肥生产工艺包括初分离、预处理、膜分离工艺。沼液原液经格栅对其中的大分子物质进行固液初分离后，进入石英砂过滤器对悬浮物进行预处理，然后进入主装置膜分离系统，得到沼液浓缩液，生产工艺流程如图 9-10 所示。

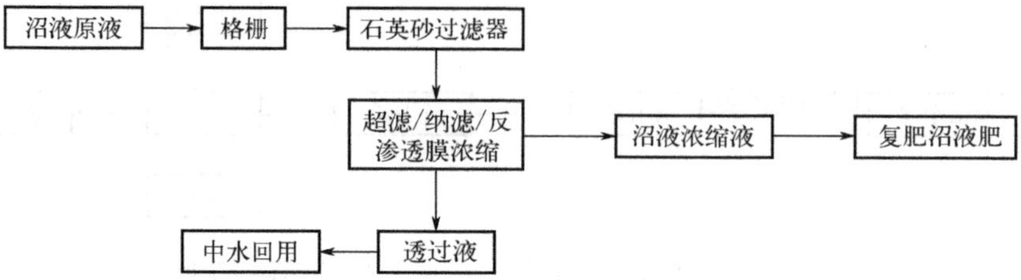


图 9-10　沼液液态有机肥生产工艺流程

# 9.3　液态有机肥质量标准

## 9.3.1　液态有机肥利用标准与技术规范

我国现行的产品质量标准，从标准的适用范围和领域来看，主要包括：国家标准、行业标准（或部颁标准）和地方标准等。

（1）国家标准和行业标准　不同的国家标准和行业标准规定了液态有机肥的技术指标、安全指标以及施用要点等。《肥料合理使用准则　有机肥料》（NY/T 1868—2021）从总体上规定了不同种类有机肥料的来源、种类、要点以及合理施用技术。

根据液态有机肥配制成水溶性肥料的种类用途划分，液态有机肥可以配制成水溶肥料和叶面肥料。《有机水溶肥料　通用要求》（NY/T 3831—2021）规定了以不同有机资源为主要原料加工制备的水溶肥料，对不同种类水溶肥料在分类、原料要求、指标要求、重金属限量要求等方面作出了规定。水溶肥料标准还包括《含腐植酸水溶肥料》（NY 1106—2010）、《含氨基酸水溶肥料》（NY 1429—2010）、《微量元素水溶肥料》（NY 1428—2010）、《中量元素水溶肥料》（NY 2266—2012）、《大量元素水溶肥料》（NY/T 1107—2020），这些标准规定了所配制的水溶肥料的技术指标的限值、指标测定方法以及原料要求。叶面肥料标准包括《微量元素叶面肥料》（GB/T 17420—2020）和《含有机质叶面肥料》（GB/T 17419—2018），标准规定了所配制的叶面肥料的技术指标的限值、指标测定方法等。

沼液具有肥料化潜力，以农业废弃物经过厌氧消化产生的沼液为载体可以加工成沼肥。《沼肥》（NY/T 2596—2022）规定了沼液肥的技术指标、重金属和卫生学的限量指标；《沼肥施用技术规范》（NY/T 2065—2011）规定了沼液四种利用，肥料、浸种、防虫病害、无土栽培的技术要求；《沼气工程沼液沼渣后处理技术规范》（NY/T 2374—2013）规定了沼液不同利用方式的技术规范；《畜禽粪便无害化处理技术规范》（GB/T 36195—2018）规定了液体畜禽粪污的卫生学要求。部分标准规定了沼肥施用的卫生学指标（表 9-5）和安全指标（表 9-6）。

表9-5　沼肥施用的卫生学指标

| 标准 | 粪大肠菌群数 | 蛔虫卵死亡率 /% |
|---|---|---|
| 《沼肥》（NY/T 2596—2022） | ≤ 100 个 /g（mL） | ≥ 95 |
| 《沼肥施用技术规范》（NY/T 2065—2011） | ≤ $10^{-4}$（常温），$10^{-1}$ ～ $10^{-2}$（高温沼气发酵） | ≥ 95 |
| 《有机肥料》（NY/T 525—2021） | ≤ 100 个 /g | ≥ 95 |
| 《畜禽无害化处理技术规范》（GB/T 36195—2018） | ≤ 105 个 /L（常温），≤ 100 个 /L（高温） | ≥ 95 |

表9-6　沼肥施用的安全指标　单位：mg/kg

| 标准 | 总砷（As） | 总镉（Cd） | 总铅(Pd) | 总铬（Cr） | 总汞（Hg） |
|---|---|---|---|---|---|
| 《沼肥》（NY/T 2596—2022） | ≤ 10 | ≤ 10 | ≤ 50 | ≤ 50 | ≤ 5 |
| 《有机肥料》（NY/T 525—2021） | ≤ 15 | ≤ 3 | ≤ 50 | ≤ 150 | ≤ 5 |
| 《沼肥施用技术规范》（NY/T 2065—2011） | ≤ 70 | ≤ 3 | ≤ 100 | ≤ 300 | ≤ 5 |

除此之外，微生物肥料也属于液态有机肥的一种，《复合微生物肥料》（NY/T 798—2015）规定了复合微生物肥料产品技术指标要求和无害化指标要求。

（2）地方标准　部分地方针对沼肥有进一步的技术要求以及施用规范。山西省出台了《禾谷作物施用畜禽粪污沼液技术规程》（DB14/T 2031—2020）、《设施蔬菜畜禽粪污沼渣沼液施用技术规程》（DB14/T 2037—2020）、《果园施用畜禽粪污沼液技术规程》（DB14/ T 2017—2020），针对不同的作物，对沼液施用技术方法作出了规定。江苏省出台了《稻麦农田沼液施用技术规程》（DB32/T 2558—2013），规定了沼液用作不同类型肥料时的施用要求，如沼液的稀释倍数等。河南省安阳市出台了《沼渣沼液小麦玉米农田施用技术规程》（DB 4105/T 142—2020），规定了沼肥养分及主要污染物含量等技术要求。

## 9.3.2　液态有机肥施用技术与应用实例

目前发达国家已经大规模普及液态肥料，液态肥施用机械品种繁多，功能齐全，完全实现了机械化作业。我国从 20 世纪 50 年代初期开始用手动喷雾施肥器，拉开了液态肥施用技术及配套机械研究的帷幕。目前主要存在的问题是液态肥施用机械种类较少，并且国产机型在使用中存在做工粗糙、排肥不稳定、效率不高、肥料浪费等问题。关于液态肥料施用技术及深施机械的开发在我国仍处于初始阶段，液态肥料施肥机械的研发具有较好的市场发展潜力。在未来发展中，我国科研人员在对液态肥精准施用技术进行研究的同时，应该引进吸收国内外现有液态肥变量控制技术，依据土壤中各养分含量、作物不同时期实际生长需求的需肥量等因素，并结合我国作物种植模式和田间作业的实际情况，研制出符合我国国情的液态肥施肥机。

#### 9.3.2.1 施用技术

按照液态有机肥的施用方法可以分为叶面喷施、灌溉施肥、滴灌施肥、树干注射、施肥枪根际注射等。

（1）叶面喷施　叶面施肥具有吸收快、作用强、用肥省、肥效高的特点。叶面喷施可直接将养分喷施在作物叶片上，与传统根系吸收相比，避免了某些微量元素在根系吸收过程中被土壤微生物固定或转化的问题，大大增强了某些特定元素的吸收效率。叶面喷施避免了养分被土壤吸附，减少了养分的径流及淋溶等损失。相对于土壤施肥，在微量元素肥料（硼、锰、钼、铁等）施肥时，叶面喷施仅需要土壤施肥十分之一左右的施肥剂量即可实现相同的肥效。

（2）灌溉施肥　欧美国家的畜牧业机械化生产较高，已经形成完整的配套产业，畜牧业粪污被运送到化粪池统一处理以后，粪污被抽吸到储肥罐内，再由液态施肥机械进行田间洒施。近几年，国内液态肥料施肥机械用拖拉机牵引行走，利用真空泵进行液态肥自动吸取和机械化洒施作业。

（3）滴灌施肥　滴灌作为一种水、肥利用率较高的灌溉技术，根据作物需水需肥特点，借助压力系统将水肥混合物通过可控管道系统以滴灌方式定量、均匀地输送至作物根系区域，具有节水、节肥、省工、灌溉质量高等优势。但是液态有机肥如沼液等会造成灌水器发生堵塞，影响灌溉质量，导致整个滴灌系统报废。

（4）树干注射　依靠树体自身的蒸腾拉力或外力，向树体内输入营养元素、生长调节剂、农药或其他物质的一种方法。此方法能迅速补充植物急需又难以从土壤或喷施中得到的营养，但是注射也可能会引起树体伤口溃烂、叶片灼伤、植株落叶和主枝枯死。

（5）其他施肥技术　施肥枪根际注射也是一种有效的施肥方式，其特点是肥效快、不挥发。肥料被高压注入土中，其扩散直径可达30cm以上的范围，与根部接触面积较大，提高肥料利用率，省工省力。相比传统的刨坑施肥方式，施肥枪根际注射劳动强度低，特别适合郁闭的果园及大棚蔬菜不方便人工刨坑且洒施肥料流失重的情况采用。另外，为了获得较好的注肥效果，应减小注肥深度和前进速度，注肥深度为100mm，土壤湿度较小时，土壤注肥效果较好。

#### 9.3.2.2 应用实例

（1）叶面喷施　常用来叶面喷施的液态有机肥有：氨基酸液态有机肥、天然酵素液态有机肥、沼液有机肥以及生物质炭木醋液浸提有机肥等。目前，氨基酸、酵素液态有机肥生产较为成熟，通常市面上都能买到。由于该类液态有机肥中含有天然氨基酸、胡萝卜素、肽蛋白、叶绿素等多种植物活性物质，经水稀释复配后，可促进植物根、茎、叶生长，改良土质。研究表明，在同一蓝莓苗冷棚内，选择间隔较远的两垄，叶面喷施稀释后的氨基酸液态有机肥，结果相较于未喷施处理，蓝莓花芽数量增加了46.6%。在茶叶种植过程中叶面喷施天然酵素液态有机肥，茶叶发芽密度提高了9.8%，且收获后的茶叶香气及感官品质均明显提升。

与氨基酸液态肥相比，沼液有机肥则更为常见，在我国使用历史较为久远。沼液中含有植物所需的氮、磷、钾等营养元素，以及赤霉素、吲哚乙酸等生物刺激素。蔬菜生产过程中，叶面喷施沼液能有效提高蔬菜产量及品质。如在香瓜茄种植过程中，喷施稀释后的沼液有机肥，平均单果质量比未喷施处理最高增加 22.2%，试验小区产量提高 30.4%；同时品质方面提升明显，果肉硬度提高 23.2%，可溶性固形物含量增加 15.3%，显著高于未喷施处理。由于沼液有机肥成本较低，在增产的同时，还能提高净经济收益。相关研究表明，通过叶面喷施沼液浓缩液，黄瓜增产率达 6.0%，每亩增收 1224 元；而番茄增产率达 8.0%，每亩增收 664 元。崔文静等分别于山东寿光、莱阳进行富钙镁超滤沼液浓缩中量元素液态有机肥田间试验，结果表明，相对于常规施肥水平，沼液浓缩液能够使番茄株高增加 14.2%，产量提高 7%（图 9-11）。

图 9-11　常规施肥与富钙镁超滤沼液浓缩液态有机肥田间试验

近年来，用作叶面喷施的液态有机肥除沼液、氨基酸液态肥外，还有其他新型液态肥研发。例如，生物质炭液态有机肥，以生物质炭化后的固态和液态产物（木醋液）为原料，通过高温浸提以及一系列特定工艺制成，并在小白菜叶面喷施试验中取得良好效果。通过喷施木醋液浸提有机肥，不仅小白菜产量显著提升了 40.7%，而且在品质方面，小白菜维生素 C 含量显著提升了 25.2%，可溶性蛋白显著提升了 24.6%，同时硝酸盐含量降低了 14.7%（表 9-7）。

表9-7　不同生物质炭木醋液浸提有机肥对小白菜品质的影响

| 处理 | 维生素 C /（mg/100g） | 可溶性糖 /% | 可溶性蛋白 /（g/kg） | 硝酸盐 /（μg/kg） |
|---|---|---|---|---|
| CK | 40.79±5.32b | 0.156±0.01a | 6.25±0.90b | 129.01±7.53a |
| WB | 46.94±2.43a | 0.168±0.01a | 6.79±0.46ab | 120.40±3.79b |
| AB | 47.17±3.22a | 0.171±0.02a | 7.06±1.14ab | 109.72±5.24c |
| MB | 51.05±3.27a | 0.166±0.01a | 7.79±0.69a | 110.04±2.10c |

注：同一列不同字母表示差异显著（$P < 0.05$）。

（2）冲施　液态有机肥具有全水溶的特点，因此在种植过程中可以采用冲施的方式施用。常用来冲施的液态有机肥有：腐植酸液态有机肥、氨基酸液态有机肥、沼液等。研究表明，在大田油菜种植过程中冲施腐植酸液态有机肥，土壤有效磷、铵硝态氮含量在短期内大量提升。其中当有机肥氮替代量达到 70.0% 时，土壤有机质含量显著提升了 28.7%（图 9-12）。

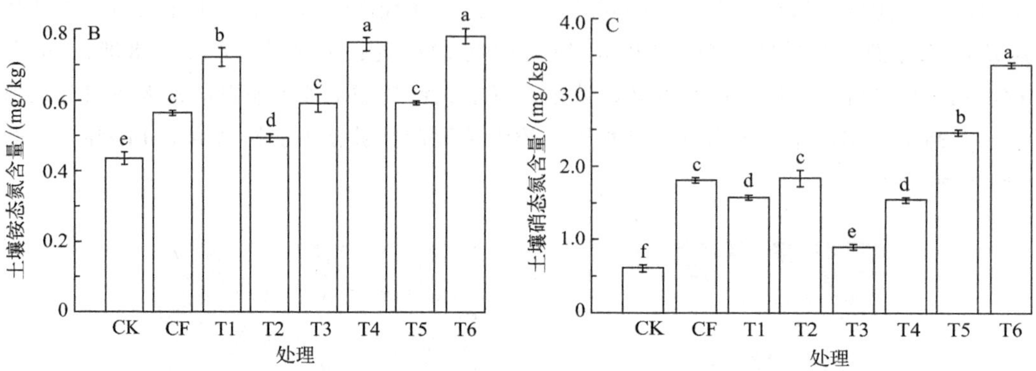


图 9-12　不同施肥处理土壤氮素含量比较

同一指标上不同小写字母表示处理间差异在 $P < 0.05$ 水平显著

在新疆棉花种植过程中，采用 80.0% 常规施肥量 + 液态有机肥（氨基酸、黄腐酸、沼液）冲施，可有效提高棉花地上部分生物量及产量。其中，搭配沼液施肥处理经济效益比常规施肥高 9.4%。另有研究表明，在黄桃种植过程中，冲施经清水稀释后的不同浓度沼液，均能显著提高黄桃产量。其中，冲施 50.0% 稀释浓度沼液能显著提高 276.4% 叶面积、9.7% 叶片密度和 15.7% 果实可溶性固形物，以及 4.4% 黄桃产量，综合效果最好。

（3）其他　其他施用液态有机肥的方式还包括机械喷施、膜下滴灌、水肥一体化、水培等。例如姜佰文等在东北大田玉米种植过程中，采用丹麦 Samson 液态施肥机，将液态有机肥（特殊处理后的牛粪）按 67.5t/hm$^2$ 作为基肥喷洒于地表，后使用五铧翻转犁将有机肥翻至深度 25 ～ 30cm。结果表明，应用液态有机肥减施 40% 化学氮肥处理与常规处理相比氮素积累量显著提高 5.2% ～ 10.0%，籽粒氮素吸收速率提高 21.3% ～ 38.2%，增产 8.4% ～ 9.9%，且显著提高化学氮肥利用效率。

另外在发财树试验中基施液态有机肥（沼液），结果发现当液态有机肥施用量达到 750kg/ha 时，发财树的总生物量鲜重和干重、叶生物量鲜重分别比施常规施肥处理（等氮、磷、钾含量）高 51.7%、114.6%、65.0%。表明在等氮、磷、钾条件下，施液态有机肥能提高发财树的品质及经济效益。

在辣椒种植试验中，采用水肥一体化技术施用氨基酸液态肥代替 50% 氮素，结果使辣椒中可溶性蛋白增加 24.7% ～ 36.7%，产量增加 10.0% ～ 17.6%，硝酸盐含量降低 23.0% ～ 31.7%；同时，显著提高了基质土中的酶活性、微生物数量，且基质土中全氮、碱解氮及有机质含量都显著升高。马立峰等研究了茶园滴灌与机械深施（施肥深度达到 15cm 以上）条件下的“有机肥 + 水肥一体化”高效施肥技术模式，结果表明，与习惯施肥相比，在化肥减量 47% 的情况下，平均增产 19.5%，新梢养分利用率增加了 11.1%，茶叶品质基本持平，每公顷茶园节本增收2.25万元；同时“有机肥＋水肥一体化”高效施肥技术模式能明显降低养分的淋溶损失，有利于减轻环境风险，获得了良好的社会、经济、生态效益。

随着设施蔬菜的发展，利用液态有机肥进行水培种植蔬菜工艺逐渐成熟。研究表明，以不同稀释倍数生物有机肥水培生菜，结果均能提高生菜的产量及品质，使生菜地上部鲜重增加了11.5%～24.0%，可溶性糖含量增加了4.0%～16.5%，硝酸盐含量降低了12.8%～26.0%。夏秀波等发现，在设施番茄（烟粉209）培育过程中，采用液态有机肥部分替代化学冲施肥，能够增加根际土壤中外源真菌种类，改变微生物丰富度、多样性和菌落组成。

另外，液态有机肥对于改善土壤环境、降解农药残留也有一定的作用。例如，战氏氨基酸有机肥（山东威海）对菠菜中毒死蜱、高效氯氰菊酯、百菌清、氧乐果、甲胺磷等5种农药残留均具有较好的促进降解作用，可作为蔬菜绿色高产高效生产的有效手段。相对于常规腐熟或高温消毒的鸡粪，腐植酸液态肥、氨基酸液态肥、海藻酸液态肥在防治韭菜根蛆病症的发生，促进韭菜生长，提高韭菜品质方面均有明显的效果。其他液态有机肥如沼液有机肥、作物堆沤液也能培肥土壤，改善土壤的理化性质，增加作物抗病虫害的能力，提高作物的产量和品质。

## 参考文献


[1] 冯瑶，施媛菲，潘松，等. 发酵和蒸馏过程中添加南果梨对南果梨小米果粮酒的影响 [J]. 中国酿造，2022, 41(9): 222-228.
[2] 张娴莹. 微生物发酵过程特点及发展趋势分析 [J]. 现代盐化工，2022, 49(2): 27-30.
[3] 廖汉鹏，陈志，余震，等. 有机固体废物超高温好氧发酵技术及其工程应用 [J]. 福建农林大学学报 ( 自然科学版 )，2017, 46(4): 439-444.
[4] 李省，赵升吨，贾良肖，等. 有机肥好氧发酵原理及工艺合理性探讨 [J]. 现代农业科技，2014(16): 186-188.
[5] 马天良，谢幸珠，谢天健. 苏芸金杆菌发酵水平与溶氧关系的研究 [J]. 华东化工学院学报，1993(1): 5-12.
[6] 李静. 供氧操作变量对有机液肥好氧发酵的影响 [D]. 晋中：山西农业大学，2019.
[7] 张田，卜美东，耿维. 中国畜禽粪便污染现状及产沼气潜力 [J]. 生态学杂志，2012, 31(5): 1241-1249.
[8] 刘爽. 混合原料厌氧发酵产氢产甲烷技术研究 [D]. 哈尔滨：东北农业大学，2013.
[9] 宋景辉. 不同生物炭对餐厨垃圾厌氧发酵的影响及经济效益分析 [D]. 咸阳：西北农林科技大学，2021.
[10] 夏恺成，周智超，陈长秋，等. 我国农村生活污水厌氧生物处理技术及其应用进展 [J]. 山东化工，2021, 50(17): 109-113.
[11] 沈银书，霍启光. 水解羽毛粉加工技术的研究进展 [J]. 饲料工业，1996(12): 6-11.
[12] 杜静，张聪，奚永兰，等. 沼液膜前预处理及纳滤膜浓缩工艺参数优化 [J]. 浙江农业科学，2021, 62(9): 1844-1848.
[13] 祁步凡，王虹，李俊，等. 沼液膜浓缩液复配肥对小白菜的肥效及安全性研究 [J]. 西南农业学报，2021, 34(1): 89-93.
[14] 张洪志. 利用酒精废液浓缩液生产有机-无机复混肥技术 [J]. 磷肥与复肥，2012, 27(3): 59-60.
[15] 崔文静，李施雨，李国学，等. 基于沼液浓缩的液态有机肥利用现状与展望 [J]. 农业环境科学学报，2021, 40(11): 2482-2493.
[16] 郭占立，胡志刚. 猪场沼液纳滤膜浓缩技术的研究 [J]. 国外畜牧学 ( 猪与禽 )， 2017, 37(10): 57-59.
[17] 高年发，赵伟刚，张淼. 冷冻 ( 冰晶 ) 浓缩法在谷氨酸发酵液提取中的应用与研究 [J]. 中国酿造，2009(11): 76-78.
[18] 李汪晟. 畜禽养殖沼液浓缩液液肥化技术研究 [D]. 长沙：湖南农业大学，2017.
[19] 蔡昌武. 氨基酸及其衍生物的分离提纯在手性合成中的应用 [J]. 黑河学院学报，2021, 12(5): 186-188.
[20] 沈欣，辛景树，李燕婷，等. 水溶肥料产品登记现状 [J]. 中国土壤与肥料，2021(02): 296-301.
[21] 王志民，蔡光泽，陈开陆，等. 我国农业生产中的施肥理论与实践误区 [J]. 西昌学院学报 ( 自然科学版 ), 2019, 33(2): 4-7.
[22] 陈清，周爽. 我国水溶性肥料产业发展的机遇与挑战 [J]. 磷肥与复肥，2014, 29(6): 20-24.
[23] 陈清，张强，常瑞雪，等. 我国水溶性肥料产业发展趋势与挑战 [J]. 植物营养与肥料学报，2017, 23(6): 1642-1650.
[24] 徐秋明，赵秉强，张福锁，等. 我国新型肥料发展战略研究 [J]. 植物营养与肥料学报，2004(5): 536-545.
[25] 王连祥，程亮，曲杰，等. 功能性液体水溶肥料研究 [J]. 磷肥与复肥，2020, 35(4): 15-17.
[26] 刘秀秀，冯小亮，吕东波. 生物刺激素在农业中的应用现状及发展前景 [J]. 南方农业，2017, 11(14): 88-89.
[27] 刘国秀，沈宏. 生物刺激素及其在农业中的应用 [J]. 磷肥与复肥，2020, 35(11): 22-26.
[28] 张强，常瑞雪，胡兆平，等. 生物刺激素及其在功能水溶性肥料中应用前景分析 [J]. 农业资源与环境学报，2018, 35(2): 111-118.
[29] 张强，付强强，陈宏坤，等. 我国水溶性肥料的发展现状及前景 [J]. 山东化工，2017, 46(12): 78-81.
[30] 王红慧，宋凯强. 水溶肥料产品质量现状分析与对策 [J]. 浙江农业科学，2021: 1-3.
[31] 白由路. 我国肥料产业面临的挑战与发展机遇 [J]. 植物营养与肥料学报，2017, 23(1): 1-8.
[32] 傅送保，李代红，王洪波，等. 水溶性肥料生产技术发展 [J]. 磷肥与复肥，2013, 28(5): 46-50.

[33] 章秀芳，高宏旗. 化妆品增溶剂的比较研究 [J]. 广州化工，2020, 48(15): 84-86.
[34] 刘春兰，许月峰. 增溶剂的增溶原理及其在制剂生产中的应用 [J]. 中国药业，2008, 17(4): 13-14.
[35] 周雅文，刘静伟，赵莉，等. 表面活性剂的性能与应用（Ⅸ）——表面活性剂的增溶作用及其应用 [J]. 日用化学工业，2014, 44(09): 486-489.
[36] 汤建伟，张宝林. 表面活性剂在化肥生产中的应用 [J]. 化肥工业，2001(03): 3-8.
[37] 王楠，张桂菊，赵莉，等. 表面活性剂的性能与应用（Ⅻ）——表面活性剂的分散作用及其应用 [J]. 日用化学工业，2014, 44(12): 666-670.
[38] 肖进新，赵振国. 表面活性剂应用原理 [M]. 北京：化学工业出版社，2003.
[39] 李志礼，庞煜霞，葛圆圆，等. 木质素磺酸钠分散剂的制备及其在农药中的应用 [J]. 中国造纸，2010, 29(5): 38-42.
[40] 赵小平，郑卫东，王申生，等. 新型农药分散剂聚羧酸盐合成的国内外研究进展 [J]. 精细与专用化学品，2014, 22(3): 11-21.
[41] 黄金友. 中国农药剂型及表面活性剂的发展趋势 [J]. 精细化工中间体，2003(1): 11-13.
[42] 惠蒙蒙，杨许召，徐清杰，等. 表面活性剂在现代农业技术领域中的应用 [J]. 日用化学品科学，2017, 40(7): 48-52.
[43] 郭振豪，张博，刘京玲，等. 聚羧酸盐与磺酸盐分散剂的复配及其在农药水分散粒剂中的应用研究 [J]. 世界农药，2016, 38(3): 49-53.
[44] 刘英梅，白建忠，罗润芝，等. 增稠剂研究进展 [J]. 山东化工，2017, 46(4): 59-60.
[45] 于丽，邢铁玲，关晋平，等. 增稠剂的种类及应用研究进展 [J]. 印染，2017, 43(10): 51-55.
[46] 彭军，关涛，任碧野. 有机高分子缔合型增稠剂的应用及增稠机理研究 [J]. 广东化工，2021, 48(10): 63, 88-89.
[47] 胡楠，胡明明，李志鑫，等. 消泡剂的研究进展与展望 [J]. 盐科学与化工，2021, 50(3): 10-16.
[48] 马利海，马思远. 油品消泡剂的消泡原理及应用 [J]. 内蒙古石油化工，2018, 44(9): 18-20.
[49] 张利国. 消泡剂消泡机理、应用及评价方法介绍 [J]. 日用化学品科学，2018, 41(2): 40-44.
[50] 王艳丽，白世明，李娜，等. 消泡剂在工业生产中的研究进展 [J]. 化工管理，2021(8): 81-82.
[51] 刘杨，单珍，曹添. 脂肪醇乳液消泡剂的制备及性能研究 [J]. 中国造纸，2018, 37(8): 19-23.
[52] 冯建国，路福绥，武步华，等. 有机硅消泡剂在农药加工中的应用现状和展望 [J]. 农药科学与管理，2010, 31(1): 30-33.
[53] 段书德，于宏伟，谷维娜，等. 农用表面活性剂的研究进展 [J]. 安徽农业科学，2009, 37(7): 2842-2843.
[54] 王曼如，闫湘，李秀英. 表面活性剂在农业中的应用及对水环境的危害 [J]. 中国土壤与肥料，2018(6): 11-15.
[55] 谭婷婷，郝姗姗，赵莉，等. 表面活性剂的性能与应用（XIV）——表面活性剂的润湿作用及其应用 [J]. 日用化学工业，2015, 45(2): 72-75.
[56] 冯建国，王佳，马超，等. 磷酸酯类表面活性剂在农药剂型加工中的应用 [J]. 日用化学工业，2013, 43(1): 64-67.
[57] 赵国玺. 表面活性剂作用原理 [M]. 北京：中国轻工业出版社，2003.
[58] 周雅文，贾美娟，刘金凤，等. 表面活性剂的性能与应用（XXⅢ）——表面活性剂在农药中的应用 [J]. 日用化学工业，2015, 45(11): 606-610.
[59] 李玉顺，高继光，刘伟，等. 浅析液体肥发展现状与存在问题 [J]. 氮肥技术，2016, 37(4): 48-50.
[60] 许德军，钟本和，张志业，等. 水溶性聚磷酸铵的制备及应用研究进展 [J]. 化工进展，2021, 40(1): 378-385.
[61] 王连祥. 高养分液体复合肥料的生产工艺 [J]. 磷肥与复肥，2007(4): 54-55.
[62] 李腾升，魏倩倩，黄明丽，等. 糖醇螯合肥在农业上的应用研究进展 [J]. 土壤学报，2021, 58(6): 1393-1403.
[63] 穆杰，徐阳春，沈其荣. 复合氨基酸微量元素螯合肥制备工艺研究 [J]. 植物营养与肥料学报，2006(6): 896-901.
[64] 栗方亮，张青，孔庆波. 悬浮液体肥料生产技术及一体化设备研究 [J]. 福建农业科技，2018(5): 49-51.
[65] 李建峰，孙文广，郑继亮. 悬浮态液体肥料生产技术简析 [J]. 新疆农业科技，2021(2): 41-43.
[66] 许斌星，马标，陈永生，等. 我国设施蔬菜有机肥撒施装备研究现状及发展趋势 [J]. 中国农机化学报，2017, 38(6): 40-44.
[67] 张鲁云，何义川，杨怀君，等. 液体施肥机械发展现状与现代农业关系分析 [J]. 中国农机化学报，2021, 42(4): 34-40.
[68] 王鹏宇，梁春英，于天齐，等. 液态肥精准变量施用技术发展与分析 [J]. 热带农业工程，2020, 44(2): 72-75.
[69] 郑庭茜. 生物质炭液体有机肥在蔬菜喷施上的应用研究 [D]. 南京：南京农业大学，2018.
[70] 赵贵，刘文杰. 浅析叶面肥的施肥原理及特点 [J]. 农村实用科技信息，2009(4): 19.
[71] 孙得芳，王娜，庞世花，等. 叶面肥发展现状与展望 [J]. 山东化工，2017, 46(7): 89-90.
[72] 张敏. 叶面肥的应用研究进展及营养机理 [J]. 磷肥与复肥，2014, 29(5): 25-27.
[73] 倪元. 欧美农田牧场施肥专用汽车（上）[J]. 专用车与零部件，2017(5): 44-50.
[74] 倪元. 欧美农田牧场施肥专用汽车（下）[J]. 专用车与零部件，2017(6): 36-47.
[75] 董和银，张涛，滕翔，等. 9YPE-10 型液态肥撒播机的研制 [J]. 新疆农机化，2019(2): 5-7.
[76] 陈红，夏彬芸，邵显，等. 沼液滴灌系统灌水器堵塞模型构建及系统参数优化 [J]. 农业工程学报，2020, 36(3): 99-106.
[77] 张秋香，武绍波，李文祥. 树干注射技术及其在果树上的应用 [J]. 西北农业学报，2004(3): 154-157.
[78] 王洪强，林涛，鞠传波，等. 施肥新器械——液体施肥枪 [J]. 烟台果树，2005(1): 28-29.
[79] 冯金龙，王金武. 探针注入式深层施肥机构的运动分析 [J]. 农机化研究，2007(4): 64-65.
[80] 李金朋. 轮式点状液态注肥机开发与试验 [D]. 咸阳：西北农林科技大学，2015.
[81] 孙丽，苗宁，金志成，等. 山东省蓝莓种植中常用有机肥的应用 [J]. 安徽农业科学，2012, 40(32): 15727-15728.
[82] 曹士先，晁倩林，徐鹃鸽，等. 一种新型液体有机肥对水仙乌龙茶茶叶品质及土壤主要营养成分的影响 [J]. 安徽农业科学，2021, 49(4): 152-154.
[83] 陈年来，毛昊昊，陈思瑾，等. 叶面喷施沼液肥对温室香瓜茄叶片光合特性、果实产量和品质的影响 [J]. 中国瓜菜，2021, 34(4): 88-93.
[84] 薛淑华，张春烨，刘晓莉，等. 黄瓜、番茄喷施纯沼浓液效果试验报告 [J]. 吉林农业，2013(4): 72.
[85] 万辰，马瑛骏，张克强，等. 洱海流域不同有机肥替代对土壤理化性质及油菜产量的影响 [J]. 农业环境科学学报，2021, 40(11): 2494-2502.

[86] 李源，张炎，哈丽哈什・依巴提，等. 化肥减施与液体有机肥配施对棉花养分吸收、产量的影响 [J]. 新疆农业科学，2019, 56(1): 137-145.
[87] 王中军，颜振峰，张林琳，等. 不同浓度沼液滴灌对设施栽培黄桃黄金蜜 1 号长势、产量和果实品质的影响 [J]. 江苏农业科学，2021, 49(24): 164-166.
[88] 姜佰文，牛煜，王春宏，等. 应用液体有机肥减施氮肥对玉米氮素利用效率及产量的影响 [J]. 东北农业大学学报，2020, 51(12): 24-31.
[89] 杨怀. 养猪场沼液转化液体有机肥及应用研究 [D]. 海口：海南大学，2011.
[90] 彭宇. 氨基酸液体有机肥替代部分氮素对辣椒生长、品质及土壤质量的影响配 [D]. 乌鲁木齐：新疆农业大学，2021.
[91] 马立锋，石元值，杨向德，等. “有机肥 + 水肥一体化”高效施肥技术模式 [J]. 中国茶叶，2020, 42(2): 46-47.
[92] 曹培荣. 液体生物有机肥对水培生菜生长和品质的影响 [D]. 广州：华南农业大学，2016.
[93] 夏秀波，李涛，姚建刚，等. 液态有机肥部分替代化肥对设施番茄根区真菌菌群的影响 [J]. 北方园艺，2021(12): 79-87.
[94] 费新民，陈莉，费炳翔，等. 氨基酸有机肥降解蔬菜中农药残留的效果研究 [J]. 现代农业科技，2021(12): 98-102.
[95] 于娟. 肥源对设施韭菜根蛆防控及韭菜生长和品质的影响 [D]. 保定：河北农业大学，2015.
[96] 李艳. 粮-油-粮种植模式下沼液连续施用对土壤质量和稻米品质的影响 [D]. 雅安：四川农业大学，2012.

中国肥料研究与应用全书

Books of Fertilizer Research and Application in China

FERTILIZER

第 10 章

# 有机（类）肥料与农田土壤培肥

# 10.1 有机（类）肥料与东北黑土区土壤培肥

我国东北黑土区包括黑龙江省、吉林省、辽宁省和内蒙古自治区东四盟（即赤峰市、通辽市、呼伦贝尔市、兴安盟），目前土地总面积 109 万平方公里，其中耕地 1853.33 万平方公顷。新中国成立后，该地区自然土壤得到了大面积开发利用，农业生产具有规模化、集约化和信息化等特点，东北黑土地区粮食产量不断增加，占全国粮食增产的主导地位。然而，由于土壤侵蚀、有机质减少和土壤酸化，面临着土壤退化的挑战。在自然条件下，东北黑土地区土壤有机质含量一般为 20 ～ 150g/kg，但开垦后土壤有机质含量明显下降，如果耕作管理不当，有机质含量会持续下降。土壤有机质是土壤质量的核心，有机质含量降低，土壤团粒结构被破坏，通透性变差，缓冲性能减弱，导致耕地质量下降，农作物减产，影响我国的粮食安全。

## 10.1.1 东北黑土区耕地现状与存在问题

### 10.1.1.1 东北区域广阔，黑土区耕地面积较大

东北黑土地区主要集中在黑龙江省、吉林省、辽宁省以及内蒙古自治区东四盟地区（E 118° 53′ ～ 135° 5′，N 38° 43′ ～ 53° 33′），总面积 124.16 万平方公里。东北隔黑龙江和乌苏里江与俄罗斯相望，东南隔图们江和鸭绿江紧邻朝鲜，西与蒙古国接壤，西南与河北省相邻，南临渤海与黄海。地形多为山麓平原和山前洪积阶地，地势平缓辽阔，为波状漫岗起伏，坡度范围在 1°～ 5°之间。

东北黑土发育于多种基性母质上，包括石灰岩、玄武岩、第三系河流和湖泊沉积物，母岩中含有丰富的斜长石、铁镁矿物和碳酸盐。黑土区属于温带大陆性季风气候，四季分明，冬季漫长，寒冷干燥，年平均气温分布在 −2 ～ 8℃，年均降雨量分布在 400 ～ 700mm。通常认为黑土是在温带草原、草甸条件下形成的土壤，母质绝大多数为黄土性黏土，土壤质地黏重，透水不良，且有季节性冻层。在温暖多雨的夏季，植物生长茂盛，使得地上及地下有机物年积累量非常大；而到了秋末，霜期到来早，植物枯死保存在地表和地下；随着气温急剧下降，残枝落叶等有机质来不及分解，等到来年夏季土壤温度升高时，在微生物的作用下，植物残体转化成腐殖质在土壤中积累，从而形成深厚的腐殖质层。数万年至几十万年前，草原和森林植被枯死后的残体在原先的沙砾层上逐渐堆积，形成厚重的腐殖质层，最终发育成养分丰富的黑土。据估计，每形成 1m 厚的黑土层，需要 3 万～ 4 万年。因此，黑土是东北地区特有的气候和植被相互作用而形成的土壤类型。

东北是我国重要的商品粮基地，区域内耕地多数集中在松嫩平原、三江平原、辽河平原和大兴安岭山前平原。该区域耕地总面积 3750.0 万公顷，其中旱地 2758.1 万公顷，水田 659.7 万公顷，水浇地 332.1 万公顷（表 10-1）。

表10-1　东北黑土区耕地面积　　单位：万公顷

| 黑土区 | 耕地 | 旱地 | 水浇地 | 水田 |
| --- | --- | --- | --- | --- |
| 黑龙江省 | 1719.5 | 1231.4 | 7.2 | 480.9 |
| 吉林省 | 749.9 | 647.6 | 4.0 | 98.2 |
| 辽宁省 | 518.2 | 433.7 | 19.5 | 65.0 |
| 内蒙古东四盟 | 762.4 | 445.4 | 301.4 | 15.6 |
| 合计 | 3750.0 | 2758.1 | 332.1 | 659.7 |

资料来源：全国第三次国土调查。

### 10.1.1.2　黑土地区土壤开垦率高，但后备资源不多

东北平原及漫川漫岗地区主要土壤为黑土、黑钙土、白浆土和草甸土，总土壤面积为3344.3万公顷，已开垦为耕地的有1875.9万公顷，开垦率平均为56.1%（表10-2）。目前，非耕地面积尚有1468.4万公顷，包括林地、草地及建设用地。这些非耕地开垦为耕地的难度较大，按一般40%的开垦率计算，可开垦为耕地的仅有587.4万公顷。因此，东北黑土地区土地开垦率已较高，耕地后备资源储备较少，能开垦为优质耕地的面积更少，且难度很大。

表10-2　东北地区主要土壤与耕地面积　　单位：万公顷

| 土壤类型 | 总面积 | 耕地面积 | 开垦率/% | 非耕地面积 | 可开垦地面积 |
| --- | --- | --- | --- | --- | --- |
| 黑土 | 701.5 | 476.3 | 67.9 | 225.2 | 90.1 |
| 黑钙土 | 957.7 | 370.8 | 38.7 | 586.8 | 234.7 |
| 白浆土 | 527.2 | 323.1 | 61.3 | 204.1 | 81.6 |
| 草甸土 | 1157.9 | 705.7 | 60.9 | 452.2 | 180.9 |
| 合计/平均 | 3344.3 | 1875.9 | 56.1 | 1468.3 | 587.3 |

注：1. 本表数据来自《中国土壤普查数据》（1997年）。

2. 可开垦面积=非耕地面积×40%（假定的开垦率为40%）。

### 10.1.1.3　黑土地区耕地面积较大，但中低田比例较高

黑土地区耕地面积为3750.0万公顷，占全国耕地面积的四分之一左右。根据2014年国家公布的耕地质量评价分级结果，该区耕地质量平均为3.84等。其中高等地（1～3）面积992.74万公顷，占比27.70%；中等地（4～7）面积2161.88万公顷，占比60.33%；低等地（8～10）面积429.05万公顷，占比11.97%（表10-3）。中低等地占比较高，达到了72%。

表10-3 东北黑土地区耕地质量等级面积与比例

| 等级 | 统计项 | 黑龙江省 | 黑龙江省农垦总局 | 吉林省 | 辽宁省 | 内蒙古东四盟 | 总计 |
|---|---|---|---|---|---|---|---|
| 高等地 | 面积 / 万公顷 | 282.24 | 171.46 | 258.93 | 206.78 | 73.33 | 992.74 |
| | 比例 /% | 17.39 | 59.66 | 44.34 | 41.25 | 12.48 | 27.70 |
| 中等地 | 面积 / 万公顷 | 1134.27 | 105.43 | 248.84 | 271.48 | 401.86 | 2161.88 |
| | 比例 /% | 69.87 | 36.68 | 42.62 | 54.15 | 68.38 | 60.33 |
| 低等地 | 面积 / 万公顷 | 206.81 | 10.52 | 76.13 | 23.06 | 112.53 | 429.05 |
| | 比例 /% | 12.74 | 3.66 | 13.04 | 4.60 | 19.15 | 11.97 |
| 合计 | 面积 / 万公顷 | 1623.32 | 287.41 | 583.90 | 501.32 | 587.72 | 3583.67 |

资料来源：《东北黑土区耕地质量评价》。

#### 10.1.1.4 黑土地区利用强度较大，导致黑土变薄变瘦变硬

东北黑土地区土壤肥沃，是我国重要的农业产品基地。近年来，由于自然因素制约和人为高强度利用，该区域水土流失日益严重。据调查，黑土区平均每年流失 0.3 ～ 1.0cm 厚的黑土表层，原本较厚的黑土层现在只剩下 20 ～ 30cm（图 10-1），有的地方甚至已露出黄土状母质，基本丧失了生产能力。据测算，黑土地区现有的部分耕地再经过 40 ～ 50 年的流失，黑土层将全部消失。目前东北典型黑土区存在水土流失的面积有 4.47 万平方公里，约占典型黑土区总面积的 26.3%。每生成 1cm 黑土需要 200 ～ 400 年时间，而现在部分黑土层却在以每年近 1cm 的速度流失，黑土层愈来愈薄。

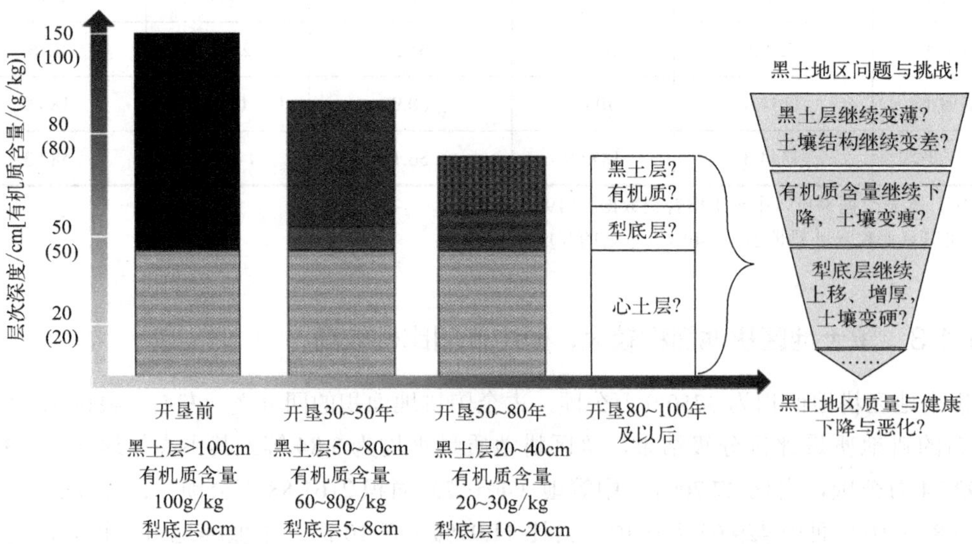


图 10-1 东北黑土地区土壤剖面层次及有机质含量变化

东北黑土地区土壤具有丰厚的腐殖质，碳储量巨大，因此相对于其他土壤类型，更容易受到扰动，其微小变化都会对气候变化产生重要影响。东北黑土有机质含量从原来开垦初期的 60 ～ 80g/kg，耕种 20 ～ 30 年后下降到 20 ～ 30g/kg，2014 年平均为 30.56g/kg。损失的碳从土壤中释放到大气中，导致大气中 $CO_2$ 含量增加，影响气候变化，使土壤从“碳汇”转为“碳源”。黑土有机碳储量的降低导致黑土愈来愈瘦。

多年来，东北地区普遍采用小四轮拖拉机进行农田耕作及运输，反复碾压导致耕层土壤容重增加，土壤板结，孔隙减少，通透性变差，入渗能力下降。黑土理化性状的恶化导致保水保肥性能减弱，抗御旱涝能力降低，团粒结构不断减少，土壤日趋板结，黑土愈来愈硬。

### 10.1.1.5 黑土地耕层土壤pH值下降，土壤酸化趋势明显

耕层土壤酸化是近年来黑土地区存在的主要问题。土壤 pH 值下降酸化，不仅影响作物的根系发育和养分吸收，而且会活化土壤中的重金属，导致土壤农作物中重金属含量超标。从全区土壤情况来看（表 10-4），pH 值在 5.5 ～ 6.5 的耕地占 46.89%，其中黑龙江省占本区域耕地面积 54.90%，农垦总局占 75.42%，都存在明显的酸化趋势。从耕地的土壤类型看，黑土 pH 均值为 5.98，暗棕壤为 5.91，棕壤为 6.26，草甸土为 6.70，白浆土为 5.84，水稻土为 6.32。由此可见，黑土地区土壤酸化趋势明显，必须引起高度重视。

表10-4 东北黑土区不同pH值级别下的耕地面积统计

| 项目 | 面积及比例 | pH 值 | | | | |
|---|---|---|---|---|---|---|
| | | ≥ 8.5 | 7.5 ～ 8.5 | 6.5 ～ 7.5 | 5.5 ～ 6.5 | < 5.5 |
| 黑龙江省 | 耕地面积 / 万公顷 | 3.08 | 157.43 | 424.54 | 891.28 | 147.00 |
| | 占该区耕地 /% | 0.19 | 9.70 | 26.15 | 54.90 | 9.06 |
| 黑龙江省农垦总局 | 耕地面积 / 万公顷 | 0.05 | 12.66 | 21.86 | 216.76 | 36.07 |
| | 占该区耕地 /% | 0.02 | 4.41 | 7.61 | 75.42 | 12.54 |
| 吉林省 | 耕地面积 / 万公顷 | 21.06 | 201.78 | 94.65 | 191.35 | 75.08 |
| | 占该区耕地 /% | 3.61 | 34.56 | 16.21 | 32.77 | 12.85 |
| 辽宁省 | 耕地面积 / 万公顷 | 2.93 | 95.73 | 176.62 | 207.15 | 18.89 |
| | 占该区耕地 /% | 0.58 | 19.10 | 35.23 | 41.32 | 3.77 |
| 内蒙古东四盟 | 耕地面积 / 万公顷 | 59.73 | 245.36 | 102.20 | 173.86 | 6.55 |
| | 占该区耕地 /% | 10.16 | 41.75 | 17.39 | 29.58 | 1.12 |
| 东北黑土区 | 耕地面积 / 万公顷 | 86.85 | 712.96 | 819.87 | 1680.40 | 283.59 |
| | 占全区该级耕地 /% | 2.42 | 19.89 | 22.88 | 46.89 | 7.92 |

黑土地区酸化问题日益严重，主要是自然因素和人为因素两方面作用的结果。自然因素主要是大量降雨（或酸雨）导致土壤盐基离子淋失，以及土壤中微生物通过分解有机物产生

大量酸性物质；人为因素主要是过量施用氮肥，导致土壤 pH 值不断下降。

#### 10.1.1.6 基础设施投入不足，法律保护措施落实不到位

东北黑土地区农田基础设施建设相对滞后，大多数地区基础设施是 20 世纪 70 ～ 80 年代建设的，已经很难满足当前农业生产的需求。尤其是土地联产承包以后，农田防护林体系破坏比较严重，防风防蚀能力下降，风蚀水蚀频繁发生，导致黑土层逐年变薄，土壤质地变粗，严重地导致沙化。我国现有的法律、法规等在耕地质量保护方面不够健全，如我国《农业法》《土地管理法》《基本农田保护条例》等法律法规对耕地质量管理作了一些原则性的规定，但内容不够具体，操作性不强，在实际工作中难以落实。

### 10.1.2 东北黑土区耕地土壤有机培肥模式

自 1980 年以来，东北黑土区各农作物种类单位面积施用化肥量都有显著的增加（表 10-5）。但从近三年的数据看，各区化肥单位面积用量增长较缓，且水稻的 N 肥和 P 肥出现相对下降趋势。总体来看，在化肥施用种类中，氮肥施用量最大，其次是磷肥，再次是钾肥。此外，有机肥用量虽然逐年稳步提升（表 10-6），不同作物氮、磷、钾比例及施肥结构日趋合理，但有机肥施用量不高，尚达不到提升和维持地力的基本要求。

表10-5 东北黑土区农作物化肥施用情况汇总

| 年份 | 水稻 / (kg/hm$^2$) | | | 玉米 / (kg/hm$^2$) | | | 大豆 / (kg/hm$^2$) | | |
|---|---|---|---|---|---|---|---|---|---|
| | N | $P_2O_5$ | $K_2O$ | N | $P_2O_5$ | $K_2O$ | N | $P_2O_5$ | $K_2O$ |
| 1980 | 4.13 | 2.28 | 0.63 | 3.94 | 2.45 | 0.44 | 1.33 | 1.78 | 0.14 |
| 1990 | 6.19 | 3.04 | 1.48 | 7.54 | 3.84 | 1.45 | 1.87 | 2.31 | 0.88 |
| 2000 | 8.77 | 4.27 | 2.33 | 9.95 | 4.51 | 2.09 | 2.49 | 3.18 | 1.45 |
| 2010 | 10.10 | 5.17 | 4.19 | 11.61 | 5.23 | 3.59 | 3.39 | 4.10 | 2.51 |
| 2020 | 11.44 | 6.29 | 5.35 | 12.86 | 6.37 | 4.72 | 4.48 | 4.96 | 3.37 |

表10-6 东北黑土区农作物商品有机肥施用情况汇总

| 年份 | 水稻 / (kg/hm$^2$) | | | 玉米 / (kg/hm$^2$) | | | 大豆 / (kg/hm$^2$) | | |
|---|---|---|---|---|---|---|---|---|---|
| | N | $P_2O_5$ | $K_2O$ | N | $P_2O_5$ | $K_2O$ | N | $P_2O_5$ | $K_2O$ |
| 1980 | 0.04 | 0.01 | 0.01 | 0.02 | 0.01 | 0.01 | 0.02 | 0.01 | 0.01 |
| 1990 | 0.06 | 0.04 | 0.04 | 0.04 | 0.06 | 0.04 | 0.04 | 0.04 | 0.03 |
| 2000 | 0.06 | 0.04 | 0.04 | 0.05 | 0.06 | 0.04 | 0.04 | 0.04 | 0.04 |
| 2010 | 0.14 | 0.08 | 0.06 | 0.17 | 0.10 | 0.09 | 0.08 | 0.07 | 0.08 |
| 2020 | 0.17 | 0.09 | 0.07 | 0.17 | 0.11 | 0.07 | 0.14 | 0.09 | 0.10 |

### 10.1.3　东北黑土区耕地质量提升关键技术

国家高度重视东北黑土地保护利用。从2016年起习近平总书记曾三次调研视察黑土地，对黑土地保护做出了重要指示。2015年开始，农业部、财政部实施了东北黑土地保护利用项目。2017年，经过国务院同意，农业部等6部门印发了《东北黑土地保护规划纲要（2017—2030年）》。为保障东北黑土地保护利用，农业农村部耕地质量检测保护中心组织专家，以解决黑土地突出问题为导向，依托已有科研成果，针对不同气候条件、地形地貌、土壤类型、种植制度，提出不同的技术措施。在此基础上，将工程、农艺、生物等多项技术集成组合，在东北黑土地保护利用项目包片专家指导下，边实际应用边调整改进。经过多年的示范、总结，已形成了将东北黑土地按水田、旱地进行一级分区，再按光热、降水、地形等对旱地进行二级分区，归纳出黑土地保护利用综合技术模式9个，为实施国家黑土地保护利用工程提供技术支撑，同时也方便基层农业部门、新型农业经营主体等实施黑土地保护利用的单位、组织和农户选择应用。

#### 10.1.3.1　第三积温带以北肥沃耕层构建技术模式

该模式适用于黑龙江省第三、第四、第五和第六积温带，土壤质地黏重的黑土和草甸土耕地。操作要点包括：以三年为一个轮作和耕作周期。第一年种植玉米，实施玉米秸秆一次性深混还田或者秸秆配合有机肥深混还田技术。主要包括秋季玉米联合收获后采用秸秆粉碎机对散落的秸秆进行二次粉碎（10cm左右），再进行有机肥抛撒（45t/hm$^2$），并采用200马力（1马力=735W）以上的机车牵引液压翻转犁进行深翻（30～35cm），重耙2次，起垄后待播。玉米播种、施肥（化肥）及田间管理与常规耕种基本相同。第二年种植大豆，播种、施肥、田间管理与常规耕种方式相同，秋收后实施秸秆覆盖免耕。第三年免耕种植玉米，实施玉米秸秆一次性深混还田或者秸秆配合有机肥深混还田，秋季免耕，第一个玉米-大豆-玉米轮作周期结束。

#### 10.1.3.2　三江平原耕层改良培肥技术模式

该模式适用于三江平原旱田耕地。采用秸秆深混还田技术与增施有机肥和磷肥活化土层技术相结合。玉米秸秆、有机肥和磷肥深翻还田一次的效果可维持6～7年。操作要点包括：第一年种植玉米，实施玉米秸秆配合有机肥、磷肥深混还田技术。包括秋季玉米用联合收割机收获后，采用秸秆粉碎机对散落的秸秆进行二次粉碎（10cm左右），抛撒有机肥（45t/hm$^2$），在白浆土区域抛撒磷酸二铵（150kg/hm$^2$），采用200马力以上的拖拉机配套液压翻转犁进行深翻作业（30～35cm），晒垡3～5天后重耙2次，起垄镇压。玉米播种、施肥及田间管理与常规耕种方式相同。第二年种植大豆，播种、施肥、田间管理与常规耕种方式基本相同，播种后进行深松，秋收后实施秸秆旋耕还田。第三年种植玉米，实施玉米秸秆一次性深混还田，除不施用有机肥外，其他技术措施均与第一年相同，本轮玉米-大豆-玉米轮作周期结束。

#### 10.1.3.3　东北中南部黑土地雨养区地力保育技术模式

该模式适用于黑龙江省第三积温带以南中部半湿润、有效积温大于2300℃、降雨量在

450 ～ 650mm 的地区，玉米种植以雨养为主，土地平整，黑土层厚度在 30cm 以上。操作要点包括：①玉米连作区，三年为一个循环。第一年玉米秸秆全量深翻还田，播种采用免耕平播种植，选择耐密或半耐密品种，施肥管理与常规种植基本相同，玉米完熟期收获并将秸秆粉碎，采用液压翻转犁将秸秆翻埋入土后并重新耙地。第二、第三年，玉米秸秆全量覆盖归行还田，要求秸秆粉碎均匀抛撒于地表，无明显堆积和漏切，利用专用的小型秸秆归行机械清理出地表待播种带，采用免耕播种机一次性完成播种、施肥、覆土、镇压，实行宽窄行免耕平播种植，养分管理与第一年相同。②米豆轮作区，三年为一个循环周期。第一年进行玉米秸秆深翻还田，第二年进行大豆秸秆覆盖还田，第三年进行玉米秸秆全量归行覆盖还田。

#### 10.1.3.4　东北中南部黑土地灌溉区补水保苗提升地力技术模式

该模式适用于吉林省西部降雨量在 400mm 左右，地势平坦、有灌溉条件的地区。操作要点包括：选用符合国家标准的地膜、滴灌带、水溶性肥料、过滤器、施肥罐等；选择中晚熟耐密型玉米品种，密度 7.0 万～ 8.0 万株 / 公顷；以自然降水为主，补水灌溉为辅，实行水肥一体化管理，总量控制，分期调控；田间管理重点是引苗（玉米第一片真叶展开后将错位苗和土埋苗及时引出）、去分蘖（玉米 5 ～ 6 叶期要及时去除分蘖）、喷施化控剂（在玉米生育期间，及时喷施化控防倒制剂）、清田（要经常查看田间出苗情况并及时清除田间弱苗和杂草）；适时晚收，进行秸秆粉碎处理并均匀覆盖，翻埋至 20 ～ 30cm 土层，旋耕耙平并进行重镇压。

#### 10.1.3.5　风沙干旱区黑土地水土保持提升地力技术模式

适用范围为风沙干旱和半干旱地区玉米与大豆等作物轮作区域及玉米连作区域，也可因地制宜地应用到其他区域，但砾石（粒径大于 10mm）偏多区域慎用。操作要点包括：以高留茬免耕播种覆秸联合作业和深松整地为机械化技术核心，对于玉米-大豆轮作地区，大豆收获后秋季深松整地；对于玉米连作区，三年实施一次秋季深松整地。建议采用“玉米-玉米-大豆”轮作模式，依据不同作物后茬特点对应采用“免-免-松 / 翻 / 联合整地”的土壤耕作方式。选择耐密、秆强、控倒、丰产性主导品种，要进行种子包衣；采用原茬地免耕覆秸精量播种机一次性完成免耕施肥、精量播种、覆土镇压、药剂喷施和覆秸作业。要加强田间管理，采用机械、化学综合灭草，以封闭除草为主，茎叶除草为辅；及时进行大豆、玉米病虫害防治和化控防倒制剂喷施；在收获作业方面，采用联合收割机收获玉米时，撤掉或分离收割机底刀及秸秆粉碎装置的动力，可以进行冻收并保留田间秸秆高留茬状态越冬至次年适播期；采用专用联合收割机适时收获大豆，建议配置挠性割台。

#### 10.1.3.6　风沙干旱区黑土地保墒增温提升地力技术模式

适用区域为黑龙江、吉林、辽宁三省西部和内蒙古自治区东部风沙干旱玉米连作区。操作要点包括：机械收获的同时将秸秆粉碎抛撒于地表，采用条带整地秸秆粉碎还田方式或秸秆归行免耕方式，深松深度以打破犁底层为宜。选择通过审定的耐密、秆强、抗倒、丰产性主导品种，要进行种子包衣。利用早春“返浆水”抢墒播种，采用普通精量播种机或轻简型免耕播种机，实现保护性耕作，同时施肥。对于秸秆归行处理方式，采用普通免耕播种机一次性完成播种、施肥、覆土等环节，播后及时重镇压，镇压要无漏无重，抗旱保墒。在病虫害草防控、中耕和化学调控环节上，同风沙干旱区黑土地水土保持提升地力技术模式。在收获作业上，选用玉米联合收割机进行玉米果穗直收或籽粒直收。

#### 10.1.3.7 坡耕地黑土保土提质综合技术模式

适用区域为东北低山丘陵区和漫川漫岗黑土区5.0°以下的坡地。操作要点包括：要进行坡面水土保持整治工程，重点是秋收后旋耕或耙平地表，沿等高线旋耕起垄，一次性完成作业，来年实施条带种植。消除顺坡/斜坡垄作导致的水土流失加剧，降低垄向坡度，减小汇集于垄沟的径流流速和冲刷力，延长径流渗透时间，实现坡耕地水土保持。实施保土提质农艺措施，三年为一个周期。第一年种植玉米，实施秸秆全量覆盖还田条耕技术，重点是将收获后覆于地表的碎秸秆二次粉碎，秸秆管被打碎为条片状，垄台直立茬管全部被打碎并汇集于垄沟位，垄台露出地表；利用条耕犁沿垄台实施条耕作业，创造宽深约20cm的种床。第二年春季在种床上直接播种、施肥，用免耕播种机播种，然后喷施除草剂，无中耕，其他管理同常规农耕管理。第二年种植玉米或者大豆，实施秸秆全量覆盖还田，主要是将收获后覆于地表的碎秸秆机械粉碎至长度小于10cm，直立茬管也全部被打碎；增施堆沤有机肥，均匀抛撒于地表，采用拖拉机配套翻转翻耕犁作业，深度25～30cm，完成305天后，用圆盘耙对深翻地块进行重耙作业；没有秋季作业的地块，春耕旋转起垄，并重镇压，其他农田管理采用当地常规作业，无特殊要求。

#### 10.1.3.8 东北黑土地水田地力保育技术模式

适用区域为机械化程度高、地力水平高的水稻种植区。操作要点如下。秸秆粉碎：秋季水稻成熟后，采用带稻草粉碎装置的机械联合收割机，秸秆粉碎至10cm以下，留茬高10～25cm。秸秆促腐：按照尿素5～10kg/亩、有机物料腐熟剂2kg/亩的施用量，用机械均匀地撒施于覆盖了粉碎秸秆的地表。翻压还田：土壤达到宜耕状态，采用大马力拖拉机配套水田翻地犁进行稻茬秸秆还田作业，耕深20～25cm，扣垡严实，表面外漏秸秆不超过5%。旋耕碎垡：秋季深翻作业完成再经过3～5天晾晒后，用旋耕机对翻压地块进行旋耕碎垡作业。对于秋季时间紧或者土壤含水量过高无法进行秋季旋耕作业的地块，可以在春季进行旋耕作业。旋地搅浆：春季旋地，旋耕转速宜高不宜低，便于进一步打碎秸秆并与土壤混合，旋耕深度14～16cm。泡田3～5天后，应用平地机耙平搅浆2～3遍，控制秸秆漂浮，减少对插秧的影响。育苗移栽：选择适合本地种植的优质高产抗性好的水稻品种，采用工厂化大棚硬盘育苗；采用机插秧，插秧规格9寸×4寸～9寸×5寸（1寸=3.3333cm），每穴3～5株，插秧深度约为2cm（不漂苗即可）。测土配方施肥：控制氮肥施用量，早施返青肥促分蘖早发，合理分配氮肥底追肥及蘖穗粒肥比例。提倡采用水稻侧深施肥技术，使用乘坐式水稻侧深施肥插秧机，肥料一次性施在稻株根侧3cm、深度5cm处。

#### 10.1.3.9 东北黑土地水田地力培肥技术模式

适用区域为机械化程度高、畜禽粪便资源较为丰富的中低肥力水稻种植区，第一年、第二年实施水稻秸秆翻压还田，第三年实施秸秆与畜禽粪便堆沤还田。主要操作要点如下。第一年、第二年实施水稻秸秆翻压还田。秸秆粉碎：秋季水稻成熟后，采用带稻草粉碎装置的机械联合收割机，收获时秸秆粉碎至 10cm 以下，留茬高度 10 ～ 25cm。秸秆促腐：按照尿素 5 ～ 10kg/ 亩、有机物料腐熟剂 2kg/ 亩的施用量，采用机械均匀抛撒于粉碎的秸秆上面。翻压还田：土壤达到宜耕状态，采用大马力拖拉机配套水田翻地犁进行稻茬秸秆还田作业，耕深 20 ～ 25cm，扣垡严实，表面外漏秸秆不超过 5%。旋耕碎垡：秋季深翻作业完成再经过 3 ～ 5 天晾晒后，用旋耕机对翻压地块进行旋耕碎垡作业。对于秋季时间紧或者土壤含水量过高无法进行秋季旋耕作业的地块，可以在春季进行旋耕作业。旋地搅浆：春季旋地，旋耕转速宜高不宜低，便于进一步打碎秸秆并与土壤混合，旋耕深度 14 ～ 16cm。泡田 3 ～ 5 天后，应用平地机耙平和搅浆 2 ～ 3 遍，控制秸秆漂浮，确保不影响插秧。育苗移栽：选择适合本地种植的优质高产抗性好的水稻品种，采用工厂化大棚硬盘育苗；采用机插秧，插秧规格 9 寸 ×4 寸～ 9 寸 ×5 寸，每穴 3 ～ 5 株，插秧深度约 2cm（不漂苗即可）。测土配方施肥：控制氮肥施用量，早施返青肥促分蘖早发，合理分配氮肥底追肥及蘖穗粒肥比例。提倡采用水稻侧深施肥技术，使用乘坐式水稻侧深施肥插秧机，肥料一次性施在稻株根侧 3cm、深度 5cm 处。第三年实施秸秆与畜禽粪便堆沤还田。畜禽粪便堆沤：秋季选择在距离实施地点较近并且交通方便的区域，可以选择在地头或沟边，尽量不占用耕地，并符合环保条件，将收集来的玉米秸秆或稻秸进行粉碎，粉碎得越细越好，一般要求粉碎成 3 ～ 5cm 的碎块，以利于秸秆充分腐熟。一般采用条垛式堆肥，即将混合好的物料堆成条垛进行好氧发酵的堆肥工艺。用简易铲车或专用混料机将畜禽粪便和粉碎的秸秆混合均匀，混合后的物料含水率宜为 45% ～ 65%，C/N 为（20∶1）～（40∶1），粒径不大于 5cm，pH 值为 5.5 ～ 9.0。堆肥过程中可添加有机物料腐熟剂，接种量宜为堆肥物料质量的 0.1% ～ 0.2%。通过堆体曝气或翻堆，堆体温度达到 55℃以上，条垛式堆肥维持时间不得少于 15 天。堆体温度高于 65℃时，应通过翻堆、搅拌、曝气降低温度。堆体内部氧气浓度宜不小于 5%，曝气风量宜为 0.05 ～ 0.2$m^3$/min（以每立方米物料为基准）。条垛式堆肥宜选择自走式或牵引式翻抛机、铲车进行翻抛，翻堆次数宜为每天 1 次，实际运行中可根据堆体温度和出料情况调整频率。选择金属套筒温度计或热敏数显测温装置测定堆体温度，在堆肥周期内应每天测试温度。将堆体自顶层到底层分成 4 段，自上而下测量每一段中心的温度，取最高温度；然后在整个堆体上至少选择 3 个位置，分 4 段测出每一部位的最高温度，取 3 个位置测得温度值的平均值为堆体温度。

## 10.2 有机（类）肥料与华北及黄淮平原潮土区土壤培肥

有机（类）肥料泛指能用作肥料的有机物质或以有机物质为主要成分的肥料，主要是来自农村和城市的废弃物，富含多种营养元素（如氮、磷、钾、微量元素等）及有机酸等。其主要类型包括堆沤肥、粪尿肥、绿肥及杂肥等。合理施用有机（类）肥料不仅能改善土壤物理结构、提高养分含量和促进微生物活动，而且能增加土壤有机碳（soil organic carbon，

SOC）含量，提高土壤地力，为可持续的农业绿色发展提供土壤质量保障。

土壤有机碳是指土壤中含碳的有机物质，包括各种动植物残体、微生物体及其分解和合成的有机物质，如糖类、蛋白质、脂质等。作为土壤肥力和土壤健康的核心，土壤有机碳含量的增加是培肥土壤的关键所在。施用有机（类）肥料是培肥地力的重要措施，也是农业生产提质增效的重要保障。施用有机肥不仅可以通过直接添加碳源增加土壤碳含量，也可通过提供养分供作物生长而间接促进生物量碳返还于土壤。与施用化肥相比，施用有机肥增碳效果更为显著。但由于有机肥施用耗费更多人力、物力和化肥带来的高产经济利益，农民往往选择施用大量化肥而施用较少有机肥，以追求农业生产经济利润最大化。华北平原作为我国主要的粮食生产区之一，小麦和玉米产量分别占全国粮食总产量的 79% 和 30% 以上。但华北农田 SOC 含量却明显低于全国平均水平，这在一定程度上限制了粮食生产和碳库储存。因此，应大力提高华北平原农田土壤有机碳含量。而施肥是农田管理中调控养分和提升地力最主要的措施，施用有机肥和化肥不仅可调控农田养分可利用性，而且也直接或间接地改变了土壤碳循环及其储量，以及充分利用有机废弃物以增加土壤地力。

### 10.2.1　施用有机肥和不同程度有机肥替代化肥对作物产量的影响

与不施肥相比，施用有机肥能够增加作物产量。与施用化肥相比，施用有机肥能维持作物产量或稍有降低，这可能与有机肥的种类和特性影响其肥效进而造成有机肥养分供给与作物需求规律不匹配有关。有机肥替代化肥符合农业绿色发展的需求，有利于充分利用有机废弃物和实现养分高产高效管理。选择河北曲周实验站长期定位施肥试验田，采用完全随机区组设计，共有 9 个处理，包括：不施肥（CK）、有机肥处理（L1、L2、L3 和 L4，施用量分别为 $3t/hm^2$、$6t/hm^2$、$9t/hm^2$ 和 $12t/hm^2$），以及相应的化肥处理（氮、磷、钾施用量与相应有机肥处理氮、磷和钾养分投入量相当）。

经过 9 年施肥后，与对照（不施肥）相比，施肥处理显著增加了小麦和玉米的产量和地上部生物量。施用化肥比有机肥更能提高小麦产量和地上部生物量，但是施用化肥和有机肥对玉米产量和地上部生物量影响是相似的。

各施肥处理间小麦和玉米产量差异不显著，并且年际间小麦和玉米产量波动较大。据试验田管理经验，施用的有机肥可能在低温季节矿化速率较慢，不利于养分释放，可能影响作物养分吸收，尤其是冬小麦的生长发育可能会受到影响。另外，最近几年气候变化明显，极端天气变化，自然灾害频发，比如春季下冰雹导致，玉米不结籽、野麦子增加等问题，这些可能是造成年际间产量变化较大的重要原因之一。与化肥处理相比，施用不同程度有机肥替代化肥能够维持小麦和玉米产量，说明有机肥能够替代化肥施用来促进农业生产。

### 10.2.2　施用有机肥和不同程度有机肥替代化肥对土壤有机碳及养分含量的影响

与不施肥相比，施肥处理显著增加土壤碳投入、碳固持速率和有机碳含量，尤其施用有机肥处理。在小麦和玉米两季收获期，土体土和各粒径团聚体有机碳含量均随有机肥施用量增加而显著增加，但受化肥施用量影响不显著。在有机肥处理中，土壤有机碳含量在L3和L4施肥处理显著高于L1和L2施肥处理。在小麦收获期，有机肥处理的土壤有机碳含量在土体土、＞2.0mm和0.25～2.0mm团聚体中相比化肥处理分别显著增加了20%、18%和23%，在＜0.25mm团聚体中未发现明显差异性。在玉米收获期，有机肥处理的土壤有机碳含量在土体土、＞2.0mm、0.25～2.0mm和＜0.25mm团聚体中相比化肥处理分别显著增加了35%、27%、38%和40%。

在2014年玉米收获期，不同程度有机肥替代化肥处理的土壤养分含量显著增加，尤其施用有机肥对培肥地力有显著效果。施用有机肥和秸秆还田能够比较高效地增加土壤有机碳含量和可利用的速效养分含量，促进地力提升（表10-7）。

表10-7　2014年玉米收获期不同施肥处理土壤养分状况

| 处理 | 土壤有机碳（SOC）/（g/kg） | 速效磷/（mg/kg） | 有效钾/（mg/kg） |
|---|---|---|---|
| CK | 8.90±0.11 | 9.65±2.04 | 136.67±13.37 |
| 100%NPK | 8.85±0.16 | 19.18±0.48 | 174.00±15.31 |
| 30%M+70%NPK | 9.52±0.38 | 19.22±1.23 | 189.67±6.69 |
| 100%NPK+秸秆还田 | 9.75±0.2 | 21.09±1.76 | 253.00±34.03 |
| 30%M+70%NPK+秸秆还田 | 10.34±0.19 | 19.64±3.32 | 245.33±17.13 |
| 100%M | 9.40±0.07 | 15.64±2.87 | 156.33±9.82 |

### 10.2.3　不同秸秆还田方式对土壤有机碳和物理生物性质的影响

秸秆属于有机类肥料，含有有机物质和矿质养分，遵循养分归还学说，秸秆还田有利于养分返还到田中供给作物生长所需。研究表明，华北平原的农田至少一季的秸秆还田能够维持土壤养分含量。

选择河北曲周实验站的长期不同耕作和秸秆还田方式管理的定位试验田，耕作方式包括常规耕作（CT）和免耕（NT）两个处理，秸秆还田方式包括无秸秆还田（S0）、仅小麦秸秆还田（S1）、小麦和玉米秸秆均还田（S2）三个处理。经过多年长期定位不同耕作和秸秆还田处理，不同处理年均碳投入量不同，两个土层中土壤碳固持速率随年均碳投入量增加而显著增加（表10-8）。可见，秸秆还田是增加农田土壤碳投入的有效措施，对增加土壤碳固持具有较大的作用。

秸秆还田显著增加了农田SOC含量和储量，而仅在小麦和玉米秸秆均还田的条件下（S2），免耕显著改变SOC含量和储量。在0～10cm土层，以S0为对照，S1显著增加了SOC含量（20%）和储量（18%），S2显著增加了SOC含量（42%）和储量（37%），S2较S1显著增加了SOC含量（18%）和储量（16%）。在10～20cm土层，以S0为对照，S2显著增加了SOC含量（23%）和储量（24%）。在S2条件下，在0～10cm土层，免耕（NT）

处理较常规耕作（CT）处理显著增加了 SOC 含量（19%）和储量（16%）；在 10 ～ 20cm 土层，免耕（NT）处理较常规耕作（CT）处理显著降低了 SOC 含量（27%）和储量（24%）。土壤容重在两个土层均不受耕作措施的影响，而在上层受秸秆还田方式的影响，S2 较 S0 显著降低了土壤容重。秸秆还田不仅能够增加土壤有机碳含量和储量，同时能够改善土壤物理结构，降低土壤容重，相当于增加了土壤孔隙度，有利于作物根系生长和养分获取。土壤容重过高造成根系下扎困难，从而影响作物生长及其生物量和产量。

表10-8　不同耕作和秸秆还田方式的年均碳投入和碳固持速率

| 秸秆还田方式 | 耕作措施 | 均年碳投入 /（mg/ hm$^2$） | | | | 碳固持速率 /（mg/ hm$^2$） | |
|---|---|---|---|---|---|---|---|
| | | 秸秆碳 | 残茬碳 | 根系碳 | 总和 | 0 ～ 10cm | 10 ～ 20cm |
| S0 | CT | 0.00 | 2.54 | 4.27 | 6.81 | −0.01 c | −0.05 b |
| | NT | 0.00 | 2.42 | 4.10 | 6.52 | 0.04 | −0.07 |
| S1 | CT | 2.49 | 2.63 | 4.43 | 9.56 | 0.15 b | 0.13 ab |
| | NT | 2.18 | 2.51 | 4.24 | 8.93 | 0.23 | −0.02 |
| S2 | CT | 5.37 | 2.81 | 4.73 | 12.91 | 0.27 a | 0.30 a |
| | NT | 4.94 | 2.64 | 4.45 | 12.04 | 0.47 | 0.00 |

注：表中的数据为平均值。CT—常规耕作；NT—免耕；S0—无秸秆还田；S1—仅小麦秸秆还田；S2—小麦和玉米秸秆均还田。不同小写字母表示不同秸秆还田方式间差异显著（$P < 0.05$）。下同。

采用 qPCR 方法测定了土壤真菌和细菌数量，结果发现土壤微生物数量随秸秆还田显著增加，有机类肥料秸秆的投入促进了土壤微生物的生长和繁殖，提高了微生物活性。

综上，增加土壤有机质投入是提升土壤有机碳含量的有效措施，不仅能够维持和提升作物产量，改善土壤物理结构，增加土壤速效养分等；而且能促进土壤微生物生长和繁殖，显著增加真菌和细菌数量，提升土壤生物质量。因此，施用有机（类）肥料能够协同提升土壤养分、物理和生物肥力，从多方面综合提升农田生态系统地力，对农业绿色低碳发展具有非常重要的作用。

## 10.3　有机（类）肥料与长江中下游平原水稻土区土壤培肥

在农业生态系统中，土壤给作物提供养分的能力被定义为土壤肥力。土壤肥力对作物产量的可持续性和稳定性发挥着重要作用。随着国家“藏粮于地、藏粮于技”战略的落地，土壤肥力在农田生产中的地位日益突显。土壤肥力会受到人类活动的影响，例如耕作制度、施肥模式、有机物投入、轮作模式等。实践证明，施用有机（类）肥料是提高土壤肥力的有效手段之一。

## 10.3.1 有机肥培肥的土壤理化效应

长期单施化肥会引起土壤酸化和板结、土壤肥力降低、有机质含量下降等土壤健康问题。有机（类）肥料可改善土壤的理化性状，因为有机肥可以直接为作物提供养分，同时还能为微生物提供能源，从而间接提高土壤养分积累和供应能力。因此提倡施用有机肥来改良土壤性状，实现土壤可持续利用。

（1）有机肥料对土壤养分和氧化铁含量的影响　与对照（CK）相比，除 50% 化肥 + 有机肥（NPKM）处理外，其他施肥处理均显著地（$P < 0.05$）降低了土壤的酸碱度（表 10-9）。水稻收获季土壤的离子强度显著地（$P < 0.05$）高于小麦收获季，其中处理 30% 化肥 + 有机无机复混肥（NPKMOI）的离子强度最高，其他处理间没有显著的差异。水稻收获季的可溶性有机碳的量显著地（$P < 0.05$）低于小麦收获季，与其他施肥处理相比，NPKM 处理显著地（$P < 0.05$）增加了土壤可溶性有机碳的量。与 CK 相比，施肥特别是 NPKM、化肥 + 秸秆（NPKS）和 NPKMOI 处理显著地（$P < 0.05$）提高了土壤的速效氮、速效磷和速效钾的量。土壤速效氮和速效磷在两季之间没有显著的差异，而水稻收获季的速效钾含量显著地（$P < 0.05$）高于小麦收获季。

表10-9　稻麦轮作系统不同施肥处理和季节对土壤化学特性的影响

| 施肥处理 | | 酸碱度（pH 值） | 电导率 /（μS/cm） | 可溶性有机碳 /（g/kg） | 速效氮 /（mg/kg） | 速效磷 /（mg/kg） | 速效钾 /（mg/kg） |
|---|---|---|---|---|---|---|---|
| 小麦 | CK | 7.06±0.17a | 174±24b | 0.16±0.006a | 114.2±6.8d | 13.1±2.9c | 46.4±3.2b |
| | NPK | 6.44±0.1b | 177±12b | 0.148±0.01b | 135.2±8bc | 26.6±3.0b | 53.4±6.1b |
| | NPKM | 6.82±0.23ab | 190±11b | 0.161±0.006a | 132.8±8.2c | 31.3±4.5ab | 52.1±5.1b |
| | NPKS | 6.54±0.27c | 168±5b | 0.143±0.005b | 146.2±8.8ab | 26.6±3.9b | 62.3±9.7a |
| | NPKMOI | 6.86±0.08b | 236±19a | 0.138±0.04b | 150.6±7.8a | 35.2±3.5a | 66.5±1.4a |
| 水稻 | CK | 7.22±0.12a | 315±28c | 0.094±0.006b | 115.1±6.1c | 13.7±1.5c | 60.8±5c |
| | NPK | 6.77±0.08b | 360±35bc | 0.085±0.003c | 140±6.6ab | 25.4±1.3b | 62.5±3.2c |
| | NPKM | 7.02±0.17ab | 374±7b | 0.103±0.001a | 134.9±9.0b | 35.9±1.9a | 67.3±0.9bc |
| | NPKS | 6.81±0.18b | 321±16c | 0.086±0.005c | 150.5±9.7a | 27.9±2.9b | 75.8±6.7a |
| | NPKMOI | 6.26±0.18d | 432±54a | 0.069±0.004d | 148.3±5.9a | 34.4±1.9a | 72.4±4.9ab |
| 采样时间 | 小麦 | 6.58±0.4b | 189±29b | 0.15±0.04a | 135.8±14.8a | 26.5±8.3a | 56.1±8.2b |
| | 水稻 | 6.81±0.36a | 360±52a | 0.087±0.02b | 137.8±14.7a | 27.5±8.3a | 67.7±7.1a |
| ANOVA *P* 值 | 采样时间 | < 0.001 | < 0.001 | 0.001 | NS | NS | < 0.001 |
| | 施肥处理 | < 0.001 | < 0.001 | 0.001 | < 0.001 | < 0.001 | < 0.001 |
| | 采样时间 × 施肥处理 | NS | NS | NS | NS | NS | NS |

注：CK、NPK、NPKM、NPKS 和 NPKMOI 分别对应处理对照、化肥、50% 化肥 + 有机肥、化肥 + 秸秆和 30% 化肥 + 有机无机复混肥。不同的小写字母代表差异的显著性，$P < 0.05$。NS 表示无显著性差异。

水稻收获季土壤有机碳、全氮、全磷和全钾含量均显著地（$P < 0.05$）高于小麦收获季（表 10-10）。与化肥（NPK）处理相比，NPKM、NPKS 和 NPKMOI 处理显著地（$P < 0.05$）提高了土壤有机碳的含量。与 CK 相比，施肥均显著地（$P < 0.05$）提高了土壤全氮的含量，但各处理间差异不显著。与 NPK 处理相比，水稻收获季 NPKM 处理显著地（$P < 0.05$）提高了土壤全磷的含量。与 CK 和 NPK 处理相比，NPKM、NPKS 和 NPKMOI 处理均显著地（$P < 0.05$）提高了土壤全钾的含量。

表10-10 稻麦轮作系统不同施肥处理和季节对土壤全量养分的影响

| 施肥处理 | | 土壤有机碳 /（g/kg） | 全氮 /（g/kg） | 全磷 /（g/kg） | 全钾 /（g/kg） |
|---|---|---|---|---|---|
| 小麦 | CK | 14.7±0.9b | 1.77±0.05b | 0.677±0.075a | 16±0.69c |
| | NPK | 15.44±0.78ab | 1.88±0.10ab | 0.696±0.094a | 16.35±0.33bc |
| | NPKM | 16.83±1.03a | 1.93±0.07a | 0.724±0.083a | 17.01±0.5ab |
| | NPKS | 15.76±1.12ab | 1.88±0.09ab | 0.709±0.068a | 17.05±0.19ab |
| | NPKMOI | 16.58±0.58a | 1.86±0.05ab | 0.725±0.062a | 17.75±0.94a |
| 水稻 | CK | 15.65±0.22b | 1.85±0.06b | 0.671±0.092b | 16.32±0.33d |
| | NPK | 17.55±0.45a | 1.96±0.1ab | 0.712±0.111b | 16.77±0.61cd |
| | NPKM | 18.08±0.48a | 2.05±0.1a | 0.877±0.072a | 17.71±0.98bc |
| | NPKS | 17.74±0.12a | 1.98±0.11ab | 0.768±0.055ab | 18.19±0.64b |
| | NPKMOI | 17.65±0.65a | 1.97±0.09ab | 0.789±0.081ab | 19.22±0.42a |
| 采样时间 | 小麦 | 15.86±1.13b | 1.86±0.09b | 0.71±0.07b | 16.83±0.68b |
| | 水稻 | 17.33±0.96a | 1.96±0.11a | 0.76±0.10a | 17.64±1.15a |
| ANOVA $P$ 值 | 采样时间 | < 0.001 | < 0.001 | 0.032 | < 0.001 |
| | 施肥处理 | < 0.001 | 0.006 | 0.039 | < 0.001 |
| | 采样时间 × 施肥处理 | NS | NS | NS | NS |

注：CK、NPK、NPKM、NPKS 和 NPKMOI 分别对应处理对照、化肥、50% 化肥 + 有机肥、化肥 + 秸秆和 30% 化肥 + 有机无机复混肥。不同的小写字母代表差异的显著性，$P < 0.05$。NS 表示无显著性差异。

水稻收获季土壤有机络合铁和弱晶质氧化铁的量均显著地（$P < 0.05$）高于小麦收获季，而游离氧化铁的量不受施肥和季节的影响，水稻季晶质氧化铁的量显著地（$P < 0.05$）低于小麦收获季，非晶质氧化铁的量在两季之间没有显著的差异（表 10-11）。与 CK 处理相比，NPKMOI 处理显著地（$P < 0.05$）提高了土壤有机络合铁的含量，NPKM、NPKS 和 NPKMOI 处理显著地（$P < 0.05$）提高了弱晶质氧化铁的含量。水稻收获季，与 NPK 处理相比，NPKM、NPKS 和 NPKMOI 处理显著地（$P < 0.05$）降低了晶质氧化铁的含量。

表10-11 稻麦轮作系统不同施肥处理和季节对土壤氧化铁含量的影响

| 施肥处理 | | 有机络合铁 /（g/kg） | 弱晶质氧化铁 /（g/kg） | 游离氧化铁 /（g/kg） | 非晶质氧化铁 /（g/kg） | 晶质氧化铁 /（g/kg） |
| --- | --- | --- | --- | --- | --- | --- |
| 小麦 | CK | 0.92±0.05c | 2.80±0.07d | 12.02±0.06a | 1.89±0.12bc | 9.22±0.13a |
| | NPK | 1.08±0.09ab | 2.94±0.08c | 12.07±0.38a | 1.82±0.09c | 9.16±0.36a |
| | NPKM | 1.21±0.07a | 3.23±0.06a | 12.05±0.30a | 2.02±0.11ab | 8.83±0.35a |
| | NPKS | 1.04±0.10bc | 3.06±0.03b | 11.93±0.17a | 2.02±0.13ab | 8.87±0.19a |
| | NPKMOI | 1.01±0.08bc | 3.14±0.05ab | 11.94±0.32a | 2.14±0.09a | 8.80±0.32a |
| 水稻 | CK | 1.15±0.07d | 3.02±0.05c | 12.08±0.26a | 1.94±0.17ab | 8.99±0.14a |
| | NPK | 1.36±0.04c | 3.40±0.07b | 12.15±0.02a | 2.04±0.05a | 8.75±0.06b |
| | NPKM | 1.75±0.11a | 3.57±0.05a | 12.06±0.06a | 1.81±0.13b | 8.49±0.05c |
| | NPKS | 1.54±0.09b | 3.47±0.03b | 11.97±0.11a | 1.94±0.07ab | 8.49±0.13c |
| | NPKMOI | 1.40±0.05c | 3.43±0.05b | 11.94±0.08a | 2.03±0.05a | 8.51±0.03c |
| 采样时间 | 小麦 | 1.05±0.12b | 3.03±0.17b | 12.00±0.24a | 1.98±0.15a | 8.97±0.31a |
| | 水稻 | 1.44±0.22a | 3.38±0.21a | 12.04±0.14a | 1.95±0.12a | 8.65±0.22b |
| ANOVA $P$ 值 | 采样时间 | ＜0.001 | ＜0.001 | NS | NS | ＜0.001 |
| | 施肥处理 | ＜0.001 | ＜0.001 | NS | 0.019 | ＜0.001 |
| | 采样时间×施肥处理 | 0.002 | 0.001 | NS | 0.005 | NS |

注：CK、NPK、NPKM、NPKS和NPKMOI分别对应处理对照、化肥、50%化肥+有机肥、化肥+秸秆和30%化肥+有机无机复混肥。不同的小写字母代表差异的显著性，$P<0.05$。NS表示无显著性差异。

（2）有机肥料对土壤有机碳累积过程的影响　与CK相比，不同施肥处理均显著地（$P<0.05$）增加了土壤有机碳（SOC）的含量。NPKM、NPKS和NPKMOI处理的土壤有机碳含量显著地（$P<0.05$）高于NPK处理，其中NPKM处理SOC含量最高，NPKS和NPKMOI处理间没有显著差异。水稻收获季土壤有机碳的含量显著地（$P<0.05$）高于小麦收获季。从2013～2015年，土壤有机碳含量持续显著地增加，且每年水稻收获季土壤有机碳含量均显著地（$P<0.05$）高于小麦收获季，相邻两年水稻收获季与小麦收获季的土壤有机碳之间没有显著差异。从2013～2015年，所有处理的土壤有机碳含量均持续显著地（$P<0.05$）增加，且2015年对照（CK）处理的土壤有机碳含量显著地（$P<0.05$）高于2013年的NPKM处理。

（3）有机肥料对土壤弱晶质氧化铁的转化和累积的影响（图10-2）　与CK相比，不同施肥处理均显著地（$P<0.05$）增加了土壤弱晶质氧化铁（Feo）的含量，且处理NPKM＞NPKMOI＞NPKS＞NPK。水稻收获季土壤弱晶质氧化铁的含量显著地（$P<0.05$）高于小麦收获季。从2013～2015年，土壤弱晶质氧化铁的含量持续显著地（$P<0.05$）增加，且每年水稻收获季土壤弱晶质氧化铁的含量均显著地（$P<0.05$）高于小麦收获季。2013年水稻收获季土壤弱晶质氧化铁的含量显著地（$P<0.05$）低于2014年小麦收获季，2014年水稻收获季与2015年小麦收获季的土壤弱晶质氧化铁的含量之间没有显著差异。图10-3显示，从2013～2015年，不同施肥处理对土壤游离氧化铁（Fed）的含量没有显著的影响，

其含量保持不变。因此，土壤游离氧化铁的活化度（Feo/Fed）与土壤弱晶质氧化铁含量的变化规律基本一致（图 10-4）。变差分解分析表明（图 10-4），弱晶质氧化铁、季节和施肥处理总共可以解释 86.24% 土壤有机碳的变异，其中弱晶质氧化铁对土壤有机碳的贡献最高（52.57%，$P < 0.001$），其次是季节（1.5%，$P < 0.001$）和施肥处理（1.43%，$P < 0.001$）。

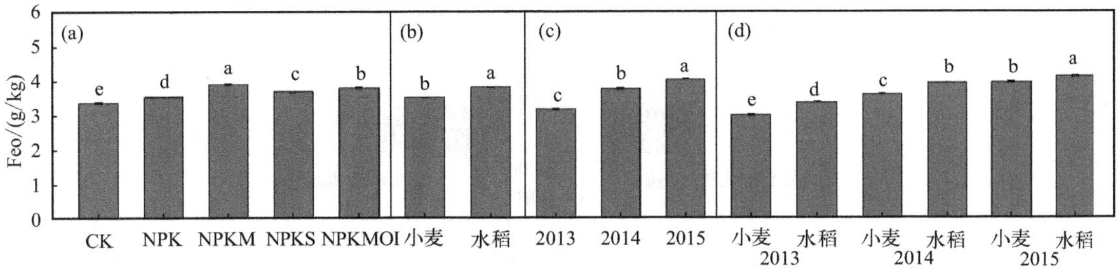


图 10-2　基于线性混合模型分析不同施肥处理（a）、季节（b）、年份（c）、季节与年份交互作用（d）对土壤弱晶质氧化铁（Feo）含量的影响

CK、NPK、NPKM、NPKS 和 NPKMOI 分别对应处理：对照、化肥、50% 化肥 + 有机肥、化肥 + 秸秆和 30% 化肥 + 有机无机复混肥。不同的小写字母代表差异的显著性，$P < 0.05$

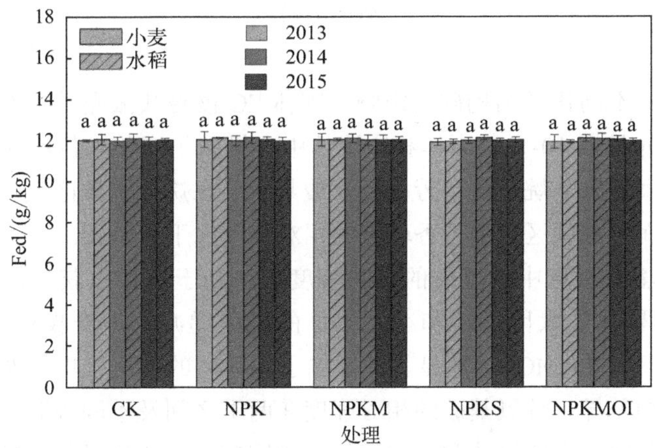


图 10-3　2013 ～ 2015 年稻麦轮作中不同施肥处理对土壤游离氧化铁（Fed）含量的影响

CK、NPK、NPKM、NPKS 和 NPKMOI 分别对应处理：对照、化肥、50% 化肥 + 有机肥、化肥 + 秸秆和 30% 化肥 + 有机无机复混肥。不同的小写字母代表差异的显著性，$P < 0.05$

（4）有机肥料对土壤有机碳矿化的影响　2013 ～ 2015 年，单位土壤碳的矿化速率（CMR）没有显著的变化，且小麦收获季和水稻收获季之间没有显著的差异。不同施肥处理均显著（$P < 0.05$）提高了单位土壤碳的矿化速率。与对照相比，NPKM 处理单位土壤碳的矿化速率增加最多，其次是 NPKS 和 NPKMOI 处理，NPK 处理增加得最少，且不同施肥处理的作用在小麦收获季与水稻收获季类似。2013 ～ 2015 年，单位土壤有机碳的矿化速率（SCMR）逐年减小，且小麦收获季的单位土壤有机碳的矿化速率显著（$P < 0.05$）高于水稻收获季。与对照相比，NPKM 处理单位土壤有机碳的矿化速率增加最多，其次是 NPKS 和 NPKMOI 处理，

NPK 处理没有显著的增加，且不同施肥处理的作用在小麦收获季与水稻收获季类似。

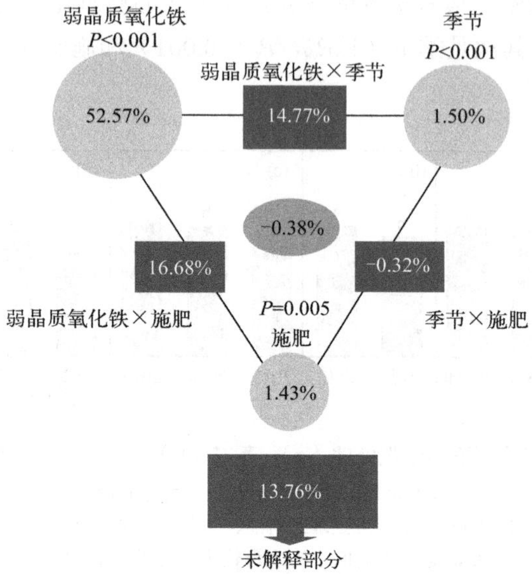


图 10-4　变差分解分析稻麦轮作系统中土壤弱晶质氧化铁、季节和施肥处理及其交互作用对土壤有机碳的影响

（5）有机肥料对不同化学结构碳的影响　固体 $^{13}C$ 核磁共振光谱中不同化学位移区域有机碳的相对强度分布见表 10-12。土体和团聚体中有机碳不同化学位移区域的相对强度分布规律类似，即：烷氧基碳＞烷基碳＞芳香碳＞羧基碳。在烷氧基碳区域，碳水化合物碳＞甲氧基碳＞缩醛碳，而芳香碳区域中芳香环碳的相对强度大于芳基碳。

小麦收获季土壤有机碳中烷基碳的相对强度显著高于水稻收获季，并在团聚体组分中以粉砂黏粒＞微团聚体＞大团聚体和小团聚体的顺序递减。小麦收获季，与 NPK 处理相比，NPKM、NPKS 和 NPKMOI 处理显著地增加了烷基碳的相对强度，然而，水稻季不同施肥处理间没有显著的差异。烷氧基碳的相对强度在两季之间及不同施肥处理间均没有显著差异，但在团聚体组分中以大团聚体和小团聚体＞微团聚体＞粉砂黏粒的顺序递减。小麦收获季土壤有机碳中芳香碳的相对强度小于水稻收获季，并在团聚体组分中以小团聚体＞大团聚体和微团聚体＞粉砂黏粒的顺序递减。小麦收获季，与 NPK 处理相比，NPKM、NPKS 和 NPKMOI 处理显著降低了芳香碳的相对强度，而在水稻收获季显著提高了芳香碳的相对强度。水稻收获季土壤有机碳中羧基碳的相对强度显著高于小麦收获季，但不同施肥处理间没有显著差异。

土壤有机碳的烷基碳与烷氧基碳的比值及芳香性与烷基碳和芳香碳的变化规律类似。小麦收获季土壤有机碳的疏水性显著高于水稻收获季，且随着团聚体粒径的增大疏水性逐渐降低。小麦收获季，与 NPK 处理相比，NPKM、NPKS 和 NPKMOI 处理显著地提高了有机碳的疏水性，但水稻收获季不同施肥处理间差异不明显。综上所述，不同施肥处理对团聚体土壤有机碳的化学结构影响不大。

表10-12　不同施肥处理对稻麦轮作系统土体及团聚体中不同结构有机碳相对强度（小麦/水稻）的影响

| 处理 | | 烷基碳 | 烷氧基碳 | | | | 芳香碳 | | | 羧基碳 |
|---|---|---|---|---|---|---|---|---|---|---|
| | | | 甲氧基碳 | 碳水化合物碳 | 缩醛碳 | 总量 | 芳香环碳 | 芳碳 | 总量 | |
| 土体土 | CK | 26.6/25.8 | 10.5/10.2 | 29.0/29.4 | 6.2/6.6 | 45.8/46.2 | 12.0/12.1 | 3.3/3.4 | 15.3/15.5 | 12.2/12.5 |
| | NPK | 26.6/26.1 | 10.6/10.4 | 29.2/28.5 | 6.4/6.6 | 46.1/45.6 | 11.7/12.2 | 3.4/3.7 | 15.1/16.0 | 12.2/12.3 |
| | NPKM | 28.0/25.5 | 11.1/10.3 | 28.4/28.7 | 6.2/6.7 | 45.7/45.7 | 11.8/12.4 | 2.9/3.8 | 14.7/16.2 | 11.5/12.7 |
| | NPKS | 28.8/25.9 | 11.1/10.5 | 28.1/29.2 | 6.5/6.5 | 45.8/46.3 | 11.4/12.1 | 3.1/3.7 | 14.5/15.8 | 10.9/11.9 |
| | NPKMOI | 28.9/26.6 | 10.9/10.5 | 27.9/27.8 | 5.9/6.2 | 44.7/44.5 | 11.9/12.9 | 3.1/3.8 | 15.0/16.7 | 11.4/12.3 |
| 大团聚体 | CK | 29.6/27.0 | 11.7/10.4 | 29.0/30.3 | 6.0/5.9 | 46.7/46.5 | 10.5/10.6 | 2.7/2.8 | 13.2/13.4 | 10.5/13.1 |
| | NPK | 25.8/25.2 | 10.4/10.1 | 30.5/30.1 | 6.6/6.4 | 47.5/46.6 | 11.1/11.5 | 3.3/3.7 | 14.4/15.2 | 12.3/13.0 |
| | NPKM | 25.1/24.9 | 10.5/10.3 | 30.6/30.9 | 6.2/6.3 | 47.3/47.5 | 11.7/11.8 | 3.6/3.6 | 15.4/15.4 | 12.2/12.3 |
| | NPKS | 25.4/24.7 | 10.4/10.1 | 30.6/30.7 | 6.8/6.6 | 47.9/47.4 | 11.3/11.8 | 3.2/3.6 | 14.5/15.4 | 12.2/12.6 |
| | NPKMOI | 25.3/24.6 | 10.3/9.9 | 30.7/30.6 | 6.9/6.2 | 47.9/46.6 | 10.7/12.0 | 3.7/4.0 | 14.4/16.0 | 12.4/12.9 |
| 小团聚体 | CK | 26.9/25.6 | 11.5/10.4 | 29.9/30.0 | 5.9/6.4 | 47.3/46.9 | 11.2/12.0 | 3.8/3.8 | 15.1/15.9 | 10.8/11.7 |
| | NPK | 25.3/24.5 | 10.6/9.9 | 29.7/29.7 | 6.1/6.2 | 46.4/45.9 | 12.0/12.6 | 3.8/3.9 | 15.8/16.6 | 12.5/13.0 |
| | NPKM | 26.3/24.2 | 10.6/10.3 | 29.4/30.5 | 5.9/6.3 | 46.0/47.2 | 12.1/12.5 | 3.7/3.9 | 15.8/16.4 | 11.9/12.3 |
| | NPKS | 26.4/24.4 | 10.7/10.3 | 29.4/30.2 | 6.2/6.2 | 46.2/46.8 | 11.8/12.4 | 3.7/3.8 | 15.5/16.2 | 11.8/12.6 |
| | NPKMOI | 25.7/24.6 | 10.3/9.7 | 31.3/29.9 | 6.2/6.3 | 47.8/45.9 | 11.7/12.2 | 3.3/4.2 | 14.9/16.5 | 11.6/13.0 |
| 微团聚体 | CK | 28.0/27.4 | 10.6/10.4 | 28.0/28.2 | 5.8/5.7 | 44.3/44.3 | 11.4/11.2 | 3.2/3.3 | 14.7/14.4 | 13.0/13.8 |
| | NPK | 27.9/27.5 | 10.6/10.8 | 29.2/28.6 | 6.0/5.4 | 45.7/44.8 | 11.2/11.2 | 2.9/3.2 | 14.1/14.4 | 12.3/13.2 |
| | NPKM | 28.6/26.9 | 11.0/10.5 | 27.8/28.3 | 5.6/5.7 | 44.4/44.4 | 11.5/11.9 | 2.9/3.5 | 14.5/15.5 | 12.5/13.1 |
| | NPKS | 28.8/26.8 | 11.0/10.5 | 28.2/28.5 | 5.6/5.7 | 44. 8/44.7 | 11.1/11.9 | 2.9/3.3 | 14.0/15.2 | 12.4/13.3 |
| | NPKMOI | 29.0/27.3 | 10.6/10.1 | 28.1/28.3 | 5.5/5.7 | 44.3/44.1 | 11.0/11.9 | 3.2/3.4 | 14.2/15.2 | 12.5/13.3 |
| 粉砂黏粒 | CK | 31.4/29.8 | 11.5/10.5 | 27.3/27.6 | 4.9/5.5 | 43.8/43.5 | 9.6/10.4 | 2.4/2.7 | 11.9/13.1 | 12.9/13.6 |
| | NPK | 31.3/29.1 | 11.1/10.6 | 27.9/27.7 | 5.2/5.6 | 44.2/43.9 | 10.3/10.5 | 2.0/2.2 | 12.3/12.8 | 12.2/14.2 |
| | NPKM | 31.9/29.9 | 11.4/10.3 | 27.3/28.0 | 5.3/5.4 | 44.1/43.7 | 9.3/10.5 | 2.3/2.8 | 11.6/13.2 | 12.4/13.1 |
| | NPKS | 31.4/29.4 | 11.3/10.6 | 27.4/27.7 | 5.2/5.5 | 43.9/43.8 | 10.1/10.6 | 2.1/2.8 | 12.2/13.4 | 12.4/13.4 |
| | NPKMOI | 31.0/28.7 | 10.1/10.2 | 27.1/26.3 | 5.1/5.5 | 42.4/41.9 | 11.1/10.9 | 2.4/2.9 | 13.5/13.8 | 13.1/15.6 |

## 10.3.2 有机肥培肥的生物效应

### 10.3.2.1 有机肥培肥下土壤微生物的响应机制

土壤微生物可分泌许多胞外酶，参与土壤碳、氮、磷物质的循环。土壤酶活作为土壤功能潜力的表征参数，也常被用作衡量土壤综合肥力的指标。纤维素酶是由微生物分泌的用来水解多糖的酶，如β-1,4-纤维素酶、β-葡萄糖苷酶。与氮循环相关的酶包括β-1,4-*N*-乙酰胺基葡萄糖苷酶、亮氨酸氨基肽酶和脲酶，其分别具有水解几丁质、蛋白质和尿素的能力。酸性磷酸酶和碱性磷酸酶可以把有机组分分解为磷酸盐，进而被植物或微生物利用。酚氧化酶和过氧化物酶是氧化酶，主要分解不溶性物质，如木质素和芳香化合物。一般来说，这些酶的活性对施肥措施敏感，尤其是有机物的添加。因此，有必要综合评估不同来源有机肥投入对土壤酶活的影响。

土壤微生物群落在维持土壤生态功能方面发挥着重要作用，不同的微生物类群具有不同的养分周转和底物利用能力，而施肥措施会改变微生物多样性和组成。例如，长期过量施氮会降低微生物多样性，并通过改变土壤pH值调控细菌群落组成。有机肥投入导致微生物多样性增加，并富集富营养类微生物，加快养分周转。

（1）有机肥料对土壤酶活的影响　如图10-5所示，与碳循环相关的酶活在各施肥处理下变化并不一致，但除α-葡萄糖苷酶外，均表现为OPTCM处理最大，CK处理最小。有机肥替代（OPTMs，即OPTPM、OPTChM和OPTCM）处理的β-葡萄糖苷酶和β-木糖苷酶活性大于M和OPT处理。

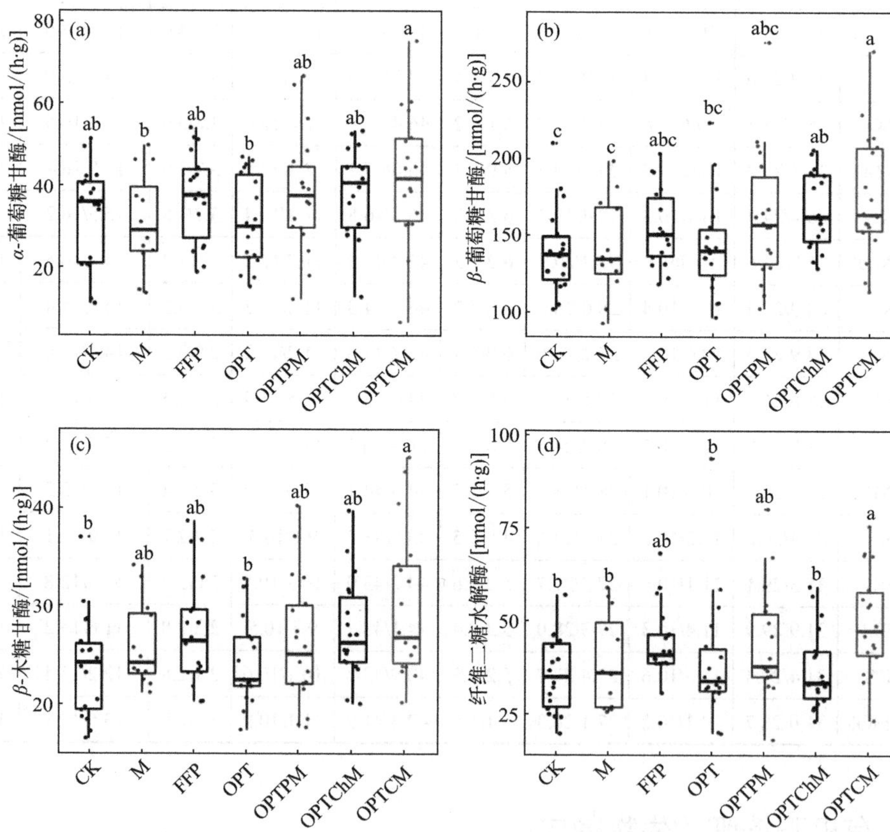


图10-5　不同施肥对土壤碳相关酶活的影响

CK—不施氮肥处理；FFP—农民常规施肥处理，通过实地农户调研得出水稻和小麦施氮量分别为350kg N/hm$^2$和240kg N/hm$^2$；OPT—化肥氮优化处理，依据前期氮肥投入水平试验确定水稻为240kg/hm$^2$，小麦为200kg/hm$^2$；OPTPM，OPTChM，OPTCM—在OPT处理基础上用猪粪有机肥、鸡粪有机肥、牛粪有机肥替代20%的化肥氮，即水稻季为192kg/hm$^2$化肥氮和48kg/hm$^2$有机肥氮，小麦季为160kg/hm$^2$化肥氮和40kg/hm$^2$有机肥氮；M—猪粪有机肥替代100%的化肥氮，即全量有机肥处理。不同的小写字母代表处理之间差异显著性（$P < 0.05$）

如图 10-6 所示，与氮、磷和氧化分解相关的酶活在各施肥处理下发生明显变化。与氮循环相关的酶活表现为：OPTPM、OPTChM 和 OPTCM 处理的亮氨酸氨基肽酶和 *β*-1,4-*N*-乙酰胺基葡萄糖苷酶活性高于其他各施肥处理，其中亮氨酸氨基肽酶尤为明显。酸性磷酸酶活性在各施肥处理无显著差异，但在数值上表现为有机肥替代化肥氮处理较高。此外，M 和 OPTMs（即 OPTPM、OPTChM 和 OPTCM）处理的过氧化物酶活性高于单施化肥（FFP、OPT）和不施肥（CK）处理。酚氧化酶活性在 OPTChM 处理最大，OPTCM 处理最小，其他各施肥处理间无显著差异。

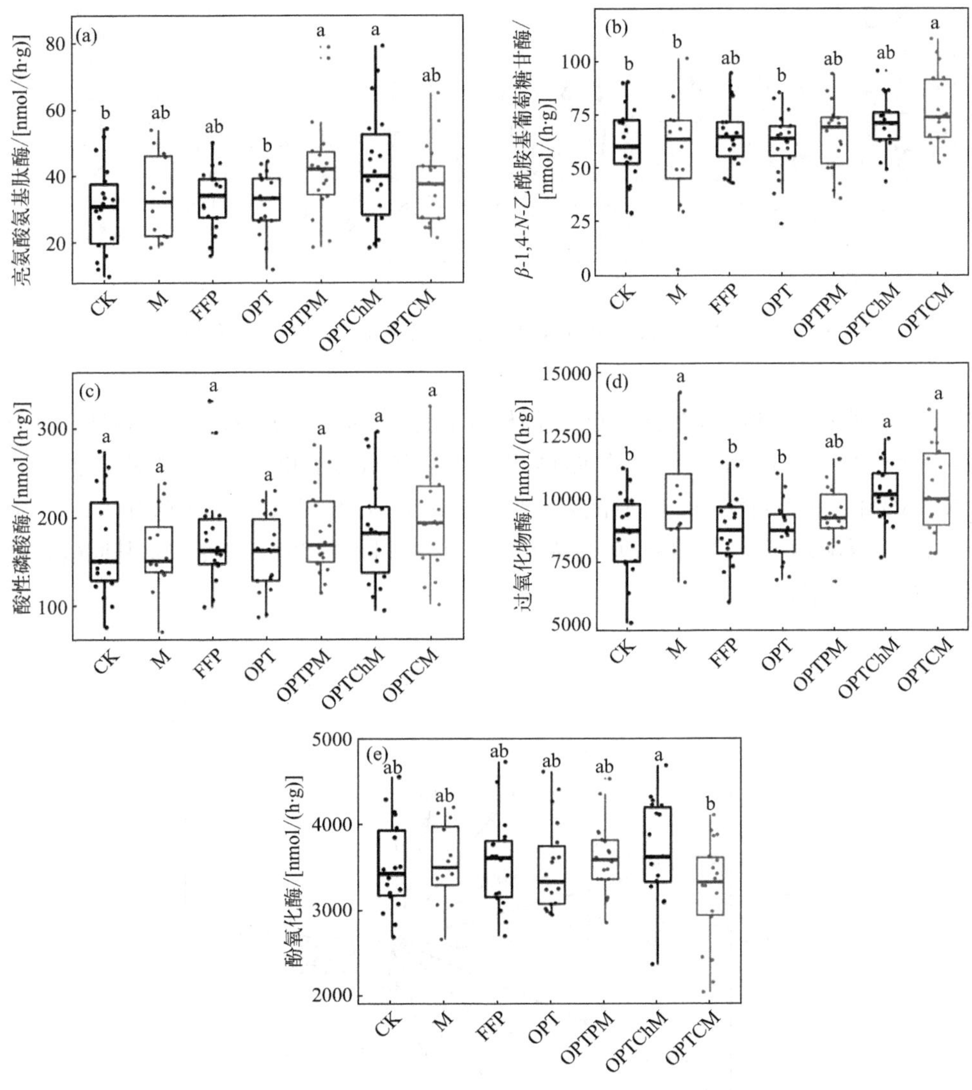


图 10-6　不同施肥处理对土壤氮、磷和氧化分解相关酶活的影响

（2）有机肥料对土壤微生物群落的影响　通过细菌群落的组成分析发现（图 10-7），在 2015 年，Proteobacteria 和 Bacteroidetes 的相对丰度最高，平均分别为 40.4% 和 19.1%；

而在 2016 年和 2017 年 Proteobacteria 和 Chloroflexi 的相对丰度最高，在两年内所有处理平均分别为 29.6% 和 21.5%。其他优势物种的类别分别为 Acidobacteria、Actinobacteria、Firmicutes。

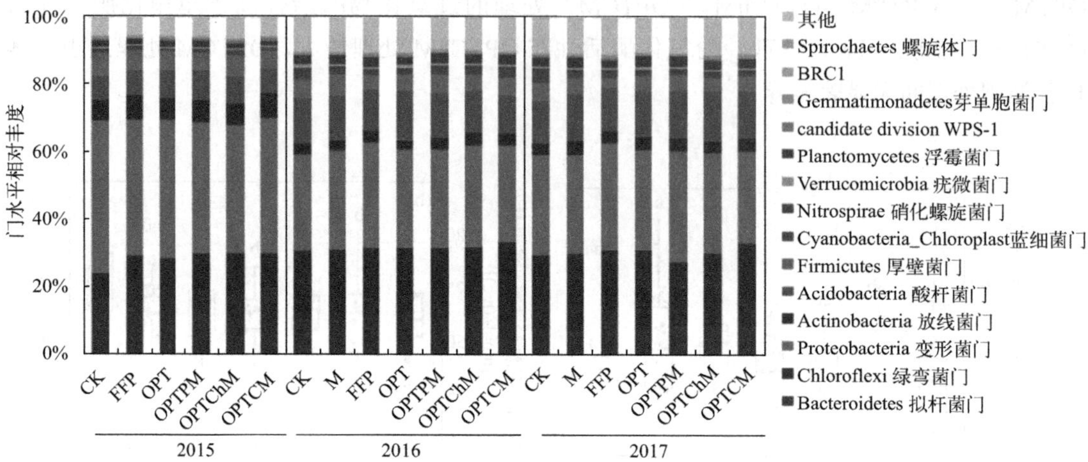


图 10-7　2015 ～ 2017 年水稻季不同施肥处理下土壤细菌群落组成

基于土壤理化性质和土壤酶活与 OTU 的相对丰度的数据，通过 RDA 分析可知（图 10-8），土壤各化学和生物因子可以在前两个 RDA 分量上解释 40.8% 和 6.4% 的群落变异。土壤 pH 值、TN、SOM、酸性磷酸酶、亮氨酸氨基肽酶、*α*-葡萄糖苷酶、*β*-葡萄糖苷酶、*β*-1,4-*N*-乙酰胺基葡萄糖苷酶均可显著影响土壤细菌群落，其中酸性磷酸酶、亮氨酸氨基肽酶、pH 值、TN 和 SOM 的影响较大。

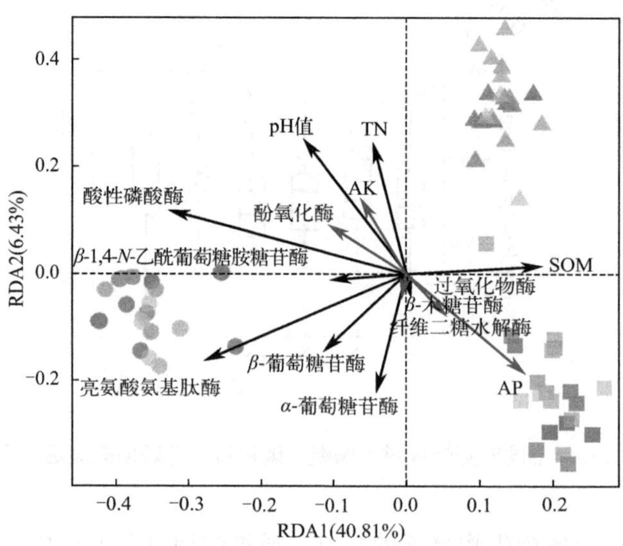


图 10-8　2015 ～ 2017 年水稻季不同施肥处理下土壤性质与细菌群落组成的 RDA 分析

#### 10.3.2.2　有机肥培肥下土壤抗生素抗性基因的响应机制

有机肥替代化肥可以稳产增效、提高氮肥利用率，其优点显而易见。然而，有机肥是否会给土壤带来一定的负面影响呢？前人研究多集中于有机肥与化肥配施对土壤化学污染（如重金属、抗生素）的影响，对抗生素抗性基因（ARGs）等土壤新型生物污染物的影响有待完善。在农业土壤中，施用有机肥、污泥等改良剂引入的 ARGs 问题已成为当前研究的热点。

（1）有机肥料对 ARGs 多样性的影响　通过 HT-qPCR 方法检测 ARGs 的数量可知，在所有土壤样品中共检测到 140 种 ARGs（图 10-9），这些抗生素抗性基因类型包括对氨基糖苷类（aminoglycoside）、$\beta$-内酰胺类（$\beta$-lactamase）、多重耐药类（multidrug）、氟喹诺酮类 / 氯霉素类 / 胺酰醇类（FCA）、大环内酯类-林肯酰胺类-链阳性菌素 B 类（MLSB）、磺胺类（sulfonamide）、四环素类（tetracycline）、万古霉素类（vancomycin）和其他类抗生素具有抗性的基因。检测到的 ARGs 主要集中于多重耐药类（21.4%）、氨基糖苷类（18.6%）、$\beta$-内酰胺类（17.9%）和 MLSB（17.1%）。三年（2015 ～ 2017 年）试验结果显示，未施肥（CK）和单独施化肥的土壤（OPT）中 ARGs 数量较低（CK 为 18 ～ 62 个，OPT 为 25 ～ 57 个）（图 10-9），而在有机肥处理的土壤中观察到的 ARGs 数量较高（OPTPM 为 68 ～ 92 个，OPTChM 为 70 ～ 84 个，OPTCM 为 69 ～ 83 个）。综合比较所有土壤样品发现，2017 年施用猪粪的土壤中观察到的 ARGs 数量最多，而 2016 年未施肥土壤中观察到的 ARGs 数量最少。

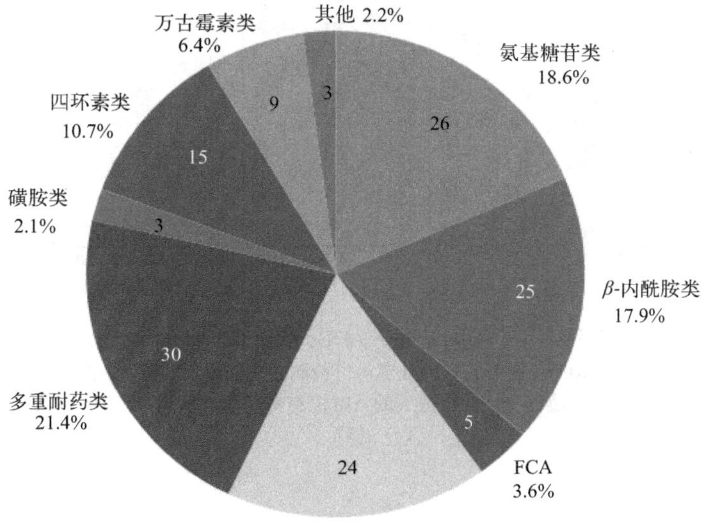


图 10-9　在 2015 ～ 2017 年所有土壤样品中检测到的 ARGs 的分类

饼图中的数字表示检测到 ARGs 的数量

（2）不同施肥处理对 ARGs 数量的影响　通过追踪和比较不同施肥处理在 3 年内 ARGs 的演替发现，在未施有机肥和施用有机肥的土壤中发现了明显不同的时间动态模式。在未施用有机肥的土壤中（CK 和 OPT），ARGs 总丰度表现出年际间的波动性。CK 和 OPT 处理在2015～2016年间分别有71.0%和56.1%的抗性基因消失，这些消失的ARGs大多数并未在2017年重新出现，只有27.3%（CK）和9.4%（OPT）再次出现（图10-10）。此外，不施有机肥的土壤中几乎没有新的ARGs出现。与未施有机肥的土壤相比，从2015～2017年随着不间断地供应有机肥，土壤中的ARGs丰度持续增加，尤其是猪粪处理。在所有有机肥处理的土壤中每年都会出现一些新的ARGs（13～18个）。从2015年开始，在施有机肥的土壤中，超过84%的ARGs（OPTPM，88.2%；OPTChM，90.0%；OPTCM，84.1%）可以在后期持续存在，同时，只有一小部分ARGs消失了。在3年的试验期间，由于每年施用有机肥进入土壤，因此能检测到大量新的ARGs。总体上，每年新出现的ARGs数量大于消失的ARGs数量。

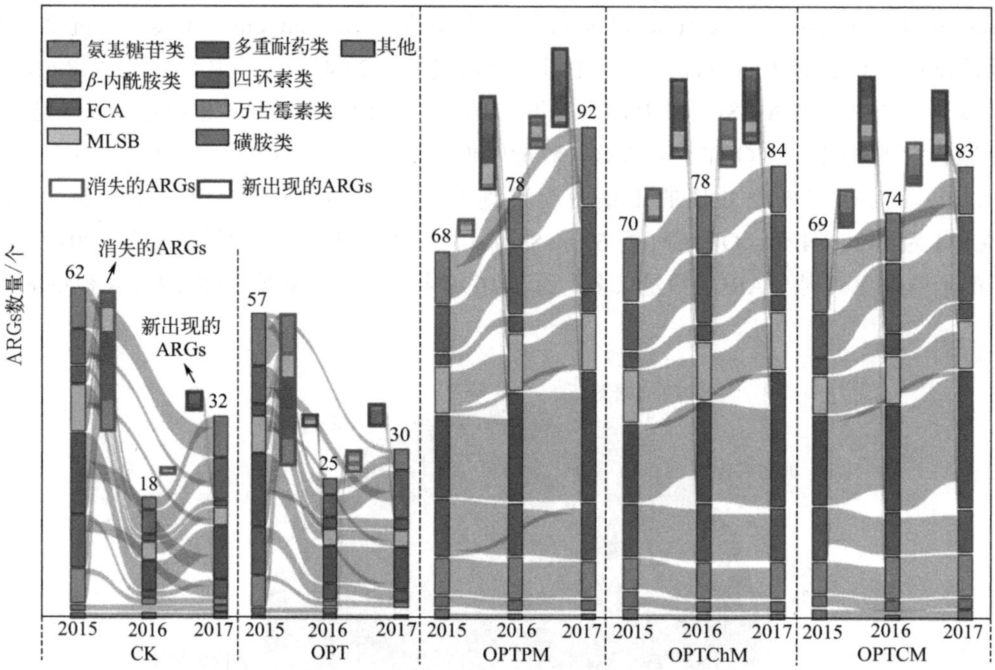


图10-10 不同处理下ARGs数量随时间的变化

如果至少在两个重复内检测到ARGs，则将其认为处理内可检测到的ARGs。矩形的高度表示ARGs的数量。矩形颜色代表ARGs类型，蓝色和红色边框分别代表消失的ARGs和新出现的ARGs。灰色线表示ARGs在3年之间的转移

## 10.3.2.3 有机肥料对抗生素抗性基因（ARGs）和可动遗传因子（MGEs）丰度的影响

施肥（双因素方差分析，$P < 0.001$）和持续时间（双因素方差分析，$P < 0.001$）均能显著改变总ARGs和MGEs（每克干土壤重）的绝对丰度（图10-11）。施用堆肥和不施用堆肥下土壤中ARGs的变化有明显差异。在不施肥和单施化肥的土壤（CK和OPT）中，总ARGs和MGEs的绝对丰度随着施肥年限的变化而波动，而有机肥施用处理的变化表现为随

时间逐年增加［图 10-11（a）、（c）］。土壤中 16S rRNA 基因的绝对丰度仅受试验时间的影响（双因素方差分析，$P < 0.05$），而肥料处理（双因素方差分析，$P > 0.05$）和 16S rRNA 基因的最高值出现在 2017 年［图 10-11（b）］。此外，ARGs 与 16S rRNA 基因和 MGEs 的绝对丰度存在显著正相关［图 10-11（d）］。

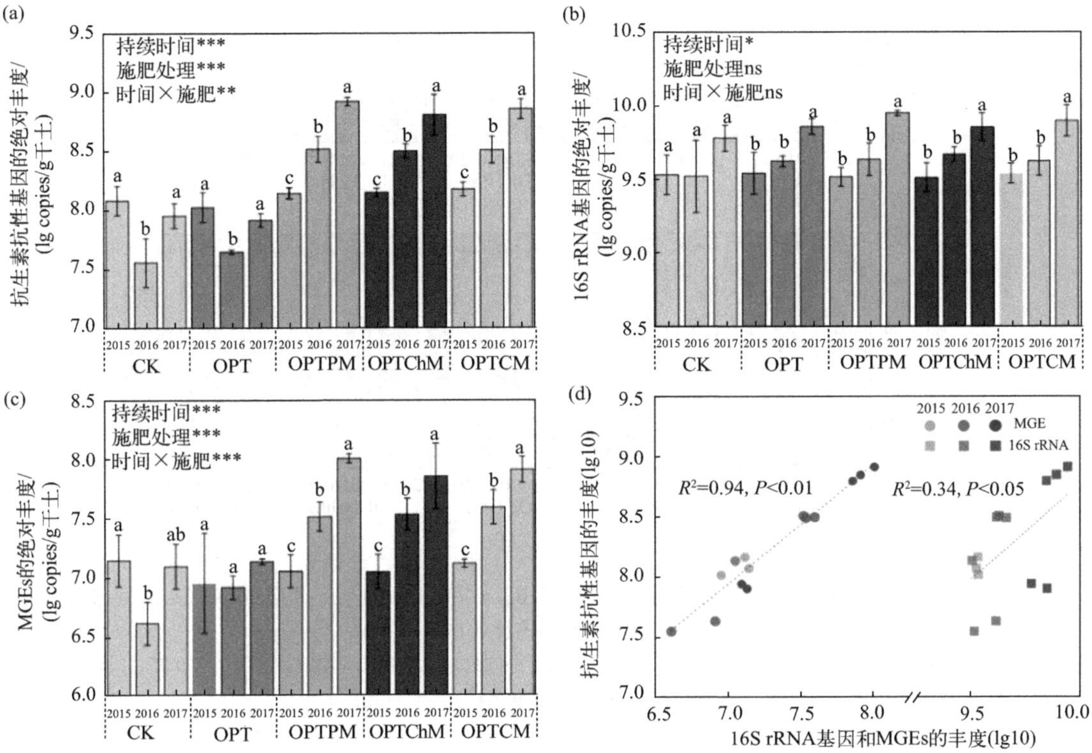

图 10-11　在 2015 ～ 2017 年 ARGs（a）、16S rRNA（b）和 MGEs（c）的绝对丰度（每克干土重）及 ARGs 基因丰度与 MGEs（左）或 16S rRNA（右）基因之间的关系（d）

双因素方差分析检测施肥持续时间和肥料处理对 ARGs、MGEs 和 16S rRNA 绝对丰度的影响。不同的小写字母表示不同年份之间的显著差异。误差棒表示标准偏差（$n = 3$）。$^*P < 0.05$，$^{**}P < 0.01$，$^{***}P < 0.001$

为了消除细菌总生物量（即 16S rRNA 基因）对抗生素抗性基因丰度的影响，详细比较了单个 ARGs 的相对丰度（ARGs / 16S rRNA 基因标准化）（图 10-12）。不同抗生素抗性基因类别的丰度占比显示，多重耐药类抗性基因在所有样品占据绝对优势，占总丰度的 54.4% ～ 85.3%，其次是 $\beta$-内酰胺类、氟喹诺酮类 / 氯霉素类 / 胺酰醇类（FCA）、氨基糖苷类（图 10-12）。与对照（CK）和单施化肥（OPT）相比，有机肥（OPTPM、OPTChM、OPTCM）处理的土壤中总 ARGs 的相对丰度明显更高，这与 ARGs 绝对丰度的趋势一致，而三种动物有机肥处理之间没有显著差异［图 10-12（a）］。对于 CK 和 OPT 处理，2015 年总 ARGs 的相对丰度显著高于其他年份。有机肥处理中总 ARGs 的相对丰度随时间显著增加，并且各类别的抗性基因变化趋势一致，例如，多重耐药类、$\beta$-内酰胺类、磺胺类、氨基糖苷类和大环内酯类-林肯酰胺类-链阳性菌素 B 类（MLSB）。

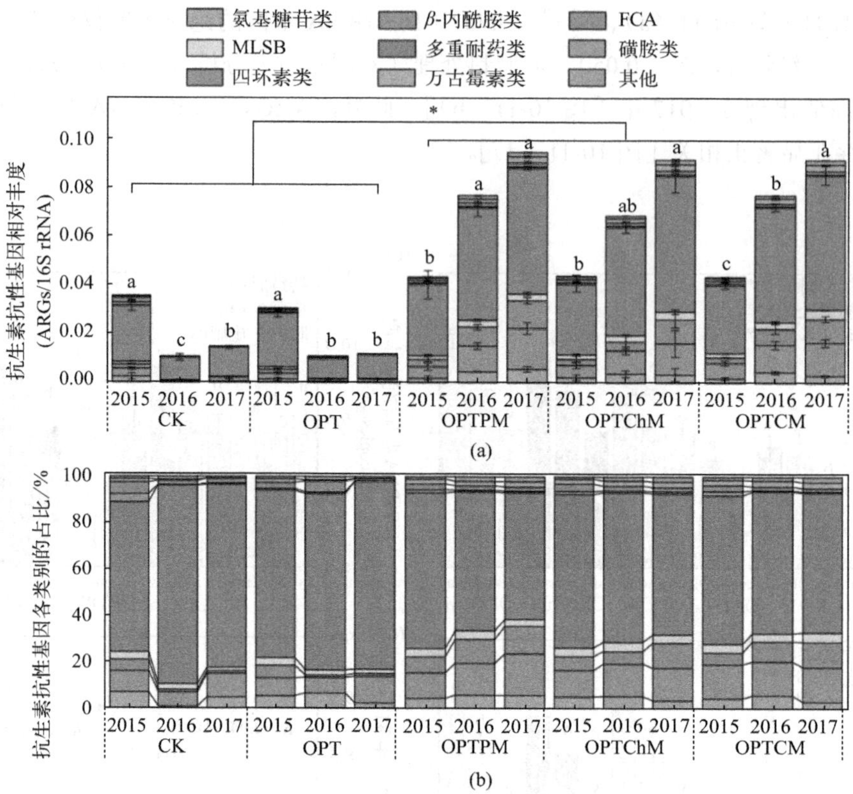


图 10-12　2015 ～ 2017 年 ARGs 基因的相对丰度（ARGs / 16S rRNA）（a）和不同 ARGs 类型占总抗性基因丰度的占比（b）

不同的小写字母表示不同年份之间的显著性差异，星号表示不同处理之间的显著性差异（$^*P < 0.05$）。误差棒表示标准偏差（$n = 3$）

### 10.3.2.4　有机肥料对ARGs组成分布特征的影响

施肥和持续时间均显著影响 ARGs 组成分布特征（双因素多元方差分析，$P < 0.001$）（图 10-13）。基于 Bray-Curtis 距离对 ARGs 进行 PCoA 分析，在第一个坐标上所有施用有机肥（OPTPM、OPTChM、OPTCM）的处理在 3 年内均与未施有机肥的处理（CK、OPT）有明显分离，在 2016 和 2017 年尤其明显。在 3 年间，土壤中的 ARGs 在 PCoA2 坐标也显示明显的差异，这一坐标轴解释了 17.4% 的差异。CK 和 OPT 处理之间以及三种有机肥处理（OPTPM、OPTChM 和 OPTCM）之间均无明显的分离。

基于单个 ARGs 相对丰度构建热图，来评估总体 ARGs 组成并确定单个抗性基因在 3 年内的变化规律［图 10-14（a）］。根据处理内抗性基因的分布，将热图分为 4 个簇。聚类 A 簇定义为固有 ARGs，因为它们在所有土壤中均可检测到，同时，该簇在 OPTPM、OPTChM 和 OPTCM 中随年份逐渐增加。A 簇包含 20 个高度丰富的 ARGs，包括 *mexF*、*cmx*（*A*）、*acrA*-04、*blaSFO*、*vanC*-03 和 *pncA* 均受施肥时间的影响。A 簇中的其他一些基因，例如 *cphA*-01、*fox*5、*mphA*-01 和 *mphA*-02，也受到施肥方式的影响。B 簇由一些低丰度和随机分布的 ARGs 组成，它们主要属于氨基糖苷类、*β*-内酰胺类和大环内酯类-林肯酰胺类-链阳性菌素 B 类（图 10-14）。C 簇包含 28 种 ARGs，它们经常出现施用有机肥的土壤中，但在其他土壤（CK 和 OPT）中很少被检测到，这些 ARGs 主要赋予对多重耐药类和 $\beta$-内酰胺类抗生素的抗性基因。在这项研究中，C 簇被定义为外源性 ARGs。在 2015 年几乎所有处理中都检测到 D 簇中的 ARGs，但在 2016 年和 2017 年仅在有机肥处理中（OPTPM、OPTChM、OPTCM）频繁检测到。这些基因大多对多重耐药类、氨基糖苷类、$\beta$-内酰胺类、大环内酯类-林肯酰胺类-链阳性菌素 B 类和四环素类等抗生素具有抗性，其中氨基糖苷类和四环素类基因占主导［图 10-14（b）］。2016 年和 2017 年在三种有机肥料处理中显著富集的一些基因受到有机肥料施用持续时间的影响，例如 *erm*（36）、*ceoA*、*vanSB*、*pikR2*、*mepA*、*blaCTX-M*-05、*cphA*-02、*ampC*-04、*vanHB* 和 *vanB*-01。

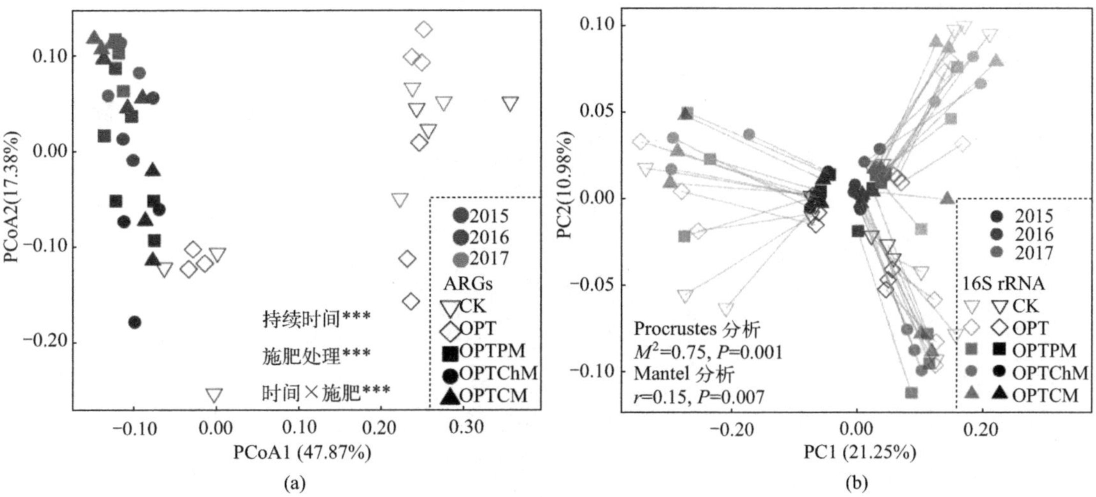


图 10-13　ARGs 基于 Bray-Curtis 距离的主坐标分析（PCoA）(a) 和 ARGs 组成分布（ARGs 的相对丰度）与细菌群落组成的 Procrustes 分析（b）

### 10.3.2.5　有机肥料对ARGs、MGEs和细菌群落关系的影响

为了研究肥料处理和肥料供应时间是否通过改变细菌群落结构来改变抗生素抵抗力，用 Procrustes 分析来检测 ARGs 组成分布与细菌群落组成之间的相关性。结果表明，ARGs 组成分布和细菌群落组成随着有机肥施用（施用量和施用时间）改变而改变，并且 ARGs 组成的变化与细菌群落组成存在显著相关性［图 10-13（b）；$M^2=0.75$，$P=0.001$］。此外，Mantel 检验结果也说明 ARGs 组成分布与细菌群落存在显著相关性［图 10-13（b）；$r=0.15$，$P=0.007$］。

进一步研究 ARGs、MGEs 和细菌群落组成（属水平）之间的共线网络，以发现不同处理中 ARGs 的潜在细菌宿主（图 10-15）。根据先前的研究，如果微生物与 ARGs 密切相关（Spearman 的 $rho>0.8$，$P<0.01$），就将该微生物定义为 ARGs 的可能宿主。通过该分析，分别在 CK、OPT、OPTPM、OPTChM 和 OPTCM 处理鉴定出 20 个、20 个、7 个、9 个和

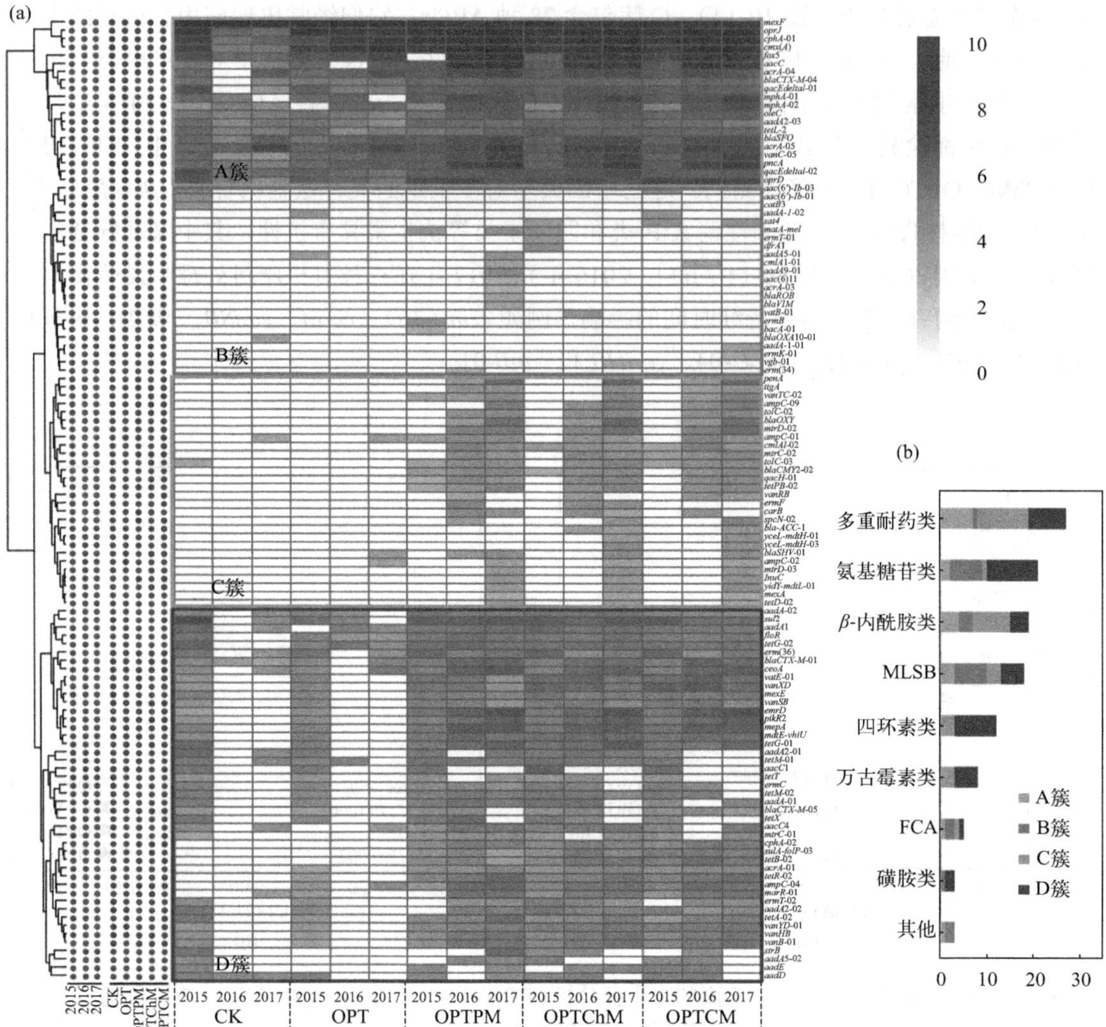


图 10-14　2015 ～ 2017 年五个处理中 ARGs 组成的热图

（a）根据 ARGs 的分布，分为四个簇（A、B、C、D）；（b）每簇中检测到的 ARGs 类别的数量。颜色深浅代表 ARGs 相对丰度的高低［ln（ARGs / 16S rRNA×$10^6$）］。相对丰度的显著性检验基于单因素 ANOVA（FDR）（$P < 0.05$，显著差异，Duncan 检验）。红色、绿色和灰色圆圈分别表示 ARGs 的相对丰度（ARGs / 16S rRNA）“年份之间具有显著差异”、“处理之间具有显著差异”和“没有显著差异”

14 个细菌属作为潜在的 ARGs 宿主。在未经肥料（CK）或仅化学肥料（OPT）处理的土壤中，大多数 ARGs 与多种细菌属显著相关，例如 CK 的 *pncA*，OPT 的 *vnaC*-03 和 *cphA*-01。在不施有机肥的土壤中，嗜热杆菌（*Adhaeribacter*）与 *vac*-03 正相关，并且不施有机肥的网络中均存在黄杆菌（*Flavobacterium*）。然而，在施用有机肥处理，某些单一细菌分类群与不同的 ARGs 相关（一对多的关系），例如 OPTPM 的 *Bellilinea*，OPTChM 的 *Povalibacter*，OPTCM 的 *Longilinea*。*Bellilinea* 与在 OPTPM 处理中多重耐药类（*acrA*-04，*ceoA*，*oprJ*）、万古霉素类（*vanC*-03，*vanHB*）、*β*-内酰胺类（*cphA*-01）和四环素类（*tetPB*-02）抗性基因呈显著正相关。OPTChM 中的杆状杆菌（*Povalibacter*）与 *mepA*、*ceoA*、*vanB*-01 和 *vanC*-

03 呈正相关。在 OPTCM 处理中，*Longilinea* 与包括 *cmx*（A）、*ceoA*、*mphA*-02、*cphA*-01、*emrD* 和 *oprJ* 的 ARGs 相关。此外，在五种不同处理的网络中检测到了在 ARGs 传播中起作用的 MGEs。

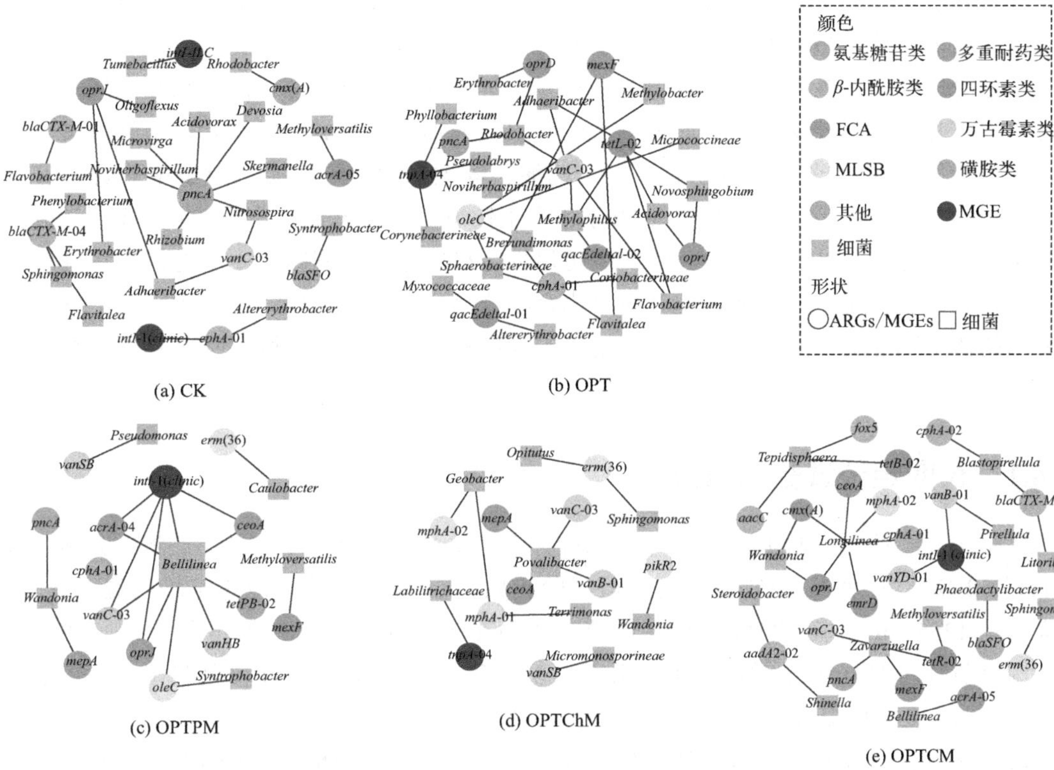


图 10-15　ARGs（年际间有显著差异的 ARGs）、MGEs 和属水平细菌类群的共线性网络

# 10.4　有机（类）肥料与南方红黄壤区土壤培肥

土壤是微生物重要的栖息地，它能决定与调控微生物多样性及活性。土壤微生物对维持土壤生态系统稳定和恢复受损土壤有重要作用，与土壤健康也紧密相关。但在农业活动中，农民为了获得更大的经济效益，长期在同一块土地上种植同一种经济作物，大量使用化肥农药，这些措施往往会导致土壤板结酸化，有机质含量减少，土壤微生物群落结构失衡，土壤肥力下降。随着人们对农业生态系统中土壤微生物的认识越来越深入，有关土壤微生物与土壤肥力的研究越来越多。可持续农业是世界农业面临的必然选择，调控农田土壤微生物区系是其中非常重要的一个环节。因此，如何调控与构建高产健康的土壤微生物区系来提高耕地

质量将是农业可持续发展的迫切需要。随着土壤微生物研究技术方法的快速发展，新一代测序技术向低价、快速、高质量转变，加速了人们对农业土壤微生物的认知，土壤微生物区系的相关研究也成为一大热点问题。

良好的土壤理化性状有利于作物根系生长，有利于土壤水汽供给，有利于微生物生长代谢，有利于土壤物质转化，有利于植物养分吸收利用。土壤有机质的矿质化过程包括化学转化、动植物转化和微生物转化，该过程使土壤有机质转化为二氧化碳、水和多种矿质养分，是除化肥外土壤可溶性氮磷钾和微量元素等养分的重要来源。微生物在土壤有机质转化过程中起着不可或缺的作用。土壤中的碳水化合物，如糖类、纤维素、半纤维素、胶质、木质素等，可以被微生物分解产生有机酸、醇类、酮类等物质；土壤中的含氮有机物，如蛋白质、多肽等，可以被微生物分解产生铵态氮和硝态氮；土壤中的含磷有机物，如核酸、磷脂等，可以被微生物分解产生可溶性无机磷酸根；同时，土壤有机质在分解过程中能释放如磷、硫、钾、钙、镁等简单化合物或离子等矿质养分。不同肥料在土壤中转化吸收的微生物过程不同，因此，长期施用不同肥料对土壤性质和微生物区系的影响也不相同。

### 10.4.1 长期定位试验点概况

旱地红壤长期定位试验点位于中国湖南省祁阳市，中国农业科学院祁阳红壤实验站（东经 111° 52′32″，北纬 26° 45′42″）内，该试验点始建于 1987 年，当地年平均气温 17.8℃，年降雨量 1255mm，同时 70% ～ 80% 的降雨集中在 4 ～ 10 月份，年均蒸发量为 1470mm，年平均日照时间为 1610 小时，全年无霜期为 293 天。供试土壤为红壤，是我国亚热带地区具有富铝化特征的地带性土壤，土壤母质为第四纪发育红色黏土。

长期施肥定位试验共设 12 个处理（图 10-16），本书只采集了其中 10 个处理的土壤样品进行分析研究：① CK，不施肥；② N，化肥，氮肥；③ NK，化肥，氮钾肥配施；④ NP，化肥，氮磷肥配施；⑤ PK，化肥，磷钾肥配施；⑥ NPK，化肥，氮磷钾肥配施；⑦ NPKM，有机肥配施化学氮磷钾肥；⑧ M，有机肥（猪粪）；⑨ NPKS，半数秸秆还田配施化学氮磷钾肥；⑩ F，撂荒。石灰改良试验：原始处理有 5 个处理（N、NK、NP、NPK 和 NPKS）严重酸化，于 2010 年底将每个小区平均分为两个小区，其中一个小区仍按原施肥措施管理，另一个小区在常规处理基础上增施石灰，石灰（CaO）用量为 2550kg/hm$^2$。改良处理分别为 NCa、NKCa、NPCa、NPKCa 和 NPKSCa。

(a) CK　(b) F　(c) M　(d) NPKM　(e) PK

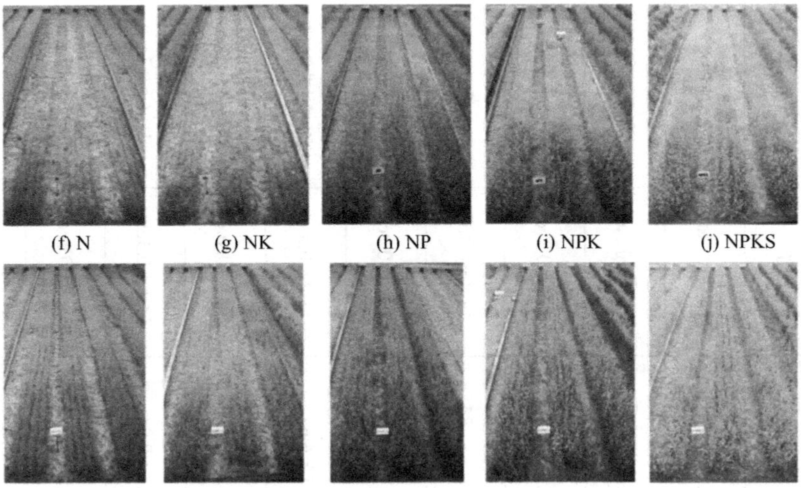

(f) N (g) NK (h) NP (i) NPK (j) NPKS

(k) NCa (l) NKCa (m) NPCa (n) NPKCa (o) NPKSCa

图 10-16 红壤旱地长期定位肥力肥效试验点小区

CK—对照，只种植不施肥；N—化学氮肥；NP—化学氮磷肥；NK—化学氮钾肥；PK—化学磷钾肥；NPK—化学氮磷钾肥；NPKM—化学氮磷钾肥和有机肥；NPKS—化学氮磷钾肥和半数秸秆还田；M—有机肥；F—撂荒，不种植不施肥；XCa—酸化处理对应的石灰改良处理，X 分别代表 N、NK、NP、NPK 和 NPKS

各小区之间用 100cm 深水泥埂隔开，小区面积 $200m^2$（20m×10m）。采用冬小麦-夏玉米一年两熟轮作制，玉米期肥料施用量占全年施肥量的 70%，小麦期占施肥量的 30%，肥料在小麦、玉米播种前作基肥一次施入。肥料用量为年施用纯 N $300kg/hm^2$、$P_2O_5$ $120kg/hm^2$、$K_2O$ $120kg/hm^2$。所有施肥小区的氮施用量相同，氮肥为尿素，含 N 46%；磷肥为过磷酸钙，含 $P_2O_5$ 12.5%；钾肥为氯化钾，含 $K_2O$ 60%；有机肥料为猪粪，含 N 16.7g/kg。有机肥料不考虑 P、K 养分，NPKM 处理中有机 N 与无机 N 的比例为 7∶3。

## 10.4.2 长期施用有机肥对土壤性质的影响

因生产需要，农业生态系统要维持较高、较快速的能量代谢和物质循环速度。为避免土壤养分耗竭，农业生产过程中要根据不同土壤状况进行施肥。长期定位试验中，CK 处理仅耕作但不添加任何肥料，因此 CK 土壤养分不断耗竭，但与试验开始时的原始土壤性质相比，长期施肥不仅导致各处理土壤 pH 值不同，也会对土壤养分产生不同的影响（表 10-13）。

各处理土壤 pH 值仅 F 处理（pH=5.53）变化不大；两个含有机肥处理（M 和 NPKM）pH 值显著提升（pH ＞ 6.00）；CK 和 PK 处理 pH 值略有下降（pH = 5.10），但仍处于红壤正常 pH 值范围内；而五个含氮肥化肥处理（N、NP、NK、NPK 和 NPKS）pH 值则显著下降（pH ＜ 4.50），土壤严重酸化。有效氮含量为 NPKM ＞ M ＞ N ＞ NPK ＞ F ＞ PK ＞ NPKS ＞ NK ＞ NP ＞ CK，总氮含量为 M ＞ NPKM ＞ F ＞ NPKS ＞ NP ＞ NPK ＞ PK ＞ NK ＞ N ＞ CK。各处理有效氮和总氮均以 M 及 NPKM 含量最高，CK 最低。F 和 PK 处理无氮肥输入，F 处理氮素含量保持较高的水平，而 PK 处理则相对较低。有效磷含量为 NPKM ＞ M ＞ NPKS ＞ PK ＞ NP ＞ NPK ＞ F ＞ CK ＞ N ＞ NK，总磷含量为 NPKM ＞ M ＞ NPK ＞ NP ＞

表10-13　长期不同施肥处理的土壤理化性质

| 处理 | pH 值 | 有效氮 /（mg/kg） | 总氮 /（g/kg） | 有效磷 /（mg/kg） | 总磷 /（g/kg） | 有效钾 /（mg/kg） | 总钾 /（g/kg） | 有机质 /（g/kg） |
|---|---|---|---|---|---|---|---|---|
| 原始土壤 | 5.60 | 79 | 1.07 | 13.9 | 0.52 | 79.1 | 13.7 | 11.5 |
| CK | 5.10±0.15b | 88±8.8a | 0.87±0.02a | 7.9±0.1a | 0.48±0.01a | 72.5±8.1a | 13.0±0.4a | 12.8±0.4a |
| F | 5.53±0.21c | 121±12.1bc | 1.15±0.03f | 43.9±0.5b | 0.92±0.04b | 410.3±41.5d | 13.0±0.5a | 20.6±0.8e |
| M | 6.58±0.14e | 151±15.1de | 1.60±0.03g | 111.8±10.2e | 1.40±0.07f | 327.2±32.8c | 14.3±0.3cd | 25.2±0.5f |
| NPKM | 6.08±0.15d | 155±15.5e | 1.58±0.03g | 113.3±10.1e | 1.68±0.08g | 377.6±37.8d | 14.8±0.4d | 26.7±0.6g |
| PK | 5.09±0.08b | 121±12.1bc | 0.98±0.03bc | 78.5±2.8d | 1.02±0.05c | 387.7±38.8d | 14.0±0.2c | 15.1±0.2b |
| N | 4.26±0.26a | 146±14.6de | 0.88±0.02a | 7.1±0.2a | 0.48±0.03a | 60.1±6.6a | 13.0±0.8a | 12.5±0.7a |
| NK | 4.09±0.13a | 105±10.5ab | 0.95±0.02b | 5.3±0.2a | 0.49±0.02a | 227.5±25.1b | 14.4±0.4cd | 12.9±0.4a |
| NP | 4.14±0.08a | 104±10.4ab | 1.03±0.01d | 71.5±1.7cd | 1.21±0.06de | 90.2±9.9a | 13.1±0.3ab | 16.4±0.3c |
| NPK | 4.19±0.04a | 129±12.9cd | 1.00±0.04cd | 69.2±0.7c | 1.29±0.07e | 225.5±22.5b | 14.2±0.1cd | 16.2±0.2c |
| NPKS | 4.26±0.09a | 111±11.1bc | 1.08±0.02e | 79.5±3.8d | 1.14±0.03d | 270.4±27.1b | 13.8±0.3bc | 17.9±0.4d |

注：原始土壤理化性质为 1990 年试验设置起始时的土壤理化性质。CK—对照，只种植不施肥；N—化学氮肥；NP—化学氮磷肥；NK—化学氮钾肥；PK—化学磷钾肥；NPK—化学氮磷钾肥；NPKM—化学氮磷钾肥和有机肥；NPKS—化学氮磷钾肥和半数秸秆还田；M—有机肥；F—撂荒，不种植不施肥。

NPKS > PK > F > NK > N > CK。各处理有效磷和总磷均以 M 及 NPKM 含量最高，而 F、CK、N 及 NK 无磷肥输入，磷含量最低。有效钾含量为 F > PK > NPKM > M > NPKS > NK > NPK > NP > CK > N，总钾含量为 NPKM > NK > M > NPK > PK > NPKS > NP > CK > F > N。其中 NP、CK 和 N 处理无钾肥输入，钾含量保持低水平；F 处理同样无钾肥输入，但其有效钾含量却保持最高水平。M 和 NPKM 处理中钾含量也保持较高的水平。土壤有机质含量以 NPKM > M > F > NPKS > NP > NPK > PK > NK > CK > N，总体遵循有机肥处理高于化肥处理。从整体来看，土壤养分含量总体遵循有机肥处理高于非有机肥处理，如各处理有效磷和总磷均以 M 及 NPKM 含量最高，而 F、CK、N 及 NK 无磷肥输入，磷含量最低。利用石灰改良严重酸化的红壤之前，各处理氮磷钾含量均应处于较低水平。

### 10.4.2.1 长期施用有机肥对土壤养分含量的影响

通常土壤养分的溶解度与土壤 pH 值之间存在显著的相关性。因此，在酸化的土壤中，尽管连续投入大量的肥料，但土壤溶液中的有效养分仍非常有限。由表 10-14 可见，土壤 pH 值和有效养分之间都存在显著的正相关。因此，土壤酸化会造成土壤养分流失、肥力下降，进而造成农作物减产，甚至绝产。长期施用有机肥能增加土壤肥力，促进作物高产。研究表明土壤中长期施用有机肥可以增强土壤通气性，提高土壤氮素利用效率。

而长期施用化学氮肥会导致土壤酸化，造成土壤地力下降、作物减产，对农业生产非常不利。长期定位试验中，尽管每季作物种植前都会施入常量化肥，但土壤中有效养分并没有积累，作物产量非常有限（N 处理已经绝产），可见土壤酸化严重影响农业生产效率。相反，配施有机肥则能够维持并促进土壤肥力提升，提高土壤肥力及作物产量，有利于农业可持续发展。

表10-14 土壤理化性质之间的相关性

| 项目 | pH 值 | 有效氮 | 总氮 | 有效磷 | 总磷 | 有效钾 | 总钾 |
|---|---|---|---|---|---|---|---|
| 有效氮 | 0.530** | | | | | | |
| 总氮 | 0.606** | 0.534** | | | | | |
| 有效磷 | 0.597** | 0.481** | 0.777** | | | | |
| 总磷 | 0.398** | 0.553** | 0.806** | 0.860** | | | |
| 有效钾 | 0.633** | 0.414** | 0.733** | 0.608** | 0.486** | | |
| 总钾 | 0.286** | 0.531** | 0.484** | 0.506** | 0.638** | 0.504** | |
| 有机质 | 0.631** | 0.519** | 0.979** | 0.801** | 0.834** | 0.708** | 0.454** |

注：* 表示显著性，* 表示 $P < 0.05$，** 表示 $P < 0.01$。

### 10.4.2.2 长期施用有机肥对土壤有机碳组成的影响

土壤有机碳测定分为土壤总有机碳（TOC）、易降解有机碳（LOC）和难降解有机碳（ROC）测定。如表 10-15 所示，a. 四个处理 TOC 和 LOC 都有显著性差异，都以 M ＞ NPKM ＞ NPK ＞ CK，可见有机肥处理的土壤中总有机碳和易降解有机碳含量高，而 CK 处理最低；b. 四个处理 ROC 以 M ＞ NPK ＞ NPKM ＞ CK，其中 NPK 与 NPKM 处理之间没有显著性差异，从含量变异值来看，各处理 ROC 含量相对 TOC 和 LOC 变异值较小；c. 四个处理中 LOC 的相对含量（LOC/TOC）以 M ＞ NPKM ＞ NPK ＞ CK，表明在 M 和 NPKM 处理中，易降解有机碳的相对含量较高；d. 四个处理中 ROC 的相对含量（ROC/TOC）以 CK ＞ NPK ＞ M ＞ NPKM，表明在 CK 和 NPK 处理土壤中，难降解有机碳的相对含量较高。

表10-15　不同施肥处理中总有机碳、易降解有机碳、难降解有机碳绝对含量和相对含量

| 处理 | 总有机碳（TOC）/（g/kg） | 易降解有机碳(LOC）/（g/kg） | 难降解有机碳（ROC）/（g/kg） | LOC/TOC/% | ROC/TOC/% |
|---|---|---|---|---|---|
| CK | 8.63±0.24a | 1.78±0.13a | 3.88±0.23a | 20.63±2.84a | 53.54±1.79b |
| NPK | 10.56±0.21b | 2.49±0.51b | 4.76±0.38b | 23.47±3.96b | 46.17±1.69c |
| M | 16.38±0.51d | 5.71±0.41d | 5.42±0.23c | 34.84±3.77d | 33.87±2.01b |
| NPKM | 14.57±0.30c | 4.40±0.21c | 4.42±0.27b | 30.18±3.83c | 31.73±1.18a |

注：表格中数值为平均值 ± 标准偏差，Duncan 多重比较后的显著性（$P < 0.05$）以不同字母表示。CK—对照，只种植不施肥；NPK—化学氮磷钾肥；M—有机肥；NPKM—化学氮磷钾肥和有机肥。

土壤微生物通常优先利用土壤中可直接吸收的和易降解养分物质，从各处理 LOC 和 ROC 的含量变异值来看，各处理 ROC 含量相对 TOC 和 LOC 变异值较小，表明难降解有机碳经过长期积累，且降解利用效率相对 LOC 较低。本试验数据表明 CK 和 NPK 处理中 ROC 相对含量显著高于 M 和 NPKM，而 LOC 相对含量显著低于 M 和 NPKM；CK 和 NPK 处理中疏水性有机碳和芳香族有机碳相对含量显著高于 M 和 NPKM 处理。M 和 NPKM 处理中易降解碳相关基因信号强度显著高于 CK 和 NPK 处理，而难降解碳相关基因信号强度则较低。土壤有机碳组分的相对含量和相关降解基因的信号强度差异表明，CK 和 NPK 处理土壤正处于碳饥饿状态。

### 10.4.3　长期施用有机肥对土壤微生物区系的影响

#### 10.4.3.1　长期施用有机肥对土壤微生物群落组成的影响

研究表明，土壤细菌群落的多样性和丰富度都与其生态环境相关，其中土壤 pH 值是最大的影响因子，如土壤主要的 Actinobacteria 门和 Bacteriodetes 门等类群的相对丰度也与土壤pH值显著相关。细菌群落多样性与土壤pH值之间有显著相关性（$R^2 = 0.70$，$P < 0.0001$）；细菌群落丰富度与土壤 pH 值之间有显著相关性（$R^2 = 0.58$，$P < 0.0001$）。细菌群落在接近中性的土壤中多样性最高，而随着土壤 pH 值下降，群落多样性也不断下降。当然，土壤细菌群落演变是受环境中各种因素影响的，除了土壤 pH 值之外，还有很多因子能显著影响细

菌群落结构，如碳氮比、有机碳含量、含水量、温度、植被及重金属离子等。

1967年，生态学领域有科学家正式提出了r-选择连续体和K-选择连续体的生态理论，这个理论甚至可以追溯到十几年前。r-选择连续体和K-选择连续体理论在起初多用于动植物的选择进化史研究，并在随后的研究中不断完善。土壤中不同微生物的最适生存条件都不一定相同，有的微生物嗜热，有的微生物嗜酸，还有的微生物厌氧等。土壤中不同微生物也可以称为一个r-选择连续体和K-选择连续体，在微生物生态学领域，科学家们通常使用富营养类群（copiotroph）和贫营养类群（oligotroph）的专业术语来描述r-选择连续体和K-选择连续体。

土壤微生物中，富营养类群优先消耗土壤易降解有机碳库，对养分需求高，有较高的生长率，生存资源条件丰富；而贫营养类群生长率较慢，通常生存环境养分缺乏，但具有较高的养分亲和力，可以消耗土壤难降解有机碳库。所以，土壤中有机碳易降解组分含量高则其中的富营养类群较丰富，而土壤中有机碳整体含量低或者难降解组分相对含量高则其中贫营养类群较丰富。通过计算土壤中各组分有机碳的矿化速率与细菌群落相对丰度之间的相关性，可以对土壤主要的细菌类群进行copiotroph-oligotroph谱划分：第一类为富营养类群，主要包括Proteobacteria、Actinobacteria和Bacteroidetes等细菌类群；第二类为贫营养类群，主要包括Acidobacteria和Chloroflexi等细菌类群。由于富营养类群和贫营养类群不同的生长特性，富营养类群对土壤氮素的需求量比贫营养类群大，因此富营养类群需要生活在碳氮比较低的富营养环境中。

长期不同施肥会影响土壤养分结构，必然也会对其中的贫富营养细菌类群的丰度产生不同的影响，因此，长期不同施肥必然会导致土壤细菌群落结构异质化。由旱地红壤地区细菌各类群相对丰度的变化分析及群落相似性聚类分析可见，土壤细菌群落结构多样性都会受到土壤性质的显著影响，施用有机肥的土壤中细菌的多样性显著高于施用化肥的土壤。从各处理微生物群落NMDS分析来看，土壤微生物群落结构主要受环境因素的调节，其中土壤pH值是微生物群落结构的最主要影响因素。

土壤中的细菌类群大多与土壤pH值之间有显著相关性。研究表明环境酸碱度偏离细菌最适pH值超过1.5后，细菌活性降低50%以上，所以土壤中的大部分细菌都受到土壤pH值的影响。从长期不同施肥对红壤细菌群落的门水平类群丰度影响来看，Acidobacteria（酸杆菌门）和Proteobacteria（变形菌门）是最丰富的两个门，通常占整个细菌群落50%以上；另外，Proteobacteria（变形菌门）、Bacteroidetes（拟杆菌门）、Firmicutes（厚壁菌门）和Gemmatimonadetes（芽单胞菌门）等类群在近中性土壤中较丰富；而Acidobacteria（酸杆菌门）、Chloroflexi（绿弯菌门）和TM7等类群在低pH值土壤中较丰富。

Acidobacteria是土壤中最丰富的类群之一，该门类不容易纯培养，其分子研究关注度较低，但是Acidobacteria是细菌中高度可变的类群之一，其相对丰度与土壤pH值显著相关。Acidobacteria不同属的相对丰度与土壤pH值之间相关性不同，其中*Acidobacteria-Gp*4、*Acidobacteria-Gp*5、*Acidobacteria-Gp*6与土壤pH值呈正相关，*Acidobacteria-Gp*1、*Acidobacteria-Gp*3与土壤pH值呈负相关。

Proteobacteria也是土壤中最丰富的类群之一，该门类在土壤中功能极为丰富。在纲水平进行分类，Betaproteobacteria和Deltaproteobacteria在高pH值的土壤中相对含量较丰富，Gammaproteobacteria在低pH值的土壤中相对含量占优势。在科水平进行分类，

Alphaproteobacteria 中的 Hyphomicrobiaceae 和 Acetobacteraceae 在高 pH 值的土壤中相对含量丰富，而 Xanthobacteraceae 在低 pH 值的土壤中相对含量丰富；Betaproteobacteria 中的 Rhodocyclaceae 在高 pH 值的土壤中相对含量丰富，而 Burkholderiaceae 在低 pH 值的土壤中相对含量丰富。

土壤中 Proteobacteria 和 Actinobacteria 等细菌门类多为富营养细菌类群，而 Acidobacteria 等细菌门类则多为贫营养细菌类群。因此长期施用有机肥能显著增加土壤中富营养细菌类群的相对丰度；而长期施用含氮化肥但不配施有机肥会导致土壤酸化，显著增加土壤中贫营养细菌类群的相对丰度。

#### 10.4.3.2 长期施用有机肥对土壤微生物活性的影响

长期不同施肥方式会显著改变土壤环境条件，其中长期施用含氮化肥但不配施有机肥导致土壤酸化、有机质含量减少、作物减产，进而导致土壤细菌群落活性及多样性均显著降低；而配施有机肥能使细菌群落保持较高的多样性水平，微生物活性和土壤生产力也显著高于酸化土壤。

土壤环境条件的变化对微生物活性影响很大，长期不同施肥后，土壤理化性质及微生物量发生了显著的变化。作为土壤微生物活性状态的指标因子之一，土壤酶活性可以从一方面体现土壤肥力状况。主要通过测定六种土壤酶（过氧化氢酶、转化酶、脲酶、蛋白酶、酸性磷酸酶和植酸酶）活性（表 10-16）。土壤过氧化氢酶参与土壤生物呼吸过程中的物质代谢，可以表示土壤呼吸过程的强度，是表征土壤微生物活性的重要指标之一。其他酶活性则与土壤养分转化息息相关，其活性高低可用于预测土壤养分变化趋势，是表征土壤肥力高低的重要指标。

表10-16　长期不同施肥处理土壤酶活性

| 处理 | 过氧化氢酶 /[mg $H_2O_2$ /(g·20min)] | 脲酶 /[mg $NH_3$-H /(g·24h)] | 转化酶 /[mg /(g·24h)] | 蛋白酶 /[mg /(g·24h)] | 酸性磷酸酶 /[mg PNP /(kg·h)] | 植酸酶 /[mg $P_2O_5$ /(g·24h)] |
|---|---|---|---|---|---|---|
| CK | 2.0±0.063e | 13.7±0.3e | 20.5±0.17e | 11.6±0.25e | 248.5±9.6c | 1.3±0.16b |
| F | 6.5±0.084h | 15.9±0.4f | 59.9±0.18j | 26.4±0.08h | 792.4±2.5h | 5.2±0.04e |
| M | 7.7±0.016i | 45.6±0.8i | 46.1±0.06h | 28.6±0.08i | 795.5±7.1hi | 5.3±0.12e |
| NPKM | 6.2±0.104g | 40.1±0.5h | 47.4±0.19i | 31.3±0.04j | 805.7±8.1i | 5.3±0.14e |
| PK | 3.1±0.014f | 6.70±0.4b | 28.3±0.05f | 4.10±0.18a | 485.5±8.4f | 3.2±0.14d |
| N | 1.8±0.004d | 3.10±0.3a | 7.90±0.01a | 8.50±0.02c | 156.2±5.5b | 0.8±0.09a |
| NK | 1.1±0.003a | 6.50±0.1b | 8.70±0.12b | 7.40±0.25b | 143.6±4.1a | 0.8±0.07a |
| NP | 1.8±0.001d | 12.5±0.1d | 12.2±0.16c | 9.60±0.02d | 398.5±8.4e | 2.6±0.14c |
| NPK | 1. 3±0.004b | 10.5±0.2c | 20.0±0.05d | 12.5±0.20f | 386.5±1.3d | 2.6±0.02c |
| NPKS | 1.6±0.001c | 19.5±1.8g | 29.1±0.09g | 19.1±0.14g | 498.6±7.5g | 3. 3±0.13d |

注：表格中数值为平均值 ± 标准偏差，Duncan 多重比较后的显著性差异（$P < 0.05$）以不同字母表示。CK—对照，只种植不施肥；N—化学氮肥；NP—化学氮磷肥；NK—化学氮钾肥；PK—化学磷钾肥；NPK—化学氮磷钾肥；NPKM—化学氮磷钾肥和有机肥；NPKS—化学氮磷钾肥和秸秆还田；M—有机肥；F—撂荒，不种植不施肥。PNP—对硝基苯酚。

土壤微生物活动能促进农田土壤肥力形成，为作物生长提供物质基础。研究表明土壤酸度太强会影响大多数微生物的活性，尤其在红壤中，活性铝铁离子对微生物的毒害作用也会降低微生物活性。因此，土壤微生物活性与环境因子有关，尤其是土壤pH值、含水量及碳氮比等都对土壤微生物活性有很大的影响。在红壤长期定位试验中，长期施用化学氮肥导致土壤严重酸化，会严重影响土壤微生物活性状况。在严重酸化的土壤中，绝大部分酶活性都显著低于其他处理，如所有酸化土壤的过氧化氢酶活性都很低；仅有部分酶活性略高，如NPKS处理的脲酶、转化酶等，这与该处理秸秆还田措施有关。从土壤酶活性和土壤性质之间的关系来看，土壤pH值对土壤酶活性的影响很大，过氧化氢酶（$r = 0.894$，$P < 0.001$）、脲酶（$r=0.795$，$P < 0.001$）、蛋白酶（$r=0.768$，$P < 0.001$）、转化酶（$r=0.811$，$P < 0.001$）、酸性磷酸酶（$r = 0.799$，$P < 0.001$）和植酸酶（$r = 0.772$，$P < 0.001$）的活性都与土壤pH值之间存在显著的相关性。施用土壤改良剂虽然对土壤养分状况改善效果不显著，但是能迅速提高土壤pH值，并且改良前后各处理微生物量都有显著性提高，所以必然会提高土壤酶活性。

土壤微生物功能基因研究主要采用GeoChip4-NimbleGen基因芯片，该功能基因芯片主要用于环境微生物中相关功能基因的高通量检测。该功能基因芯片包含土壤碳、氮、硫、磷素利用，有机质降解和抗性基因等功能基因。并且随着环境功能基因不断挖掘，目前该芯片的功能基因探针数量还在不断增加。

基因芯片中参与有机碳降解相关途径的基因包括淀粉、半纤维素、纤维素、果胶、木质素和几丁质降解相关基因等。红壤旱地试验中共检测到高拷贝基因26个，图10-17表示各基因在各处理中相对信号强度，从左到右依次为易降解有机碳到难降解有机碳降解相关的基因，依次为：淀粉、半纤维素、纤维素、果胶、甲壳素和木质素，以及其他的高拷贝基因，如芳烃降解相关基因等。根据各类基因在各处理中的相对信号强度，将所有高拷贝基因分为三大类（图10-17）：a．如图10-17（a）所示，M和NPKM处理中易降解碳相关基因多显著高于CK和NPK处理，包括淀粉、半纤维素、纤维素和果胶降解相关基因，并且根据Mantel检验，*amyA*、*cda*、*nplT*等基因及编码内切葡聚糖酶（endoglucanase）、外切葡聚糖酶（exoglucanase）和果胶酶（pectinase）等酶的相关基因的相对信号强度与LOC含量之间存在显著性正相关（$r > 0.747$，$P < 0.003$），与LOC相对含量（LOC/TOC）之间也存在显著性正相关（$r > 0.563$，$P < 0.014$）；b．如图10-17（b）所示，CK和NPK处理中难降解碳相关基因显著高于M和NPKM处理，包括甲壳素和木质素降解相关基因，并且根据Mantel检验，*glx*、*lip*和*mnp*等基因及编码乙酰胺基葡萄糖苷酶（acetylglucosaminidase）、内切几丁质酶（endochitinase）、外切几丁质酶（exochitinase）和酚氧化酶（phenol oxidase）等酶的相关基因的相对信号强度与ROC含量之间存在显著性负相关（$r < -0.518$，$P < 0.016$），但与ROC相对含量（ROC/TOC）之间存在显著性正相关（$r > 0.763$，$P < 0.002$）；c．如图10-17（c）所示，M和NPKM处理中*aceA*、*aceB*、*vanA*和*vdh*等高拷贝有机碳降解基因也多低于CK和NPK处理，根据Mantel检验，这些基因的相对信号强度与TOC含量之间存在显著性负相关（$r < -0.518$，$P < 0.016$）。

土壤贫营养类群和富营养类群在土壤中普遍存在，并且随着土壤养分的不断变化，贫营养类群和富营养类群的相对丰度也不断变化。NPK和CK处理处于碳饥饿状态，土壤中细菌贫营养类群（Acidobacteria）丰度较高，其中的易降解碳相关基因相对丰度较低；而M和NPKM处理中积累了大量的易降解有机质，细菌富营养类群（Betaproteobacteria、Deltaproteobacteria和Actinobacteria）丰度增加，其中的易降解碳相关基因相对丰度较高。细菌富营养类群能将大量能量用于除生殖以外的多种生命活动，因此能促进土壤中物质循环，增加土壤养分含量，为作物提供充足的养分。计算贫营养类群和富营养类群的相对丰度与各类有机碳降解基因的相对信号强度及土壤易降解碳和难降解碳的相对含量之间的相关性（表10-17），结果显示：a. Bacteroidetes、Actinobacteria和Proteobacteria等富营养类群与易降解有机碳（LOC）相对含量和易降解碳相关基因的相对信号强度之间呈显著正相关；b. Acidobacteria等贫营养类群与难降解有机碳（ROC）相对含量和难降解碳相关基因的相对信号强度之间呈显著正相关。

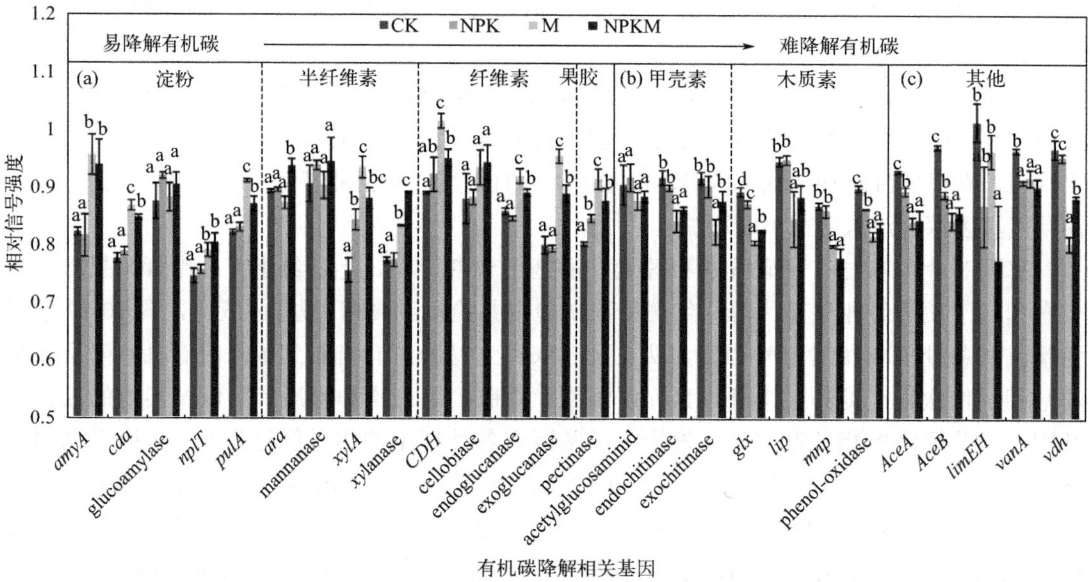


图10-17 不同施肥处理土壤有机碳降解功能基因相对信号强度

表10-17 土壤细菌群落中的细菌类群、有机碳组分和有机碳降解相关基因丰度的相关性

| 项目 | 易降解有机碳降解相关基因 | | | | 易降解有机碳相对含量 | 难降解有机碳降解相关基因 | | 难降解有机碳相对含量 |
|---|---|---|---|---|---|---|---|---|
| | 淀粉 | 半纤维素 | 纤维素 | 果胶 | | 甲壳素 | 木质素 | |
| 易降解有机碳含量 | 0.866** | | 0.820** | 0.584* | | −0.776** | −0.829** | |
| 难降解有机碳含量 | −0.638* | −0.854** | −0.745** | −0.666* | | 0.590* | 0.931** | |
| Acidobacteria | −0.763** | −0.960** | −0.768** | −0.771** | −0.847** | 0.759** | 0.917** | 0.878** |
| Actinobacteria | | | 0.536* | | | | | −0.282* |
| Bacteroidetes | | 0.873** | 0.899** | 0.802** | 0.702* | −0.810** | −0.626* | |

续表

| 项目 | 易降解有机碳降解相关基因 | | | | 易降解有机碳相对含量 | 难降解有机碳降解相关基因 | | 难降解有机碳相对含量 |
|---|---|---|---|---|---|---|---|---|
| | 淀粉 | 半纤维素 | 纤维素 | 果胶 | | 甲壳素 | 木质素 | |
| Alphaproteobacteria | | | | | | | | −0.642* |
| Betaproteobacteria | 0.743** | | | 0.641* | | | | |
| Deltaproteobacteria | 0.676* | | | 0.653* | | | | |
| Gammaproteobacteria | 0.847** | | | | | | −0.750** | −0.741** |

注：仅显示有显著相关性的细菌类群。* 代表相关显著性：* $P < 0.05$，** $P < 0.01$。

### 10.4.4 短期施用有机肥对土壤微生物区系的影响

有机肥和石灰两种改良剂对酸化土壤的改良效果表明，两种改良方式都能够迅速提高土壤 pH 值、养分含量和生物量（表 10-18），其中石灰改良对土壤 pH 值的提升作用更加明显，而有机肥改良对土壤养分含量的提高作用更加明显。

表10-18　酸化土壤短期有机肥和石灰改良后的土壤理化性质

| 处理 | pH 值 | 有效氮/(mg/kg) | 总氮/(g/kg) | 有效磷/(mg/kg) | 总磷/(g/kg) | 有效钾/(mg/kg) | 总钾/(g/kg) | 有机质/(g/kg) | 微生物量碳/(mg/kg) |
|---|---|---|---|---|---|---|---|---|---|
| NPK | 4.19±0.04a | 129.19±12.90a | 0.999±0.041a | 69.19±0.70a | 1.292±0.065a | 225.0±22.5a | 14.216±0.142a | 16.190±0.162a | 152.2±25.4a |
| NPKM | 6.08±0.15d | 154.61±15.50b | 1.577±0.033b | 113.29±10.10c | 1.684±0.085b | 377.5±37.8b | 14.835±0.356b | 26.714±0.641c | 462.9±21.8c |
| NPK+Ca | 4.65±0.09c | 113.60±13.10a | 1.143±0.095a | 72.50±3.10a | 1.255±0.074a | 202.5±13.1a | 14.569±0.227ab | 18.792±0.461b | 365.2±15.2b |
| NPK+M | 4.35±0.03b | 157.60±10.87b | 1.057±0.101a | 77.50±2.41ab | 1.244±0.050a | 348.1±13.7b | 14.140±0.092a | 19.328±0.636b | 333.7±17.9b |

注：NPK—化学氮磷钾肥；NPKM—化学氮磷钾肥和有机肥；NPK+Ca—短期石灰改良；NPK+M—短期有机肥改良。

土壤细菌群落组成分析［图 10-18（a）］表明两种改良方式对土壤细菌群落影响不同，石灰改良能显著改变细菌群落结构。其中，以 Acidobacteria 为代表的细菌贫营养类群在 NPK 及 NPK+Ca 处理中相对丰度较高，而以 Actinobacteria 和 Proteobacteria 为代表的细菌富营养类群在 NPKM 及 NPKR+M 处理中相对丰度较高。计算不同类群相对丰度与土壤 pH 值及养分含量之间的相关性，结果表明细菌贫营养类群的相对丰度与土壤养分含量之间呈负相关，而细菌富营养类群的相对丰度与土壤养分含量之间呈正相关。因此，NPKM 和 NPK+M 处理相对 NPK 和 NPK+Ca 处理为营养丰富的环境，有利于细菌富营养类群生长。分析不同处理细菌 OTUs 数量［图 10-18（b）］，结果表明 NPKM 处理 OTUs 数量最多，其次是

NPK+Ca、NPK 和 NPK+M，其中 NPK 与 NPK+M 差异不显著。可见在 NPKM 土壤中的细菌群落多样性更高，石灰改良可以显著增加土壤细菌群落多样性，而有机肥改良在短期内对微生物群落多样性影响不大。

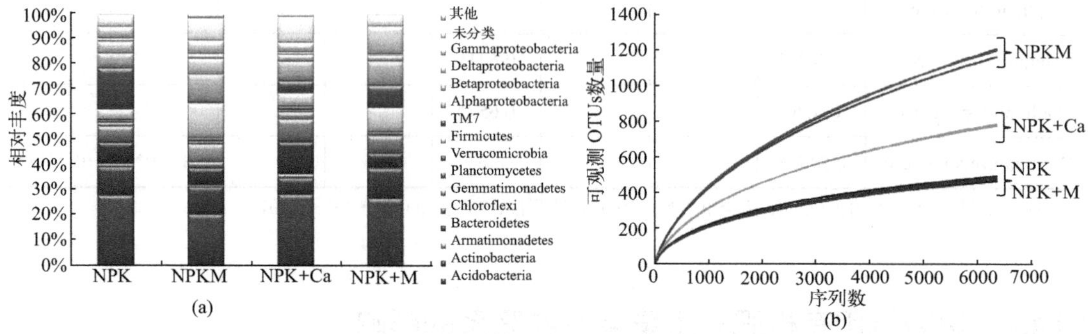


图 10-18 短期有机肥和石灰改良对土壤微生物组成（a）和多样性（b）的影响

因此，石灰改良在改善土壤 pH 值方面更加迅速，且能增加微生物多样性；有机肥改良在迅速提高土壤 pH 值方面较弱，但增加土壤有效养分更迅速，增加微生物丰富度。有机肥改良的土壤中细菌富营养类群丰度增加，可能会促进土壤养分循环。建议在酸化的土壤中施用有机肥进行改良，有利于长期提高土壤微生物活性和土壤肥力；对于严重酸化的土壤，可以使用有机肥配合石灰的改良方式进行改善，优先施用石灰以迅速提高土壤 pH 值，再增施有机肥在其基础上为土壤提供充足的养分，增加细菌富营养类群丰度。

通过调节施肥方式增加土壤中细菌富营养类群丰度、易降解有机碳含量及其降解相关基因的含量可能是增加土壤肥力的关键因素。长期施用含氮化肥但不配施有机肥会导致土壤酸化，微生物区系失衡，并且这种土壤退化状态很难在短期内进行修复；而施用有机肥能增加土壤中细菌富营养类群的相对丰度，进而增加易降解有机碳利用相关基因的相对含量，有利于土壤养分循环，能为植物生长提供充足养分，因此可持续农业发展需要选择合理的农业施肥管理方式。

## 10.5 有机（类）肥料与西北灌溉及黄土型旱作农业区土壤培肥

### 10.5.1 西北灌溉及黄土型旱作农业区

中国西北地区地处内陆，属于干旱半干旱气候区，降水稀少，年降水量约为 396mm，区内水资源比较短缺，是一个以干旱为主要自然特征的地区，植被稀少而又人为破坏严重，引起了严重的风蚀和水蚀，导致了土地退化和生态环境脆弱。耕地土壤有机质含量低，保水保肥能力差，土壤盐渍化、沙化，地力退化是该区域耕地质量主要问题，对农业生产不利。但西北地区光热资源丰富，耕地充足，人口稀少，增产潜力较大，有着农业持续发展的潜力。

西北灌溉及黄土型旱作农业区是我国五大粮食主产区和主要农作物优势产区之一，包括晋、陕、甘、宁、青、新、藏等7省（区）的大部，主要土壤类型是黄绵土、灌耕土、灌淤土、潮土、风沙土及草甸土。该区以一年一熟或套作两熟为主，是我国小麦、玉米、薯类、棉花、小杂粮和优质水果的重要产区。要发展西北旱地农业必须以高效利用天然降水为突破口，以养分投入、培肥土壤为重点，通过提高畜禽粪便肥料化利用率，提高农作物秸秆直接还田率，恢复并扩大绿肥种植面积等增加有机（类）肥料投入，提升耕地土壤肥力。

### 10.5.2　有机（类）肥料及其种类

有机（类）肥料指的是一类主要来源于植物和（或）动物，施于土壤以提供植物营养为其主要功能的含碳物料。它经生物物质、动植物废弃物、植物残体加工而来，消除了其中的有毒有害物质，富含大量有益物质，包括多种有机酸、肽类以及氮、磷、钾在内的丰富的营养元素。根据有机物料的来源，可分为粪肥、饼肥、绿肥、渣肥、泥肥、沼肥、藻肥、槽肥、菌肥等；根据加工过程以及是否直接利用，可分为堆肥、厩肥、沤肥、绿肥、秸秆肥、沼气肥、泥肥、泥炭肥、海藻肥、饼肥以及各种商品有机肥；根据有机物料的产业来源，还可以分为种植业废弃物、禽便（养殖业）、工业废弃物。

传统有机（类）肥料指的是农家粪肥、绿肥、作物秸秆等。中国畜禽养殖业非常发达，畜禽粪便是重要的有机肥原料，西北地区主要的畜禽粪便包括鸡粪、猪粪、牛粪和羊粪。而商品有机肥料是利用传统有机肥作为原料加工制成的含有机成分的一类肥料，它们具备商品性，具有农业行业标准或国家标准。目前商品化的有机肥料主要包括普通有机肥、有机无机复混肥、生物有机肥、有机无机生物复混肥（全元生物有机肥）以及有机液态肥。

### 10.5.3　主要有机（类）肥料特点及施用方式

#### 10.5.3.1　传统有机（类）肥料

（1）鸡粪肥　鸡粪属于一种比较优质的有机肥，其含纯氮（N）、磷（$P_2O_5$）、钾（$K_2O$）分别约为1.63%、1.54%、0.85%。由于鸡无法完全吸收饲料，所以鸡粪中有机质含量达到65%，粗蛋白素含30%。鸡粪含纤维素较少，粪质细腻，养分含量较高，分解速度较快，发热量较低。鸡粪在施用前必须经过充分的腐熟，将存在于鸡粪中的寄生虫及其卵，以及一些传染性的病菌通过腐熟（沤制）过程灭活。鸡粪适合于各种土壤和各种经济作物和农作物，多以固体形式施入土壤，可作基肥和追肥，施用后灌水。在西北干旱地区应用较多，一般作基肥一次施用。

（2）猪粪肥　猪粪质地较细，其成分较复杂，含蛋白质、脂肪类、有机酸、纤维素、半纤维素以及无机盐等。猪粪含全氮、全磷、全钾分别约为0.55%、0.24%、0.29%。因含氮素较多，故C/N低，一般容易被微生物分解，释放出可以被作物吸收利用的养分。猪粪含腐殖质最高，阳离子代换量最大，保肥力最强，但含水量较多，纤维素分解菌较少，分解较慢，产热少，属温性肥料。猪粪混合少量马粪施用，并接种纤维素分解菌，能够大大增加肥效。充分腐熟后的猪粪适合于各种土壤和作物，通常被用于玉米、小麦、水稻、番茄等。猪粪里含有大肠菌以及各种病菌，还有苍蝇、蚊子等产生的各种虫卵，如果不经过发酵腐熟直接使用的话，会造成农作物出现烂根等疾病。在西北干旱地区猪粪多施用于小麦、玉米等作物，宜作基肥，播种前一次性施用，多以固体形式施入土壤。

（3）牛粪肥　牛粪质地细密，含全氮、全磷、全钾分别约为0.35%、0.08%、0.42%。C/N为21∶1。风干牛粪中含有粗有机质养分约为7.8%，粗蛋白13.74%，粗脂肪1.65%，粗纤维43.6%，无氮浸出物22.94%。牛粪以草料为主，粪便主要以纤维素为主，故牛粪中的有机质和养分含量在各种家畜中比较低。由于含水较多，通气性差，分解较缓慢，释放出的热量较少，牛粪属冷性肥料。牛粪适合于有机质缺乏的轻质土壤，宜作基肥，适用于各种作物（玉米、小麦、水稻等）和蔬菜，一般以固体肥料形式一次施入。河北源海生物科技有限公司研究发现干牛粪经过发酵可以成为优质的有机肥产品，能蓬松土壤，改善土地板结情况，螯合土壤中的微量元素，提升土壤肥力等。

（4）羊粪肥　羊是反刍动物，但很少饮水，所以粪便干而细，排粪量也很少，质地细密干燥，有机质和养分含量高。羊粪中有机质含量为24%～27%，氮素含量为0.7%～0.8%，磷素含量为0.45%～0.6%，钾素含量为0.3%～0.6%。羊粪尿是介于马粪尿与牛粪尿之间的一种热性肥料，C/N为12∶1时分解较快，发热量较大。羊粪尿所含的养分比较丰富，既有容易分解可被作物吸收利用的有效养分，又有不易分解的迟效养分，是肥效快慢相结合的好肥料，适合于各种土壤和各种作物，可作基肥和追肥施入土壤。羊厩肥作为优质的农家有机肥，除了含有氮、磷、钾之外，还含有各种农作物生长所必需的钙、镁、硫、铁以及其他多种微量元素。此外，羊厩肥中的营养元素也大都是以有机物的状态存在的，需要分解后才能逐渐释放出来，被农作物吸收。羊粪在全国各个地区均有施用，常见用于玉米、水稻、小麦、番茄、甜菜、烤烟等，大多将风干发酵腐熟完全的羊粪以固体形式一次施入，人工撒在地表，用旋耕机翻入，翻耕深度在5～10cm。

（5）秸秆肥　不同种类作物的秸秆养分含量略有差异，主要为小麦、玉米、棉花、豆类、稻草等秸秆。秸秆中含有大量的有机质，氮、磷、钾养分较为均衡，还含有钙、镁、硫、硅、铜、锰、锌、铁、钼等微量元素，是各种作物、各种土壤都适宜的常用肥料，具有提高产品品质、增加产量的显著效果。半腐熟的秸秆肥施用于生长期较长的作物，腐熟度高的秸秆肥施用于生长期较短的瓜果蔬菜等作物；沙性地用半腐熟的秸秆肥，黏土地最好施用腐熟度高的秸秆肥。有研究表明，豆科作物秸秆含氮较多，禾本科作物秸秆含钾较丰富，作物秸秆提供的养分占中国有机肥总养分的13%～19%，是农业生产重要的有机肥源。秸秆肥一般用作基肥，可潮湿施用，作追肥应覆土。主要机械化秸秆还田方式，包括秸秆粉碎还田、根茬粉碎还田和整秆翻埋还田等多种形式，具有便捷、快速、低成本、大面积培肥地力的优势，是一项较为成熟的技术。

（6）绿肥　绿肥按其来源分为栽培绿肥和野生绿肥；按植物学分为豆科绿肥和非豆科绿肥；按种植季节分为冬季绿肥、夏季绿肥和多年生绿肥；按利用方式分为稻田绿肥、麦田绿肥、棉田绿肥、覆盖绿肥、肥菜兼用绿肥、肥饲兼用绿肥、肥粮兼用绿肥等；按生长环境分为旱地绿肥和水生绿肥。各种绿肥的幼嫩茎叶含有丰富的养分，一旦在土壤中腐解，能大量地增加土壤中的有机质和氮、磷、钾、钙、镁和各种微量元素。每千公斤绿肥鲜草，一般可供出氮素 6.3kg、磷素 1.3kg、钾素 5kg，相当于 13.7kg 尿素、6kg 过磷酸钙和 10kg 硫酸钾。除豆科绿肥外，常见的绿肥种类有十字花科绿肥、菊科绿肥等。豆科绿肥作物能增加土壤中的氮素，据估计，豆科绿肥中的氮有 2/3 是从空气中来的。常见绿肥播种方式有单种、播种、间种、套种、混种，施肥方式一般有播前翻压、提前覆盖和提前翻压等。绿肥在种植过程中也需要施用一定量的肥料，以豆科绿肥作物来说，虽然它能固定空气中的氮素，但在生长初期和生长旺盛期也需要一定的氮素养分，如果此时能适当施些氮肥，就会获得良好效果；又如绿肥作物对磷素也很敏感，如土壤中有效磷含量低，会大大影响生长发育。故应适当施肥来满足绿肥作物的需要，以达到“小肥养大肥”的效果。

绿肥的分布与生长具有较强的地域性和严格的季节性。在不同的土壤、气候和耕作条件下，我国绿肥作物形成的分布趋势是：在南方各省，主要是利用冬闲田栽种紫云英、苕子、黄花苜蓿、箭筈豌豆、肥田萝卜等；在新垦的红壤荒地、盐碱地上主要利用作物换茬间隙种植夏季绿肥，其种类有田菁、柽麻、绿豆、猪尿豆等；在秦岭、淮河以北及东北、西北各省区以一年生绿肥较多，春季或夏季播种，有箭筈豌豆、草木樨、毛叶紫花苕、绿豆等。多年生绿肥多用来固沙护坡用，如紫穗槐、沙打旺和胡枝子等。

### 10.5.3.2　商品有机肥料

（1）普通有机肥　普通有机肥是以畜禽粪便、动植物残体等富含有机质的副产品资源为主要原料，经发酵腐熟后制成的产品，分为固体和液体两种形态。普通有机肥含有丰富的有机质，可以全面提供作物氮、磷、钾及多种中微量元素，农作物施用普通有机肥后，能明显提高农产品的品质和产量。一般以作基肥和种肥使用为主，在作物栽种前将肥料均匀撒施，耕翻入土或者配合化肥作种肥播前带入，要注意防止肥料集中施用发生烧苗现象。同时在高温季节旱地作物上使用时，也要注意适当减少施用量，防止发生烧苗现象。

（2）有机无机复混肥　有机无机复混肥是以人们在生产和生活过程中产生的有机废弃物为原料，经过一定处理后，按一定的标准配比加入无机化肥，充分混匀并经过造粒等流程生产出来的既含有机质又含化肥的产品。

（3）生物有机肥　生物有机肥是指特定功能微生物与主要以动植物残体（如畜禽粪便、农作物秸秆等）为来源并经无害化处理、腐熟的有机物料复合而成的一类兼具微生物肥料和有机肥效应的肥料。生物有机肥为固体形态，营养元素齐全，可为作物提供全面的养分；生物有机肥有机质含量高，能够改良土壤，改善土壤理化性状，增强土壤保水、保肥、供肥的能力，缓解长期使用化肥造成的土壤板结；生物有机肥中的有益微生物进入土壤后与土壤中微生物形成相互间的共生增殖关系，抑制有害菌生长并转化为有益菌，相互作用，相互促进，起到群体的协同作用，有益菌在生长繁殖过程中产生大量的代谢产物，促使有机物分解转化，能直接或间接为作物提供多种营养和刺激性物质，促进和调控作物生长。生物有机肥回收利用农业废弃物，减少环境污染，对人、畜、环境安全、无毒，是一种环保型肥料，一般作基肥，播种前撒施。

（4）复合微生物肥料（全元生物有机肥） 复合微生物肥料是指由特定微生物与营养物质复合而成，能提供、保持或改善植物营养，提高农产品产量或改善农产品品质的活体微生物制品。产品按剂型分为液体、粉剂和颗粒型。粉剂产品应松散；颗粒产品应无明显机械杂质，大小均匀，具有吸水性。复合微生物肥料把无机营养元素、有机质、微生物菌有机结合于一体，具有无机化学肥料、有机肥料以及微生物肥料的综合效果，能化解土壤板结现象，修复和调理土壤，改进农产品质量，均衡供应作物生长所需的速效氮、磷、钾及多种微量元素，强化土壤微生物区系，持久地发挥作用，具有显著增产的效果，并能提高作物的抗逆性，提高化学肥料利用率，减少江河污染，减少病虫害发生。施用底肥的过程中需要复合微生物肥料与有机肥配合施用，足量的有机肥利于有益菌的快速增殖。追肥主要是补充植株生长旺盛期（如大量结果期）对养分的需求，复合微生物肥料作追肥施用一般都是随水冲施，一方面其中的无机养分可以及时补充中后期植株生长的需求，另一方面其中的有益微生物可以活化土壤，促进根系的生长发育，预防早衰。冲施复合微生物肥料时要浇小水，使无机养分进入土壤后不易流失和固定，也防止土壤含水量过大影响微生物的呼吸，降低其存活数量，不利于肥效的发挥。

（5）液态有机肥 液态有机肥的稀释倍数、稀释浓度视所添加的有机质量、作物特性及气候变化，因此叶面施肥最好先以高倍稀释液（500倍）试用，观察调整以求适用于作物的使用倍数。浇土灌根施用浓度较高（10～100倍试用）。液态有机肥稀释后可活化12～24小时，但使用前要添加氮肥以防“抢氮”现象的发生。可与化肥并用，可添加N、P、K，但其量不超过3%。可与杀虫剂并用，即刻使用，不宜久置。在西北干旱地区，液态有机肥主要用于棉花、玉米、辣椒等作物，可作基肥和追肥。

### 10.5.4 有机（类）肥料对土壤的培肥改良作用

#### 10.5.4.1 传统有机（类）肥料

（1）鸡粪肥 鸡粪与化肥配施能够显著降低土壤容重，维持土壤结构，增加水分利用效率，土壤总孔隙度、土壤养分状况得到明显改善，有利于作物生长和养分利用效率提高。施用高量鸡粪比低量鸡粪提高土壤贮水量作用更加明显，高量鸡粪处理的土壤0～200cm土层平均贮水量比不施鸡粪高4.79%～7.65%；中量鸡粪处理蓄水保墒增收效应明显。高、中量鸡粪施用量对作物水分利用效率的提升作用随施肥年限延长趋于一致，原因可能是随施肥年限延长，土壤物理、养分状况得到有效改善，土壤状况不再是影响作物水分利用效率提高的主要因子。对于玉米而言，玉米各生育时期（除抽穗期），施用不同量鸡粪的土壤贮水量均高于不施肥处理（可能是由于玉米大喇叭口期到抽穗期叶面积指数逐渐增大，农田水分蒸散由棵间土壤蒸发为主转换为作物蒸腾为主，不同有机肥处理在良好的水肥环境下作物生长旺盛，对土壤水分消耗增强），且贮水量随鸡粪施用量增大而增加。

鸡粪氮素累积量是牛粪氮素累积量的1.5倍左右，鸡粪的氮素矿化速率是牛粪的3倍左右。腐熟鸡粪与无机肥配施可以使新疆棉田土壤pH值和有机碳表现出较明显的正根际效应，但土壤全氮和微生物量碳根际效应为负效应。同时腐熟鸡粪与无机肥配施有最大的土壤净矿化速率、净硝化速率、总硝化速率、反硝化速率、硝态氮和全氮含量。

腐熟鸡粪和无机肥配施能显著提高土壤真菌、放线菌数，以及磷酸酶活性、微生物氮含量和土壤基础呼吸。有机肥为微生物活动提供能量，改善土壤结构，也改善了微生物生存环境，显著影响根系形态，根系生理活性最大，土壤养分含量较高。鸡粪与无机肥配施能使作物通过细根生长形成一个较庞大的根系，增加了对矿质养分的获取概率。

（2）猪粪肥　在西北干旱地区，施用猪粪后0～20cm土层含水量提高3.2%～13.7%，20～40cm土层含水量提高10.8%左右，且土壤容重降低，故施用猪粪可以经济有效地利用降水。3年平均施猪粪1500kg/hm$^2$、3000kg/hm$^2$和5000kg/hm$^2$，贮水量分别比不施猪粪增加4.3%、10.9%和16.1%。小麦收获后土壤贮水量随有机肥用量的增加而明显增加，三年施用猪粪0～60cm土层含水量比不施猪粪的处理平均增加7.6%。

猪粪氮素累积量是牛粪氮素累积量的1.5倍左右。在一定氮磷肥基础上，增施猪粪具有明显的培肥土壤的作用，用量越大（在0～27000kg/hm$^2$范围内），效果越好，特别对提高土壤有机质及氮含量具有显著作用。玉米从土壤中带走有机肥中的氮素量是随有机肥施用量的增加而增加，但对有机肥中氮素利用率则相反；猪粪中的氮素当年利用还不超过50%，大部分保留在土壤里。与施用化肥相比，连年施用猪粪可增加土壤有机质和各种养分的含量，提高土壤供肥能力，增强保水性能，改善土壤结构。施用猪粪配合化肥并根茬还田，对增强旱地土壤供肥、提高玉米产量起促进作用。

猪粪与化肥配施能够提高玉米籽粒产量、地上生物量和初级净生产力。猪粪配施化肥增加粮食产量，进一步有助于提高碳排放效率，还提高了土壤堆积密度、土壤导水率和土壤总C含量。猪粪与化肥配施为在半干旱环境中有机改良剂与化肥结合用于可持续玉米生产的潜力提供了新的见解，有必要进一步对有机改良剂替代化肥进行彻底的经济分析。

（3）牛粪肥　施用风干牛粪能够降低气孔导度和蒸腾作用，特别是在干旱胁迫下维持了较好的水分状况，降低了氧化伤害，这些改变最终减少了水分消耗，从而增加了水分利用率。研究表明，牛粪对旱地小麦的增产作用是显著的，无论是丰雨年、歉雨年还是干旱年其增产趋势一致，施肥量与产量之间呈显著的正相关。长期配施牛粪的玉米定位试验表明，地膜覆盖下施用氮肥配施牛粪有机肥可以显著增加玉米产量，提高水分利用效率（WUE）和氮素吸收效率（NUE）。

（4）羊粪肥　全膜覆土条件下增施羊粪能够显著提高穴播小麦耕层土壤有机碳和碱解氮含量，减少土壤与作物对无机氮的竞争和旱地春小麦氮素限制，促进春小麦对氮素吸收，提高旗叶氮素含量，利于光合作用，进而提高化肥偏生产力和水分利用效率，实现增产，但也促使土壤碱解氮累积量盈余。

在西北地区马铃薯田块，很多长期定位试验结果均表明不同类型土壤上施羊粪的土壤微生物量碳均比不施羊粪高，主要是因为羊粪特别是羊粪与化肥配施既补充了土壤的有机碳源，又改善了土壤物理性状，提高了土壤微生物活性，从而增加了土壤微生物碳的含量。与不施肥相比，施用羊粪能够增加不同土层及生育时期的土壤微生物量碳含量，其中羊粪与氮磷钾化肥配合施用的增幅最大，其次是单施羊粪。

羊粪与腐植酸铵、微生物肥配合施用能显著提高西北干旱地区马铃薯产量，可有效地克服连作障碍，施用量为 12000kg/hm$^2$ 左右时，可获得最大经济效益。新鲜羊粪可能会导致更大的碳封存潜在率。将羊粪与牛粪混合后施于土壤，一次施用于棉田增加了 $N_2O$ 排放和 N 标度排放系数，这可能是由于通过为相关微生物提供氮和碳基质而增强了硝化和反硝化作用。

（5）秸秆肥　秸秆还田能够在一定程度上降低土壤碱性，但土壤依旧呈弱碱性，且随土层深度增加而碱性增加。在西北干旱地区棉田土壤中，实施秸秆还田并结合有机肥和无机肥配施能显著增加干旱区土壤有机碳及其活性组分含量，增加土壤碱解氮、速效磷和速效钾含量，提高棉田土壤净矿化速率、净硝化速率、总硝化速率和反硝化速率。秸秆还田还有助于提高土壤酶活性和微生物功能多样性，结合施用化肥能够降低棉花根冠比。

在陕西中国科学院长武黄土高原农业生态试验站进行的地膜覆盖下施肥（CU）、地膜覆盖下秸秆还田配合施肥（CS）的田间试验研究表明，与不施肥（CK）处理相比，试验 CU 和 CS 处理玉米产量显著增加，在一次性施肥以及秸秆还田配合施肥的情况下均可保证玉米高产。CU 处理 3 年的平均玉米产量为 17.7t/hm$^2$，CS 处理的平均产量为 17.4t/hm$^2$，两者差异不显著。试验不同处理间穗粒数、百粒重和收获指数差异与产量规律基本一致。西北旱作秸秆还田短期未对玉米产量产生显著影响。

与不使用秸秆还田的系统相比，秸秆还田可有效增加土壤有机碳含量，提高土壤有机碳固存率。

施用秸秆能改善耕层范围的土壤肥力。研究结果表明外源氮肥和玉米秸秆与无机肥料混合施用显著改变了表层土壤的化学性质。土壤 pH 值在 7.78 ～ 8.23 之间，外源氮肥（尿素）的施用可以显著降低土壤 pH 值；与常规耕作相比，秸秆还田可进一步降低土壤 pH 值，增加土壤 C、N 含量。这可能是由于秸秆将大量的有机 C 和 N 带入土壤，许多营养物质和可溶性有机物随着秸秆的腐解被释放，从而导致土壤中生物可利用的 C 和 N 含量增加，刺激微生物的生长。

在灌水和秸秆的交互作用中，灌水能够使土壤有机质含量降低，灌水促进了土壤有机质的分解和作物的吸收，加快了土壤有机质的循环，但是通过秸秆还田的措施，补充了土壤有机质的损失，并且灌水加快了秸秆的腐烂，使其很快成为土壤有机质的来源。因此，在干旱地区，通过提高土壤固碳能力和土壤质量，将秸秆还田与无机肥和有机肥施用相结合，是实现粮食安全和缓解气候变化的战略。秸秆还田、无机肥和有机肥的组合施用显著提高了土壤有机碳及其活性组分的含量，从而提高了土壤为作物生长提供养分的能力。

（6）绿肥　绿肥种植的水分和产量效应与绿肥翻压至后茬粮食作物播种时间间隔、绿肥生物量以及土壤和气候条件均显著相关，在后茬粮食作物播前 13d 左右时翻压豆科绿肥、控制豆科绿肥生物量在 2200 ～ 3100kg/hm$^2$，能够有效提高黄土高原旱作农田绿肥填闲种植系统水分生产可持续性。

在渭北旱塬地区，绿肥与氮肥配合施用能够显著增加土壤有机碳、微生物量碳、微生物量氮、可溶性有机碳和有机氮含量。夏闲期连续多年种植并翻压豆科绿肥能显著提高旱地麦田表层土壤有机碳、活性有机碳和全氮含量和相应的库容储量。与休闲相比，豆科绿肥处理使土壤中的碳和氮含量分别增加 67% ～ 91% 和 74% ～ 125%。与休耕相比，施用豆科绿肥在8年后使土壤有机碳储量增加了15%～23%，土壤全氮储量增加了12%～22%。旱地夏闲期应用豆科绿肥能够有效替代13%～48%（平均为31%）的冬小麦生长季无机氮肥用量。

旱地连续多年种植并翻压豆科绿肥较传统的裸地休闲能有效促进后茬冬小麦苗期的生长（冬季单株分蘖数和春季总茎数）、后期的产量形成（产量、生物量和公顷穗数）和养分吸收状况。在夏绿肥-冬小麦轮作制度中，与耕翻休闲处理相比，绿肥播前翻压、提前覆盖和提前翻压均有提高冬小麦籽粒产量的趋势。种植并翻压绿肥的小麦穗粒数、0～200cm硝态氮储量、水分生产效率均高于耕翻休闲处理。种植绿肥虽然降低了冬小麦的基本苗、冬季分蘖数和春季总茎数，但并没有降低冬小麦产量。

豆科绿肥对后茬冬小麦生长和产量形成的积极作用至少需要连续两年或在年降雨量较高的条件下才能逐渐显现。旱地连续多年夏闲期种植豆科绿肥会消耗土壤水分，当年降雨量较为丰沛时，种植豆科绿肥所引起的土壤水分亏缺能够得到及时补充，这时豆科绿肥对旱地冬小麦生产带来的是增产作用；反之，如果遇到干旱年份，则该措施将会带来一定的减产效果。整体来看，与夏休闲相比，种植并翻压豆科绿肥能够提高冬小麦产量和水分利用率；同时，豆科绿肥对促进旱地土壤水分平衡也发挥着重要作用。在干旱年份，豆科绿肥系统中小麦产量和水分利用效率的相对变化均为负值；但在降雨量充足时，它们均为正值，且在5%以上。年降水量与土壤变化贮水量和粮食产量变化之间存在很强的正相关关系。采用豆科绿肥的最小年降雨量估计为551mm。

小麦播种时，转基因豆科作物的加入能够有效地改善土壤氮库。在夏季种植豆科转基因作物相比光休耕是一种更好的选择，可以维持土壤氮库，并降低中国黄土高原以及世界其他类似旱地地区的氮肥需求量。有研究指出怀豆是比大豆或绿豆更合适的夏季豆科植物，主要是因为其生物量和氮积累量更大，碳氮比更低，分解和氮释放速度更快，并且作为氮肥替代品的潜力更大。

### 10.5.4.2　商品有机肥

（1）普通有机肥　普通有机肥含有机质45%，氮磷钾等养分5%，pH值在5.5～8.5，鲜样有机质水分含量少于30%。有机肥中有机质含量较高，能够改善土壤理化性状，增强土壤的透气、保水、保肥能力，防止土壤板结和酸化，显著降低土壤盐分对作物的不良影响，增强作物的抗逆和抗病虫能力，缓解连作障碍，改善土壤质量。但由于含有的养分含量较低，有机质分解较慢，对当季作物增产不明显。已有研究证明，增加有机肥施用量能促进云南省番茄生长发育，提高干物质量和水分利用效率以及作物产量，但肥料偏生产力随其呈下降趋势，并非施肥越多，经济效益越高。在作物种植中，应根据需求对有机肥施用量和间歇性干旱时期进行科学调控，干旱条件下，于苗期施肥可避免作物徒长使产量较高，于果期施肥虽明显降低作物产量但提高品质的效果最佳，且均可节肥及减少环境污染。

（2）有机无机复混肥　有机无机复混肥依据养分、水分含量可分为Ⅰ型、Ⅱ型。Ⅰ型总养分（$N+P_2O_5+K_2O$）的质量分数不低于15%，有机质的质量分数不低于20%；Ⅱ型总养分（$N+P_2O_5+K_2O$）的质量分数不低于25%，有机质的质量分数不低于15%。pH值为5.5～8.5，水分含量小于10%。有机无机复混肥既含有有机成分又含有无机成分，两者适当配合，使之具有比无机肥料和有机肥料更全面、更优越的性能；在有机肥调节下，养分供应快而不过猛，既避免了单施化肥养分供应大起大落的缺点，又避免了单施有机肥造成前期养分供应不足。

有机无机复混肥能够提高氮磷钾吸收效率和氮磷钾含量均衡，同时含有大量的有益菌，能够起到固氮、解磷、解钾的作用，从而促进氮磷钾的吸收。相比只施氮磷钾肥，吸收率能提高 30% ～ 50%。有机无机复混肥中还掺有生物菌剂，各种有益菌能够起到有效的固氮、解磷、解钾的功效，有益菌代谢产物同样含有营养价值极高的养分。部分产品还添加其他有益元素像微肥、多酶、多肽等，使其营养更加全面。

施用有机无机复混肥可以降低冬小麦耗水系数，使冬小麦水分利用效率提高 13.8% ～ 15.4%，这对干旱少雨的旱地是非常重要的，因此在旱地提倡施用有机无机复混肥，以提高旱地水资源的利用效率。在西北干旱地区施用有机无机复混肥能延长大豆生育期，提高大豆的株高、单株分枝数、单株荚数、单株粒数、百粒重、单株粒重、产量及蛋白质和脂肪含量。还可以促进冬小麦分蘖，增加冬小麦成穗蘖数量，改善冬小麦产量结构，并提高冬小麦产量，增产幅度 17.4% ～ 18.7%。

在西北干旱地区，不同施肥处理均能够促进谷子植株生长，但施用有机无机复混肥的效果最好，与施用等养分纯化肥和等价复合肥相比，株高、穗长等农艺性状均有显著性差异，并且对谷子品质的改善作用最好。施用有机无机复混肥能够为谷子在拔节后进入营养生长和生殖生长并进阶段提供养分，同时能够在开花后为谷子持续平衡供应养分，保证籽粒充分灌浆。因此，施用有机无机复混肥对提高谷子产量和经济效益以及改善谷子农艺性状和品质有积极作用，建议当地在谷子生产中考虑施用有机无机复混肥。

（3）微生物菌剂　微生物菌剂是指目标微生物（有效菌）经过工业化生产扩繁后，利用多孔的物质作为吸附剂（如草炭、蛭石），吸附菌体的发酵液加工制成的活菌制剂。按剂型可分为液体、粉剂、颗粒型，液体有效活菌数为 $2\times10^8$ 个 /mL，粉剂有效活菌数为 $2\times10^8$ 个 /g，颗粒有效活菌数为 $1\times10^8$ 个 /g。微生物菌剂不含有养分，也无有机载体，微生物很难在土壤中定殖，这种菌剂用于拌种或蘸根，具有直接或间接改良土壤、恢复地力、预防土传病害、维持根际微生物区系平衡和降解有毒有害物质等作用。恰当使用农用微生物菌剂可以提高农产品产量、改善农产品品质、减少化肥用量、降低成本、改良土壤、保护生态环境。

微生物菌剂配施化肥对土壤微生物群落影响较显著，在黄土高原丘陵沟壑区施用 BGB 微生物菌剂，能提高土壤全氮、速效磷、速效钾、有机质、土壤含水量以及油松的成活率，尤其是可以显著提高有机质、速效磷含量和土壤含水量。随着施肥量的增加，其提高土壤养分的作用也显著增加。在甘肃武威灌漠土上施用解磷微生物菌剂，能够促进油菜的生长，增加油菜的株高和叶面积，提高油菜的生物产量。尤其是在低磷条件下，增产效果显著。在西北干旱灌区露地莴笋生产中，蔬菜稳定性长效复合肥减量 40% 以下配施 60kg/hm$^2$ 微生物菌剂可促进莴笋生长、增加莴笋产量、提高莴笋品质，莴笋根、茎、叶干物质积累量，单株重，产量，肥料贡献率，维生素 C 含量，可溶性蛋白含量都有所提高。

（4）生物有机肥　生物有机肥有效活菌数大于 $2\times10^7$ 个 /g，有机质（以干基计）含量不少于 25.0%，水分含量为 30.0%，pH 值在 5.5 ～ 8.5 之间，粪大肠菌群数小于 100 个 /g，蛔虫卵死亡率大于 95%，有效期大于 6 个月。

在西北干旱地区，施用生物有机肥能降低土壤容重，增加孔隙度、田间持水量、有机质含量；在土壤速效养分未饱和的前提下，加大施肥量能促进玉米生长，反过来促进对土壤原有速效养分利用，施生物有机肥对土壤水分含量也有一定的影响。生物有机肥含有多种有益微生物，可以促进土壤养分转化，提高土壤速效养分含量，改善土壤微生物环境，加强土壤的可持续利用。以牛粪为原料，经发酵制成的生物活性有机肥，N、P、K ≥ 5%，腐植酸≥ 10%，有机质 ≥ 40%，有效活菌数 ≥ $2\times10^8$ 个 /g。施生物有机肥可以促进根系的分蘖，以及植物地上和地下部分的生长，有效增加生物量。在西北干旱地区，以 6000kg/$hm^2$ 的生物有机肥施肥量对燕麦干旱具有最显著的响应。在干旱情况下，随着施海洋侧孢短芽孢杆菌用量的增加，植株内钾累积量增加；适量的海洋侧孢短芽孢杆菌和有机肥能提高玉米对钾素的累积，增加玉米产量。生物有机肥不仅可以增加营养物质，还因为生物有机肥含有大量的有益微生物，施入土壤后，通过有益微生物的大量繁殖而发挥其固氮、解磷、解钾、扩大根系吸收面积和抑制有害菌繁殖，从而达到降低化肥用量、抑制土壤传染病害发生、刺激作物生长和提高作物产量的目的。

（5）复合微生物肥料（全元生物有机肥） 复合微生物肥料产品按剂型分为液体、固体（粉剂和颗粒）型，固体型有效活菌数多于 $2\times10^7$ 个 /g，液体型有效活菌数多于 $5\times10^7$ 个 /mL；固体型总养分含量 6% ～ 20%，液体型总养分含量 8% ～ 25%。有机质含量 20%，无机养分上限过高，有机质指标太低，pH 值为 5.5 ～ 8.5，蛔虫死亡率大于 90%，砷、镉、铅、铬、汞含量分别低于 51mg/kg、3mg/kg、50mg/kg、150mg/kg、2mg/kg（以烘干基计），固体型水分含量小于 30%，液体型有效期大于 3 个月，固体型有效期大于 6 个月。

添加复合微生物菌剂可以在一定程度上提高土壤的保水性，但相比有机堆肥，保水性能又有明显的不足。添加复合微生物菌剂和有机肥料都能很好地改善土壤结构，改善土壤孔隙度和土壤的酸碱性，保持土壤肥力。

使用复合微生物肥料双藻菌露能够有效提高西芹质量和产量。复合微生物肥料双藻菌露可有效改善西芹种植土壤环境，对于西芹本身而言，复合微生物肥料双藻菌露又具有促进根系发展，促进植物对于养分、水分吸收的作用。李广成等研究显示，宁夏地区，在番茄开花期前追施复合微生物肥料和灭活复合微生物肥料，番茄生长旺盛，果实品质好，果实含糖量高，产投比高。同样，在陕西地区施用复合微生物肥料番茄表现出生长健壮、叶片厚、果实着色好、商品性好的性状。康雅萍等研究显示，在陕西省对黄瓜施用复合微生物肥料，增产效果显著，每亩增加黄瓜产量 369.1kg，增产率为 9.7%，增值 738.2 元，投产比为 1∶11.5。同时施用复合微生物肥料的黄瓜表现出叶色深绿，叶片功能期延长，病虫株率减少，商品性高，生长健壮。在新疆棉田中，在常规尿素减量情况下施用复合微生物肥料，棉花也能够实现增产。

复合微生物肥料能显著提高猕猴桃果园土壤细菌、放线菌、酵母菌数量，降低真菌数量，以改善和平衡土壤微生物群落结构，也能显著提高猕猴桃果园土壤酶活性，降低土壤 pH 值，提高猕猴桃果实维生素 C 和可溶性糖含量，降低可滴定酸含量。

（6）液态有机肥 在新疆膜下滴灌棉田中，80% 常规施肥配施高量沼液，既能活化土壤氮、磷、钾养分，又能稳定氮、磷、钾养分的供应，是新疆滴灌棉田提高土壤肥力和肥料利用率的有效途径。随着水溶有机肥施肥量的增加，棉株根系和地上部生物量均呈现出增加趋势，产量呈现出增加的趋势。在新疆地区施用液态有机肥后，玉米不仅较常规施肥的茎粗、穗长、穗粗都有增加，还减少了秃顶长度。氨基酸液态有机肥替代不同比例的氮素后，适宜的替代量可提高辣椒株高、叶片数和果实硬度，适宜的替代量提高了可溶性蛋白、可溶性糖和维生素 C 含量，降低硝酸盐含量。同时土壤脲酶、过氧化氢酶、脱氢酶活性增强，整体呈先升高后变平缓或降低的趋势；基质中细菌、放线菌的数量增多，真菌数量减少；全氮、碱解氮、有机质含量均高于仅施化肥；基质电导率值降低，基质 pH 值各处理较 CK 有一定增高，但增高不显著，可为有机肥缓解土壤酸化提供一定理论支持。

## 参考文献


[1] Aluoch S O. Effect of mineral N fertilizer and organic input on maize yield and soil water content for assessing optimal N and irrigation rates in Central Kenya[J]. Field Crops Research, 2022, 277: 108420.

[2] An T T, Sean S, Zhuang J, et al. Dynamics and distribution of $^{13}$C-labeled straw carbon by microorganisms as affected by soil fertility levels in the black soil region of northeast China[J]. Biology and Fertility of Soils, 2015, 51: 605-613.

[3] An T T, Sean S, Shuangyi Li, et al. Carbon fluxes from plants to soil and dynamics of microbial immobilization under plastic film mulching and fertilizer application using $^{13}$C pulse-labeling[J]. Soil Biology and Biochemistry, 2015, 80: 53-61.

[4] Attia A, El-Hendawy S, Al-Suhaibani N, et al. Sensitivity of the DSSAT model in simulating maize yield and soil carbon dynamics in arid Mediterranean climate: Effect of soil, genotype and crop management[J]. Field Crops Research, 2021, 260: 107981.

[5] Chen S Y, Zhang X Y, Shao S Y, et al. Effects of straw and manure management on soil and crop performance in North China Plain[J]. Catena, 2020, 187: 104359.

[6] Cookson W R, Abaye D A, Marschner P, et al. The contribution of soil organic matter fractions to carbon and nitrogen mineralization and microbial community size and structure[J]. Soil Biology and Biochemistry, 2005, 37(9): 1726-1737.

[7] Cui Z L, Zhang H Y, Chen X P, et al. Pursuing sustainable productivity with millions of smallholder farmers[J]. Nature, 2018, 7696: 363-366.

[8] Dabin Z, Yao P W, Zhao N, et al. Contribution of green manure legumes to nitrogen dynamics in traditional winter wheat cropping system in the Loess Plateau of China[J]. European Journal of Agronomy, 2016, 72: 47-55.

[9] Fan J, Ding W, Xiang J, et al. Carbon sequestration in an intensively cultivated sandy loam soil in the North China Plain as affected by compost and inorganic fertilizer application[J]. Geoderma, 2014, 230-231: 22-28.

[10] Garcia-Pausas J, Paterson E. Microbial community abundance and structure are determinants of soil organic matter mineralisation in the presence of labile carbon[J]. Soil Biology and Biochemistry, 2011, 43(8): 1705-1713.

[11] Golovlev E L. Ecological strategy of bacteria: Specific nature of the problem[J]. Microbiology, 2001, 70(4): 379-383.

[12] Griffiths B S, Philippot L. Insights into the resistance and resilience of the soil microbial community[J]. FEMS microbiology reviews, 2013, 37(2): 112-129.

[13] Hafez M, Popov A I, Rashad M. Integrated use of bio-organic fertilizers for enhancing soil fertilitylant nutrition, germination status and initial growth of corn (*Zea Mays* L.)[J]. Environmental Technology & Innovation, 2021, 21: 101329.

[14] Hao X, He W , Lam S K, et al. Enhancement of no-tillage, crop straw return and manure application on field organic matter content overweigh the adverse effects of climate change in the arid and semi-arid Northwest China[J]. Agricultural and Forest Meteorology, 2020, 295: 108199.

[15] Huang X, Jiang H, Li Y, et al. The role of poorly crystalline iron oxides in the stability of soil aggregate-associated organic carbon in a rice-wheat cropping system[J]. Geoderma, 2016, 279: 1-10.

[16] Huang X, Tang H, Kang W, et al. Redox interface-associated organo-mineral interactions: A mechanism for C sequestration under a rice-wheat cropping system[J]. Soil Biology and Biochemistry, 2018, 120: 12-23.

[17] Jin X, An T, Gall Aaron R, et al. Enhanced conversion of newly-added maize straw to soil microbial biomass C under plastic film mulching and organic manure management[J]. Geoderma, 2018, 313: 154-162.

[18] Jones R T, Robeson M S, Lauber C L, et al. A comprehensive survey of soil acidobacterial diversity using pyrosequencing and clone library analyses[J]. The ISME Journal, 2009, 3(4): 442-453.

[19] Kjelleberg S, Marshall K C, Hermansson M. Oligotrophic and copiotrophic marine bacteria-observations related to attachment[J]. FEMS Microbiology Ecology, 1985, 1(2): 89-96.

[20] Lauro F M, McDougald D, Thomas T, et al. The genomic basis of trophic strategy in marine bacteria[J]. Proceedings of the National Academy of Sciences, 2009, 106(37): 15527-15533.

[21] Li H, Shi W, Wang B, et al. Comparison of the modeled potential yield versus the actual yield of maize in Northeast China and the implications for national food security[J]. Food Security, 2017, 9(1): 99-114.

[22] Li M, Wang Y, Ding F, et al. Dynamics of maize straw residue C-13 incorporation into aggregates of a mollisol as affected by long-term fertilization[J]. Journal of Soils and Sediments, 2019, 19(3): 1151-1160.

[23] Li S, Gu X, Zhuang J, et al. Distribution and storage of crop residue carbon in aggregates and its contribution to organic carbon of soil with low fertility[J]. Soil and Tillage Research, 2016, 155: 199-206.

[24] Li H, Peil J B, Wang J K, et al. Organic carbon density and storage of the major black soil regions in northeast China[J]. Journal of Soil Science and Plant Nutrition, 2013(4): 883-893.

[25] Liu E, Yan C, Mei X, et al. Long-term effect of chemical fertilizer, straw, and manure on soil chemical and biological properties in

northwest China[J]. Geoderma, 2010, 158: 173-180.
[26] Marschner P, Kandeler E, Marschner B. Structure and function of the soil microbial community in a long-term fertilizer experiment[J]. Soil Biology and Biochemistry, 2003, 35(3): 453-461.
[27] Noah F. Embracing the unknown: Disentangling the complexities of the soil microbiome[J]. Nature Reviews Microbiology, 2017, 15: 579-590.
[28] Pei J, Li H, Li S, et al. Dynamics of maize carbon contribution to soil organic cabon in association with soil type and fertility level[J]. PLos One, 2015, 10(3): e0120825.
[29] Philippot L, Andersson S G E, Battin T J, et al. The ecological coherence of high bacterial taxonomic ranks[J]. Nature Reviews Microbiology, 2010, 8(7): 523-529.
[30] Ren B, Li X, Dong S, et al. Soil physical properties and maize root growth under different tillage systems in the North China Plain[J]. The Crop Journal, 2018, 6: 669-676.
[31] Rousk J, Bååth E, Brookes P C, et al. Soil bacterial and fungal communities across a pH gradient in an arable soil[J]. The ISME journal, 2010, 4(10): 1340-1351.
[32] Seitz T J, Schütte U M E, Drown D M. Soil disturbance affects plant productivity via soil microbial community shifts[J]. Frontiers in Microbiology, 2021, 12: 619711.
[33] van der Heijden M G A, Bardgett R D, van Straalen N M. The unseen majority: Soil microbes as drivers of plant diversity and productivity in terrestrial ecosystems[J]. Ecology Letters, 2008, 11(3): 296-310.
[34] Wang Y, Li M, Pei J, et al. Dynamics of maize straw-derived nitrogen in soil aggregates as affected by fertilization[J]. Journal of Soils and Sediments, 2019, 19(7): 2882-2890.
[35] Liu W, Ling N, Guo J, et al. Legacy effects of 8-year nitrogen inputs on bacterial assemblage in wheat rhizosphere[J]. Biology and Fertility of Soils, 2020: 1-14.
[36] Liu W, Ling N, Guo J, et al. Dynamics of the antibiotic resistome in agricultural soils amended with different sources of animal manures over three consecutive years[J]. Journal of Hazardous Materials, 2020: 123399.
[37] Xu X, Zhang W, Xu M, et al. Characteristics of differently stabilised soil organic carbon fractions in relation to long-term fertilisation in brown earth of northeast China[J]. Science of the Total Environment, 2016, 572: 1101-1110.
[38] Xu X, An T, Zhang J, et al. Transformation and stabilization of straw residue carbon in soil affected by soil types, maize straw addition and fertilized levels of soil[J]. Geoderma, 2019, 337: 622-629.
[39] Xun W, Xiong W, Huang T, et al. Swine manure and quicklime have different impacts on chemical properties and composition of bacterial communities of an acidic soil[J]. Applied Soil Ecology, 2016, 100: 38-44.
[40] Xun W, Zhao J, Xue C, et al. Significant alteration of soil bacterial communities and organic carbon decomposition by different long-term fertilization management conditions of extremely low-productivity arable soil in south China[J]. Environmental microbiology, 2016, 18(6): 1907-1917.
[41] Yao Z, Zhang D B, Liu N, et al. Dynamics and sequestration potential of soil organic carbon and total nitrogen stocks of leguminous green manure-based cropping systems on the Loess Plateau of China[J]. Soil and Tillage Research, 2019, 191: 108-116.
[42] Zhang D, Zhang C, Ren H L, et al. Trade-offs between winter wheat production and soil water consumption via leguminous green manures in the Loess Plateau of China[J]. Field Crops Research, 2021, 272: 108278.
[43] Zhang P, Xu S Z, Zhang G J, et al. Carbon cycle in response to residue management and fertilizer application in a cotton field in arid northwest China[J]. Journal of Integrative Agriculture, 2019, 18(5): 1103-1119.
[44] 白炬．旱作覆膜春玉米农田温室气体排放对氮肥管理的响应及硝化抑制剂减排机制 [D]．咸阳：西北农林科技大学，2021.
[45] 金星，朱清科．聂立水，等．BGB 微生物菌剂对黄土高原区域土壤与油松的影响 [J]．水土保持通报，2015, 35(5): 211-216.
[46] 康雅萍，王刚，康艳．复合微生物肥料在黄瓜上试验效果应用研究 [J]．陕西农业科学，2016, 62(4): 24-26.
[47] 康艳．复合微生物肥料在番茄上的施用效果研究 [J]．陕西农业科学，2017, 63(3): 47-49.
[48] 库永丽，徐国益．赵骅，等．腐植酸复合微生物肥料对高龄猕猴桃果园土壤改良及果实品质的影响 [J]．华北农学报，2018, 33(3): 167-175.
[49] 蒯佳琳，马彦霞，侯栋，等．稳定性肥料配施微生物菌剂对莴笋生长及品质的影响研究 [J]．干旱地区农业研究，2021(2): 24-30.
[50] 李广成，马广福，靳永康．复合微生物肥料在温室番茄上施用效果研究 [J]．宁夏农林科技，2017, 58(12): 56-57, 99.
[51] 李国敬．海洋侧孢短芽孢杆菌 (AMCC10172) 生物有机肥对干旱条件下玉米生长发育影响的研究 [D]．泰安：山东农业大学，2013.
[52] 李焕春，何文清，安昊，等．长期有机无机肥料配施对干旱区栗钙土微生物量碳的影响 [J]．中国土壤与肥料，2014(5): 22-26.
[53] 李慧，汪景宽，裴久渤，等．基于结构方程模型的东北地区主要旱田土壤有机碳平衡关系研究 [J]．生态学报，2015, 35(2): 1-11.
[54] 李娟，王文丽，卢秉林．解磷微生物菌剂对油菜生长及产量的影响 [J]．中国土壤与肥料，2010(3): 67-69.
[55] 李俊文，．索全义．康文钦，等．有机无机复混肥对旱作谷子产量及品质的影响 [J]．北方农业学报，2021, 49(6): 84-89.
[56] 李燕青．不同类型有机肥与化肥配施的农学和环境效应研究 [D]．北京：中国农业科学院，2016.
[57] 刘瑜，陈云．水溶有机肥对棉花产量和品质的影响研究 [J]．新疆农垦科技，2019, 42(2): 29-31.
[58] 马祥，贾志锋，赵祎伟．施用生物有机肥对干旱胁迫下燕麦生长的影响 [J]．中国农学通报，2020, 36(2): 18-25.
[59] 彭宇．氨基酸液体有机肥替代部分氮素对辣椒生长、品质及土壤质量的影响 [D]．乌鲁木齐：新疆农业大学，2021.
[60] 沈宝云，余斌．王文，等．腐植酸铵、有机肥、微生物肥配施在克服甘肃干旱地区马铃薯连作障碍上的应用研究 [J]．中国土壤与肥料，2011(2): 68-70.
[61] 孙海妮，岳善超，王仕稳，等．有机肥及补充灌溉对旱地农田温室气体排放的影响 [J]．环境科学学报，2018, 38(5): 2055-2065.
[62] 涂永成．干旱矿区复合微生物菌肥土壤改良实验研究 [D]．徐州：中国矿业大学，2015.
[63] 汪景宽．东北地区主要农田土壤有机碳动态变化及固碳潜力 [M]．北京：中国农业出版社，2015.
[64] 汪景宽，徐英德，丁凡，等．植物残体向土壤有机质转化过程及其稳定机制的研究进展 [J]．土壤学报，2019(3): 528-540.

[65] 王光梅，胡兵辉．商品有机肥添加条件下间歇干旱对番茄生长生理及产量的影响 [J]．西南农业学报，2021, 34(9): 1858-1864.
[66] 王生录，武天云，邓娟珍．旱塬地施用有机肥的保水培肥效果及对冬小麦产量的影响 [J]．甘肃农业科技，1996(4): 26-29.
[67] 王晓娟，贾志宽，梁连友，等．旱地施有机肥对土壤水分和玉米经济效益影响 [J]．农业工程学报，2012, 28(6): 144-149.
[68] 谢柠桧，安婷婷，李双异，等．外源新碳在不同肥力土壤中的分配与固定 [J]．土壤学报，2016, 3: 942-950.
[69] 徐英德，丁雪丽，李双异，等．不同肥力棕壤全氮和微生物量氮对外源玉米残体氮的响应 [J]．生态学报，2017: 1-9.
[70] 徐英德，汪景宽．王思引，等．玉米残体分解对不同肥力棕壤团聚体组成及有机碳分布的影响 [J]．中国生态农业学报 ( 中英文 ), 2018(7): 1029-1037.
[71] 尹嘉德，侯慧芝，张绪成，等．半干旱区增施有机肥对全膜覆土穴播春小麦土壤碳氮比及产量的影响 [J]．中国土壤与肥料，2020(2): 47-55.
[72] 张方方．旱作春玉米农田土壤碳氮库对覆盖及有机物料配施的响应 [D]．咸阳：西北农林科技大学，2022.
[73] 张国娟．干旱区农田添加有机质对土壤特性及棉花氮素利用根际过程的影响 [D]．石河子：石河子大学，2020.
[74] 张建军，丁品，武建荣，等．复合微生物肥料双藻菌露对兰州地区西芹生长的影响 [J]．种子科技，2020, 38(5): 11-12.
[75] 张俊伶．植物营养学 [M]．北京：中国农业大学出版社，2021: 4.
[76] 张绪成，于显枫，王红丽，等．半干旱区减氮增钾、有机肥替代对全膜覆盖垄沟种植马铃薯水肥利用和生物量积累的调控 [J]．中国农业科学，2016, 49(5): 852-864.
[77] 朱冬，陈青林，丁晶，等．土壤生态系统中抗生素抗性基因与星球健康：进展与展望 [J]．中国科学：生命科学，2019, 49(12): 1652-1663.
[78] 朱利霞．不同调控措施对旱作农田土壤碳氮及微生物学特性的影响 [D]．咸阳：西北农林科技大学，2018.
[79] 朱永官，彭静静，韦中，等．土壤微生物组与土壤健康 [J]．中国科学：生命科学，2021, 51(1): 1-11.

中国肥料研究与应用全书

Books of Fertilizer Research and Application in China

FERTILIZER

# 第11章

# 有机（类）肥料与菜园土壤培肥

# 11.1 有机（类）肥料与叶菜类蔬菜土壤培肥

## 11.1.1 叶菜类蔬菜定义

叶菜类蔬菜是指以植物肥嫩的叶片、叶柄为食用对象的蔬菜，其中富含叶绿素、类胡萝卜素、无机盐、维生素 B、维生素 C、维生素 A 等人体必需营养元素。世界上可食用叶菜有 1000 多种，一般可以分为普通叶菜类、结球叶菜类和辛番叶菜类。普通叶菜类如生菜、苋菜、乌塌菜、茼蒿、木耳菜、小青菜（又称小白菜）、芹菜、菠菜、油麦菜；结球叶菜类如大白菜、结球甘蓝；辛番叶菜类主要是葱、韭菜、芫荽（又称香菜）和茴香等。

## 11.1.2 叶菜类蔬菜生产的意义

（1）满足人们生活需求　伴随着人们生活水平的提高以及健康意识的增强，叶菜在膳食结构中的占比逐渐提高，成为人类生活的必需品，不仅能满足人体的基本需要，而且能够增加中微量元素以及膳食纤维的摄入，弥补动物性食物以及粮食作物的营养不均衡，对于冠心病、高血脂等疾病的预防也十分重要。

（2）提高农民收入　叶菜价格高于粮食作物，同时生长周期短，农民种植技术门槛低，成本低，增收见效快。叶菜产业有利于政府进行帮扶，相对于果菜来说，叶菜种采收环节简单易行，进行规模化、机械化、标准化栽培技术扩大推广相对容易。

（3）改善环境　叶菜生产对有机肥的需求远超于果菜及粮食作物，可大量施用有机肥进行土壤培肥，所以能够消纳畜牧业产生的畜禽粪便以及种植业产生的废弃物，可有效改善环境，实现经济效益和社会效益双赢。

## 11.1.3 叶菜类蔬菜的产业现状

我国蔬菜栽培历史悠久，是世界上蔬菜生产和销售第一大国，从种植面积来看（图 11-1），1987 年我国蔬菜播种面积仅有 $5.57\times10^6hm^2$，到 2020 年蔬菜播种面积已经达到 $21.49\times10^6hm^2$，33 年内我国蔬菜总产量增加了 3.86 倍。

叶菜类蔬菜是蔬菜生产中的重要组成部分。据调查，河北省蔬菜中叶菜类蔬菜的种植面积大约在 $4.6\times10^5km^2$，占据蔬菜种植面积的 40% 左右。其中，白菜的种植面积约为 $2.5\times10^5km^2$，甘蓝的种植面积约为 $7.0km^2$，菠菜的种植面积约为 $6.2km^2$，芹菜的种植面积约为 $3.9km^2$。江苏省叶菜类蔬菜常年占全省蔬菜播种面积的 30% ～ 40%，主要包括小白菜、大白菜、芹菜等。

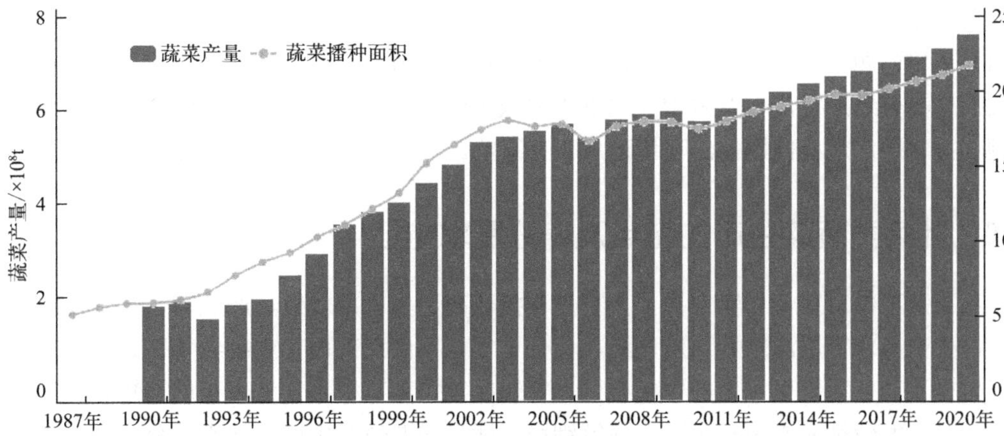


图 11-1 我国蔬菜栽培面积及产量变化（资料来自中国经济社会大数据研究平台）

### 11.1.4 土壤培肥的重要性

土地是农业生产的基础，土壤既要提供植物生长所必需的营养元素，又要提供相应的生长环境，是植物生长的重要组成因素，土壤肥力是蔬菜高产和优产的保障。菜田土壤一般分为新菜园土、中菜园土和老菜园土。以黄棕壤为例，新菜园土的土壤碱解氮、有效磷及速效钾分别为 80mg/kg、39mg/kg、134mg/kg，有机质含量仅为 11.5%；经过 4 年的连续施肥后演变为中菜园土，土壤碱解氮、有效磷、速效钾指标分别达到 116mg/kg、57mg/kg 和 167mg/kg；经过 10 年连续施肥进行土壤培肥演变为老菜园土后，土壤碱解氮、有效磷和速效钾指标分别达到 130mg/kg、132mg/kg 和 421mg/kg，有机质含量达到 1.13%，分别提高 62.5%、238.5% 和 214.2%，同时分别提高土壤含水率 13.79% 和降低土壤容重 14%。土壤培肥对于改善土壤物理、化学及肥力性状具有重要意义，是提高蔬菜产量和质量的重要措施。

### 11.1.5 叶菜类蔬菜生产中的突出问题

（1）过量施肥和施肥结构不合理　近年来蔬菜价格普遍较高，种植蔬菜产生的经济效益可观，加上种植户对肥料施用认识的误区，追求高产的同时常常忽略高效，过量和频繁使用大量元素化肥，中微量元素化肥几乎不施用。重施化肥，轻施有机肥。重施畜禽粪便有机肥，轻施植物源有机肥。氮磷钾养分投入均呈过高态势，结构不合理，磷养分冗余现象突出。

（2）品质下降　长期养分供应不均衡，造成蔬菜品质下降，叶菜植株中硝酸盐含量偏高，维生素 C 以及可溶糖含量较低，食用口感变差。植株体内养分不均衡、氮含量过高、抗逆性转差，致使病虫害多发，随之农药使用量增加，农药残留带来的食品安全问题不容忽视。

（3）障碍土壤增加　过度使用化肥尤其是氮肥化肥使用量过多，会带来土壤酸化和盐渍化问题，土壤板结频繁发生，形成障碍土壤。土壤中微量元素耗竭，肥力下降，严重时不能维持叶菜的正常生长。

（4）环境问题突出　叶菜生产过程是高度密集型种植，土壤氮磷冗余现象普遍存在，因此导致剩余养分通过径流以及淋溶损失进入流域水体和地下水，引发严重的大型湖泊面源污染问题和人饮用水超标问题，给环境造成不良影响。

### 11.1.6　叶菜类蔬菜生产的特点及养分需求特征

叶菜类蔬菜相对粮食作物来说，具有复种指数高、生育期较短、产量高、养分需求量高的特征，生产要求土层深厚、土质肥沃、养分丰富。不同蔬菜由于生物学特征、生长周期和收获部位的不同，对土壤肥力的需求不同。普通叶菜类蔬菜根系浅、生长周期短、对养分的需求量较高，氮磷钾元素中需要更多的氮钾肥，适量需要磷及中微量元素养分；结球叶菜类如大白菜比普通叶菜以及辛番叶菜类如菠菜、香菜需肥量高，对氮钾肥的需求更多，氮肥供应不足会导致植株矮小、纤维素含量增加，钾肥供应不足影响结球，氮钾养分供应比例为（1∶1.0）～（1∶1.7）。常见叶菜的养分需求可参考表 11-1。

表11-1　常见叶菜产量形成（1000kg）养分吸收量　　单位：kg

| 名称 | 产量 /（$t/hm^2$） | N | $P_2O_5$ | $K_2O$ | 敏感中微量元素 |
|---|---|---|---|---|---|
| 菠菜 | 10～25 | 1.2～3.6 | 0.8～1.8 | 1.5～5.2 | 铁、铜、锌 |
| 小青菜 | 1.5～2.0 | 1～1.6 | 0.3～0.7 | 1.0～1.4 | |
| 芹菜 | 100～120 | 1.6～3.5 | 0.2～0.8 | 1.5～4.2 | 钙、硼 |
| 大白菜 | 75～150 | 1.5～2.5 | 0.7～1.0 | 2.0～4.0 | 钙、硼 |
| 甘蓝 | 25～70 | 2.0～3.3 | 0.5～1.9 | 1.0～3.2 | 硫 |
| 香葱 | 45～130 | 1.7～2.9 | 0.2～0.3 | 1.6～2.2 | 硫 |
| 大葱 | 15～150 | 0.8～3.0 | 0.7～1.9 | 0.8～4.0 | 硫 |

### 11.1.7　土壤培肥的主要内容

土壤培肥是指通过人的生产活动构建良好的土体，培育肥沃耕作层，提高土壤肥力和生产力的过程。针对养分贫瘠的土壤，需要通过施肥来增加土壤基础养分含量，提高土壤供肥能力，保障作物生长需求。对于长期施肥甚至导致土壤酸化和盐渍化的土壤，需要进行化肥减施，增施有机肥，合理补充中微量元素，保持养分均衡供应，同时兼顾提高经济效益。对于土壤板结、容重增加或者功能退化的土壤，应注意增施有机肥，优选高碳含量有机肥，增加腐植酸水溶肥等重建土壤结构，保持土壤疏松、透气。

菜田的土壤肥力标准可以参照表 11-2 进行。其中土壤氮磷钾中微量元素含量，露地蔬菜丰产高效肥力需求范围可参考标准下限进行土壤培肥；设施蔬菜由于温度高，生长速度快，并且不需要考虑降雨对土壤养分的强淋洗过程，可以参考标准上限进行土壤培肥。

表11-2　菜田土壤肥力指标项及指导范围

| 土壤指标项 | 需求范围 |
| --- | --- |
| 土壤深度 /cm | 20 ～ 30 |
| 盐度 /（us/cm） | ≤ 600 |
| pH 值 | 6.0 ～ 8.0 |
| 有机质 /（g/kg） | 20 ～ 30 |
| 碱解氮 /（mg/kg） | 75 ～ 200 |
| 硝态氮（$NO_3^-$-N）/（mg/kg） | 50 ～ 100 |
| 有效磷 /（mg/kg） | 50 ～ 150 |
| 速效钾 /（mg/kg） | 150 ～ 300 |
| 速效铜 /（mg/kg） | 1 ～ 2 |
| 速效铁 /（mg/kg） | 10 ～ 15 |
| 速效锰 /（mg/kg） | 5 ～ 10 |
| 速效锌 /（mg/kg） | 2 ～ 3 |

## 11.1.8　土壤培肥的措施

### 11.1.8.1　肥料种类

（1）化肥　化肥是化学合成肥料的总称，以液体、颗粒等多种形式出现，多为水溶性养分。常见化学氮肥有尿素、磷酸二氢铵、硫酸钾以及不同氮磷钾含量的复合肥。化肥的优点：从使用成本来看，养分含量高，施用量少，运输方便，省工省力；从使用效果来看，肥料养分见效快，增产显著，肥效高；从材料供给来看，化肥原材料丰富、规模化生产，无季节限制，产量大，材料稳定，易于保存。我国化肥使用量逐年上升，黄绍文等在对我国蔬菜种植区进行为期3年的大规模调研中发现，菜地单季化肥用量高达1092kg/hm$^2$，为农作物的3.3倍。化肥的缺点是：养分较为单一，通常需要几种肥料配合施用；养分释放动态是瞬时释放，速度快但持久性差；如果使用量过多或者使用不当容易灼伤植物；易经挥发、淋溶、固定等途径损失；酸、碱、盐性强烈，不能改善土壤物理性状，长期施用不仅对植物生长不利，还可能使土壤变劣，降低土壤肥力。叶菜类蔬菜一般属于浅根系作物，生育期短，生长速度快，大量且不合理地施用化肥必然造成严重的资源浪费和环境污染；过度施用化肥会导致土壤理化性质恶化，进而制约植物生长；长期施用化肥还会导致土壤养分结构的不平衡，以及养分的结构性短缺。

（2）有机肥　老百姓经常称有机肥为“天然肥料”或者“全营养肥料”，可以看出，有机肥中几乎含有植物生长所需的各种元素。有机肥施用的优势：从养分供应来看，施用有机肥能够减少速效氮养分的输入量，增加养分供应的持续性，同时增加中微量元素的输入；从土壤物理性状来看，施用有机肥后土壤容重减小，土壤孔隙度和持水性增加；从化学性质来看，施用有机肥增加了土壤有机质含量，能够减缓土壤酸化和盐渍化的进程；从土壤生物学性状来看，施用有机肥显著提高了土壤细菌多样性指数（Shannon index）和丰富度指数（Chao1 index），并降低了真菌数量；从植物生长来看，施用有机肥提高了化肥利用率。有机肥的缺点是：养分全量含量相对化肥较低，养分释放缓慢，活性养分含量低，具有后效性；有机肥施用量相对化肥来说较高，在运输、施肥过程中的成本较高。所以，有机肥应结合化肥施用，结合机械化设备施用。

### 11.1.8.2 有机肥的种类

有机肥来源广泛，适用于叶菜土壤培肥的有机肥也有很多。按照来源划分，种植业来源的有秸秆有机肥、各类蘑菇渣（又称菌渣）有机肥、花生壳有机肥等；养殖业来源的有机肥如猪粪有机肥、鸡粪有机肥、羊粪有机肥、兔粪有机肥、牛粪有机肥、沼液、沼渣等；加工业来源的有机肥有饼肥、酒糟有机肥、醋糟有机肥、木薯渣有机肥、糖渣有机肥、糠醛渣有机肥等；城市污泥，如河道污泥、下水道污泥等。

（1）种植业来源有机肥　秸秆发酵有机肥通常采用农作物秸秆如玉米秸秆、小麦秸秆、水稻秸秆、花生壳等直接施入土壤，有的经过自然发酵或结合腐熟菌剂发酵后施入土壤。该类有机肥的优点是富含纤维素、半纤维素、木质素以及蛋白质等，富含农作物生长必需的大中微量元素。具体而言，水稻秸秆中有机碳含量范围为16.14%～51.59%，全氮含量范围为0.42%～2.4%，全磷（$P_2O_5$）含量范围为0.06%～1.12%，全钾（$K_2O$）含量范围为0.44%～2.55%。玉米秸秆中有机碳及全量氮、磷、钾含量范围分别为21.8%～50.52%、0.66%～2.06%、0.05%～0.48%、0.34%～2.10%，小麦秸秆中分别为24.61%～49.40%、0.35%～1.11%、0.15%～0.86%、0.73%～2.52%，蘑菇渣中分别为9.46%～66.35%、0.63%～4.61%、0.18%～5.09%、0.01%～6.09%，花生壳中分别为14.66%～53.61%、1.28%～3.89%、0.04%～3.60%、0.16%～1.2%。

施用秸秆类有机肥的缺点：一是含有较多的病菌、虫卵和草籽等，若处理不当，可能会造成病原微生物传播等；二是碳氮比高，微生物固定强，可能影响养分的释放；三是未腐熟的材料施用量不当可能会对幼苗生长和种子萌发产生毒害作用。

（2）养殖业来源有机肥　养殖业来源有机肥按照堆制过程、腐熟程度又可以划分为商品有机肥、堆沤肥、厩肥（农家肥）、沼液、沼渣肥等。

商品有机肥是指以纤维素含量较高的植物性物质结合畜禽废弃物为主要原料，在好气条件下经过高温阶段（50～60℃）堆制发酵而制得的有机肥料。由于经过标准化流程和高温发酵过程，其中的病菌、虫卵和杂草种子均得到消杀；另外堆制过程中养分化学组成改变，碳氮比值降低，能被植物直接吸收的矿质营养成分增多，并富含腐殖类物质。其有机质、氮磷钾养分含量以及病原菌等含量需符合《有机肥料》（NY/T 525—2021）标准，因此这类有机肥施用的优点是安全可靠，养分齐全，能够改善土壤的保水性，提高孔隙度以及速效氮磷钾含量，富含腐植酸类物质有利于土壤磷有效性增加。缺点是，这类有机肥有机质性质相对稳定，施入土壤后发生再分解的周期较长。

堆沤肥多见于农村地头农户个人堆制所成，是指采用作物茎秆、绿肥、杂草等植物性物质与一定量畜禽粪便、人粪尿、垃圾等混合堆制，经好气微生物分解而成的肥料。这类肥料一般作基肥施用且施用量大，在一定程度上可提供营养元素和改良土壤性状，尤其对改良砂土、黏土和盐渍土有较好效果。缺点是施用量偏多，容易引发土壤微生物环境问题，导致次生病虫害及疫病发生。

蚯蚓粪是指蚯蚓取食各类有机物进行代谢后混合土壤产生的排泄物。蚯蚓粪既是腐熟了的有机肥料，又是具有团粒结构的土壤，含有有机质（25% ～ 38%）、氮（0.95% ～ 2.5%）磷（1.1% ～ 2.9%）钾（0.96% ～ 2.2%）以及多种微量元素、氨基酸，养分全面，并且富含活性有益菌群，能够改良土壤环境，对于蔬菜生长具有良好的促进作用。缺点是不宜表面撒施，养分含量偏低，短期速效使用效果有限。

沼液是作物秸秆、青草和人粪尿等在沼气池中经微生物发酵制取沼气后的残留物。由于处于厌氧发酵环境，有机质消耗较少，氮、磷、钾损失少，因此沼液中富含有机质和必需的营养元素。沼液作为有机肥施用的优点是养分速效性高、作物吸收极快、养分全面，既含有大中微量元素又含有氨基酸生长素，在保障增产的同时大大改善蔬菜品质，能提高可溶性糖含量、改善蔬菜缺素症、提高露地蔬菜的抗寒抗冻能力。缺点是该类肥料不能马上施用，使用浓度和用量需要严格控制，而且不能与碱性肥料如石灰、草木灰联合施用，否则可能引起氨态氮肥的损失，降低肥效。

（3）加工业来源有机肥　饼肥一般指油料作物加工过程中的废弃物，如菜籽饼、豆饼（豆粕）、花生饼等。饼肥的特点是有机质含量和氮含量较高，它既可以作为基肥也可以作为追肥施用，宜采用穴施和条施的方式。但是饼肥施入土壤后易发酵产生高温灼伤根系，因此使用前应充分发酵腐熟。

### 11.1.8.3　有机肥的优选

（1）选用安全可靠的有机肥　选择商品有机肥时，应选择正规有机肥厂家以及合乎标准《有机肥料》（NY/T 525—2021）的有机肥，可以根据有机肥的包装、公司名称、工厂厂址、电话、肥料登记证、有效期、生产日期以及合格证等信息进行评判。选择堆沤肥时，应尽量选择堆制腐熟的成品，腐熟后的有机肥通常颜色偏黑、偏褐，质地疏松有颗粒感，无刺鼻的气味。选择沼液时，应选择好氧处理一天以上的沼液，叶菜追施沼液应使用 5 ～ 20 倍的稀释液。叶菜选用豆粕有机肥应保证充分腐熟，深施施用，减少病虫害的发生。

（2）根据土壤情况进行优选　常规土壤种植叶菜可以选择各种植物来源、动物来源以及加工废弃物来源等各种类型的有机肥。对于出现轻微盐渍化的土壤，应选择低盐有机肥，可以优选植物来源有机肥，比如以各种秸秆为主要原料（＞ 70%，体积分数）的有机肥、蘑菇渣有机肥，尽量避免选择猪粪、兔粪、鸡粪等以畜禽粪便为主要原料的有机肥，以求最大程度发挥有机肥对土壤化学性状的调节作用的同时降低带入的盐分。对于出现酸化倾向（pH ＜ 6.5）的土壤，可以选择氮含量偏低的有机肥，如秸秆类有机肥、蘑菇渣有机肥，或者畜禽粪便有机肥中的牛粪有机肥，尤其避免选择鸡粪、猪粪等活性氮含量高的有机肥。对于黏性土壤、沙性土壤、板结的土壤、有机质含量低于 10% 的土壤，主要问题是物理团粒结构不良以及缺乏有机质，尽快提升土壤有机质含量可以优选腐植酸含量高的有机肥，或者在土壤中腐殖化率高的有机肥如猪粪有机肥、羊粪有机肥以及牛粪有机肥。

（3）根据叶菜类型进行优选　不同类型叶菜对于养分的需求量差异很大。普通叶菜如菠菜、芹菜、小白菜以及一些小型辛番类蔬菜，生长周期短，养分需求总量少，以营养品质和外观品质获得较高的经济价值，因此可以选择基肥施用秸秆类有机肥或畜禽粪便类有机肥，追肥选择沼液有机肥进行生育中期追施。结球类叶菜如大白菜、甘蓝等，由于生育期长，养分需求量大，可以选择畜禽粪便类有机肥，增加养分供应的后续有效性，并提高化肥的养分利用率。

（4）根据栽种环境进行优选　同样进行叶菜栽培，设施环境和露地环境对于温度和湿度影响有很大不同。设施土壤温湿度较高。叶菜生长速度快，对养分的需求偏高。从降雨来看，设施环境是控制灌水或者采用滴灌等灌溉措施；露地土壤受大气降水影响较大，对水分的控制是半受控状态。也就是说，设施蔬菜淋洗强度弱于露地蔬菜，养分需求高于露地蔬菜，所以可以优选养分含量较高的畜禽粪便有机肥以及饼肥等，也可以结合水肥一体化设施优选沼液有机肥。

#### 11.1.8.4　有机肥的施用量

（1）养分平衡法核算　有机肥当季施用量可以采用养分平衡法进行核算，并参考目标蔬菜产量、田块基本肥力（土壤养分供应量）、有机肥中全量养分及活性养分含量进行计算。其计算公式为：

$$\text{肥料用量}=\frac{\text{目标叶菜产量所需养分量}-\text{土壤养分供应量}}{\text{肥料当季利用率（\%）}\times\text{肥料中活性养分含量}} \tag{11-1}$$

$$\text{目标叶菜产量所需养分量}=\text{目标产量}\times\text{叶菜植株养分含量} \tag{11-2}$$

$$\text{土壤养分供应量}=\text{不施肥情况下植株养分吸收量} \tag{11-3}$$

肥料利用率：有机肥中活性养分当季利用率可以参照化肥（活性）养分利用率，活性氮磷钾肥的当季利用率分别为30%～40%、10%～25%和45%～50%。常见畜禽粪便类有机肥的氮养分含量介于0.3%～2.6%，磷（$P_2O_5$）养分含量范围为0.1%～5.6%，钾（$K_2O$）养分含量范围为0.2%～3.45%。饼肥中氮养分含量介于1.0%～6.32%，磷（$P_2O_5$）养分含量范围为0.37%～1.89%，钾（$K_2O$）养分含量范围为0.97%～2.57%。沼液中氮养分含量范围为0.03%～0.08%，磷（$P_2O_5$）养分含量范围为0.02%～0.06%，钾（$K_2O$）养分含量范围为0.05%～1.4%。

（2）按照有机肥替代化肥的比例核算　有机肥施用量的另一种计算方法是按照替代比例进行核算，这种核算方法是以习惯性施肥措施是采用全量化肥供应为参照的。需要参考的指标首先是田块所用化肥的总量，其次是有机肥替代化肥的比例，最后是有机肥中养分的含量，计算公式如下：

$$\text{有机肥施用量}=\frac{\text{总养分（化肥）需要量}\times\text{养分替代比例（\%）}}{\text{有机肥中对应养分的含量（\%）}} \tag{11-4}$$

式中，养分替代比例一般指的是氮肥的替代比例。叶菜生产中有机肥替代比例一般为20%～50%，新垦土壤的有机肥替代化肥比例参照下限进行，肥力较高的熟化菜园土或老菜园土参照上限进行。

有机肥替代化肥是化肥减量农业增效的有效措施，能够显著降低土壤表层氨态氮和硝态氮的含量，并显著降低硝态氮的淋溶损失，提高养分利用率。此外，根据季节、土壤本底和常规化肥用量差异，有机肥的最优替代比例不同：亚热带春夏季条件下，中等肥力土壤，有机肥氮替代25%～50%化肥氮能提高中型和小型叶菜类蔬菜的产量；在暖温带秋冬季条件下，有机肥氮替代比例为20%时，不影响大白菜产量；也有在氮含量高（全氮2.62g/kg，碱解氮213mg/kg）的土壤中，有机肥氮100%替代化肥氮对植物生长及蔬菜产量无显著性影响，同时显著增加了蔬菜可溶糖、维生素C含量，显著降低了蔬菜硝酸盐含量，改善了蔬菜品质。江苏省农业科学院在兴化香葱上进行的有机肥替代试验表明，以常规氮投入量（60kg纯氮）为对照，50%替代比例相比全量化肥，产量增加55%。

（3）参考常规或者经验有机肥用量来确定　叶菜生长底肥需要施足量有机肥。根据叶菜类别、土壤基础肥力状况以及有机肥氮含量的高低，设施叶菜有机肥施用量为1000～5000kg/亩，露地叶菜有机肥施用量为300～2000kg/亩不等。有机肥施用量增加有助于增加叶菜产量，有机肥（N 3.28%）施用量为15t/hm$^2$时，包心菜产量最高，相比最高有机肥用量增产5%，相比纯化肥增产27%。大白菜种植中，生物有机肥（N 4.6%）施用量约1200kg/亩时，获得产量最高，同时土壤蔗糖酶、过氧化氢酶以及脲酶活性最高，土壤细菌数量以及微生物总量均最高，大白菜植株维生素C含量最高，硝酸盐含量相对较低。设施大白菜生物有机肥施用量达30t/hm$^2$时，产量最高，相比对照提高43.5%，并降低硝酸盐含量24.2%。

## 11.1.9　有机肥施用方式

采用固态有机肥对叶菜类蔬菜施肥，施肥方式通常采用撒施，是指将肥料均匀抛撒在田间，然后通过人工翻耕或者机械翻耕的方式，使得有机肥与土壤混匀的施肥方法。采用人工抛撒和翻耕费时费力，采用机械进行有机肥施用具有事倍功半的效果。

目前常见的撒施机有自走式和牵引式，其抛撒装置常见的有离心圆盘式、桨叶式、锤片式等。离心圆盘式撒施机可选单圆盘式和双圆盘式，适用于流动性较好的商品有机肥料，适合设施大棚内小范围施用，典型机型如法国格里格尔-贝松公司的速尔齐DPX Prima。桨叶式有机肥撒施机普遍体积庞大，适合于露地环境抛撒，典型机型有法国CUHN公司的ProPush2044。锤片式有机肥撒施机适用范围较广，可以应用于固体的和流质的有机肥，通常适用于露地环境，常见机型如CUHN公司的ProTwin8150。

机械抛撒后可以采用机械翻耕机进行土壤翻耕，实现有机肥深施和与土壤均匀混合的目标。目前翻耕机品种、规格多样，设施菜园可选轻便式翻耕机，露地环境尽量选择大型翻耕机进行土壤翻耕。

## 11.1.10　典型叶菜类蔬菜土壤培肥

### 11.1.10.1　普通叶菜类——芹菜土壤培肥

水热条件：设施蔬菜大棚。

土壤基础肥力：有机质含量1.26%，硝态氮20mg/kg，速效磷80mg/kg，速效钾180mg/kg，pH值6.5，电导率180μS/cm。

品种：美国西芹。

培肥技术：以全量化肥处理为对照，采用牛粪有机肥氮替代30%化肥氮进行土壤培肥，牛粪有机肥施用量为400kg/亩。

土壤肥力与西芹产量：采用牛粪有机肥进行土壤培肥，土壤硝态氮含量为 30mg/kg，略低于全量化肥处理（20mg/kg），速效磷和速效钾含量高于全量化肥处理。牛粪有机肥处理西芹产量显著高于全量化肥处理。

培肥小结：中低肥力土壤进行普通叶菜土壤培肥，采用牛粪有机肥氮替代 30% 化肥氮，有机肥施用量 400kg/ 亩，收获叶菜产量高于全量化肥处理。

### 11.1.10.2 结球类叶菜——甘蓝土壤培肥

水热条件：设施蔬菜大棚。

土壤基础肥力：有机质含量 1.76%，总氮 0.14%，总磷 0.1%，总钾 0.35%，pH 值 4.62，电导率 628.5μS/cm，土壤质地为沙土。

品种：结球甘蓝。

培肥技术：采用全量化肥、有机肥氮替代 30% 化肥氮（使用 0.57% 磷含量的有机肥，用量为 810kg/ 亩）、有机肥氮替代 30% 化肥氮（使用 1.26% 磷含量的有机肥，用量为 767kg/ 亩）、有机肥氮替代 30% 化肥氮（使用 1.95% 磷含量的有机肥，用量为 727kg/ 亩）、有机肥氮替代 30% 化肥氮（使用 2.65% 磷含量的有机肥，用量为 690kg/ 亩）。有机肥采用双孢菇蘑菇渣有机肥，为配合有机肥磷含量，各处理采用秸秆和猪粪有机肥进行掺混复配。

土壤肥力：各有机肥处理相比不施肥处理均显著提高了土壤肥力水平，各处理间肥力差异不显著。土壤速效磷含量介于 65 ～ 58mg/kg，速效氮含量介于 125 ～ 130mg/kg 之间，有机质含量介于 2.1% ～ 2.4% 之间。

甘蓝产量：产量随着有机肥磷含量的增加呈先增加后降低趋势，磷含量为 1.95% 的有机肥处理磷浓度最高，产量为 6500kg/ 亩，显著高于 0.57% 磷含量有机肥处理的 5000kg/ 亩和 2.65% 磷含量有机肥处理的 5500kg/ 亩。

培肥小结：选用适合磷含量的有机肥进行土壤培肥，磷含量过高和过低均不利于实现高产高效。

### 11.1.10.3 辛番类叶菜——香葱土壤培肥

水热条件：北亚热带湿润季风气候区，兼受大陆与海洋性气候影响，年均气温 14 ～ 15℃，年均降雨量 1040.4mm，6 ～ 9 月份相对集中，年蒸发量 960mm。

土壤基础肥力：土壤 pH 值 7.2，电导率 80.9μS/cm，总氮 0.18%，碱解氮 148mg/kg，有效磷 26.9mg/kg，速效钾 198.6mg/kg，土壤质地为黏土。

品种及特点：兴化香葱为兴化特色农产品，具有较强的分生能力，亩产 2000 ～ 8000kg，主要用于脱水蔬菜的生产。

培肥技术：选用猪粪有机肥（N-$P_2O_5$-$K_2O$，1.56%-1.39%-1.46%），每亩总养分投入量为 60-6-6（N-$P_2O_5$-$K_2O$），采用有机肥氮替代 15%（15%ZF）、25%（25%ZF）、35%（35%ZF）以及 45%（45%ZF）化肥氮四种处理核算有机肥施用量，4 种处理有机肥施用量分别为 796kg/ 亩、981kg/ 亩、1373kg/ 亩、1766kg/ 亩，对应化肥施用量分别为 102kg/ 亩、90kg/ 亩、78kg/ 亩、66kg/ 亩。并设置全量化肥处理和不施肥处理。

土壤肥力与香葱产量：如表 11-3 所示，土壤硝态氮含量随着有机肥氮替代化肥氮比例

表11-3　有机肥氮替代不同比例化肥氮的香葱生长及产量

| 处理 | pH值 | 电导率/（μS/cm） | 土壤铵态氮/（mg/kg） | 土壤硝态氮/（mg/kg） | 土壤有效磷/（mg/kg） | 土壤速效钾/（mg/kg） | 土壤有机质/（g/kg） | 净产量/（kg/亩） | 硝态氮（$NO_3^-$-N） | |
|---|---|---|---|---|---|---|---|---|---|---|
| | | | | | | | | | 亚表层土壤（20～40cm）/（mg/kg） | 径流水/（mg/L） |
| CK | 7.30a | 73.8d | 6.94b | 9.53e | 14.9b | 90.8b | 24.0a | 3623c | 10.5b | 93.1c |
| CF | 6.83b | 166a | 8.75ab | 111.3a | 18.2b | 91.3b | 25.9a | 5478b | 61.3b | 214.9a |
| 15%ZF | 6.67b | 131b | 8.67ab | 73.83b | 24.5a | 102a | 25.8a | 5418b | 41.8b | 176.8b |
| 25%ZF | 6.65b | 129b | 9.19a | 70.13b | 26.4a | 107a | 32.7a | 5471b | 41.9b | 175.3b |
| 35%ZF | 7.34a | 106c | 7.40ab | 47.52c | 33.2a | 113a | 34.0a | 7023ab | 39.7bc | 169.4b |
| 45%ZF | 7.35a | 106c | 6.65b | 34.19d | 33.9a | 119a | 37.0a | 8501a | 31.3c | 176.2b |

注：CK—不施肥处理；CF—全量化肥处理；15%ZF～45%ZF—猪粪有机肥氮替代15%～45%化肥氮处理。

的增加而下降，土壤有效磷、速效钾以及有机质含量各处理间均无显著性差异。有机肥氮替代 45% 化肥氮处理（猪粪有机肥用量 1766kg/ 亩）的香葱产量显著高于 15% ～ 35% 替代比例以及全量化肥处理。

环境影响：有机肥氮替代 45% 化肥氮处理的氮淋溶（亚表层土壤硝态氮含量）最低。

培肥小结：采用养分活性较高的有机肥部分替代化肥，替代比例增加有利于增产。

### 11.1.11 有机肥施用的环境问题

有机肥过量施用不仅不利于蔬菜增产增效，还会增加土壤氮磷素流失风险，可能还会给水体造成富营养化的风险。英国洛桑试验站长期定位试验的监测结果表明，有机肥的施用会导致土壤中硝态氮的积累，增加向水体淋失的风险，直接导致硝态氮和磷在土壤中的积累，并且随着施肥年限的增加而积累加剧，增加向水体的淋失。太湖流域菜园氮、磷流失负荷估算量分别为 10100t 和 3000t，成了目前种植业氮、磷流失的优先控制对象。

## 11.2 有机（类）肥料与茄果类蔬菜土壤培肥

茄果类蔬菜是指茄科以浆果作为食用部分的蔬菜作物，一般包括番茄（*Solanum lycopersicum* L.）、辣椒（*Capsicum annuum* L.）和茄子（*Solanum melongena* L.）等。其营养丰富，具有相当大的食用价值，在人们日常饮食中发挥着至关重要的作用。茄果类蔬菜在世界各地均普遍栽培，番茄、茄子和辣椒适应性强、类型多样、经济效益高，已成为我国乡村振兴和精准脱贫的重要抓手。在我国蔬菜产业中，茄果类蔬菜种植面积占有非常大的比例，尤其是在我国的广大农村，茄果类蔬菜的种植规模非常大。据农业农村部统计，2018 年全国番茄栽培面积 135 万公顷，茄子栽培面积 86.67 万公顷，在 30 种主要蔬菜中栽培面积分别排名第 4 和第 8，在蔬菜产业中具有重要地位，种植面积和年产量都位居世界第一。我国也是世界第一大辣椒生产国与消费国，2018 年我国辣椒栽培面积达 213.3 万公顷，年产量占世界总产量的 50% 以上，位居世界第一。

随着茄果类蔬菜种植面积不断扩大，集约化程度不断提升，连作障碍问题日益突出，在设施环境下农药和化肥的使用频率和投入量大大高于露地生产，尤其是大量氮肥、磷肥、钾肥的不科学施用导致土壤大量元素超标而微量元素匮乏，有机质含量降低，C/N 比失衡，土壤营养元素不均衡，进而使土壤离子平衡和缓冲能力下降、土壤微生物失调等。设施栽培中的茄果类蔬菜对农药的降解能力和对肥料的利用效率下降，给茄果类蔬菜产业带来了巨大的经济损失和资源浪费。有机肥、有机无机复混肥和生物有机肥等有机类肥料在茄果类蔬菜土壤培肥方面发挥着重要作用。

### 11.2.1 茄果类蔬菜种植土壤常见的问题

（1）重视大量元素，忽视有机肥和微量元素施用　茄果类蔬菜种植普遍存在大量施用化肥，少施或者不施有机肥，重视大量元素，忽视中微量元素的现象，且温室地温高、矿化率高，土壤分解有机质较快，导致土壤有机质含量降低、养分失衡以及 pH 值降低。有机质缺乏会导致蔬菜产量和品质下降，同时导致氮磷钾养分失衡，甚至引起离子拮抗，如土壤速效钾含量过高，引起钾-镁拮抗，钾过量则会抑制根系对镁的吸收，导致植株出现缺镁症状。土壤养分失衡易引起生理性病害，并且能诱发侵染性病害，严重影响果实产量和品质。随着种植年限的增加，茄果类蔬菜种植土壤酸碱度普遍表现为 pH 值降低。茄果类蔬菜在 pH 值 6 ～ 7 的情况下生长良好，而大多温室土壤 pH 值普遍在 5.5 ～ 6.5 之间，不少地块土壤 pH 值低至 5.0 左右。酸化会加重土壤板结，使根系伸展困难；还会导致氮素大量流失，增加元素铝、锰的溶解度，毒害蔬菜。

（2）土壤生物肥力降低　在茄果类蔬菜长期栽培过程中，由于不合理施肥、用药等管理措施，土壤微生物群落多样性指数、丰富度指数及其均匀度指数均随种植年限的增加而降低，茄果类蔬菜在生长过程中还会产生自毒物质，不仅对下茬同科作物有抑制作用，还会抑制土壤微生物生长，降低土壤微生物群落的多样性、活性和丰富度，有益菌生长繁殖受到抑制，病原菌数量增加，土壤微生物区系发生变化，甚至失衡。

（3）土传病害加剧　随着茄果类蔬菜种植集约化程度不断提高，连作现象愈加普遍，尤其设施农业中的茄果类蔬菜种植，轮作倒茬困难，常多年连作。常年种植同种作物，根系分泌物积累破坏根际微生态环境，影响矿质元素的转化与利用，使得微生物群落失衡，病原菌微生物增多，有益微生物数量减少，导致了土传病害日益严重。番茄、黄瓜和辣椒等多种茄果类蔬菜的根系分泌物中含有包括苯甲酸、肉桂酸和水杨酸在内的 10 余种具有生物毒性的酚酸类物质，这些物质在土壤中累积到一定程度后，会影响下茬作物的生长。其中一些根系分泌物为病原菌和害虫提供了丰富的营养，土壤微生物比例失调，导致土传病虫害加剧。茄果类蔬菜设施大棚经常发生的土传病害有 10 余种，主要是茄科的青枯病、枯萎病、立枯病、疫病、猝倒病、病毒病、根腐病、炭疽病、根结线虫病、茎基腐病、软腐病、溃疡病等。土壤中存在的病原微生物在条件适宜时，会从根部或者茎部侵害作物而引起病害，严重时会造成整个植株死亡，导致作物减产，甚至绝收，造成了巨大的经济损失。

### 11.2.2　有机肥与茄果类蔬菜土壤培肥

茄果类蔬菜以设施栽培为主，高投入、高产出是其突出特点。由于缺乏科学的指导，化肥过量施用问题比较普遍，逐渐成为依附于化肥高投入的“化肥农业”，造成土壤板结、质地恶化、养分失衡，并引起蔬菜产量和品质下降等一系列问题。2015 年 2 月农业部下发《到 2020 年化肥使用量零增长行动方案》，随后于 2017 制定并推广《开展果菜茶有机肥替代化肥行动方案》，以实现农业的绿色发展。有机肥是由动物排泄物或动植物残体等富含有机质的物质发酵腐熟而来的，其中含有植物所必需的大量和微量元素，以及丰富的有机养分，分解缓慢且肥效较长，可以为蔬菜生长提供充足的营养，且能平衡土壤养分比例，提高土壤养分活力。同时，施用有机肥可以提高土壤有机质含量，有机质是土壤形成团粒结构的良好胶黏剂，可以改善土壤理化性质，提高土壤保水、保肥和透气性能，为茄果类蔬菜生长创造良好的土壤环境。有机肥原料不同、施用量不同、施用方式不同，对茄果类蔬菜的土壤质量发挥的效力也存在差异，探求合适的有机肥种类、施用量、施用方式，科学施用有机肥，对茄果类蔬菜土壤培肥，尤其是改善土壤理化性质、增加有机质含量、平衡土壤养分等具有重要意义。

① 不同原料的有机肥，养分含量、物理化学性质不完全一致，对茄果类蔬菜土壤培肥效果也存在差异。在我国，茄果类蔬菜生产中有机肥的施用普遍存在，但传统上以畜禽粪便为主，如鸡粪、猪粪和牛粪，也有部分种植户使用豆粕等饼肥。相比于化肥，施用牛粪有机肥、猪粪有机肥、秸秆有机肥，都能促进辣椒生长，提高辣椒产量，改善辣椒品质。其中辣椒株高分别增加10.39%、7.20%、10.39%，茎粗分别增加11.98%、8.14%、4.29%，产量分别增加13.20%、5.08%、4.29%。同时，有机肥处理能够显著提高辣椒的维生素C含量，显著降低硝酸盐含量。施用三种有机肥均显著提高了土壤的pH值、电导率（EC）、硝态氮的含量，降低了土壤铵态氮的含量，其pH值、EC及速效磷、速效钾、硝态氮、有机质、全氮、全磷含量与辣椒产量呈显著正相关关系。中药渣有机肥主要通过降低土壤盐分和过剩养分及改善土壤微生物结构进而增加番茄产量。牛粪、菌渣和沼液三种有机肥均可提高冬小麦/辣椒种植地土壤有机质、全氮、全磷、碱解氮、速效磷和速效钾的含量。施牛粪影响最大；其次是沼液；最后为菌渣。

② 茄果类蔬菜需肥量较大，有机肥的施用量不同对茄果类蔬菜土壤培肥效果也不一样。近年来商品有机肥的施用量开始逐渐增多，但实际生产中，有机肥的施用量还缺乏科学的标准，具有很大的自发性和盲目性，表现在不同地区之间、不同棚户之间、不同作物之间有较大的差异。如余海英等调查发现，山东寿光地区有机肥的用量在153.9～240t/hm$^2$之间，辽宁新民地区有机肥的用量在187.7～677.1t/hm$^2$之间，江苏常熟地区有机肥的用量在218～240t/hm$^2$之间。以鸡粪、猪粪、鹿粪、秸秆制备的有机肥为例，在0%～3%施用量范围内，土壤中速效氮、速效磷、速效钾和有机质的含量随着施用量的增加而增加，同时还可以提高土壤细菌、真菌、放线菌和氨化细菌的数量；而鸡粪、猪粪和鹿粪1.2%的施用量为同种有机肥料处理，维生素C含量最高，其影响鸡粪＞猪粪＞鹿粪。中药渣有机肥可提高土壤pH值，显著降低电导率、硝态氮含量及速效钾含量，以30t/hm$^2$、45t/hm$^2$用量效果最佳；中药渣有机肥可有效抑制土壤真菌化，随用量增加抑制作用逐步增强，60t/hm$^2$用量可显著减少土壤真菌数量；另外，可增加土壤细菌数量，但增殖作用随用量增加而削弱，30t/hm$^2$用量可显著增加土壤细菌数量。

③ 目前，大多数畜禽粪便在使用前没有经过规范化的腐熟，只是简单的堆制，有的甚至直接使用鲜粪便。腐熟不彻底的粪便施入土壤中后，会造成烧苗或病虫害的传播。畜禽粪便中重金属的含量较高，长期施用会增加土壤被重金属污染的风险，进而威胁蔬菜安全。畜禽粪便还是土壤中抗生素输入的重要来源，累积在土壤中的抗生素会被作物吸收，并最终通过食物链影响人类的健康安全。此外，畜禽粪便碳氮比普遍较低，其在土壤中易于矿化分解并释放出无机氮，导致土壤中硝态氮等养分离子的累积，增加了淋失等环境风险。

因此，合理施用有机肥，可以有效改善茄果类蔬菜营养品质，活化土壤养分，改良土壤，培肥地力，增强土壤的保水保肥能力，促进茄果类蔬菜生长。但不合理施用，如过量施用或施用未腐熟的有机肥，不但起不到改良土壤的作用，还会进一步加重土传病害的危害，增加土壤被重金属污染、抗生素积累、土壤氮素淋失等风险，造成植株萎蔫、僵苗，甚至死亡。

### 11.2.3 有机无机（复混肥）配施与茄果类蔬菜土壤培肥

在实际农业生产过程中，单施化肥仍存在众多问题，不合理施用可能会导致土壤生态环境破坏、土壤微生物结构改变、土壤肥力下降等不良影响。但单独施用有机肥养分含量低，不易分解，不能及时满足作物高产的要求。施用化肥增加土壤速效养分含量，提高土壤供肥强度，而添加有机肥则通过改善土壤养分库容，提高土壤供肥容量，二者配合施用可兼顾双重特点，缓速相济相得益彰，对于培肥土壤和提高作物产量效果更为显著。因此将二者科学合理地结合就显得至关重要。茄果类蔬菜生长周期长，需肥量大，需要长期供肥，化肥的施入为茄果类蔬菜带来速效养分，满足其生长前期的需求，有机肥肥效缓长，同时能够减少化肥损失，可以为作物生长中后期提供养分。诸多研究结果均表明有机无机肥配施的效果较单施化肥和单施有机肥要好。有机无机复混肥能够改善土壤理化性状，其中有机物料是团粒结构的胶黏剂，可以促进土壤有机碳及活性有机碳的积累，降低土壤容重，提高孔隙度特别是通气孔隙度，促进水稳性大团聚体（WSA）的形成等，有利于土壤有机碳和活性有机碳的积累，使土壤变得疏松，增强土壤透气性和保水保肥能力。此外，有机无机肥配施能够显著提高土壤微生物量碳、氮的含量，增加土壤中细菌和放线菌数量，提高土壤微生物活性。

虽然不同地区、不同作物菜农的化肥习惯用量存在较大差异，但都远大于实际需要量。统计分析发现，我国设施番茄化肥氮的平均用量为705kg/hm$^2$，最高达到3231kg/hm$^2$，而即使番茄产量达到120t/hm$^2$，氮的吸收量一般也不会超过300kg/hm$^2$。由此可见，化肥用量有很大的减施空间，化肥减施，有机无机肥配施，用有机肥替代部分化肥也是茄果类蔬菜可持续发展的必然要求。

根据有机肥和化肥配施方式和研究目的的不同，这些研究可分为3种基本模式。

（1）模式1：养分用量不完全相等，寻找适宜的施肥组合　王光飞等采用常规施肥（CK）、中药渣有机肥（OF）和中药渣有机肥耦合高效水溶肥减施化肥30%（HOF）三种处理在不同肥力日光温室进行田间试验（见图11-2）。结果表明，与CK处理相比，HOF对中肥力和高肥力日光温室番茄的增产率分别为9.0%和13.1%，而OF分别为4.6%和5.9%（见图11-3）。HOF处理可显著提升土壤pH值，并显著降低土壤电导率及硝态氮、有效磷和速效钾含量。OF处理也可显著改善土壤化学性状，但效果明显弱于HOF。在土壤生物学方面，HOF处理较CK显著增加土壤细菌数量、微生物活性和多样性；OF处理改善效果弱于HOF处理，且对土壤脲酶、蔗糖酶和磷酸酶活性酶活有抑制作用。另外，HOF处理改善高肥力

(a) 对照处理　　(b) 示范处理

图11-2　有机肥耦合水溶肥在设施番茄上的应用效果

土壤化学和生物性状作用强于中肥力土壤。

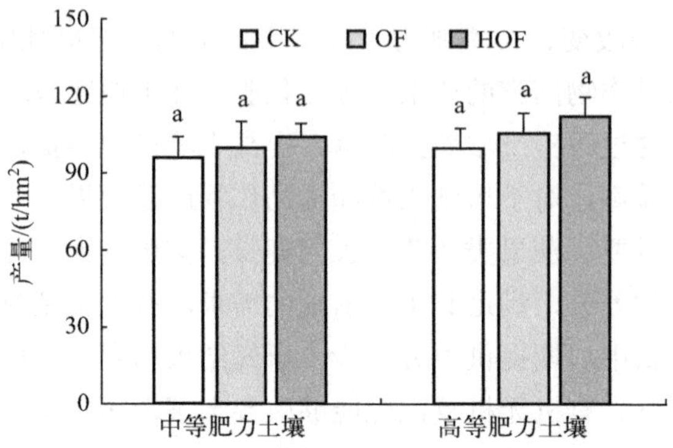


图 11-3　不同肥力土壤下不同处理下番茄产量

相关性和主成分分析（见图 11-4）显示，HOF 处理通过降低土壤盐分与养分和改善土壤生物学性状进而达到增产效果，而 HOF 处理平衡性减施速效养分投入极利于改善土壤性状，且在高肥力土壤中尤为明显。因此，中药渣有机肥耦合高效水溶肥可在减施 30% 化肥养分条件下有效改善富营养设施土壤综合质量。

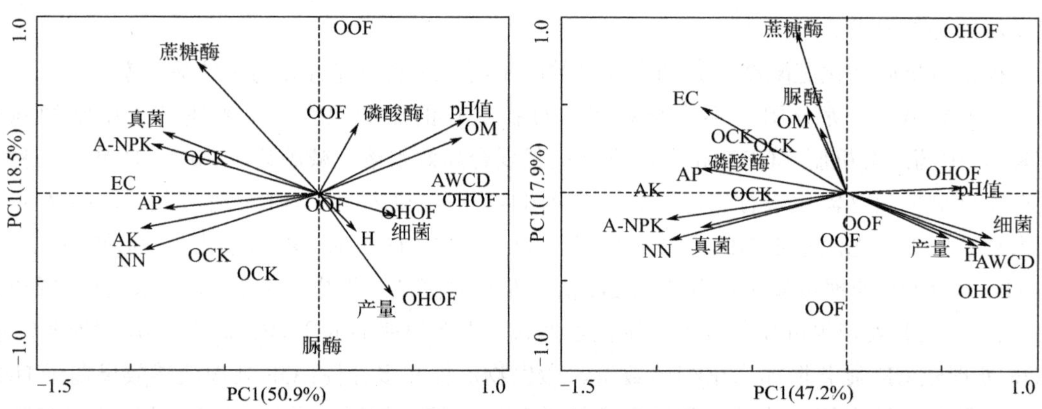


图 11-4　土壤性状与番茄产量 PCA 双序图

蒋小芳通过不施氮肥处理（CK），化肥处理，菜粕堆肥、猪粪堆肥、中药渣堆肥和鸡粪堆肥 4 种有机无机复混肥处理，进行辣椒田间试验。结果表明 4 种堆肥原料有机无机复混肥均可以促进辣椒的生长，改善土壤中氮素供应状况，提高土壤的供氮能力。收获后产量达到 2101 ～ 3302kg/hm$^2$，比对照平均增产 58.8%，比单施化肥平均增产 10.2%；辣椒收获时，各处理吸氮量在 29.7 ～ 108.2kg/hm$^2$，其中有机无机复混肥处理平均是未施氮肥的 3.04 倍，比单施化肥平均增加 8.2%，土壤矿质态氮含量平均比对照处理提高 128.5%，比化肥处理平均提高 26.8%。

（2）模式 2：化肥用量一致，有机肥用量或种类不同，探索合理的有机肥用量或种类　与只施用化肥相比，增施少量腐熟鸡粪或牛粪不会引起硝态氮在深层土壤累积，但随着鸡粪或牛粪用量的增加，硝态氮在土壤剖面中明显累积，淋失的风险增加。化肥用作追肥且用量一致，鸡粪、牛粪和猪粪处理对番茄产量没有显著影响，但牛粪处理番茄产量最低，可溶性糖和维生素 C 含量都是鸡粪处理最高，牛粪处理土壤硝态氮和果实硝酸盐含量均是最低，鸡粪和猪粪处理土壤盐渍化的风险较高。

（3）模式 3：氮用量相等，探索有机肥替代化肥的合适替代比例　总氮量相等，随着有机肥替代比例的增加，土壤无机氮含量和果实硝酸盐含量均呈降低的趋势，土壤有机质和全氮含量呈增加的趋势，番茄果实产量呈先增加后降低的趋势，以 60% 替代水平产量最高。连续 6 季番茄-芹菜轮作试验表明，与全部施用化肥相比，有机肥替代部分化肥使产量增加，其中前 4 季以猪粪氮替代 50% 化肥氮处理产量最高，后 2 季以 25% 猪粪氮 +25% 秸秆氮替代化肥氮处理产量最高；随着有机肥替代比例的升高和秸秆的添加，表层土壤有机质和硝态氮含量呈增加的趋势，这种效应随种植季延长越发明显；添加秸秆还能显著减少抗生素在土壤中的累积量。

### 11.2.4　生物有机肥与茄果类蔬菜土壤培肥

生物有机肥是指用特定功能微生物与主要以动植物残体（如畜禽粪便、农作物秸秆等）为原料并经无害化处理、腐熟的有机物料复合而成的一类兼具微生物肥料和有机肥料效应的肥料。与传统有机肥相比，生物有机肥中添加了有益功能菌，其有益微生物施入土壤后迅速定殖增殖，能促进土壤土著微生物的生长，抑制有害病原菌的生长繁殖，增强植物的抗病能力。同时有益微生物在定殖土壤后大量繁殖分泌的次生代谢产物，能够促进土壤中难溶性矿质养分分解转化变为有效营养成分，提高土壤养分有效性。如解磷、解钾细菌将土壤中的难溶性磷、钾转化为作物可以吸收利用的速效磷、速效钾养分，固氮菌则可以将大气中游离的氮固定下来，转化为作物可直接吸收利用的氮素，有利于作物营养均衡吸收，增强作物抗病、抗逆性，同时还补充作物所需要的其他微量元素。此外，有益微生物还可以为植物提供多种所需要的营养物质和激素类物质，促进和调控植物的生长。同时，在植物根系形成有益菌优势群落并抑制有害微生物生长，提高植物抗病抗逆能力，降低植物连作对植物生长造成的连作障碍。

早在 20 世纪 90 年代，就有生物有机肥在茄果类蔬菜上的报道。1994 年昌黎县昌黎镇农技站肖维坤报道用“垦易”生物有机肥浸种，黄瓜平均增产 15% ～ 25%，在提高作物产量的同时，又能改良土壤结构。1997 年吴聪丽研究表明，番茄喷施 3 次“垦易”生物有机肥，平均亩产 6344kg，比对照增产 28.1%。该肥是利用农渔业副产品及其他成分经过处理后，再以特殊微生物（活性菌）生化处理分解浓缩而成的水溶性有机肥。生物有机肥作为新型肥料备受广大学者的关注，生产中也有较多良好使用效果的报道。但这一时期生物有机肥的概念还不明确，多数试验研究均不够系统。21 世纪，生物技术迅猛发展，茄果类蔬菜集约化不断发展，连作障碍更加突出，我国生物有机肥的研发及应用也迅速铺开，各种报道层出不穷。生物有机肥在茄果类蔬菜上应用更为广泛，研究更加深入。前期生物有机肥在茄果类蔬菜上的应用，关注点主要在其对茄果类蔬菜产量品质的影响；后期随着土传病害的凸显，则更加关注其对土传病害的防控效果和对土壤微生态的影响。2004 年农业部制定行业标准《生物有机肥》（NY 884—2004），并于 2012 年进行修订（NY 884—2012），使我国生物有机肥的生产及施用更加规范。

生物有机肥可以显著提高茄果类蔬菜产量，改善其品质，并提高土壤养分含量。以江苏为例，茄果类蔬菜种植主要分布在苏北，采收期长、产量大，农户主要通过盲目、过量施用畜禽类农家肥和化肥以获得高产；尤其是在低温弱光的冬季，此时期作物吸收养分的能力较低，为促进作物生长及提高产量，农户更加倾向于施用大量的肥料来弥补作物吸收能力的不足。针对苏北地区设施辣椒生产中化肥施用过量的问题，在淮安市设施辣椒主产区通过田间小区试验研究了 3 种生物有机肥对辣椒产量和土壤肥力的影响（见图 11-5），发现三种生物有机肥均可增产，产量分别可增加 25%、14%、32%，其中生物有机肥Ⅰ和Ⅲ增产效果最好，且三种生物有机肥均可提高土壤有机质含量和养分含量。

(a) 对照　　(b) 生物有机肥

图 11-5　生物有机肥在设施辣椒上的施用效果

生物有机肥含有功能微生物，尤其是对病原菌具有拮抗作用的有益菌株，可以调节土壤微生物区系，有效防控茄果类蔬菜土传病害的发生（如青枯病、疫病等）。针对设施栽培茄果类蔬菜连作严重、土传病害频发问题，我国学者做了许多研究。梅新兰的研究表明，在温室和田间环境下，微生物有机肥都能提高辣椒的产量，并有效防控辣椒疫病，防病率都能达到 80% 以上。韦中利用生防菌 QL-18 和菜粕堆肥进行二次发酵制成的生物有机肥（BOF），在温室和田间条件下都能显著降低根际青枯菌的数量和青枯病发病率；但 BOF 的田间防效受季节影响，秋季 BOF 处理小区防效很低，春季防效高。丁传雨等利用盆栽试验研究生物有机肥（BIO-36 和 BIO-23）对茄子青枯病的防治效果，结果显示两种肥料都能抑制茄子青枯病（防病效果分别为 96% 和 91%）；根际土壤的真菌、放线菌数量显著提高，细菌数量增加幅度不大，青枯菌数量显著减少。杨天杰等在南京市江宁区麒麟镇后村连作番茄多年、土传青枯病频发的大棚内进行田间试验，研究表明以解淀粉芽孢杆菌 T-5 为功能菌株经二次发酵分别制得的秸秆生物有机肥（BIO1），在青枯病多发的番茄大棚中能显著降低番茄土传青枯病的发病率，使发病率降低 94.45%；BIO1 处理土壤变形菌门相对丰度最高，放线菌门相对丰度最低，土壤硝态氮和 pH 值与这两个门水平的细菌类群具有显著相关性。

现阶段，我国蔬菜产业正面临由高产量向“提质增效”发展的趋势，蔬菜的营养品质显得更加重要。生物有机肥在茄果类蔬菜的土壤培肥方面除了常规的改善土壤质地，调节土壤养分平衡，增加土壤有机质含量，尤其是在生物肥力培育、土传病害防控方面作用显著，对于提高茄果类蔬菜品质起到至关重要的作用。

## 11.3　有机（类）肥料与瓜果类蔬菜土壤培肥

瓜果类蔬菜是我国广泛种植的设施蔬菜之一，设施蔬菜是一种重要的种植模式，通过运用技术设备改造小范围内的作物生长环境，以解决外部环境对蔬菜的生长限制。随着瓜果类蔬菜产业的迅速增长，其种植中也出现很多问题。例如为达到高产目的和增加收入，瓜果类蔬菜种植中复种指数高，出现连作障碍等问题，导致设施蔬菜产量降低。另外化肥和有机肥施用过量的问题仍然普遍存在，例如对山东省内设施蔬菜大棚与露地蔬菜在 1998 ～ 2009 年肥料用量的比较发现：设施蔬菜种植的年平均肥料费用为 9226 元 /$hm^2$，是露地种植的 1.42 倍，是年平均肥料用量的 1.43 倍，容易造成土壤养分失衡、土壤盐渍化、土壤酸化以及蔬菜品质下降等问题，同时会对环境造成不利影响。优化有机肥种类和减少用量可减少资源浪费，保证瓜果类蔬菜优质高产，这也是解决瓜果类设施蔬菜现存问题的重要途径。已有研究表明，在有机肥基础上添加功能性微生物可兼具有机性和生物性，有益于黄瓜等瓜果类设施蔬菜的生长，促进瓜果类蔬菜产量提升及品质改善。

生物有机肥是指用特定功能微生物与有机物料复合而成的一类兼具微生物肥料和有机肥料效益的肥料。近年来以植物促生菌所制成的微生物肥料被大量应用，具有促进作物生长、防治土传病害、活化养分等特性。对于瓜果类蔬菜生长方面，生物有机肥能提供较充足的营养，控制和降低作物病虫害等问题；对于土壤方面，生物有机肥能改善土壤孔隙状况，增加土壤蓄水保墒的能力，优化土壤理化环境；另外生物有机肥能够调节土壤微生物区系，有利于土壤微生物菌群的繁殖，使土壤微生物群落形成良性循环。

功能微生物——木霉菌作为一种植物根际促生菌（简称 PGPF），其生防作用、促生作用已经被很多研究所证明，木霉菌可以增强植株根系活力及根系各项指标，如哈茨木霉菌灌根可以提高黄瓜幼苗根系的根尖数、交叉数、分支数。此外木霉菌又有增产稳定、效果好、使用安全等多个优点，因此探讨木霉生物有机肥对于瓜果类设施蔬菜栽培与土壤培肥具有重要意义。本节探讨了木霉生物有机肥施用对黄瓜生长调控、土壤理化性状及土壤微生物区系效应的影响，为研究有机（类）肥料对设施瓜果类蔬菜土壤培肥方面的机制提供理论依据。

### 11.3.1　生物有机肥对黄瓜产量及品质的影响

通过试验研究，木霉生物有机肥对黄瓜生物量及产量的影响，结果显示施用木霉有机肥并减少肥料用量可以在一定程度上增加植株生物量，与有机肥相比，施用木霉生物有机肥能显著增产。另外，试验还表明，施用木霉生物有机肥能降低黄瓜硝酸盐含量，增加黄瓜中可溶性糖和可溶性蛋白质含量。

### 11.3.2 生物有机肥对黄瓜土壤理化及生物性状的影响

试验表明，不同施肥处理对土壤理化性状的影响存在较大差异。木霉生物有机肥处理中速效钾含量显著降低，与有机肥处理（OF）相比，木霉生物有机肥处理除速效钾、铵态氮含量外的土壤理化性状无显著性变化。

通过对土壤电导率、交换性钠含量与产量进行相关性分析可知，土壤电导率与黄瓜产量之间存在显著负相关关系，而土壤中交换性钠含量与黄瓜产量之间无显著相关关系。

土壤酶活性是反映土壤肥力的重要指标，不同施肥处理对土壤酶活性有影响。脲酶、过氧化氢酶活性在不同施肥处理间无显著性差异；磷酸酶活性最高的处理为木霉生物有机肥处理，且与有机肥处理（OF）相比具有显著性差异，磷酸酶活性显著提高了 35.4%。

### 11.3.3 生物有机肥对黄瓜土壤微生物区系的影响

不同施肥处理对土壤细菌微生物群落 α 多样性的影响试验显示，不同指数在处理间均无显著性差异，但黄瓜在木霉生物有机肥处理（BOF）中 Simpson 指数均小于有机肥处理（OF）。在黄瓜中，木霉生物有机肥处理（BOF）的 Chao1 指数和 Shannon 指数均大于有机肥处理（OF）（表 11-4）。

表11-4　不同施肥处理对土壤细菌微生物群落α多样性的影响

| 处理 | Ace 指数 | Chao1 指数 | Simpson 指数 | Shannon 指数 |
| --- | --- | --- | --- | --- |
| OF | 4546±540a | 4063±600a | 0.0180±0.0128a | 5.89±0.64a |
| BOF | 4480±92.5a | 4193±322a | 0.0090±0.0021a | 6.22±0.30a |

不同施肥处理对土壤细菌群落门水平相对丰度与群落组成的影响研究表明，在黄瓜土壤细菌群落中优势菌门为变形菌门（Proteobacteria）、厚壁菌门（Firmicutes）、放线菌门（Actinobacteria）、拟杆菌门（Bacteroidetes），四者相对丰度较高，占到 80% 以上；不同处理下各菌门相对丰度间无显著差异，但木霉生物有机肥处理（BOF）下变形菌门（Proteobacteria）、放线菌门（Actinobacteria）与有机肥处理（OF）相比相对丰度增加（图 11-6）。

与有机肥处理相比，施用木霉中药渣有机肥 0.4t/ 亩可提高黄瓜土壤磷酸酶活性，施用木霉鸡粪有机肥 0.2t/ 亩能提高土壤蔗糖酶活性，提高土壤质量。木霉生物有机肥处理可提高土壤细菌群落多样性与丰富度，不同处理下土壤细菌群落物种类型无明显差异，但木霉生物有机肥处理能提高黄瓜土壤中变形菌门与放线菌门的相对丰度。木霉生物有机肥对黄瓜生长具有促进效果，可以在设施蔬菜生产中进行推广，即在瓜果类种植中通过木霉基质育苗，配合施用木霉生物有机肥 0.4t/ 亩。

综上所述，有机肥配施木霉有机肥可作为设施连作土壤的改良剂，与单独施用有机肥相比，能在保证品质与产量的基础上减少有机肥投入，还可在保证土壤肥力的基础上，减轻盐害，优化土壤理化性状，减轻连作障碍，优化土壤细菌群落，利于设施蔬菜生长，为有机种植模式下瓜果类设施蔬菜地力提升与连作障碍防控提供技术支持。

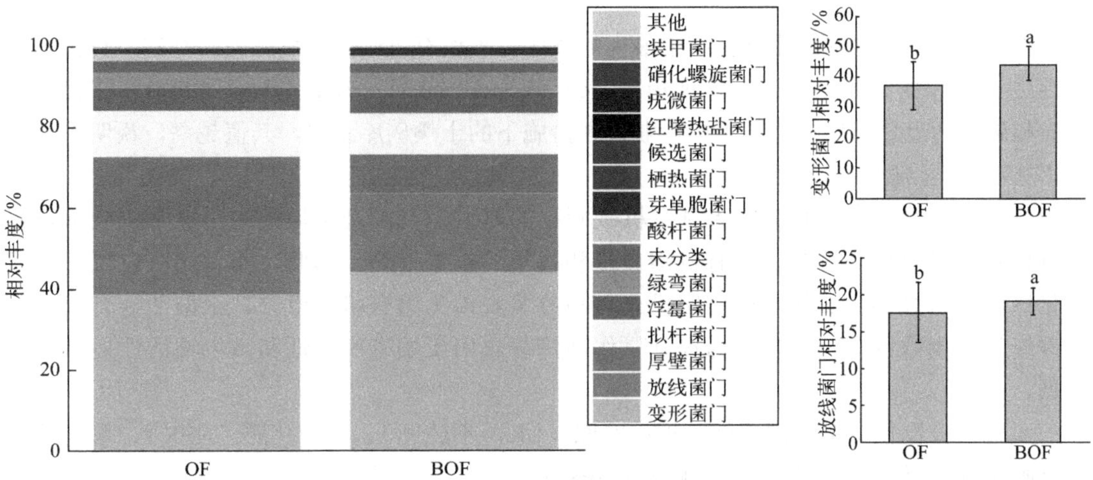


图 11-6　土壤中细菌门水平相对丰度

# 11.4　有机（类）肥料与根茎类蔬菜土壤培肥

## 11.4.1　有机（类）肥料与马铃薯农田土壤培肥

素有“地下苹果”和“长寿食品”美称的马铃薯（*Solanum tuberosum*），是继水稻、小麦和玉米之后的全球第四大粮食作物。甘肃省以其独特的土壤和气候特点成为我国重要的马铃薯种薯和商品薯的种植基地以及淀粉加工基地。随着我国马铃薯主粮化战略的实施，马铃薯生产在保障我国粮食安全、精准扶贫、种植业结构调整以及农业产业转型升级中发挥着至关重要的作用。

然而，随着马铃薯种植规模的不断扩大和种植效益的提高，马铃薯生产中的土壤障碍因素日益凸显，主要表现在有机质含量持续降低、土壤理化性质和土壤碳库活性变差、土壤微生物区系和生物活性受到极大破坏，导致连作障碍严重，土传病害加剧成为限制马铃薯产业健康发展的因素。目前我国马铃薯土传病害的年均发生面积约 43.7 万公顷，占全国马铃薯种植面积的近 1/10。其中，茎溃疡病、疮痂病和枯萎病等土传病害在马铃薯优势产区均有发生，平均病株率 5% ～ 30%，极端情况下可高达 90% 以上。

土壤是作物高产高效的基础，种植水平的提高和改进依赖于合理的土壤管理措施。通过施用有机肥和生物有机肥等有机（类）肥料，或用有机（类）肥料替代部分化肥，可有效提高土壤生物活性，改善土壤微生物区系，提高土壤的综合生产力。这对提升马铃薯种植水平、提高马铃薯农田生态系统的稳定性和可持续发展具有重要意义。

#### 11.4.1.1 生物有机肥在改善马铃薯土壤碳库活性和有机碳组分中的作用

土壤碳库是地球陆地生态系统中最大的碳库，土壤有机碳是土壤肥力的基础，直接影响耕地生产力和作物产量。碳库管理指数（carbon pool management index，CPMI）结合土壤碳库和碳库活度常被用来表征不同农业管理措施下的土壤碳库状况，其值越高，说明农业管理措施对土壤培肥作用越好。

不同农业管理措施是影响土壤有机碳固存的重要途径，施肥模式中添加有机肥和秸秆等有机物料是调控土壤碳库和有机碳数量和质量的重要措施。为此，作者团队设置了田间定位试验，研究连续 5 年不同施肥模式对马铃薯农田土壤有机碳组分、土壤活性有机碳以及碳库管理指数的影响，以期为提升旱作马铃薯农田土壤碳库活性和微生物活性提供理论依据。

大田试验设置 4 个不同施肥处理：对照（CK，不施肥）、单施化肥（NPK）、单施生物有机肥（M）、化肥 + 生物有机肥配施（NPKM）。

（1）生物有机肥对马铃薯土壤总有机碳和活性有机碳组分的影响　施用生物有机肥显著提高了表层土壤（0 ～ 20cm）有机质的含量。连续 5 年施用生物有机肥的 M 和 MNPK 处理显著提高了马铃薯 0 ～ 20cm 表层土壤总有机碳（TOC）和微生物量碳（MBC）以及易氧化有机碳（ROC）等活性有机碳组分的含量。

实验结果显示，M 和 NPKM 处理的 TOC 含量分别比 CK 和 NPK 处理增加了 15.28%、13.64% 和 12.02%、10.36%，MBC 含量分别增加了 21.82%、19.17% 和 17.88%、15.09%，ROC 含量分别增加了 32.45%、31.35% 和 24.20%、22.97%（$P < 0.05$）。说明施用生物有机肥有利于马铃薯农田土壤活性有机碳及其活性有机碳组分的积累。

（2）生物有机肥对土壤活性有机碳组分比例和土壤碳库管理指数的影响　由表 11-5 可知，施肥方式中添加有机肥显著提高了马铃薯农田土壤总有机碳（TOC）及其活性有机碳组分 MBC 和 ROC 的比例，降低了可溶性有机碳（DOC）的比例（$P < 0.05$）。其可能的原因是施用有机肥后，土壤 TOC 的增加幅度超过了 DOC 的积累量，使得可溶性有机碳的分配比例降低。

表11-5　不同施肥处理对土壤活性有机碳组分比例和土壤碳库管理指数的影响

| 处理 | 可溶性有机碳 / 总有机碳 | 微生物量碳 / 总有机碳 | 易氧化有机碳 / 总有机碳 | 碳库活度 | 碳库活度指数 | 碳库指数 | 碳库管理指数 |
|---|---|---|---|---|---|---|---|
| CK | 1.61±0.05a | 1.76±0.04b | 25.71±1.31c | 0.36±0.01c | 1.00±0.00c | 1.00±0.00b | 100.0±0.00b |
| NPK | 1.64±0.03a | 1.7±0.21b | 27.24±2.05bc | 0.37±0.01c | 1.10±0.06c | 1.03±0.01b | 112.07±1.82b |
| M | 1.47±0.03b | 1.99±0.18a | 35.04±2.25ab | 0.47±0.01b | 1.35±0.04b | 1.16±0.01a | 156.88±5.79a |
| NPKM | 1.42±0.05b | 1.96±0.14a | 38.69±4.33a | 0.53±0.01a | 1.52±0.03a | 1.13±0.02a | 174.44±7.43a |

由表 11-5 结果可知，添加有机肥可以显著提高马铃薯农田土壤碳库活度（*A*）、碳库活度指数（AI）以及碳库管理指数（CPMI）（$P < 0.05$）。尤其是在施用化肥的基础上配施有机肥的 NPKM 处理，土壤碳库管理指数大幅度提高，分别比 CK 和 NPK 处理提高了 74.4%、55.7%。

综上所述，施用有机肥的 M 和 NPKM 处理显著地提高了马铃薯农田土壤总有机碳（TOC）及微生物量碳（MBC）和易氧化有机碳（ROC）含量，提高了土壤碳库管理指数；施用有机肥有利于土壤活性有机碳的积累，可改变土壤有机碳组分分布特征。

（3）生物有机肥对马铃薯土壤颗粒有机碳组分的影响　土壤有机碳可分为颗粒态有机碳（POC）和矿质结合态有机碳（MOC），前者又可以分为游离态颗粒有机碳（FPOC）和闭蓄态颗粒有机碳（OPOC）。其中，FPOC 是不分解或部分分解的动植物残体和微生物生物量，可以作为反映农业管理措施引起的土壤质量改变的敏感性指标。

连续施肥 5 年后添加有机肥的 M 和 NPKM 处理较 CK 和 NPK 处理显著提高了 OPOC 和 POC 的含量，降低了 MOC 含量。与 CK 和 NPK 处理相比，M 和 NPKM 处理中 OPOC 含量分别提高了 32.52%、30.39% 和 27.09%、24.78%；POC 含量分别提高了 31.52%、29.65% 和 25.18%、23.15%。由此可见，施用生物有机肥可改变土壤有机碳组分的分布特征。

综上所述，施用有机肥显著地提高了马铃薯农田土壤闭蓄态颗粒有机碳（OPOC）和颗粒态有机碳（POC）含量，提高了土壤碳库管理指数。即马铃薯栽培施用有机肥有利于土壤活性有机碳的积累，并改变土壤有机碳组分分布特征。

（4）生物有机肥对土壤颗粒有机碳组分分布特征和分配比例的影响　连续 5 年添加有机肥改变了土壤颗粒有机碳组分分布特征，添加有机肥的 M 和 NPKM 处理以颗粒态有机碳（POC）为主，有利于提高碳库活性，POC 分别占 TOC 的 58.73% 和 56.78%。矿质结合态有机碳（MOC）则以不施肥的 CK 处理最高，占 TOC 的 57.54%。

由此可见，施肥模式中添加有机肥后改变了土壤颗粒有机碳组分的分配比例（表 11-6）。添加有机肥可显著提高马铃薯农田土壤 POC 的比例，降低 MOC 的比例。

表11-6　不同施肥处理下土壤颗粒有机碳组分占总有机碳的比例

| 处理 | POC/TOC | MOC/TOC | POC/MOC |
|---|---|---|---|
| CK | 42.45±3.35b | 57.54±4.84a | 0.8±0.03b |
| NPK | 52.5±2.19ab | 47.45±2.19ab | 1.16±0.04ab |
| M | 58.73±2.2a | 41.27±2.20b | 1.43±0.05a |
| NPKM | 56.78±4.37a | 43.21±5.36b | 1.39±0.22a |

注：表中数据为平均值 ± 标准误差；不同小写字母表示不同处理达到 5% 显著差异水平。下同。

#### 11.4.1.2　生物有机肥调控马铃薯根际微生物区系的效应与机制

（1）施用生物有机肥对土壤微生物量碳和微生物量氮的影响　通过盆栽试验探究施用生物有机肥对马铃薯土壤生物活性的影响，试验共设 4 个处理：不施肥（CK）、单施化肥（CF）、普通有机肥（OF）、生物有机肥（BOF）。

实验结果显示，BOF 处理的马铃薯根际微生物量碳（MBC）从苗期即显著高于其他三个处理，随着马铃薯生育时期的推进，微生物量碳随之增大，至成熟期达到最大，为 236.05mg/kg，比 CK、CF 和 OF 分别提高了 38.20%、36.01% 和 33.08%。

不同处理的 MBC 从苗期至成熟期的增幅显著不同，BOF 处理的 MBC 成熟期比苗期增加了 64.79%，而 CK、CF 和 OF 分别增加了 50.10%、36.16% 和 43.60%，单施化肥的 CF 处理的增幅最低，说明单施化肥会降低土壤的生物活性，而通过施用辅之以促生根际菌（PGPR）的生物有机肥可在短期内迅速提高土壤的微生物量碳。

微生物量氮（MBN）的变化趋势与微生物量碳一致，在马铃薯生育期 BOF 处理的 MBN 显著高于其他三个处理，在成熟期达到最大，为 10.89mg/kg，比 CK、CF 和 OF 分别增加了 63.02%、59.44% 和 56.69%。从苗期至成熟期 MBN 的增幅也是以 BOF 处理的最高，为 61.81%，CK、CF 和 OF 分别为 45.85%、28.87% 和 44.19%。化肥处理（CF）也表现了最小的增加幅度。

（2）施用生物有机肥对马铃薯土壤酶活性的影响　在马铃薯的不同生育期内对各处理根际的过氧化氢酶、碱性磷酸酶、脲酶和蔗糖酶的活性进行了测定，结果发现，BOF 处理的 4 种酶活性均显著高于其他处理（$P < 0.05$）。从图 11-7 结果可以看出，根际过氧化氢酶的活性在马铃薯整个生育各期内变化不大，但是均以 BOF 处理的活性显著高于其他处理。

土壤中的脲酶主要促进有机质氮化合物中肽键的水解，其活性与土壤微生物的数量、有机质和速效氮含量呈正相关关系。从图 11-7 可以看出，BOF 处理的脲酶活性在每一个生育时期都远大于其他处理，在淀粉积累期的脲酶活性高达 208.70mg/g，分别比 CK、CF 和 OF 处理增加了 100.87%、85.51% 和 89.04%。这一时期也是微生物量碳和微生物量氮的最大时期，说明生物有机肥通过增加根际微生物生物量促进了胞外酶的释放。

碱性磷酸酶主要促进有机磷化合物的水解，土壤微生物对于土壤含磷有机物的矿化起着主要的作用。从图 11-7 结果可以看出，BOF 处理的碱性磷酸酶活性在块茎膨大期达到最大，为 108.74mg/g，且处理间的差异也最明显，分别比 CK、CF 和 OF 处理高 81.14%、78.42% 和 24.15%。结合可培养微生物数量的结果可以看出，在这一时期，BOF 处理根际可培养细菌和放线菌的数量增幅显著高于其他三个处理。这说明生物有机肥通过提高根际微生物数量，尤其是细菌和放线菌的数量，加快了根际含磷有机物的矿化，为马铃薯植株的生长提供更多的营养元素。

蔗糖酶与土壤中的腐殖质、水溶性有机质的含量以及微生物的数量及其活性呈正相关，随着土壤熟化程度的提高，蔗糖酶的活性亦增强，其主要用来表征土壤的熟化程度和肥力水平。图 11-7 结果显示，随着马铃薯生育期的推进，各处理蔗糖酶活性在成熟期时差异达到最大，BOF 处理的蔗糖酶活性为 5.59mg/g，分别比 CK、CF 和 OF 高 180.69%、134.25% 和 15.83%。

至成熟期时，马铃薯根际过氧化氢酶、脲酶、碱性磷酸酶和蔗糖酶活性分别比 CK、CF 和 OF 处理平均高出 1.2 倍、1.1 倍、2.4 倍和 2.1 倍。

（3）施用生物有机肥对马铃薯土壤微生物数量的影响　为了进一步探究施用生物有机肥对马铃薯土壤微生物区系的调控机制，在甘肃省定西市马铃薯主产区设置不同施肥处理的长期大田定位试验，研究了不同施肥处理对马铃薯土壤微生物群落结构的影响。试验共设置 4

个处理：对照，不施肥（CK）；单施化肥（NPK）；单施生物有机肥（M）；化肥 + 生物有机肥（NPKM）配施。

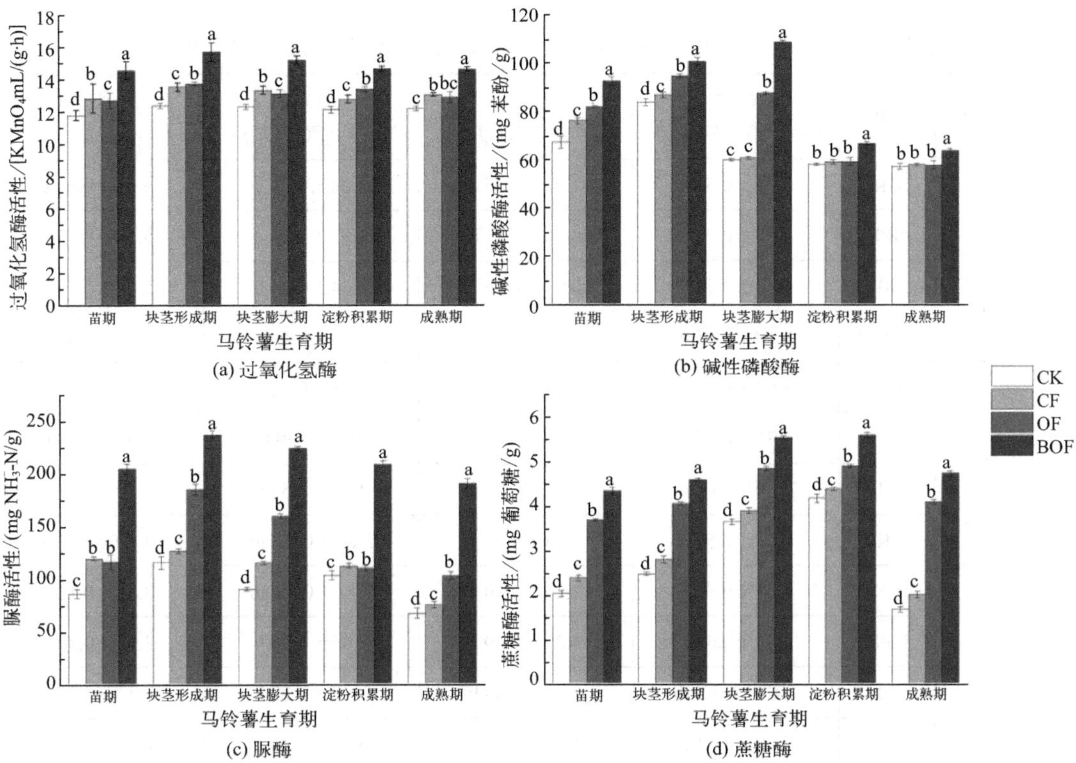


图 11-7　不同施肥处理对马铃薯土壤酶活性的影响

采用平板计数法对马铃薯各个生育时期土壤的可培养微生物数量进行了研究，结果发现不同施肥处理对表层土壤可培养微生物的数量产生了显著影响。

不同施肥处理土壤中细菌的数量存在明显的差异，在马铃薯花期、块茎形成期和成熟期，施用生物有机肥处理（NPKM 和 M）土壤的可培养细菌数量显著高于对照（CK）和化肥处理（NPK）（$P < 0.05$），增加幅度分别达到了 66.1% ～ 118.8% 和 13.0% ～ 50.3%，以有机无机配施的效果最大。说明向土壤中施入生物有机肥即会增加土壤细菌数量。

除苗期之外，在马铃薯其他生育期，施用生物有机肥的处理（M）真菌数量要低于对照（CK）和化肥处理（NPK），减少幅度分别达到了 31.7% ～ 66.7% 和 30.2% ～ 89.6%，且在花期、块茎形成期和淀粉积累期达到显著。

在马铃薯整个生育期，施用生物有机肥处理的放线菌数量高于化肥处理和对照，增加幅度分别达到了 24.1% ～ 79.1% 和 15.6% ～ 50.6%，各处理的作用趋势与细菌基本一致，且在马铃薯的花期和成熟期，有机肥配施化肥处理的放线菌数量明显高于其他 3 个处理。

芽孢杆菌是土壤细菌的优势种群和最具活力的种群之一，芽孢杆菌参与土壤中有机物分解和无机物转化等重要过程，其活动又能影响到土壤的物理、化学和生物学性质，是土壤生态系统的敏感指标。从表 11-7 中可以看出，除苗期和花期之外，在马铃薯其他四个生育时期，施用生物有机肥 M 和 NPKM 处理的芽孢杆菌数量要明显高于 NPK 和 CK，且在马铃薯整个生育期，NPKM 处理的芽孢杆菌数量和其他 3 个处理间均达到显著差异（$P < 0.05$）。

表11-7　不同施肥处理对马铃薯不同生育时期土壤可培养微生物数量的影响

| 生育时期 | 处理 | 细菌 /（$1\times10^7$CFU/g） | 真菌 /（$1\times10^4$CFU/g） | 放线菌 /（$1\times10^6$CFU/g） | 芽孢杆菌 /（$1\times10^6$CFU/g） |
|---|---|---|---|---|---|
| 苗期 | CK | 3.45±0.53 c | 1.06±0.15 a | 1.68±0.39 c | 3.45±0.56 c |
| | NPK | 8.73±0.72 a | 0.76±0.11 b | 1.91±0.44 c | 5.00±0.61 b |
| | M | 6.32±0.52 b | 0.98±0.26 a | 2.64±0.24 b | 5.69±0.57 b |
| | NPKM | 8.79±0.85 a | 1.04±0.18 a | 3.43±0.49 a | 7.93±0.84 a |
| 花期 | CK | 3.93±0.47 c | 5.57±0.30 a | 3.28±0.52 c | 3.43±0.40 b |
| | NPK | 5.72±0.47 b | 4.35±0.45 b | 3.52±0.59 bc | 3.45±0.33 b |
| | M | 7.33±0.61 ab | 3.44±0.29 c | 4.07±0.51 a | 3.73±0.49 b |
| | NPKM | 8.60±0.58 a | 3.34±0.33 c | 3.80±0.57 ab | 4.50±0.34 a |
| 块茎形成期 | CK | 4.81±0.55 b | 3.29±0.40 a | 2.87±0.45 ab | 3.31±0.18 b |
| | NPK | 5.56±0.62 b | 4.27±0.49 a | 2.45±0.26 b | 3.85±0.40 b |
| | M | 7.13±0.73 ab | 1.71±0.39 b | 3.63±0.29 a | 6.34±0.57 a |
| | NPKM | 9.20±1.11 a | 1.59±0.22 b | 3.69±0.20 a | 6.18±0.39 a |
| 块茎膨大期 | CK | 3.63±0.31 c | 2.56±0.39 b | 2.00±0.10 b | 3.09±0.51 b |
| | NPK | 8.71±0.69 a | 3.87±0.40 a | 2.43±0.20 a | 4.05±0.85 a |
| | M | 5.53±0.70 b | 3.36±0.30 ab | 2.39±0.31 a | 4.47±0.76 ab |
| | NPKM | 8.32±0.86 a | 3.28±0.27 ab | 2.54±0.24 a | 5.08±0.51 a |
| 淀粉积累期 | CK | 4.43±0.75 b | 3.77±0.45 b | 2.86±0.44 ab | 3.37±0.49 b |
| | NPK | 6.51±0.66 a | 5.04±0.34 a | 3.38±0.41 a | 3.21±0.64 b |
| | M | 7.21±0.63 a | 2.90±0.28 b | 3.33±0.32 a | 4.81±0.32 ab |
| | NPKM | 7.36±0.56 a | 1.88±0.40 c | 2.65±0.32 b | 5.27±0.60 a |
| 成熟期 | CK | 4.34±0.42 b | 1.70±0.10 ab | 2.54±0.23 c | 3.15±0.72 b |
| | NPK | 5.43±0.80 b | 1.93±0.17 a | 3.79±0.45 b | 2.69±0.57 b |
| | M | 7.28±0.64 ab | 1.29±0.27 b | 3.27±0.37 b | 6.16±0.52 a |
| | NPKM | 8.03±0.69 a | 1.43±0.32 b | 4.55±0.28 a | 7.56±0.76 a |

不同施肥处理的根际芽孢杆菌优势度见表 11-8。与 CK 相比，在马铃薯各生育期，施用生物有机肥处理（M 和 NPKM）的芽孢杆菌优势度明显高于对照（$P < 0.05$），而单施化肥

处理的芽孢杆菌优势度则低于对照。在马铃薯整个生育期，对照和单施化肥处理的芽孢杆菌优势度有下降的趋势，但趋势不明显；而施用生物有机肥处理的芽孢杆菌优势度保持平稳。造成这一现象的主要原因是施入生物有机肥后，带入了大量活的微生物，且提供了微生物生长繁殖的碳源、氮源及其他营养物质，所以施用生物有机肥的土壤更有利于芽孢杆菌的繁殖。施用生物有机肥在有效增加和活化土壤养分的同时，能改善土壤理化性质、增强土壤调理功能，为土壤微生物创造有利于生长繁育的良好生态环境，对维持较高的土壤微生物活性、微生物多样性和生态稳定性十分重要。

表11-8 不同施肥处理下马铃薯不同生育时期土壤芽孢杆菌优势度 单位：%

| 处理 | 生育时期 | | | | | |
|---|---|---|---|---|---|---|
| | 苗期 | 花期 | 块茎形成期 | 块茎膨大期 | 淀粉积累期 | 成熟期 |
| CK | 8.07±0.70 c | 7.17±1.06 c | 6.53±0.94 b | 8.70±1.31 c | 7.80±0.60 b | 5.18±0.96 c |
| NPK | 7.57±1.13 a | 6.55±0.12 a | 5.50±1.26 a | 6.98±0.67 b | 5.03±1.17 a | 5.00±0.65 b |
| M | 10.65±1.10 b | 9.97±1.00 b | 9.94±0.79 a | 10.20±1.04 b | 9.77±1.24 a | 10.65±0.15 a |
| NPKM | 12.27±0.86 b | 11.61±1.17 b | 11.74±0.44 a | 12.86±0.94 a | 11.15±0.55 a | 12.51±0.90 a |

注：芽孢杆菌优势度＝芽孢杆菌数量 / 可培养细菌数量。

同时，利用实时荧光定量PCR的方法对马铃薯收获期土壤细菌和真菌基因拷贝数进行研究。结果显示，施用生物有机肥可以显著增加土壤中的细菌和真菌基因拷贝数，并以NPKM处理的最高，分别为$5.8\times10^7g^{-1}$·d.w.s和$1.5\times10^7g^{-1}$·d.w.s，增加幅度达到53.91%～215.61%和53.90%～187.95%。

细菌和真菌基因拷贝数的比值（B/F）通常被认为是表征细菌和真菌相对丰度的指标，可作为微生物群落结构发生变化的指示因子。不同施肥处理根际细菌和真菌基因拷贝数的比值如图11-8所示，虽然各处理间细菌和真菌的比值无显著差异，但是从图中可以看出施用生物有机肥的M和NPKM处理的B / F提高了，而NPK处理却出现了相反的趋势。这说明长期单施化肥会使土壤微生物由“细菌型”向“真菌型”转化，而施生物有机肥后土壤微生物主要由细菌主导。

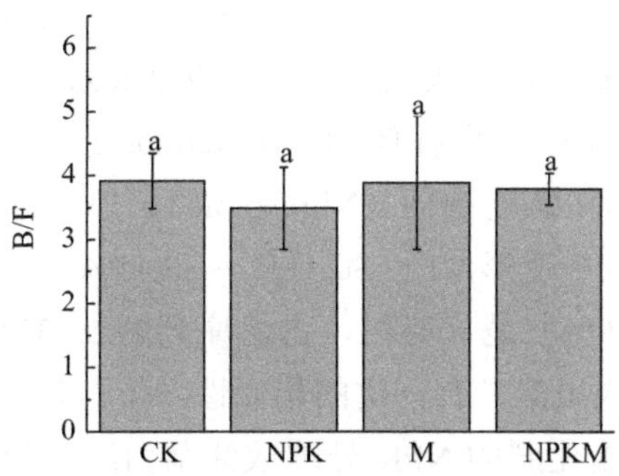


图11-8 不同施肥处理对马铃薯土壤细菌和真菌比值的影响

（4）施用生物有机肥对马铃薯土壤微生物群落 α 多样性的影响　与 CK 处理相比，3 个施肥处理均能提高马铃薯土壤细菌的丰富度和多样性，而只有生物有机肥 + 化肥配施（NPKM）处理可以显著提高马铃薯土壤细菌的丰富度（Chao 1 指数）和多样性（Shannon 指数）。对于真菌群落，虽然各处理间并无显著性差异，但是长期单一施用化肥会使马铃薯土壤中的真菌群落多样性降低。

（5）施用生物有机肥对马铃薯土壤微生物群落 β 多样性的影响　通过 PCoA 分析可视化地展示了土壤细菌群落结构变化对不同施肥处理的响应（图 11-9）。分析结果显示，施用生物有机肥的两个处理（M、NPKM）在 PC1 轴上与单施化肥（NPK）和不施肥处理（CK）显著分开（$R^2$=0.2876，$P$=0.004），解释度达 58.36%。另外，施生物有机肥和有机无机肥配施的土壤样本处在相近的同一分支，而单施化肥或者不施肥的土壤样本处在相近的同一分支，这说明单施化肥或施生物有机肥均能显著地影响土壤中细菌群落分布。对于真菌群落，施用生物有机肥的两个处理（M、NPKM）在 PC1 轴上与单施化肥（NPK）和不施肥处理（CK）显著分开（$R^2$=0.2923，$P$=0.048），解释度达 47.27%。

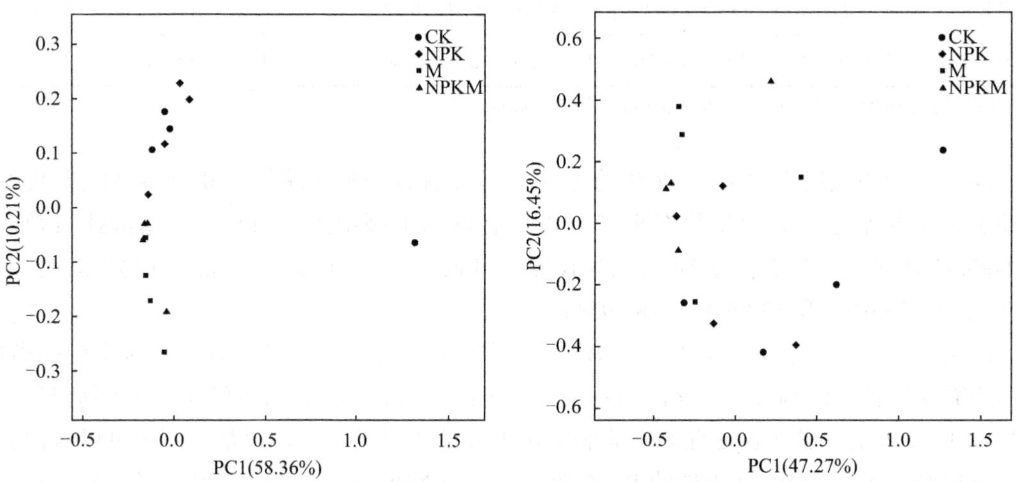

(a) 细菌　(b) 真菌

图 11-9　不同施肥处理对土壤细菌群落 β 多样性的影响

（6）施用生物有机肥对马铃薯土壤细菌组成的影响　分析发现，土壤样品中的细菌群落主要包括变形菌门（Proteobacteria）、放线菌门（Actinobacteria）、酸杆菌门（Acidobacteria）、芽单胞菌门（Gemmatimonadetes）、拟杆菌门（Bacteroidetes）、绿弯菌门（Chloroflexi）、浮霉菌门（Planctomycetes）、硝化螺旋菌门（Nitrospirae）、厚壁菌门（Firmicutes）和装甲菌门（Armatimonadetes）10 个门。其中变形菌门（30.41% ～ 33.15%）、放线菌门（11.77% ～ 18.95%）和酸杆菌门（10.15% ～ 14.69%）是优势门，占总序列的 52.33% ～ 66.79%。各施肥处理下根际土壤中细菌群落结构组成虽然具有一定的相似性，但是各类细菌的相对丰度略有差异。

统计分析结果显示，单施化肥的 NPK 处理放线菌门所占的比例显著高于施生物有机肥的 M 和 NPKM 两个处理，其所占的比例分别比 M 和 NPKM 高 45.75%、25.13%。其可能原因是长期单施化肥使土壤酸化，从而导致了单施化肥处理的放线菌门相对丰度增加。而酸杆菌门和拟杆菌门所占的比例则出现了相反的趋势，施有机肥的 M 和 NPKM 处理酸杆菌门和拟杆菌门所占的比例分别为 14.69%、12.69% 和 8.25%、8.05%，显著高于单施化肥的 NPK 处理，分别高出 44.65%、37.86% 和 37.56%、24.88%。这主要是由于有机肥的输入为土壤中参与有机质转化的微生物类群提供了更多的碳源。虽然本研究中厚壁菌门的相对丰度只有 0.46% ～ 1.03%，但 CK 处理中厚壁菌门的相对丰度显著高于 M 和 NPKM 处理，分别高出 57.88%、125.33%。

（7）施用生物有机肥对马铃薯土壤真菌组成的影响　在所有根际土壤样品中占主导地位的真菌在门水平上主要包括子囊菌门（Ascomycota）、担子菌门（Basidiomycota）和毛霉门（Mucoromycota）三种，相对丰度分别为 73.09% ～ 79.40%、4.28% ～ 8.45% 和 4.38% ～ 12.40%，占真菌总数的 89% 以上。此外，比较各处理间真菌门水平相对丰度的差异发现，不同施肥处理对担子菌门和毛霉门的相对丰度造成了显著差异，施生物有机肥的 M 和 NPKM 处理担子菌门的相对丰度分别为 8.45% 和 7.77%，显著高于其他处理，分别比 CK 和 NPK 处理高出 65.36%、97.43% 和 52.05%、81.54%；而毛霉门的相对丰度却出现相反的趋势，CK 处理中的毛霉门相对丰度显著高于施生物有机肥的 M 和 NPKM 处理，比 M 和 NPKM 分别高 156.19% 和 183.11%。

在纲分类水平上［图 11-10（a）］，所有根际土壤样品中都包含有相对丰度较高的子囊菌纲（Sordariomycetes）、座囊菌纲（Dothideomycetes）、银耳纲（Tremellomycetes）、盘菌纲（Pezizomycetes）和散囊菌纲（Eurotiomycetes），同时这几种真菌纲的相对丰度的总和占所有真菌的 66.81% ～ 81.19%，各处理间相对丰度存在显著差异。子囊菌纲在单施生物有机肥 M 处理中的相对丰度显著高于 CK 和 NPK 处理，达到 61.04%，比 CK 和 NPK 分别高 14.05% 和 12.16%；同时银耳纲在施生物有机肥的 M 和 NPKM 处理中的相对丰度显著高于 CK 和 NPK，其相对丰度分别为 7.99%、7.23%，分别比 CK 和 NPK 高 87.12%、103.31% 和 69.32%、83.97%；而盘菌纲的相对丰度在 CK 处理中显著高于施生物有机肥的 M 和 NPKM 处理，比 M 和 NPKM 分别高 420.51% 和 576.67%。

进一步分类学结果［图 11-10（b）］表明，Glomerellales、肉座菌目（Hypocreales）、粪壳菌目（Sordariales）、被孢菌目（Mortierellales）、腔菌目（Pleosporales）、煤炱目（Capnodiales）、Cystofilobasidiales、Filobasidiales、小囊菌目（Microascales）和盘菌目（Pezizales）是根际土壤样品中主要优势真菌目类（相对丰度＞ 1%）。同时可以从图 11-10（b）中看出，单施有机肥的 M 处理中的 Glomerellales 相对丰度达到 37.15%，显著高于 CK 和 NPK 处理，分别高出 80.69% 和 58.83%；而粪壳菌目和被孢菌目在 CK 中的相对丰度分别为 15.37% 和 12.22%，显著高于 NPKM 处理，分别高出 112.88% 和 181.57%。

（8）施用生物有机肥后土壤理化性质和微生物的关系　研究结果显示，在施生物有机肥的 M 和 NPKM 处理中，拟杆菌门的相对丰度显著高于 CK 和 NPK 处理，这说明只要向土壤中输入外源有机物，就能促进拟杆菌和浮霉菌的生长。同时 SOM 与硝化螺旋菌门（Nitrospirae）呈显著相关关系（$p < 0.05$），而硝化螺旋菌主要参与土壤中氮素的转化，因此说明土壤中施入有机肥后可以增强氮素转化，进而促进植物生长以及有机质的转化。pH 值与放线菌门（Actinobacteria）呈显著负相关关系，而 NPK 处理的放线菌门的相对丰度显

著高于施生物有机肥的 M 和 NPKM 处理，这说明长期单施化肥使土壤酸化，促进了放线菌的生长。但厚壁菌门与 SOM 呈极显著负相关。已有研究结果表明，厚壁菌门及其以下分属参与土壤有机质的转化，对外源有机物的长期输入较敏感，具体原因还有待进一步的研究。

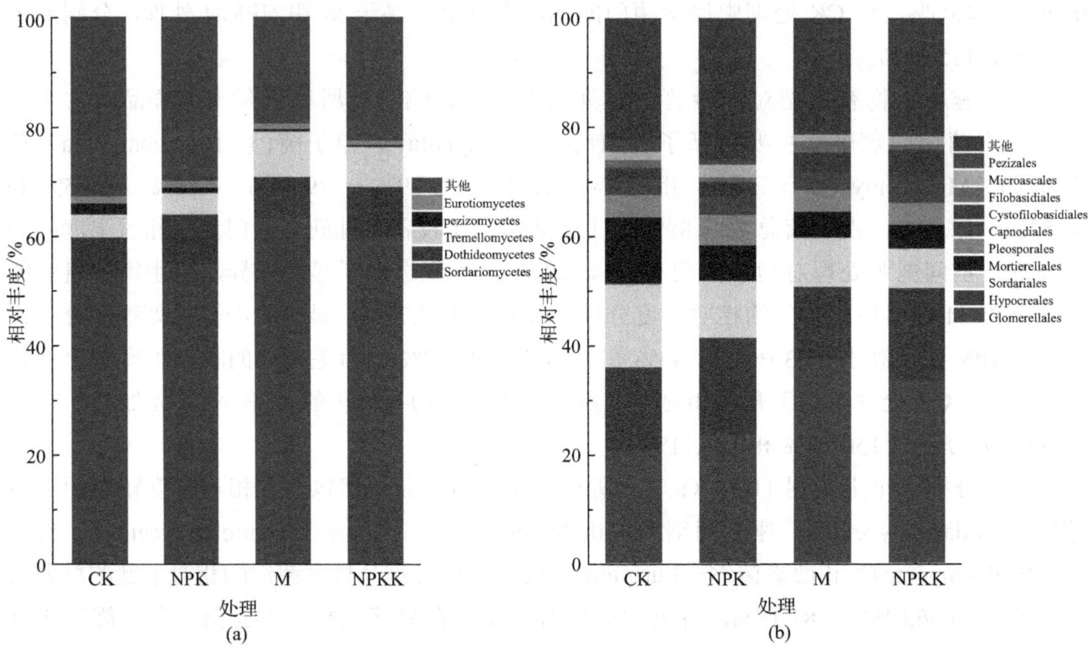


图 11-10　不同施肥处理对马铃薯土壤纲水平（a）和目水平（b）真菌组成的影响（相对丰度＞1%）

## 11.4.2　生物有机肥调控连作马铃薯土壤微生物区系的效应与机制

### 11.4.2.1　马铃薯连作的土壤障碍机理

马铃薯是茄科作物，不抗连作，应避免重茬和迎茬。但在集约化生产模式下，尤其是订单农业和种薯企业，轮作倒茬困难，连作障碍日趋严重，不仅导致马铃薯块茎产量大幅度下降、养分利用率下降、农药和化肥的投入成本大幅度增加，而且加剧了土传病害的发生，尤其是由立枯丝核菌（*Rhizoctonia solani*）侵染引起的马铃薯茎溃疡病（黑痣病），严重影响了马铃薯的块茎产量和品质，特别是种薯的窖藏品质和商品性。

研究发现，马铃薯连作的土壤障碍因素一方面是连作导致了土壤微生物群落结构改变和功能多样性丧失，另一方面是连作造成了土传真菌病害病原菌数量在根际土壤的增加。

研究结果显示，随连作年限的增加，根际土壤可培养细菌的数量随之降低，真菌数量显著增加，导致细菌与真菌数量比（B/F）大幅度降低。连作造成了马铃薯根际土壤从“细菌型”向“真菌型”过渡。同时，马铃薯连作对根际土壤细菌和真菌的群落结构均产生了显著影响，不仅减少了细菌和真菌优势种群的个体数，也显著改变了它们的群落组成。连作增加了根际立枯丝核菌（*Rhizoctonia solani*）和镰刀菌（*Fusarium* sp.）、*Fusarium solani* 以及 *Verticillium dahliae* 的种群或个体数量，而这些真菌是马铃薯土传病害的主要病原菌，其数量与马铃薯产量和发病率呈显著负相关。

长期连作也显著降低了马铃薯根际土壤的微生物总活性和功能多样性，显著降低了根际土壤微生物对碳水化合物类、氨基酸类和羧酸类碳源的相对利用率，且对单一碳源的利用呈现集中化趋势，这是微生物群落结构发生变化的主要原因之一。

尤为重要的是连作导致了马铃薯根际土传真菌病害病原菌数量的增加。马铃薯连作导致土壤中真菌群落失去了“组织性”，群落多样性随连作年限增加而降低，引起茎溃疡病病原菌立枯丝核菌（*Rhizoctonia solani*，Rs.）及干腐病病原菌茄病镰孢菌（*Fusarium solani*）和接骨木镰孢菌（*Fusarium sambucim*）的数量均随连作年限的增加呈明显上升趋势，且与产量呈显著的负相关。

由此可见，马铃薯发生连作障碍的原因主要是根际微生物群落结构的改变和土传病害病原菌在根际的积累。此外，连作条件下土壤水溶性盐离子的积累及其组成的相对变化以及 pH 值的下降也是导致甘肃省中部沿黄灌区马铃薯连作障产生的一个重要原因。根际盐分的大量累积不仅影响马铃薯根系的吸收和生长发育，同时会破坏土壤结构，进而影响马铃薯植株的正常代谢活动，马铃薯生长发育受阻，最终导致块茎产量大幅度下降。

进一步的研究发现，立枯丝核菌侵染马铃薯植株后，对茎基部的组织和细胞有强烈的破坏作用。马铃薯芽条期和苗期发病组织中 5 种细胞壁降解酶（CWDEs）的活性随之升高，成为病原菌侵染和扩展过程中的重要致病因子。

此外，病原菌在培养过程中产生的真菌毒素会引起马铃薯幼苗体内活性氧积累与膜质过氧化程度的加剧，由此造成细胞质膜损害和细胞器受损等一系列细胞结构及生理生化的变化，最终导致植株死亡。

此外，连作导致了马铃薯植株生理生态特性的恶化和库-源关系的失衡，这也是连作条件下马铃薯块茎产量大幅度下降的重要原因。

综上所述，马铃薯发生连作障碍的原因主要是根际微生物群落结构的改变和土传病害病原菌在根际的积累，同时连作条件下土壤水溶性盐离子的积累及其组成的相对变化以及 pH 值的下降也是导致马铃薯连作障碍产生的一个重要原因。

因此，通过土壤处理在杀灭和抑制土壤中病原微生物的基础上，施用微生物有机肥重建土壤微生物区系，提高土壤生物活性和微生物多样性，同时提高土壤有机质含量，改善土壤结构，以消除连作障碍对马铃薯生长和产量的影响。

#### 11.4.2.2　生物有机肥调控短期连作马铃薯土壤微生物区系效应与机制

在采用氨水或碳铵-石灰进行土壤消毒处理的基础上施用生物有机肥，对短期连作的马铃薯根际微生物区系有良好的调控效应。

研究表明，生物有机肥联用技术可显著降低马铃薯根际可培养微生物和病原菌数量　显著降低连作马铃薯植株发病率，提高块茎产量。

由于土壤处理+微生物有机肥联用技术改变了连作马铃薯根际的微生物区系，所以有效降低了马铃薯植株的发病率和收获后块茎的病薯率，提高了块茎产量。

试验结果还表明，单独进行土壤处理不能改善连作马铃薯的块茎产量，只有在土壤处理的基础上配合施用生物有机肥后方能显著提高连作马铃薯的块茎产量。单株产量和单薯质量的变化共同导致了土壤处理和微生物有机肥联用处理下连作马铃薯产量的增加。

#### 11.4.2.3 生物有机肥调控长期连作马铃薯土壤微生物区系效应与机制

以订单为特点的马铃薯企业马铃薯的连作年限常常超过 4 年。

无论是长期或短期连作，土壤处理 + 生物有机肥联用技术均可显著缓解马铃薯连作障碍，主要体现在这一技术有效改善了马铃薯植株的生长发育，大幅度降低了土传病害发病率，最终使块茎产量显著增加。尤其在短期连作条件下的“土壤石灰 + 碳铵熏蒸处理 + 生物有机肥灌溉”处理，块茎产量可达 36617kg/hm$^2$，达到当地马铃薯正常条件下种植的平均产量水平。说明这一联用技术是提高集约化条件下马铃薯生产力的积极有效途径，其核心在于联用方法在整个马铃薯生育期内对土传病害病原菌持续有效的抑制：播前大幅度降低了病原菌的数量，而大量有益（拮抗）菌株随生物有机肥的多次浇灌不仅持续将病原菌数量维持在较低水平，而且增加了有益细菌的数量，促使连作土壤向“细菌型”转变，连作马铃薯的根际微生物区系特征得以改善。

### 11.4.3 有机肥替代化肥对调控马铃薯土壤微生物功能多样性的作用

在我国马铃薯主产区，由于片面追求产量和种植效益，普遍存在化肥施用量过大、偏施氮肥等不合理施肥现象，不仅造成了养分资源的大量浪费，也引发了土壤理化性状变差、土壤有机质含量和生物活性降低以及微生物群落结构遭受严重破坏等一系列问题，使块茎产量对化肥养分的依赖性越来越强。

已有的研究表明，施用有机肥及有机肥部分替代化肥可改善土壤生物活性，丰富土壤微生物多样性，影响作物产量。但有机肥替代化肥的比例因作物种类、土壤条件和种植条件等因素而不尽相同，而马铃薯的经济器官由地下匍匐茎膨大而来，土壤中过多的氮素不利于中后期光合产物向地下的运输。为此，通过田间试验设置 10 个处理，研究不同比例的普通有机肥（OF）和生物有机肥（BOF）替代化肥的生物效应。处理如下：

T1，不施肥（CK）；T2，100% 化肥（CF）；T3，90%CF+3000kg /hm$^2$ 普通有机肥（OF）；T4，90%CF+3000kg /hm$^2$ 生物有机肥（BOF）；T5，80%CF+3000kg /hm$^2$ 普通有机肥（OF）；T6，80% CF +3000kg /hm$^2$ 生物有机肥（BOF）；T7，70%CF+3000kg /hm$^2$ 普通有机肥（OF）；T8，70% CF +3000kg /hm$^2$ 生物有机肥（BOF）；T9，3000kg /hm$^2$ 普通有机肥（OF）；T10，3000kg /hm$^2$ 生物有机肥（BOF）。

#### 11.4.3.1 有机肥替代部分化肥对马铃薯根际可培养微生物数量的影响

土壤微生物是土壤生态功能的主要驱动者，土壤中可培养微生物的数量可灵敏反馈和指示土壤的健康状况。试验结果显示，单施化肥的 CF 处理会降低马铃薯根际可培养细菌数量，增加可培养真菌数量。用 OF 和 BOF 替代部分化肥后逆转了这一趋势，通过增加细菌数量、减少真菌数量增加了花期以后根际的细菌 / 真菌比（B/F）（表 11-9），尤以 OF 和 BOF 替代 20%、30% 化肥的处理效果更为显著。

表11-9　有机肥替代部分化肥对细菌/真菌比的影响

| 处理 | 细菌 / 真菌（B/F） | | | | |
|---|---|---|---|---|---|
| | 苗期 | 花期 | 块茎膨大期 | 淀粉积累期 | 成熟期 |
| T1 | 3.61a | 4.86bc | 2.64cd | 6.68c | 3.80cd |
| T2 | 2.50ab | 2.48d | 1.52d | 2.32e | 1.01e |
| T3 | 1.99bc | 2.88d | 2.58cd | 7.03bc | 2.12d |
| T4 | 2.79ab | 3.56cd | 5.50 b | 7.22bc | 4.22c |
| T5 | 3.95a | 5.32bc | 6.42ab | 7.59bc | 6.45b |
| T6 | 3.34a | 9.01a | 8.73a | 11.95a | 9.96a |
| T7 | 2.18b | 3.52cd | 3.87c | 6.51c | 3.66cd |
| T8 | 3.00a | 5.95b | 5.89b | 7.69bc | 7.11b |
| T9 | 1.63c | 3.99cd | 4.59cd | 4.7d | 3.13cd |
| T10 | 2.12abc | 6.41b | 7.92a | 8.97b | 5.41c |

不同处理的放线菌数量差异不显著，但有机肥替代部分化肥可以增加放线菌数量。

由此可见，有机肥替代部分化肥明显改变了马铃薯根际微生物的群落组成，通过增加根际细菌的数量，减少真菌的数量，提高了细菌 / 真菌比值，逆转了微生物区系由“细菌型”向“真菌型”的转变，有利于维持马铃薯根际土壤微生物区系的健康。

### 11.4.3.2　有机肥替代部分化肥对马铃薯根际微生物功能多样性的影响

（1）有机肥替代部分化肥对马铃薯根际微生物群落 AWCD 值的影响　Biolog Eco 生态板微平板法中的平均孔颜色变化率（AWCD）是微生物利用单一底物碳源水平的重要指标之一，在一定程度上可以反映土壤中微生物群落结构变化特征。试验结果表明，有机肥替代部分化肥后对马铃薯根际的土壤微生物功能多样性产生了显著影响。

试验结果还可以看出，单施化肥 T2 处理的 AWCD 明显低于 CK 和其他处理。T3 ～ T8 处理中，有机肥用量相同时，化肥施用量越高，土壤微生物功能多样性越低；添加 BOF 处理的 AWCD 值均高于添加 OF 处理。

由此可见，单施化肥破坏了健康的土壤微生物区系，致使土壤微生物代谢活性降低，降低了土壤微生物功能多样性。有机肥的施用，尤其是生物有机肥的施用有利于缓解化肥对土壤微生物功能多样性的破坏作用。

（2）有机肥替代部分化肥对马铃薯根际微生物群落多样性指数的影响　功能多样性是土壤微生物多样性的重要指标之一，土壤微生物多样性指数和均匀度指数是描述群落功能的主要指标，可反映群落结构类型演替过程及稳定程度等。群落多样性指数指微生物种类数；均匀度指数指物种在空间分布均匀程度，反映了不同施肥处理对土壤微生物群落功能多样性变化的不同影响。研究发现，有机肥替代部分化肥对土壤微生物群落多样性产生了显著影响（表 11-10）。

由表 11-10 可知，有机肥替代部分化肥的处理与单施化肥相比，可以增加土壤微生物的丰富性和分布的均匀度，降低微生物物种优势度，提高土壤微生物的功能多样性。生物有机肥比普通有机肥更有利于提高土壤微生物的物种丰富度和分布的均匀度，增加微生物群落的功能多样性，提高土壤微生态系统的稳定性，增强缓冲自然和人为不利影响的能力。

表11-10　有机肥替代部分化肥对土壤微生物功能指数的影响

| 处理 | Shannon 多样性指数 | Shannon 均匀度指数 | Simpson 指数 | McIntosh 多样性指数 | McIntosh 均匀度指数 |
|---|---|---|---|---|---|
| T1 | 3.155±0.038a | 0.701±0.008a | 36.018±3.315c | 8.209±0.841a | 0.952±0.115a |
| T2 | 2.829±0.124b | 0.670±0.021ab | 63.574±10.787a | 5.543±1.768b | 0.842±0.018a |
| T3 | 3.109±0.110a | 0.694±0.021ab | 47.913±2.879bc | 6.297±2.097ab | 0.848±0.025a |
| T4 | 3.023±0.102ab | 0.677±0.010ab | 46.852±7.457bc | 6.700±0.595ab | 0.853±0.009a |
| T5 | 3.169±0.130a | 0.704±0.029a | 45.301±3.666bc | 7.999±0.789a | 0.868±0.015a |
| T6 | 3.041±0.056ab | 0.683±0.004ab | 49.006±3.599bc | 6.845±0.869ab | 0.860±0.005a |
| T7 | 2.975±0.117ab | 0.650±0.019b | 50.726±5.075ab | 6.374±0.686ab | 0.832±0.015a |
| T8 | 3.085±0.116a | 0.685±0.023ab | 53.661±8.400ab | 7.258±1.079ab | 0.868±0.008a |
| T9 | 2.974±0.081ab | 0.674±0.010ab | 51.053±3.347ab | 6.601±1.440ab | 0.852±0.009a |
| T10 | 3.123±0.127a | 0.693±0.024ab | 46.062±4.190bc | 7.914±0.962a | 0.868±0.016a |

（3）有机肥替代部分化肥对根际微生物碳源代谢的影响　有机肥替代部分化肥处理对马铃薯根际微生物的碳源代谢也造成了显著影响，不同处理的根际微生物群落对 Biolog Eco 生态板上 6 类碳源的相对利用率和利用种类不同（图 11-11）。在单施化肥处理中对 6 类碳源不仅利用率最低，而且碳源种类与其他处理相异，主要的碳源类型为碳水化合物类和氨基酸类；而有机肥替代部分化肥处理中，根际微生物对碳水化合物类和羧酸类物质利用程度均有很大提升。说明有机肥替代部分化肥施用后，以羧酸和碳水化合物为碳源的微生物群落在马铃薯根际增加。

有机肥替代化肥的比例不同，马铃薯根际微生物对同一碳源的相对利用率存在差异，替代比例在 10% ～ 30% 之间时对碳源的利用率高于其他比例；BOF 处理的碳源利用率高于 OF 处理。

通过主成分分析（图 11-12）可看出，T6 和 T7 处理散点最接近，几乎重合，说明低量 BOF 对土壤微生物的贡献与高量 OF 相当，即微生物有机肥更有利于提高土壤微生物的活性。T2 处理与其他处理离散距离最远，表明单施化肥土壤微生物群落活性弱，种群碳源代谢能力低。所以，单施化肥会降低土壤微生物活性。

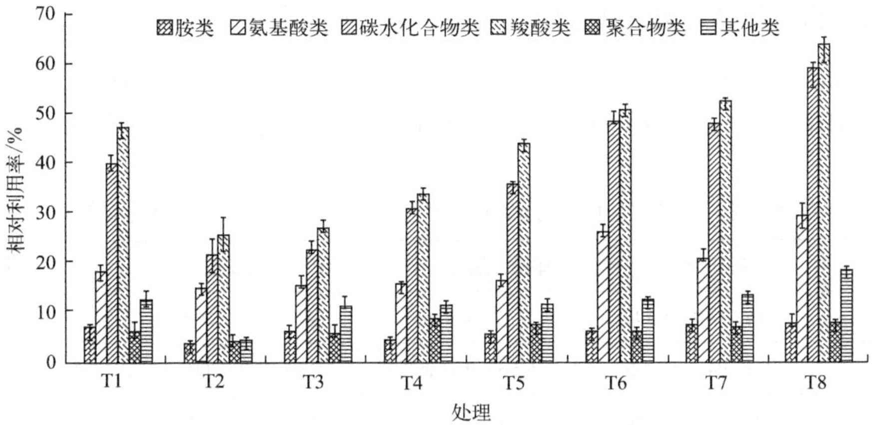


图 11-11　不同处理中微生物群落对 Biolog Eco 微生态板中 6 类碳源的相对利用率

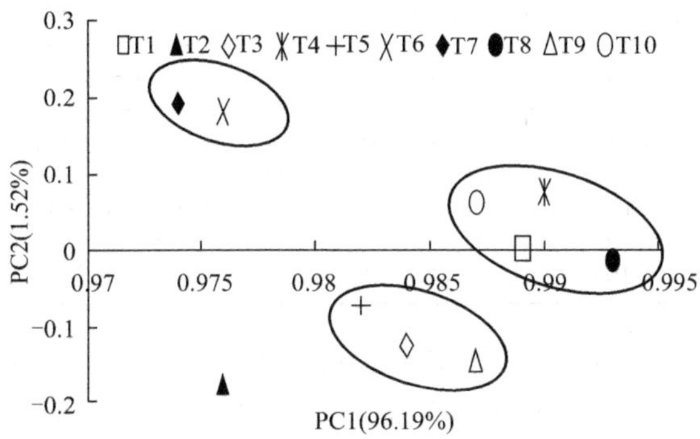


图 11-12　主成分分析

### 11.4.3.3　有机肥替代部分化肥对马铃薯根际微生物量的影响

土壤微生物作为土壤养分储存的“活性库”和作物养分循环的“源”，其变化可以灵敏反映土壤质量变化。土壤微生物量碳是活性有机质的主要组成部分，可以灵敏地监测到土壤肥力和土壤质量的变化。微生物熵可以反映土壤中有机质与微生物量碳的转化关系，因其本身是一个比值，且变化比土壤微生物量碳或者有机质的变化趋势更平稳，所以在研究土壤质量健康变化，了解土壤有机质碳源供应能力和土壤微生物生长方面比单独使用微生物量碳或者有机质含量更有效，同时可以避免使用绝对量对不同有机质含量土壤比较时出现的某些问题。

有机肥替代部分化肥处理的土壤微生物量碳（MBC）含量和微生物熵（MQ）均显著高于单施化肥 CF 处理，BOF 替代化肥的处理高于 OF 替代化肥的处理（除 30% 替代比例外）。单独施用化肥和单施有机肥都不能增加 MBC，说明有机肥料和化肥应该配合施用。有机肥替代化肥的比并非越高越好，在本试验条件下，200kg/ 亩生物有机肥替代 30% 化肥处理的 MBC 最高，200kg/ 亩生物有机肥替代 20% 化肥处理的 MQ 最高。

### 11.4.3.4 有机肥替代部分化肥对马铃薯块茎产量的影响

生物有机肥（BOF）对马铃薯块茎产量的提升显著优于普通有机肥（BF），以普通有机肥或生物有机肥替代 10% ～ 30% 的化肥探究有机肥替代化肥对马铃薯产量的影响（表 11-11）。

表11-11 有机肥替代部分化肥对马铃薯块茎产量和产量构成因素的影响

| 处理 | 块茎亩产量 /（kg） | 单株结薯数 / 个 | 单株结薯质量 /g | 平均单薯质量 /g |
|---|---|---|---|---|
| T1 | 1578.54±54.39c | 6.37±0.45a | 685.40±13.16d | 115.63±9.70d |
| T2 | 2015.94±9.60ab | 5.56±0.11ab | 943.35±25.20bc | 169.99±4.49bc |
| T3 | 2269.70±56.47a | 5.93±0.25ab | 1189.59±41.42a | 201.25±1.88abc |
| T4 | 2127.89±56.19ab | 4.31±0.15b | 1066.30±15.06ab | 234.46±5.65a |
| T5 | 2237.62±36.13a | 6.25±0.09a | 1190.33±57.93a | 190.02±8.29abc |
| T6 | 2194.65±38.45a | 4.87±0.35ab | 1068.41±34.27ab | 229.22±11.95a |
| T7 | 2178.56±66.28a | 6.06±0.39ab | 1023.50±48.43ab | 174.54±10.32bc |
| T8 | 2135.78±59.38ab | 4.93±0.18ab | 1061.56±23.26ab | 218.66±9.74ab |
| T9 | 1859.67±32.19bc | 4.31±0.11b | 906.99±12.95bc | 212.29±7.01abc |
| T10 | 1654.23±20.07c | 4.25±0.38b | 789.16±4.27cd | 162.22±7.30cd |

适量减少化肥施用量，用普通有机肥或生物有机肥替代，能够满足马铃薯整个生育期内养分需求，可延长马铃薯干物质快速积累期的持续时间 $\Delta t$，增加马铃薯干物质快速积累期的平均增长速度 $v_{mean}$ 和最大增长速率 $v_{max}$，最终增加马铃薯产量。但替代化肥的比例不能太高，因为马铃薯的收获器官是由地下匍匐茎膨大形成的块茎，过多的氮素供应会造成植株后期的贪青晚熟，导致产量下降。以 3000kg/hm$^2$ 生物有机肥替代 20% 化肥为宜。

## 参考文献


[1] Dominic K A, Qiu H Z, Zhang C H , et al. Maize straw return and nitrogen rate effects on potato (*Solanum tuberosum* L.) performance and soil physicochemical characteristics in northwest China[J]. Sustainability, 2021, 13: 5508.

[2] Francesco V, Ambrosio G D, Abadi K, et al. Application of *Trichoderma harzianum* (T22) and *Trichoderma atroviride* (P1) as plant growth promoters, and their compatibility with copp-er oxychloride[J]. 浙江大学学报（农业与生命科学版）, 2004, 30(4): 425.

[3] Kankam F, Long H, He J, et al. 3-Methylthiopropionic acid of *Rhizoctonia solani* AG-3 and its role in the pathogenicity of the fungus[J]. The Plant Pathology Journal, 2016, 32(2): 85-94.

[4] Xie K Z, Yue Y, Qiu H Z. Complete mitochondrial genome sequence of potato pathogenic fungus, *Fusarium oxysporum* f. sp. KGSJ26F3[J]. Mitochondrial DNA Part B, 2020, 5(3): 2408-2409.

[5] Xie K Z, Yue Y, Qiu H Z. Effects of infection by Fusarium tricinctum on Photosynthetic and chlorophyll fluorescence characteristics of potato[J]. Basic & Clincal Pharmacology & Toxicology, 2020, 126:433-434.

[6] Liu X, Zhang J L, Gu T Y, et al. Microbial community diversities and taxa abundances in soils along a seven-year gradient of potato monoculture using high throughput pyrosequencing approach[J]. PLoS ONE, 2014, 9(1): e86610.

[7] Lu L H, Yin S X, Liu X, et al. Fungal networks in yield-invigorating and-debilitating soils induced by prolonged potato monoculture[J]. Soil Biology and Biochemistry, 2013, 65: 186-194.

[8] Zhang Z Q, Wang X B, Li C H, et al. Effects of straw addition on increased greenhouse vegetable yield and reduced antibiotic residue in fluvo-aquic soil[J]. J INTEGR AGR, 2015, 14(7): 1423-1433.

[9] 陈兰兰，邱慧珍，董爱菊，等. 马铃薯根系分泌物及酚酸类物质对萎缩芽孢杆菌促生菌株 QHZ3 趋化成膜的介导作用 [J]. 微生物学通报，2021, 48(10): 3642-3654.

[10] 程万莉，刘星，高怡安，等．有机肥替代部分化肥对马铃薯根际土壤微生物群落功能多样性的影响 [J]．土壤通报，2015, 46(6): 1459-1465.
[11] 邓薇，张祖衔，曹宇航，等．绿色木霉缓解干旱胁迫对玉米幼苗根系生长的影响 [J]．山东农业科学，2022, 54(2): 40-45.
[12] 丁传雨，乔焕英，沈其荣，等．生物有机肥对茄子青枯病的防治及其机理探讨 [J]．中国农业科学，2012, 45(2): 239-245.
[13] 董爱菊，邱慧珍，董莉，等．类芽孢杆菌 QHZ11-gfp 在马铃薯植株上的定殖特征及促生效果 [J]．微生物学通报，2021, 48(11): 4075-4086.
[14] 董静，赵志伟，梁斌，等．我国设施蔬菜产业发展现状 [J]．中国园艺文摘，2017, 33(01): 75-77.
[15] 董莉，邱慧珍，周洋子，等．马铃薯立枯丝核菌拮抗菌 QHZ11 的实时荧光定量 PCR 快速检测与应用 [J]．微生物学通报，2020, 47(12): 4338-4348.
[16] 董星晨．甘肃中部半干旱地区马铃薯农田土壤微生物群落结构及对施肥管理的响应 [D]．兰州：甘肃农业大学，2019.
[17] 范成方，史建民．山东省大棚与露地蔬菜种植的经济和生态效益分析 [J]．农业现代化研究，2012, 33(1): 108-112.
[18] 郭亚军，邱慧珍，张玉娇，等．不同施肥方式对马铃薯农田土壤有机碳组分和碳库管理指数的影响 [J]．土壤通报，2021, 52(4): 912-919.
[19] 郭颖，王俊，吴蕊，等．有机肥对设施菜地土壤硝态氮垂直运移的影响 [J]．土壤通报，2009, 40(4): 815-819.
[20] 黄灵丹．有机肥对冬小麦 / 辣椒复合群体土壤肥力及作物生理特性和产量的影响 [D]．咸阳：西北农林科技大学，2010.
[21] 惠云芝．有机肥对番茄产量、品质及土壤培肥效果的影响研究 [D]．吉林：吉林农业大学，2003.
[22] 蒋小芳．不同堆肥原料有机无机复混肥对辣椒和油菜生长及土壤供氮特性的影响 [D]．南京：南京农业大学，2008.
[23] 李瑞琴，刘星，邱慧珍，等．发生马铃薯立枯病土壤中立枯丝核菌的荧光定量 PCR 快速检测 [J]．草业学报，2013(5):136-144.
[24] 李瑞琴，刘星，邱慧珍，等．连作马铃薯根际干腐病优势病原菌荧光定量 PCR 快速检测及在根际的动态变化 [J]．草业学报，2013, 06:239-248.
[25] 联合国粮食及农业组织．粮食展望 [EB/OL].(2018-11)[2022-05-20]. http://www.fao.org/3/CA2320EN/ca2320en.pdf.
[26] 梁静，王丽英，陈清，等．我国设施番茄氮肥施用量现状及其利用率、产量影响和地力贡献率分析评价 [J]．中国蔬菜，2015, 1(10): 16-21.
[27] 刘星，邱慧珍，张文明，等．甘肃中部沿黄灌区马铃薯连作对土壤化学和生物学性质的影响 [J]．中国生态农业学报，2017, 25(4): 581-593.
[28] 孟品品，刘星，邱慧珍，等．连作马铃薯根际土壤真菌种群结构及其生物效应 [J]．应用生态学报，2012, 11:3079-3086.
[29] 刘星，邱慧珍，王蒂，等．甘肃省中部沿黄灌区轮作和连作马铃薯根际土壤真菌群落的结构性差异评估 [J]．生态学报，2015, 12:3938-3948.
[30] 刘星，邱慧珍，张文明，等．连作马铃薯植株库源关系及其对块茎产量的调节机理 [J]．应用生态学报，2017, 28(5): 1571-1582.
[31] 刘星，张书乐，刘国锋，等．土壤熏蒸-微生物有机肥联用对连作马铃薯生长和土壤生化性质的影响 [J]．草业学报，2015(3):122-133.
[32] 柳玲玲，王文华，杨再刚，等．不同生物有机肥对钩藤产量、品质及土壤生物性状的影响 [J]．中国土壤与肥料，2018(3): 116-121.
[33] 卢建武，邱慧珍，张文明，等．半干旱雨养农业区马铃薯干物质和钾素积累与分配特性 [J]．应用生态学报，2013(2):423-430.
[34] 罗超越．不同施肥模式对半干旱区马铃薯根际微生物群落结构的影响 [D]．兰州：甘肃农业大学，2019.
[35] 马成卫，孟建军，上官宇先，等．四川盆地西北部农田土壤-玉米作物重金属富集及相关性评价 [J]．农业研究与应用，2022, 35(3): 59-67.
[36] 梅新兰．辣椒疫病生防菌的筛选、鉴定及其微生物有机肥的生物效应研究 [J]．南京：南京农业大学，2009.
[37] 梅秀臣．论我国蔬菜产业发展的对策研究 [J]．北京农业，2012(12): 155.
[38] 邱晓丽，周洋子，董莉，等．生物有机肥对马铃薯根际土壤生物活性及根系活力的影响 [J]．干旱地区农业研究，2019, 37(3): 162-169.
[39] 拓宁，张君，邱慧珍，等．立枯丝核菌对马铃薯侵染过程的显微结构观察与胞壁降解酶活性的测定 [J]．草业学报．2015, 24(12): 74-82.
[40] 万小琪．不同农艺型措施对温室黄瓜连作土壤改良效果研究 [D]．秦皇岛：河北科技师范学院，2022.
[41] 王光飞，郭德杰，马艳，等．中药渣有机肥改良富营养设施番茄土壤效果 [J]．中国农学通报，2021, 37(1): 84-89.
[42] 王光飞，廖开志，马艳，等．中药渣有机肥耦合高效水溶肥改良不同肥力设施番茄土壤效果 [J]．中国土壤与肥料，2021(5): 103-111.
[43] 王俊红，王星琳，王康，等．生物有机肥替代化肥对小麦根际土壤环境的影响 [J]．华北农学报，2021, 36(4): 155-162.
[44] 王丽英，张彦才，陈丽莉，等．不同种类畜禽粪肥与化肥配施对设施番茄产量、品质和土壤养分的影响 [J]．华北农学报，2011, 26(zl): 152-156.
[45] 韦中．生物有机肥防控土传番茄青枯病的效果及其机制研究 [D]．南京：南京农业大学，2012.
[46] 吴周周，唐雪，赵红艳，等．不同生物菌剂对水稻产量及生理特性的影响 [J]．沈阳农业大学学报，2021, 52(1): 79-84.
[47] 闫娇．有机肥对辣椒的促生效应及其分解过程中的微生物学特征 [D]．南京：南京农业大学，2021.
[48] 杨丽丽，郑伟．设施蔬菜栽培连作障碍分析及综合防治 [J]．山西农业科学，2012, 40(8): 917-920, 924.
[49] 杨天杰，王玉鑫，王佳宁，等．不同基质生物有机肥防控番茄土传青枯病及促生效果研究 [J]．土壤，2021, 53(5): 961-968.
[50] 姚晨虓，李小杰，刘畅，等．3 株拮抗烟草尖孢镰刀菌的木霉菌筛选鉴定及促生防病效果评价 [J]．中国烟草学报，2022, 28(4): 96-105.
[51] 余海英．设施土壤养分状况及盐分的累积、迁移特征 [D]．四川：四川农业大学，2006.
[52] 张迪，牛明芬，王少军，等．不同有机肥处理对设施菜地土壤硝态氮分布影响 [J]．农业环境科学学报，2010, 29(zl): 156-161.
[53] 张迪，赵牧秋，牛明芬，等．有机肥对设施土壤硝态氮垂直分布的影响 [J]．土壤通报，2011, 42(5): 1148-1152.
[54] 张君，拓宁，邱慧珍，等．立枯丝核菌对马铃薯的致病机理研究Ⅱ病原菌毒素对幼苗活性氧代谢及细胞超微结构的影响 [J].

甘肃农业大学学报，2016, 51(4): 20-25.
[55] 张树衡，丁德东，何静，等．两种生物肥料配施对再植花椒生长及光合特性的影响 [J]．西北农业学报，2021, 30(9): 1355-1364.
[56] 赵征宇，孙永红，赵明，等．有机无机肥配施对土壤氮素转化和番茄产量品质的影响 [J]．华北农学报，2013, 28(1): 208-212.
[57] 赵政，陈巍，王欢，等．木霉微生物肥与减量化肥配施对番茄产量、品质及土壤肥力的影响 [J]．土壤学报，2018, 55(5): 1243-1253.
[58] 周洋子，邱慧珍，董莉，等．马铃薯疮痂病高效生防芽孢杆菌的筛选及发酵条件优化 [J]．干旱地区农业研究，2020, 38(5): 259-266.

中国肥料研究与应用全书

Books of Fertilizer Research and Application in China

FERTILIZER

# 第12章

# 有机（类）肥料与果园土壤培肥

**12.1** 有机（类）肥料与热带果园土壤培肥

**12.2** 有机（类）肥料与亚热带果园土壤培肥

**12.3** 有机（类）肥料与温带葡萄园土壤培肥

# 12.1　有机（类）肥料与热带果园土壤培肥

我国热带区域占全国土地总面积的5%，光照充足，土壤肥沃，热量、水源丰富，属季风气候区，气温较高，降水较多，土地利用强度大且有机物矿化较快，大部分热带区域土壤有机质含量普遍较低。热带区域是发展热带水果种植的最佳区域，香蕉、菠萝、椰子、荔枝、芒果、番石榴等热带水果是我国热带区域主要的种植水果，在福建省、贵州省、四川省等部分地区也有种植。果树栽培已成为热带区域农民经济收入的主要来源，是带动农民增产、农业增效的朝阳产业。农民为获取更大的经济利益，不断扩大果树栽培面积，大量购肥投入，但对肥料的不合理利用导致了环境污染及资源浪费等问题。长期大量施用化肥会使土壤酸化，种植效益降低。热带区域土壤有机质含量明显下降，引起了土壤肥力减弱、养分失衡、果实产量和品质下降等一系列的问题。下面以香蕉、芒果为研究对象，着重探讨了有机（类）肥料替代化肥施用对热带果园土壤培肥以及果园生产的影响。

## 12.1.1　有机（类）肥料与香蕉园土壤培肥

在海南省临高县新盈农场开展两季田间试验，设置4个施肥处理：T1，常规氮、磷、钾化肥；T2，商品有机肥替代20%无机氮肥；T3，商品有机肥替代30%无机氮肥；T4，商品有机肥替代40%无机氮肥。每个小区面积200m$^2$（4m×50m），种植50株，各小区之间用深30cm、宽40cm的排水沟隔开。各处理重复3次，按随机排列分布，试验区外设置保护行。各处理的肥料用量见表12-1。有机肥和过磷酸钙全部作为底肥，在香蕉种植前一次性施入，其余化学肥料是在香蕉生育期按照其生育特性分11次施入。第一季与第二季施肥情况相同，第二季植株为第一季收获后留芽。香蕉为巴西蕉，于第二季开始，自出现枯萎病发病症状后，每隔15天调查1次，计算发病率，直至发病率相对稳定。发病率以发病植株占总植株的百分比表示。于香蕉收获期采集土壤样品，测定土壤理化性状。

表12-1　各处理有机肥和化肥用量　　单位：kg/hm$^2$

| 处理 | 有机肥 | 有机养分 | | | 无机养分 | | |
|---|---|---|---|---|---|---|---|
| | | N | $P_2O_5$ | $K_2O$ | N | $P_2O_5$ | $K_2O$ |
| T1 | 0 | 0 | 0 | 0 | 540 | 552 | 720 |
| T2 | 9000 | 108 | 216 | 91.5 | 432 | 336 | 628.5 |
| T3 | 13500 | 163.5 | 327 | 136.5 | 376.5 | 225 | 583.5 |
| T4 | 18000 | 216 | 432 | 180 | 324 | 120 | 540 |

### 12.1.1.1　不同有机肥替代比例对香蕉枯萎病和产量的影响

各处理香蕉发病率如图12-1所示。在第一季和第二季，与纯化肥对照（T1）相比，不同有机肥替代比例均能显著降低香蕉枯萎病的发病率。第一季时，相比于纯化肥处理，T2、T3、T4 处理发病率分别降低 32.91%、37.68% 和 27.13%，其中，T3 处理的发病率最低，为 31.39%，显著低于其他几个处理。第二季与第一季结果类似，相比于纯化肥处理，T2、T3、T4 处理的发病率显著降低，但这三个处理间差异不显著。

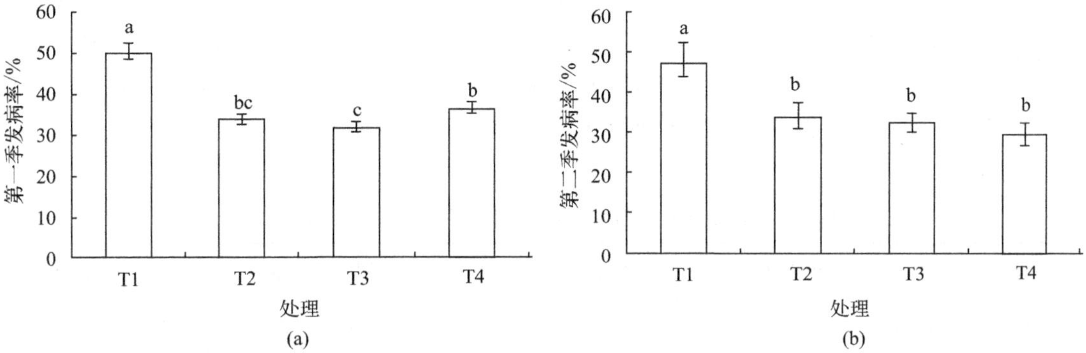


图 12-1　不同有机肥替代比例对香蕉发病率的影响

不同小写字母表示 0.05 水平差异显著，下同

各处理香蕉产量如表 12-2 所示。第一季中，所有处理的单株产量间无显著性差异，但由于有机肥部分替代的三个处理 T2、T3、T4 发病率较 T1 显著降低，因此 T2、T3、T4 处理的公顷产量均显著高于 T1 处理，分别增产 28.89%、31.59% 和 26.74%。第二季中，T4 处理的单株产量与 T1 处理相比显著增加，单株增产达 26.19%。结合发病率计算的公顷产量结果显示，T2、T3、T4 处理的公顷产量也均显著高于 T1 处理，与第一季结果一致。同时，第二季中，有机肥替代处理中，T4 公顷产量最高，显著高于其他两个处理，这说明有机肥替代不仅不会降低香蕉单株产量，而且在连续两季有机肥替代 40% 处理后香蕉单株产量还有所提高。同时，有机氮替代无机氮还可以有效降低枯萎病发病率，由此显著增加公顷产量。

表12-2　不同有机肥替代比例对香蕉产量影响

| 处理 | 第一季 | | 第二季 | |
|---|---|---|---|---|
| | 单株产量 / (kg/ 株) | 产量 / ($t/hm^2$) | 单株产量 / (kg/ 株) | 产量 / ($t/hm^2$) |
| T1 | 19.08±2.17a | 22.74±1.91b | 17.83±0.94b | 22.27±1.18c |
| T2 | 18.44±1.37a | 29.31±1.84a | 19.83±1.73ab | 31.39±2.75b |
| T3 | 17.43±1.80a | 29.91±0.91a | 18.33±1.64b | 29.78±2.68b |
| T4 | 18.97±1.30a | 28.82±1.94a | 22.50±0.35a | 38.15±0.60a |

### 12.1.1.2　不同有机肥替代比例对香蕉园土壤理化性状的影响

各处理土壤养分含量如表 12-3 所示。其中 T3 和 T4 处理土壤 pH 值显著高于 T1 和

T2，表明30%和40%有机氮替代无机氮缓解了土壤酸化。T3和T4处理土壤有机质也显著高于T1和T2，与对照（T1）相比，T2、T3、T4处理土壤有机质含量分别提高了5.63%、14.50%和19.55%，说明有机肥替代30%和40%无机氮肥可以显著提高土壤有机质含量。同时，T2、T3、T4处理的土壤中碱解氮含量显著高于纯化肥处理（T1），比T1处理分别提高了3.67%、10.10%和10.05%。相比于T1处理，T2、T3、T4处理的土壤中速效磷含量分别提高了53.18%、67.59%和105.26%，速效钾含量分别提高了5.74%、11.62%和14.98%。其中，T4处理土壤中的速效磷和速效钾含量最高，分别达到7.41mg/kg和147.02mg/kg，并且碱解氮含量与T3处理没有显著差异。这说明，有机氮替代30%～40%无机氮能够显著缓解香蕉园土壤酸化，提高有机质和速效养分含量。

表12-3　不同有机肥替代比例对香蕉园土壤理化性状的影响

| 处理 | pH值 | 有机质/（g/kg） | 碱解氮/（mg/kg） | 速效磷/（mg/kg） | 速效钾/（mg/kg） |
|---|---|---|---|---|---|
| T1 | 4.18±0.06b | 12.07±0.31b | 99.66±2.12c | 3.61±0.16d | 127.86±1.63c |
| T2 | 4.20±0.06b | 12.75±0.06b | 103.32±1.99b | 5.53±0.04c | 135.20±6.94bc |
| T3 | 4.83±0.24a | 13.82±0.62a | 109.73±0.82a | 6.05±0.11b | 142.72±2.13ab |
| T4 | 4.79±0.20a | 14.43±0.22a | 109.68±0.22a | 7.41±0.04a | 147.02±2.49a |

本试验在有机氮肥替代30%～40%无机氮肥的情况下，显著提高土壤有机质含量，显著提高土壤pH值，改良土壤，提高土壤养分供应水平，显著提高速效养分例如碱解氮、速效磷和速效钾的含量；并且显著减少土壤可培养尖孢镰刀菌数量，增强土壤的抑病性。

### 12.1.2　有机（类）肥料与芒果园土壤培肥

芒果（*Mangifera indica* L.）素有“热带果王”的美誉，是我国重要的经济果品，产区主要分布在海南、广西、云南、贵州和四川攀枝花。其中，海南以种植早熟芒果为主，主要品种是台农、金煌、贵妃，广西主要种植桂芒系列品种，贵州和四川以种植晚熟芒“凯特”为主。种植芒果的土壤多属于坡地，土壤较贫瘠，保肥能力差。多年来在传统施肥模式下化肥施用比例远远高于有机肥，有机肥投入严重不足，导致芒果产量不稳定和品质下降，同时，土壤肥力衰退，土壤保肥能力下降，肥料利用率降低，大量氮、磷等元素的淋溶造成严重的水体污染和农业环境问题。施用有机肥是发展绿色农业、实现农业可持续发展的重要途径，在提升土壤地力水平、提高果实维生素C含量及改善风味方面作用明显。下面分别探讨了生物有机肥与化肥配合、不同原料有机肥和不同有机氮替代化肥氮对培肥芒果园土壤和芒果产量与品质的影响。

2018～2020年在海南省乐东县佛罗林场针对18年生芒果树开展生物有机肥试验，芒果品种为“台农4号”，设置5个施肥处理：以常规施肥（只施化肥，CF）为对照，在此基础上减少33%的化肥并配施5kg/株或15kg/株普通羊粪有机肥（OF5、OF15）

及促生生物有机肥（BIO5、BIO15），旨在为芒果生产上合理施用生物有机肥提供理论依据和实践指导。

（1）减施化肥配施有机肥对土壤肥力的影响　普通羊粪有机肥配施下，各时期土壤 pH 值均高于化肥处理而促生生物有机肥配施下，各时期土壤 pH 值略低于化肥处理或与化肥处理没有显著差异；减施化肥配施有机肥能提高土壤有机质含量和矿质氮、速效磷及速效钾等速效养分含量。施用同种有机肥时，施用量为 15kg/ 株养分含量更高，说明在土壤基础肥力低、保水保肥能力差的情况下，应加大有机肥的施用量。有机肥施用量相同时，生物有机肥处理表现更突出，其原因可能有三个方面：①生物有机肥有机质含量和氮磷钾总养分比羊粪有机肥高，使用的羊粪有机肥购自当地市场，其有机质测定值仅有 18.67%，氮磷钾总养分仅有 4.38%，为不合格产品；②生物有机肥中功能微生物的加入能够优化根际微生物种群结构，提高土壤酶活性和生物肥力，进而提高了养分的有效性；③使用的生物有机肥是腐熟的有机肥接种功能微生物解淀粉芽孢杆菌 SQR9 后通过二次发酵而成的，可以显著促进多种植物生长、拮抗多种土传病原菌，在果树上效果也很明显，表现在侧根数量增多、根系长度和深度增加。

（2）减施化肥配施有机肥对植株养分含量的影响　芒果叶片氮含量从梢期到果实成熟期有增加趋势，由于生殖生长期磷、钾大量地转移至新生器官，芒果叶片磷、钾含量从梢期到果实成熟期有降低趋势。花序中的氮含量与叶片差异不大，而磷、钾含量远高于叶片，花序伸长期各处理花序的磷含量是同期叶片的 1.9 ～ 2.3 倍，钾含量是同期叶片的 1.8 ～ 2.0 倍，说明磷、钾在芒果生殖生长期间大量转移至生殖器官，有利于果实发育。

BIO15 和 OF15 处理的叶片氮、磷、钾含量较 CF 有增加趋势，减施化肥配施有机肥处理能够保证不同生育期叶片氮、磷、钾含量。同时，减施化肥配施有机肥能够保证花序中的氮、钾含量，提高花序的磷含量。相关性分析进一步发现，芒果产量与梢期的叶片氮含量和挂果数呈显著正相关关系，表明不同施肥处理通过影响梢期的叶片氮含量和挂果数影响芒果产量。

综上所述，在减施化肥的情况下配施足量的有机肥可以满足树体生长和花果发育。BIO15 处理下成花量大、坐果量高，进一步证实了 BIO15 处理下树体养分充足。

（3）减施化肥配施有机肥对芒果产量和品质及经济效益的影响

① 减施化肥配施有机肥对芒果产量和品质的影响　研究发现与 CF 相比，OF15 处理芒果产量有增加趋势，BIO15 处理芒果产量显著增加，分别比 CF 提高 11.59% 和 25.69%，充分说明了生物有机肥在提高产量方面的作用显著高于普通有机肥。有机肥处理下芒果果实综合品质高于 CF 处理，可溶性固形物含量平均增加 11.44% ～ 33.10%，维生素 C 含量平均增加 12.53% ～ 34.00%，表明减施化肥配施有机肥处理能够提高果实可溶性固形物、维生素 C 含量，尤其是配施羊粪有机肥 15kg/ 株的处理糖酸比最高。而生物有机肥配施下提高了有机酸含量，导致糖酸比降低，其原因需进一步探讨。

② 减施化肥配施有机肥对芒果经济效益的影响　研究发现 OF15 及 BIO15 处理的芒果经济效益比 CF 处理分别提高 8.37% 和 16.14%，表明配施 15kg/ 株羊粪有机肥或生物有机肥的处理尽管投入高，但产值也高，因此效益均高于常规化肥处理。虽然生物有机肥在施肥当年即表现出较好的提高土壤肥力、促进根系侧根发生、提高树体营养的效果，但是由于芒果

属于多年生果树，树体的贮藏营养以及有机肥的后效等都是影响施肥效果评价的因素，应开展多年、定点、定树研究。综合有机肥施用对土壤肥力、植株营养状况及产出的影响，应在减施化肥 20% ～ 30% 的情况下提倡使用 500 ～ 1000kg/ 亩优质有机肥。综合考虑果实产量及品质、叶片养分、土壤肥力及经济效益，在减少 33% 化肥养分投入下施 15kg/ 株生物有机肥处理表现最佳，其次是施 15kg/ 株普通羊粪有机肥处理，因此在进行化肥减施时应注意提高有机肥的用量。

## 12.2 有机（类）肥料与亚热带果园土壤培肥

### 12.2.1 有机（类）肥料与荔枝园土壤培肥

荔枝（*Litchi chinensis* Sonn.）是无患子科、荔枝属常绿乔木，果实色泽鲜艳、肉质细嫩多汁，素有“岭南果王”之美称。我国荔枝产值规模巨大，无论种植面积还是产量均居全球首位。果农虽较为重视有机肥，但有机肥施用量不到总施肥量的 20%，复合肥是主要肥料投入，导致荔枝园磷、钾等元素富集，造成资源的浪费，也使得果园土壤酸化、板结，土壤质量下降，造成荔枝产量品质下降，经济效益下滑。生物有机肥含有特定的功能微生物，在根系定殖后能吸引有益微生物，形成有利于植物生长的根际微生物环境。增施有机肥或生物有机肥作为重要的化肥替代技术，在提高荔枝产量和品质方面作用突出，但其对土壤微生物区系的影响报道较少。作者课题组于 2018 年 6 月～ 2020 年 6 月在海南省海口市琼山区大坡镇荔枝园以 19 年生“妃子笑”荔枝为试验对象，以常规化肥处理（CK）为对照，连续两年减少化肥并配施羊粪有机肥和生物有机肥，探讨生物有机肥与化肥配施对土壤微生物多样性、微生物群落组成及差异微生物等的影响，为荔枝科学施肥提供理论依据和实践指导。

具体施肥如下：以该荔枝园化肥习惯使用量为对照，2018 ～ 2019 年在化肥养分用量减少 30% 基础上，羊粪有机肥处理每株配施 10kg 羊粪有机肥（OF10），生物有机肥处理每株配施 5kg 生物有机肥（BIO5）；2019 ～ 2020 年在化肥减量 13% 基础上，羊粪有机肥处理每株配施 6kg 羊粪有机肥（OF6），生物有机肥处理每株配施 2kg 生物有机肥（BIO2）。

#### 12.2.1.1 不同有机肥种类和用量对荔枝产量、品质的影响

研究表明，连续两年减施化肥并配施有机肥后，羊粪有机肥和生物有机肥处理均具有明显增产效果。由表 12-4 可知，与 CK 处理相比，2018 年度 OF 和 BIO 处理均显著提高了荔枝产量，增幅分别为 35.8%、44.8%。由于 2020 年春季发生严重干旱，当年产量大幅下降，但与对照相比，2019 年度增幅分别达到 10.4% 和 33.1%。同时，连续两年减施化肥不仅未造成荔枝品质下降，其维生素 C、可溶性糖含量和糖酸比等也在一定程度上有所提升

（表 12-5）。可见，减施化肥配施有机肥有助于提高荔枝产量和品质，其中生物有机肥效果更为明显。

表12-4　不同施肥处理对荔枝产量的影响

| 年份 | 处理 | 产量 / ( $kg/hm^2$ ) | 增幅 /% |
| --- | --- | --- | --- |
| 2018 | CK | 30312±848b | 0 |
| | OF10 | 41166±1049a | 35.8 |
| | BIO5 | 43884±2449a | 44.8 |
| 2019 | CK | 19818±748b | 0 |
| | OF6 | 21888±632b | 10.4 |
| | BIO2 | 26370±2711a | 33.1 |

注：CK—不施肥；OF—羊粪有机肥；BIO—生物有机肥。同列不同小写字母表示不同处理间差异显著（$p < 0.05$）。

表12-5　不同施肥处理对荔枝品质的影响

| 指标 | 2018 | | | 2019 | | |
| --- | --- | --- | --- | --- | --- | --- |
| | CK | OF10 | BIO5 | CK | OF6 | BIO2 |
| 可溶性固形物 /% | 18.18±1.19a | 18.64±0.57a | 18.77±0.13a | 18.27±0.49a | 18.55±0.37a | 18.12±0.56a |
| 可食率 /% | 75.18±1.29a | 74.33±0.68a | 73.34±1.03a | 72.56±3.35a | 75.17±1.64a | 76.68±1.33a |
| 纵径 /mm | 36.61±0.47a | 37.18±1.47a | 37.41±0.60a | 34.80±1.68a | 36.17±1.45a | 36.23±1.46a |
| 横径 /mm | 35.22±0.50a | 35.63±0.76a | 35.71±2.51a | 33.28±1.98a | 34.06±1.52a | 34.92±1.28a |
| 维生素 C/（mg/kg） | 186±42a | 236±59a | 252±23a | 235±127a | 305±73a | 317±138a |
| 可溶性糖 /（g/kg） | 152±7b | 171±16ab | 186±6a | 101±3b | 104±3ab | 107±3a |
| 可滴定酸 /（g/kg） | 1.02±0.36a | 0.66±0.10a | 0.86±0.19a | 0.55±0.20a | 0.40±0.07a | 0.37±0.04a |
| 糖酸比 | 162±54b | 261±24a | 223±51ab | 207±80a | 263±48a | 292±39a |

注：CK—不施肥；OF—羊粪有机肥；BIO—生物有机肥。同列不同小写字母表示不同处理间差异显著（$P < 0.05$）。

### 12.2.1.2　不同有机肥种类和用量对荔枝园土壤微生物的影响

（1）不同施肥处理对土壤微生物群落多样性的影响　如图 12-2 所示，施用生物有机肥能够同时提高根际土壤细菌和真菌的丰富度及多样性，而羊粪有机肥处理则提高了根际土壤的细菌多样性和真菌丰富度。施用羊粪或生物有机肥均改变了根际土壤的微生物群落结构（图 12-3）。土壤微生物多样性越高，结构越稳定，土壤功能越完善，土壤生态系统越稳定。因此，施用羊粪有机肥和生物有机肥可能通过改变微生物结构，提升土壤微生物多样性，从而达到增产效果。

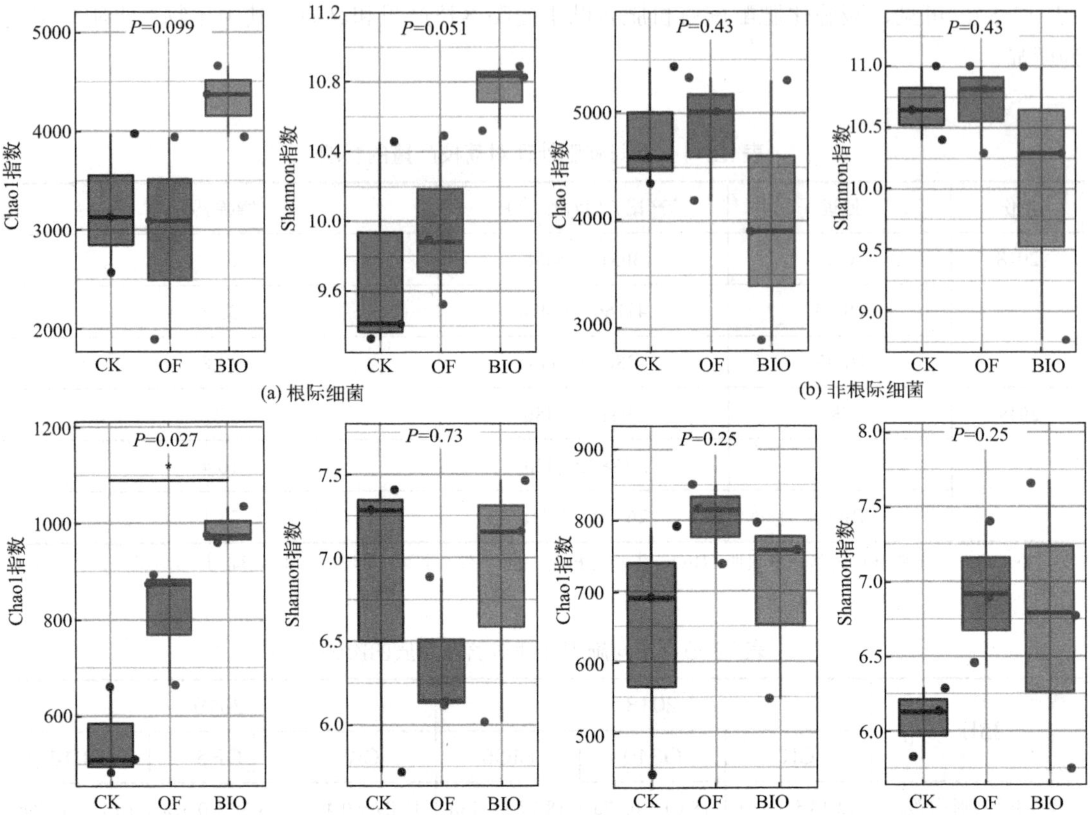


(a) 根际细菌　(b) 非根际细菌

(c) 根际真菌　(d) 非根际真菌

图 12-2　不同施肥处理对根际和非根际土壤细菌、真菌群落 α 多样性的影响

CK—不施肥；OF—羊粪有机肥；BIO—生物有机肥。Chao1—物种丰富度指数；Shannon—物种多样性指数。$P < 0.05$。下同

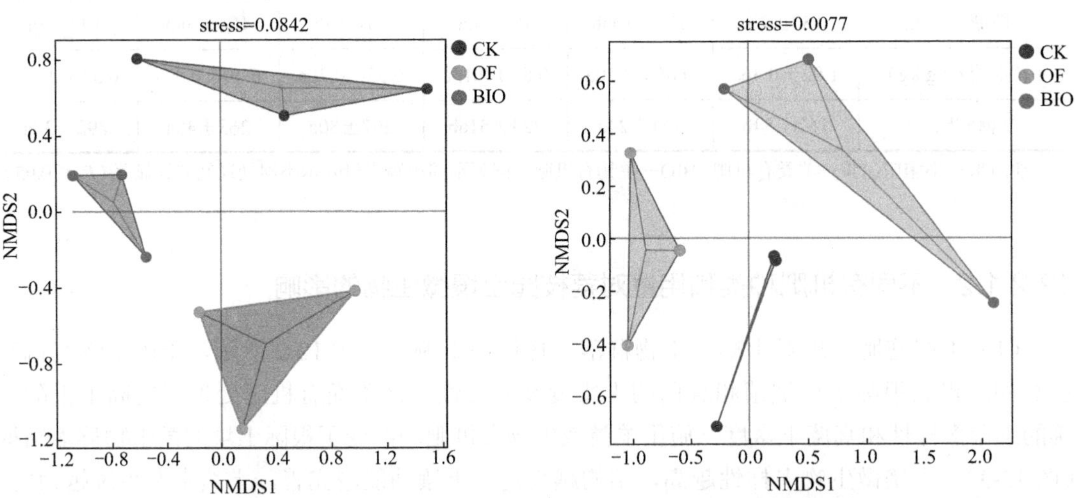


(a) 根际细菌　(b) 非根际细菌

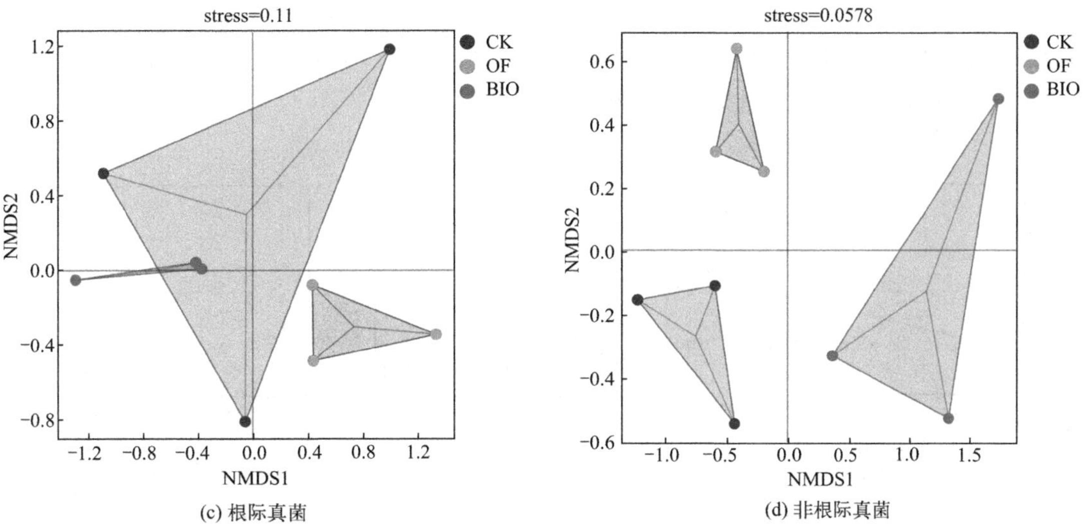


图 12-3 不同施肥处理对根际和非根际土壤细菌、真菌群落 β 多样性的影响

NMDS1—多维排列轴一；NMDS2—多维排列轴二；stress—胁迫系数

（2）不同施肥处理对土壤微生物群落门水平的影响 通过试验可知，不同施肥处理不同部位土壤中细菌群落门水平的优势菌种分别为变形菌门（Proteobacteria）、酸杆菌门（Acidobacteria）、绿弯菌门（Chloroflexi）、放线菌门（Actinobacteria）、浮霉菌门（Planctomycetes）、拟杆菌门（Bacteroidetes）以及芽单胞菌门（Gemmatimonadetes），约占总体群落丰度的 90%。在真菌群落门水平上，子囊菌门（Ascomycota）为不同施肥处理下相对丰度最高的优势菌门，相对丰度为 17.9% ～ 62.6%；其次是担子菌门（Basidiomycota），相对丰度为 5.6% ～ 43.4%；罗兹菌门（Rozellomycota）、被孢霉门（Mortierellomycota）相对丰度较低。不同施肥处理下荔枝园土壤建立了其核心微生物组，细菌和真菌主要门水平相对丰度分别达到总群落丰度的 90% 和 60% 以上。羊粪有机肥和生物有机肥处理的变形菌门、浮霉菌门和拟杆菌门的相对丰度均高于化肥处理，而酸杆菌门、绿弯菌门、放线菌门的相对丰度则低于化肥处理。变形菌门和拟杆菌门等属于富营养型类群，有助于共生固氮并对碳源敏感，是重要的有机物转化因子，并与难降解的聚合物降解有关，而酸杆菌门、绿弯菌门等属于贫营养型类群。

（3）不同施肥处理下土壤中差异微生物 通过差异微生物研究发现，施用羊粪有机肥和生物有机肥上调了变形菌门中黄色杆菌属、（*Haliangium*），酸杆菌门中 *Bryobacter*、*Candidatus-Solibacter*，芽单胞菌门中芽单胞菌属，厚壁菌门中芽孢杆菌属的表达。黄色杆菌属属于固氮的根瘤菌目，具有固氮作用。*Candidatus-Solibacter* 和 *Bryobacter* 与土壤可溶性有机氮和无机氮的合成相关，是其形成的重要因素。芽孢杆菌属是常见益生菌及解磷菌，例如，枯草芽孢杆菌（*Bacillus subtilis*）可以通过分泌多种抗菌和溶菌物质（如蛋白酶和有机酸），抑制病原菌的生长和繁殖，同时产生吲哚乙酸等促进植物生长。*Rhodanobacter* 是化能异养型的好氧菌，具有硝酸盐还原作用，是有机物氧化分解的重要微生物。羊粪有机肥和生物有机肥处理中分别上调的青霉属和木霉属的促生作用已被广泛证实，被孢霉属是拮抗植物病原真菌，在防治植物病害中起一定作用。

（4）不同施肥处理下差异土壤微生物与荔枝产量的关系　相关性分析（图 12-4）表明，羊粪有机肥和生物有机肥施用显著上调的 *MND*1、*TK*10 属、黄色杆菌属、芽单胞菌属、木霉属、毛葡孢霉属等均与产量呈显著正相关。

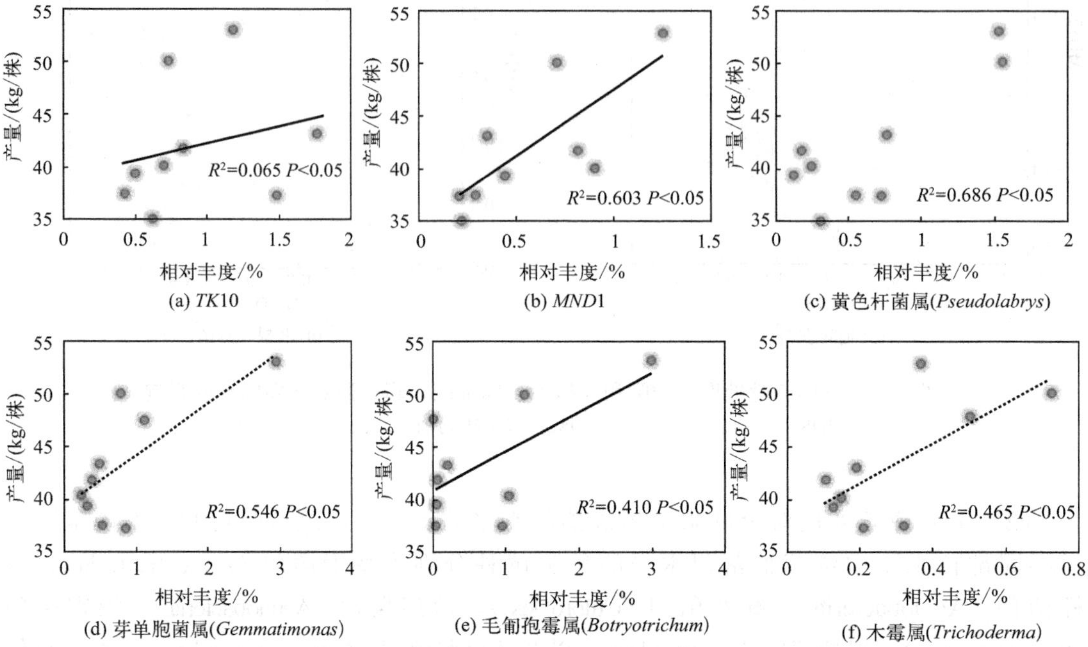


图 12-4　属水平上差异土壤微生物相对丰度与产量的相关关系

综上所述，连续两年减施化肥配施羊粪有机肥和生物有机肥均能有效提升荔枝产量和品质。荔枝果园施用羊粪有机肥和生物有机肥带入的大量碳源为土壤微生物提供了适宜的生长环境，提高了根际土壤微生物多样性。同时，生物有机肥带入的功能菌 SQR9 定殖并吸引有益微生物构成的微生物区系可能是生物有机肥处理下荔枝果树高产高效的微生物机制。

### 12.2.2　生物有机肥与梨园土壤培肥

梨树早期落叶现象已成为制约我国南方梨产业可持续发展的重要因素。调查发现土壤有机质含量高、土壤 pH 值＞ 5.0 的梨园发生梨树早期落叶现象较轻，说明提高土壤肥力可能有利于减轻梨树早期落叶现象。大量研究表明施用生物有机肥是缓解土壤酸化、提高土壤肥力、增强土壤微生物活性的重要措施。腐植酸也是近年来被广泛应用的有机改良剂，主要表现为促进生根。为明确单施生物有机肥（BIO）和腐植酸（HA）或二者配施（BIO-HA）对土壤微生物群落的影响及其对梨树地上部的影响，作者课题组于 2016 年 10 月 ～ 2019 年 7 月在福建省三明市建宁县溪口镇枧头村梨园连续开展 3 个生长周期定位试验，分析生物有机肥对梨树早期落叶现象、土壤酶活性、土壤微生物区系及其共发生网络关系的影响，旨在明确生物有机肥减轻南方梨树早期落叶率的土壤微生物生态特征，为梨产业的可持续发展提供理论依据与实践指导。

通过试验可知，单施生物有机肥和配施腐植酸可以显著降低“翠冠”梨树早期落叶率，提高产量，增加土壤微生物活性和肥力水平，并通过增加门水平 Firmicutes、Basidiomycota、Mortierellomycota 和属水平 *Rhodanobacter* 相对丰度，降低门水平 Chloroflexi、Ascomycota 和属水平 *Acidothermus*、*Acrobeloides* 相对丰度而重塑了细菌和真菌群落。网络分析表明施用 BIO 和 HA 增加了梨园土壤细菌和真菌群落间共发生网络的中心度，降低了共发生网络的直径和平均路径长度。这些结果表明施用 BIO 和 BIO-HA 对梨园土壤理化性质、微生物群落和功能活性的改变有利于降低梨树早期落叶率，进一步有利于梨产量的提高。

# 12.3 有机（类）肥料与温带葡萄园土壤培肥

葡萄（*Vitis vinifera* L.）为葡萄科葡萄属木质藤本植物，是世界上最古老和最重要的果树树种之一。近年来，我国葡萄产量稳居世界首位，栽培面积位于世界第二位，葡萄产业在我国现代农业生产中具有重要的经济意义，日益成为很多贫困地区脱贫攻坚、实现乡村振兴的重要支柱产业之一。葡萄适宜种植在温带地区，在我国温带区域降雨量较多的地区，葡萄绝大部分以避雨栽培为主；而在降雨量较少内陆地区，葡萄主要以露地栽培为主。

土壤是葡萄生长的基础，其理化环境和肥力水平直接影响着葡萄的生长和果实品质的好坏。然而，我国温带地区葡萄园土壤肥力水平偏低和养分易流失的现象仍然存在。在露天葡萄园中，土壤有机质含量相对较低，土壤板结。同时，在南方地区土壤酸化现象比较明显，使得矿物质营养元素快速流失，造成土壤贫瘠化，影响植物正常发育。在设施葡萄园中，长期的设施栽培模式使土壤处于半封闭、高温高湿的环境中，同时不合理的施肥和灌溉容易造成土壤次生盐渍化、板结缺氧和结构性变差，进而引发减产和果品下降、树体抗逆性减弱、树体寿命缩短等问题。因此，提升葡萄园土壤肥力对于保证葡萄优质高产具有重要意义。

在我国，有机肥在葡萄栽培生产过程中的应用已有较长历史。有机肥原料来源广，可就地取材和堆制，能够减少化肥的施用，降低葡萄园的生产成本。有机肥的施用是农业废弃物资源化利用的一种重要方式，对于提高废弃物资源利用效率、改善生态环境具有重要意义。有机肥作为基肥施用是葡萄园施肥中的重要一环，葡萄园中有机肥的合理施用能够增加树体养分的积累，有利于花芽分化，提高葡萄植株的抗逆性，同时能增加土壤有机质，改善土壤理化性质，促进根系生长，为来年葡萄的稳产优质打下坚实的基础。此外，有机肥的合理施用能够使得土壤中有益微生物数量明显增加，对于活化土壤养分、减少病害具有良好作用。

我国葡萄园中施用的有机肥品种来源广泛，特点不同，主要以农家肥和商品有机肥为主（表 12-6）。在目前的实际生产中，我国大部分地区葡萄园习惯施用传统农家肥，主要由各种动植物残体、人畜粪便、秸秆等农业废弃物组成，通过堆沤等方式处理后施用。在此基础上，以各种动物废弃物和植物残体为原料，采用物理、化学、生物等的处理技术，经过一定的加工工艺消除其中的有害物质后，可得到依据无害化标准而形成的、符合国家相关标准的商品有机肥或生物有机肥料，使得其在葡萄园中的施用效果更加稳定。

表12-6　葡萄园中常用有机类肥料品种及特点

| 有机类肥料品种 | 主要特点及作用 |
| --- | --- |
| 商品有机肥 | 商品有机肥大致可分为精制有机肥、有机无机复混肥和生物有机肥三种。精制有机肥指经过工厂化生产，不含有特定肥料效应的微生物的商品有机肥料，以提供有机质和营养元素为主。精制有机肥作为一种有机质含量较高的肥料，是绿色农产品、有机农产品和无公害农产品生产的主要肥料品种。有机无机复混肥由有机和无机肥料混合或化合制成，既含有一定比例的有机质，又含有较高的养分。生物有机肥是指以畜禽粪便、秸秆、优质棉饼、草粉等动植物残体充分腐熟、脱臭、无害化处理的有机肥为载体，配以一定比例的无机氮、磷、钾复合造粒，再加入具有特定功能的微生物复合而成的新型微生物肥料。长期施用生物有机肥能增加葡萄园土壤的通气性，改良土壤性状，减少病虫害的发生，提高肥料的利用效率 |
| 农家肥 | 农家肥包括堆沤肥。堆肥是利用作物秸秆、落叶、杂草、绿肥、泥土、垃圾、生活污水及人、畜粪尿等各种有机物与适量的石灰或草木灰混合堆积腐熟而成的肥料。沤肥是肥料发酵的另一种形式，是利用作物秸秆、绿肥、树叶、青草、牲畜粪尿、肥泥等就地混合，在葡萄园边地角加水沤制而成的肥料。农家肥也包含菌菇渣有机肥，主要包含棉籽壳、木屑、稻草等植物秸秆。食用菌在培养过程中能分泌相关酶溶解原料中的纤维素、半纤维素、木质素和果胶质等高分子物质，且留有大量菌丝体，含有丰富的菌体蛋白。饼肥也属于农家肥，其中含有大量的蛋白质，分解后形成氨基酸和多肽，能被植物吸收，提高葡萄果实含糖量，促进风味物质的形成 |
| 沼液沼渣肥 | 沼液沼渣肥是人畜粪便、有机废弃垃圾、农作物秸秆及不含杀菌物质的生活污水经沼气池密封厌氧发酵后的残留物，是由液态的沼液和固态的沼渣相混而成的新型有机肥。施用沼液沼渣有机肥能够提高葡萄果实品质，有效降低化肥用量，提高沼液沼渣资源利用效率，在葡萄园中有着良好的应用前景 |
| 绿肥 | 绿肥是用绿色植物体制成的肥料，是一种养分完全的生物肥源。在葡萄园里种植绿肥不仅是增辟肥源的有效方法，对改良土壤也有很大作用 |
| 秸秆有机肥 | 秸秆既可作为辅料来调节有机肥水分和碳氮比，也可作为主原料来生产有机肥。秸秆中含有大量的有机质以及氮、磷、钾、钙、镁、硫、硅等元素。利用秸秆制成有机肥逐渐成为一种资源高效利用和土壤培肥的方法，且秸秆有机肥原料资源丰富，成本相对低廉，在葡萄园中有着良好的应用前景 |

## 12.3.1　商品有机肥在葡萄园中的施用

在葡萄园土壤培肥过程中，可选用添加有益微生物的商品有机肥，及时给葡萄园土壤中快速补充有益菌，降低土壤有害菌的数量，减少病害发生；另外还可以快速补充土壤有机质含量，改善土壤结构，提高肥料利用效率。

生物有机肥是指以畜禽粪便、秸秆、优质棉饼、草粉等动植物残体充分腐熟、脱臭、无害化处理的有机肥为载体，配以一定比例的无机氮、磷、钾复合造粒，再加入具有特定功能的微生物复合而成的新型微生物肥料。

葡萄适宜种植在 pH 值在 6.5 ～ 7.5 之间（微酸性至微碱性）的土壤中。对于碱性土壤来说，施用生物有机肥能够代谢分泌出多种有机酸物质，适当降低土壤的 pH 值，给葡萄创造一个微酸性的最佳生长环境。与此同时，施用生物有机肥能在一定程度上提高土壤有机质、全氮、碱解氮、有效磷和速效钾含量。

生物有机肥中的功能微生物在根际大量繁殖，分泌出的黏多糖物质能与土壤中的有机胶体、矿物胶体等结合形成土壤团粒，有利于提高土壤保水、保肥能力。长期施用生物有机肥还能增加土壤的通气性，改良土壤性状，减少病虫害的发生，提高肥料的利用效率等，这些都为葡萄生长提供了有利条件。

生物有机肥本身不产生毒素，同时有助于提高对土壤中残留的农药、化肥和重金属酸盐等的降解能力，为无公害和绿色葡萄生产提供了必要条件。生物有机肥替代化肥应用在玫瑰香葡萄种植中，能够显著降低土壤全盐含量，提高滨海盐碱胁迫地区葡萄产量。生物有机肥中的有益微生物菌群代谢可以提高磷、钾在土壤中的溶解度，提高肥料利用率。

## 12.3.2　农家肥在葡萄园中的施用

农家肥主要由各种动植物残体或人和动物代谢物等组成。目前葡萄园内常用的农家肥包括堆沤肥、菌菇渣有机肥、饼肥等。

（1）堆沤肥　堆沤肥包括厩肥、堆肥，是重要的有机肥源，在葡萄园生产中有着重要的地位和作用。粪尿是人或动物的排泄物，含有丰富的有机质、有机酸、蛋白质、脂肪以及作物必需的无机营养元素，养分全、含量高、腐熟快、肥效好，是优质的有机肥料。粪尿肥包括人粪尿、家畜粪尿、禽粪、蚕沙等。各种粪尿的成分、特性、资源数量依据动物种类、数量、食物结构的不同差异较大。其中，厩肥是指牲畜粪尿与各种垫圈物料混合堆沤后的肥料，堆肥是利用作物秸秆、落叶、杂草、绿肥、泥土、垃圾、生活污水及人、畜粪尿等各种有机物与适量的石灰或草木灰混合堆积腐熟而成的肥料。沤肥是肥料发酵的另一种形式，是利用作物秸秆、绿肥、树叶、青草、牲畜粪尿、肥泥等就地混合，在葡萄园边地角加水沤制而成的肥料。

（2）菌菇渣有机肥　菌菇渣对土壤改良和作物提质的效果已被普遍认可。秋季基施食用菌菌渣能有效提高土壤中有机质和营养元素含量，提高土壤的疏松度，同时能有效促进葡萄营养生长，有利于葡萄新根的生长和发育，提高葡萄的产量和品质。因此，食用菌菌渣可以作为优质的有机肥施入葡萄园中，不仅为食用菌菌渣的有效利用提供了良好的途径，而且降低了葡萄园肥料投入成本，增加种植户收入，实现农业的增产增效，同时还帮助减少由食用菌菌渣等农业废弃物造成的环境污染，对发展循环农业起到一定的推动作用。

（3）饼肥　饼肥是含油分较多的植物种子经过压榨去油后剩下的残渣（见图 12-5），是我国传统的优质农家肥料，常用于果树等经济价值较高的作物。饼肥中含有大量有机质、蛋白质、剩余油脂、维生素等成分，营养价值很高。

菜籽饼有机肥是油菜籽榨油后剩下的残渣饼类通过加工而成的优质有机肥料，其化学组成中的碳氮比例小，与土壤结合后会迅速分解，肥效迅速，可补充有机质、疏松土壤、改善土壤环境，被广泛应用于葡萄种植中。

菜籽饼有机肥本身含有大量的酶类，施入土壤后可直接增加土壤酶种类和数量。土壤中的有机物质是酶促作用的基质，菜籽饼有机肥施入后能提高土壤中多种酶的活性。与此同时，施用菜籽饼有机肥能够增加对根系生长有益的微生物数量，能在一定程度上抑制多种土传病害。此外，菜籽饼发酵过程中产生的丰富的代谢微生物一级和二级产物，为改良土壤输送大量的土著菌，使得土壤中细菌、好气性纤维分解菌和亚硝化细菌数量明显增加。微生物持续不断的活动能分解、释放难溶的磷钾养分，补充土壤有机质，缓慢释放作物生长所需的营养物质。

图 12-5　菜籽饼有机肥（a）和豆粕有机肥（b）

菜籽饼有机质含量高达 60% ～ 70%，能有效提高土壤有机质水平，促进氮、磷、钾及中微量元素的转化和吸收，改善土壤环境，使土壤保持松软，促进土壤团粒结构形成，提高土壤孔隙度，促进根系生长，增加土壤保水、保肥能力，减少淋溶损失。发酵的菜籽饼有机肥无任何毒副作用，对作物和土壤环境安全，与无机化肥混用还能大大提高化肥的使用效率，节约成本。然而，菜籽饼的脂肪含量比较高，在土壤中需要经过一段时间的分解才能被果树吸收，因此肥效较长。

豆粕和豆饼都是非常好的有机肥。豆粕是通过浸提法脱油之后获取的，而豆饼则是压榨脱油之后获取的，其中豆粕具有更高的蛋白质含量，常作为基肥用于葡萄园中。葡萄园中施用豆粕有机肥能够改善土壤活性，减少化肥施用量。肥料中微生物与豆粕腐熟后含有大量的固氮、解磷、解钾菌，可提高土壤中有效养分含量和化肥有效利用率。施用豆粕有机肥可刺激根系生长，提高葡萄产量和品质，同时肥料中的烟碱成分可有效抑制地下害虫生长及病菌生长。

### 12.3.3　沼液沼渣肥在葡萄园中的施用

沼液沼渣肥是人畜粪便、有机废弃垃圾、农作物秸秆及不含杀菌物质的生活污水经沼气池密封厌氧发酵后的残留物，是由液态的沼液和固态的沼渣相混而成的新型有机肥。沼液沼渣肥可与秸秆、米糠堆沤制成腐植酸类肥，或加入氮、磷化肥形成沼腐磷铵复合肥，在葡萄园中可作为基肥或追肥施用。

目前针对沼液沼渣有机肥在葡萄园中的应用效果研究较为有限。已有的零星研究报道施用沼液沼渣有机肥的葡萄园产出的葡萄单果大小均匀、含糖量高、商品性好、耐储存，同时可有效降低化肥用量，提高沼液沼渣资源利用效率，对实现可持续循环农业发展具有重要意义。田间试验研究不同有机肥与沼液配施对土壤养分、葡萄植株养分吸收以及葡萄产量和品质的影响，发现不同有机肥均可显著增加 0 ～ 40cm 土壤有机质含量，较传统施肥方式增加 14.8% ～ 57.0%。其中，施牛粪处理的土壤有机质含量最高，其次为猪粪和牛粪配施沼液，猪粪配施沼液最低。有机肥可显著提高葡萄生长后期的土壤有效养分和葡萄植株氮磷含量。牛粪以及牛粪配施沼液处理较对照增产 20.5% 和 36.3%，但葡萄可滴定酸含量增加，维生素 C 含量和糖酸比降低。猪粪以及猪粪配施沼液与对照产量差异不显著，但施用猪粪可显著增加葡萄果粒重，提高含糖量和糖酸比。

### 12.3.4　绿肥在葡萄园中的施用

绿肥是用绿色植物体制成的肥料，是一种养分完全的生物肥源。在葡萄园里种植绿肥不仅是增辟肥源的有效方法，对改良土壤也有很大作用。

葡萄园可通过因地制宜地进行生草来改善土壤质地和葡萄园生态环境，在实际生产中体现出诸多好处。例如，对于处于坡地的葡萄园来说，首先，草的根系可减少水分蒸发和流失，同时对土壤起到良好的固持作用。其次，草可在土壤翻耕时作为绿肥施入地里，有助于增加土壤有机质含量。与此同时，生草的葡萄园温度比普通葡萄园低 3 ～ 5℃，可减少高温对叶片和果实的灼伤。另外，葡萄园生草既能有效控制葡萄植株生长势，减少葡萄枝条和新叶等修剪管理所需的劳动量，同时也可抑制恶性杂草生长，便于机械化管理，减轻除草带来的劳动强度和用药成本。葡萄园生草要求草的高度要低矮、生长迅速、产草量大、需肥量小，最好选择有固氮作用的豆科植物，没有或很少发生与葡萄相同的病虫害。目前适合葡萄园种植的草有多种选择，比如高羊茅［图 12-6（a)］，原产于新疆，为禾本科单子叶植物，生长量大，多年生，根系比较发达，适应能力非常强。另外像黑麦草［图 12-6(b)］、鼠茅草［图 12-6(c)］、苜蓿［图 12-6(d)］、三叶草、野燕麦、紫云英、毛叶苕、沙打旺、白三叶、小冠花、百脉根、毛苕子、紫叶苋等也都是很好的草，可适用于葡萄园种植。葡萄园应依据当地的立地条件进行草种的选择。

(a) 高羊茅　(b) 黑麦草

(c) 鼠茅草　(d) 苜蓿

图 12-6　适合葡萄园生草的几种草类型

### 12.3.5 秸秆有机肥在葡萄园中的施用

秸秆既可作为辅料来调节有机肥水分和碳氮比，也可作为主原料来生产有机肥。秸秆中含有大量的有机质以及氮、磷、钾、钙、镁、硫、硅等元素。据相关资料报道，水稻秸秆中含氮 0.63%、磷 0.11%、钾 0.85%；豆秸中含氮 1.3%、磷 0.3%、钾 0.5%；玉米秸秆中含氮 0.5%、磷 1.4%、钾 0.19%；麦秸中含氮 0.5%、磷 0.2%、钾 0.16%。我国的秸秆资源非常丰富，直接焚烧会污染环境，同时越来越多的地区不允许焚烧秸秆。若直接粉碎还田，秸秆中的有害病毒和虫卵还会停留在耕地中，容易对来年的生产造成不利影响。利用秸秆制成有机肥逐渐成为一种资源高效利用和土壤培肥的方法，且秸秆有机肥原料资源丰富，成本相对低廉，在葡萄园中有着良好的应用前景。

在制作秸秆有机肥时，首先需要用秸秆粉碎机将物料粉碎至一定细度，然后加入适量的鸡粪或污泥等原料，调节堆肥物料的碳氮比和水分含量，或添加菌种和酶。之后进入发酵过程，可以分为两个阶段：第一阶段为预发酵，可以在露天或在发酵装置中进行，通过翻转强制通风向堆积层或发酵装置内供氧，以秸秆为主体添加畜禽粪便，好氧堆肥的主要发酵周期（即预发酵周期）为 3 ～ 10 天；第二阶段为后发酵，将预发酵后的半成品送至后发酵工序，将预发酵工序中未分解的易分解有机物和难分解有机物进一步分解成稳定的腐植酸、氨基酸等有机物，得到完全分解的有机肥产品，后发酵时间通常在 20 ～ 30 天。在后发酵阶段可根据需要进一步干燥、粉碎，使之成为合格的有机肥原料。

郝宇的研究表明，水稻秸秆配施促腐剂可以提高着色香葡萄果园土壤内养分的含量，纠正酸碱度，使得土壤肥力得以保障，同时可以提高着色香葡萄果实内可溶性糖、维生素 C 含量和单株产量，使得果实品质达到最佳状态，实现高产。

葡萄园覆盖秸秆等有机物也是葡萄园土壤管理与培肥的一种方式，能够有效保持土壤水分、降低土壤温湿度变幅，有利于葡萄根系活动。在雨水有限的地区使用秸秆覆盖效果更为明显，而在南方温和湿润、降雨量大、地下水位较高的地区，覆盖秸秆不利于葡萄园排水，容易造成土壤湿度过大从而使得根系上浮。

### 12.3.6 不同品种有机肥在葡萄园中的施用效果比较

相关的研究结果表明，与施用畜禽粪便有机肥和单施化肥对照相比，施用生物有机肥对增加葡萄总根长、根表面积效果最佳。有机肥和羊粪处理均能显著提高根系中全氮含量，且生物有机肥处理组的含量最高。生物有机肥处理能明显提高根系中多数矿质元素含量。施用有机肥均提高了转色期和收获期的土壤有机质含量，表现为生物有机肥＞羊粪＞猪粪＞对照。施用有机肥能提高转色期和收获期土壤中的碱解氮和全氮含量，均表现为生物有机肥＞羊粪＞猪粪＞对照，其中只有生物有机肥处理下的碱解氮和全氮含量在不同时期均与对照呈现显著性差异。生物有机肥和羊粪处理的土壤有效磷含量在转色期和收获期均显著高于对照，而猪粪处理与对照不存在显著性差异。施肥处理均能引起土壤矿质元素含量不同程度的提高，其中土壤中 B 和 Mo 元素在转色期的含量要低于对照，其原因可能是施肥处理后增强了树体对微量元素的吸收，而有机肥中微量元素释放较慢。与对照相比，3 种有机肥料均可改善葡萄根系的生长，提高根系内矿质元素含量，提高土壤内有机质、全氮、有效磷及矿质元素含量，但施用生物有机肥效果最佳。

在探讨鸟粪、猪粪、饼肥、商品有机肥对夏黑无核葡萄产量和品质的影响研究中发现，施用鸟粪处理葡萄单粒重普遍较低，产量也较低；猪粪和商品有机肥处理次之；采用饼肥标准施肥量（1566kg/$hm^2$ 饼肥，135kg/$hm^2$ 硫酸钾，396kg/$hm^2$ 过磷酸钙）处理，从单粒重、穗重、产量上来看都明显高于其他处理，且果实含糖量能达到 15.1%，糖酸比为 78.1，与其他处理间存在显著性差异。施用猪粪虽然葡萄整体产量较高，但果实糖酸比明显低于其他处理，商品性较低。施用商品有机肥成本较低，操作起来也较容易。综合产品的收益来说，施用饼肥是最好的选择，其次为商品有机肥和猪粪，生产上使用鸟粪作为基肥操作烦琐，且投入与产出存在负相关，不宜进行推广。

相关研究还发现对大棚葡萄施用商品有机肥、鸽粪、菜饼肥、鱼肥 4 种有机肥可以不同程度地改良土壤物理性状，效果以鸽粪、鱼肥较佳，土壤容重分别显著降低 5.1% 和 7.1%，土壤孔隙度提高 3.8% 和 5.1%；施用有机肥后土壤有机质和中微量营养元素均有显著提高，效果以鱼肥和鸽粪最佳，施用鸽粪的土壤有机质提高 8.7%，施用鱼肥的交换性钙、交换性镁和有效硼分别提高了 27.5%、14.7% 和 24.2%，差异显著；施用有机肥提高了叶片叶绿素含量和枝条木质化程度，萌芽率和成花率也不同程度提高，综合效果以鱼肥最佳，成花率提高 18.6%，枝蔓木质化程度提高 17.9%；施用鸽粪和鱼肥的果实综合品质最高，可溶性固形物含量提高 14.4% ～ 22.0%，糖酸比均达到 20 以上。施用不同有机肥能不同程度地降低土壤容重，增加孔隙度，提高土壤有机质、营养元素含量，促进枝蔓生长，提高品质，综合效果以施用鱼肥最佳，鸽粪次之。

在对多年生酿酒葡萄的研究中发现，施用有机肥后会明显促进砾质砂土酿酒葡萄的秋稍长度、叶片叶绿素 SPAD 值增加，其中表现较优的有机肥为羊粪有机肥、腐植酸生物有机肥及鸡粪发酵有机肥；施用有机肥会明显提高酿酒葡萄的产量，其中羊粪有机肥和腐植酸生物有机肥产量提升效果最为显著，分别达到了 2908.21kg/$hm^2$、23261.74kg/$hm^2$，较不施肥处理增产率分别达到了 77.44%、44.01%。由此可见，发酵羊粪有机肥比较适宜于砾质砂土酿酒葡萄的生长。

### 12.3.7　葡萄园中的机械化施肥

葡萄园施肥方式包括人工施肥和机械化施肥。人工施肥是一项较为费时费力的工作，特别是对于种植面积比较大的葡萄园来说，人工施肥效率较低。利用开沟施肥机（图 12-7）进行机械化施肥能够做到省时省工、精准施肥，同时园内的落叶、杂草等也能作为肥料回填入沟。利用机械开沟施肥是发展优质果品的重要保证。

常用的开沟施肥机主要由动力输入输出装置、开沟装置、施肥装置、搅拌装置和土壤回填装置等组成，可一次性完成有机肥和化肥的机械化施肥作业，适用于各种栽培形式和无较大石块的各种土壤条件的葡萄园，同时葡萄园需具备合适的作业道供机械进入。

有机肥作为基肥的最佳施用时间是在秋季，此时葡萄根系正处于二次生长高峰，虽然气温逐渐降低，但是地温尚可，开沟施肥铲断的部分根系会迅速恢复。过早施基肥，由于葡萄地上部分还在生长，叶片蒸腾作用强，此时施肥容易导致根系损伤，使得叶片过早干枯，影响葡萄正常的光合作用。若冬季施用基肥，由于气温下降，叶片掉落，根系活动几乎停止，导致肥料利用率下降，肥效发挥慢，对葡萄春季开花坐果和新梢生长的促进作用降低。若来年春季施用基肥，则肥效容易在夏季开始发挥，易引起葡萄旺长，造成葡萄坐果不稳，出现大小粒现象等。

(a) (b)

图 12-7　葡萄园开沟施肥机

（a）2F-30B 型自走式多功能施肥机，履带式，32 马力；（b）2F-30 履带自由式多功能旋耕机，履带式，35 马力

基肥一般采用开条沟施入，以距离主根系 40 ～ 60cm 开沟最适宜，一般沟宽 30cm，深度 20 ～ 30cm。初次开沟时建议先试开一小部分，对葡萄园根系分布有了大致了解后再大面积进行开沟。开沟时表土、生土分开堆放，施肥前可以先回填一层 10cm 厚的表土，然后施入基肥，再填入表土，最后将土、肥搅拌一遍，以生土回填至沟平，余土可做埂。对于根系分布较浅的，如采取地表浅栽的地块、多雨的地区等，可把基肥撒在葡萄行间，然后耕翻。此法省工省时，受肥面广，但是施肥过浅，容易造成根系上浮，此外施肥量也需加大。施肥结束后要灌一次透水，可加快根系愈合，利于肥效发挥。

有机肥施用前一定要彻底腐熟，否则容易造成烧根。合理选择施肥沟位置，避免因距离葡萄主干过近开沟而伤害主根。基肥施用后一定要浇透一次水，一般的降雨不能取代浇水。基肥尽量避免连续多年在同一个地方施用，容易造成根系生长受阻而腐烂枯死。开沟施肥后应及时翻耕、回填土壤，防止根系因开沟暴露在空气中太久而失水干枯。

## 参考文献


[1] Cai F, Pang G, Li R, et al. Bioorganic fertilizermaintains a more stable soil microbiome than chemical fertilizer for monocropping[J]. Biology and Fertility of Soils, 2017, 53 (8): 861-872.

[2] Chaer G, Fernandes M, Myrold D, et al. Comparative resistance and resilience of soil microbial communities and enzyme activities in adjacent native forest and agricultural soils[J]. Microbial Ecology, 2009, 58: 414-424.

[3] Kang Y, An X, Ma Y, et al. Organic amendments alleviate early defoliation and increase fruit yield by altering assembly patterns and of microbial communities and enzymatic activities in sandy pear (Pyrus *pyrifolia*)[J]. AMB Express, 2021, 11(1): 1-15.

[4] Liang B, Ma C Q, Fan L M, et al. Soil amendment alters soil physicochemical properties and bacterial community structure of a replanted apple orchard[J]. Microbiological Research, 2018, 216: 1-11.

[5] Ling N, Zhu C, Xue C, et al.Insight into how organic amendments can shape the soil microbiome in long-term field experiments as revealed by network analysis[J]. Soil Biol Biochem, 2016, 99: 137-149.

[6] Liu Z, Guo Q, Feng Z, et al. Long-termorganic fertilization improves the productivity of kiwifruit (*Actinidia chinensis planch.*) through increasing rhizosphere microbial diversity and network complexity[J]. Appl Soil Ecol, 2020, 147: 103-123.
[7] Ma B, Lv X, Cai Y, et al. Liming does not counteract theinfluence of long-term fertilization on soil bacterial community structure and its cooccurrence pattern[J]. Soil Biol Biochem, 2018, 123: 45-53.
[8] Nan X, Tan G, Wang H, et al. Effect of biochar additions to soil on nitrogen leaching, microbial biomass and bacterial community structure[J]. European Journal of Soil Biology, 2016, 74: 1-8.
[9] 安祥瑞，江尚焘，李焕苓，等. 减施化肥配施有机肥对荔枝生长，产量品质及肥料利用率的影响 [J]. 土壤，2021, 53(6): 1174-1184.
[10] 安祥瑞，江尚焘，谢昶琰，等. 减施化肥配施有机肥对荔枝园土壤微生物区系的影响 [J]. 应用生态学报，2022(4): 1-13.
[11] 郭继阳. 菠萝施肥调研与金菠萝营养特性及减肥 [D]. 海口: 海南大学，2019.
[12] 郝宇. 秸秆还田配施氮肥对滨海盐土化学性质及葡萄生长的影响 [D]. 沈阳: 沈阳农业大学，2020.
[13] 何风杰，徐小菊，金伟，等. 不同有机肥对大棚葡萄土壤理化性质及果实品质的影响 [J]. 中国土壤与肥料，2022:1-11.
[14] 胡诚，曹志平，罗艳蕊，等. 长期施用生物有机肥对土壤肥力及微生物生物量碳的影响 [J]. 中国生态农业学报，2007(3): 48-51.
[15] 胡小璇，江尚焘，安祥瑞，等. 有机无机肥配施对芒果产量与品质及经济效益的影响 [J]. 南京农业大学学报，2020, 43(6): 1107-1115.
[16] 姜莉莉，王开运，武玉国，等. 生物有机肥在玫瑰香葡萄上的应用效果 [J]. 落叶果树，2019, 51(1): 18-21.
[17] 粟萍，赵靓，高英杰，等. 不同有机肥配施沼液对葡萄产量和品质的影响 [J]. 新疆农业科学，2014, 51(4): 768-776.
[18] 王强，李峰，高丽，等. 不同类型肥料在红地球葡萄上的应用效果研究 [J]. 农业与技术，2015, 35(16): 7-8.
[19] 王小龙，刘凤之，史祥宾，等. 不同有机肥对葡萄根系生长和土壤养分状况的影响 [J]. 华北农学报，2019, 34(5): 177-184.
[20] 王孝，孙权. 不同有机肥对贺兰山东麓酿酒葡萄产量及品质的影响 [J]. 安徽农学通报，2021, 27(21): 106-108.
[21] 王一鸣. 化学熏蒸修复高发病枯萎病蕉园及香蕉有机氮替代无机氮效应研究 [D]. 海口: 海南大学，2018.
[22] 张淑芳，张晓明，杨芳芳，等. 沼渣沼液有机肥在鲜食葡萄上的应用 [J]. 新疆农垦科技，2019, 42(11): 42-43.
[23] 周敏，廖森玲，郭亮，等. 不同有机肥对葡萄产量、品质及土壤养分的影响 [J]. 江西农业学报，2014, 26(11): 24-28.
[24] 周维杰. 攀枝花晚熟芒果提质增效优化施肥技术研究 [D]. 海口: 海南大学，2021.

中国肥料研究与应用全书

Books of Fertilizer Research and Application in China

FERTILIZER

第 13 章

# 有机（类）肥料与其他经济作物土壤培肥

# 13.1 有机（类）肥料与棉花土壤培肥

棉花是国家的战略物资，在农业生产中占有重要地位。新疆是中国棉花主产区，截止到2021 年，新疆棉花种植面积达 250.6 万公顷，占全国棉花总种植面积的 82.75%，棉花产量占全国产量的 89.5%。因此，本章主要以有机（类）肥料在新疆棉花上的培肥效应总结介绍。

## 13.1.1 氨基酸有机肥培肥棉田土壤

氨基酸有机肥由南京农业大学植物营养与肥料学系研制，有机质含量≥ 44.2%，4.4% N，2.3% $P_2O_5$，0.7% $K_2O$，氨基酸含量≥ 12.9%。施肥处理设 6 个处理：A 处理不施肥；B 处理施氨基酸有机肥 750kg/hm²；C 处理施常规氮磷钾肥（N 225kg/hm²，$P_2O_5$ 150kg/hm²，$K_2O$ 45kg/hm²）；D 处理施常规氮磷钾肥 +375kg/hm² 氨基酸有机肥；E 处理施常规氮磷钾肥 +750kg/hm² 氨基酸有机肥；F 处理施常规氮磷钾肥 +1500kg/hm² 氨基酸有机肥。2006 ～ 2007 年在新疆石河子进行 2 年大田试验，棉花品种为易感病品种新陆早 8 号（XLZ-8）和较抗病品种新陆早 12 号（XLZ-12）。

### 13.1.1.1 氨基酸有机肥对棉花黄萎病发病率的影响

2006 年各施肥处理均能降低棉花黄萎病的发病率。在施用常规氮磷钾肥的基础上施用750kg/hm² 和 1500kg/hm² 的氨基酸有机肥处理能显著降低新陆早 8 号发病率，其他处理没有显著差异。单独施用 750kg/hm² 氨基酸有机肥能显著降低新陆早 12 号发病率，其他处理没有显著差异。2007 年滴灌条件下，新陆早 8 号发病率很高，接近 100%，各施肥处理间发病率没有差异。单施 750kg/hm² 氨基酸有机肥和在施用常规氮磷钾肥的基础上施用750kg/hm²、1500kg/hm² 的氨基酸有机肥处理均能显著降低新陆早 12 号发病率，其他处理没有显著差异。

两个棉花品种的发病率在 2006 年和 2007 年均有显著差异，新陆早 8 号显著高于新陆早12 号。2 年的大田试验结果表明，2006 年淹灌下，新陆早 8 号发病率低于 2007 年滴灌，但新陆早 12 号呈相反的趋势，2006 年发病率高于 2007 年。

### 13.1.1.2 氨基酸有机肥对棉花黄萎病病情指数的影响

2006 年各施肥处理均能显著降低棉花黄萎病的病情指数，新陆早 8 号的防效达到13.1% ～ 36.3%，新陆早 12 号的防效达到 28.1% ～ 50.3%。2007 年各施肥处理均能显著降低新陆早 8 号棉花黄萎病的病情指数，新陆早 8 号的防效达到 10.4% ～ 22.6%，新陆早 12号的防效为 5.7% ～ 45.7%。在增施氮磷钾肥的基础上施用不同量氨基酸有机肥，新陆早 8号防效为 5.3% ～ 13.5%，新陆早 12 号的防效为 12.1% ～ 42.4%。

两个棉花品种的病情指数的变化规律与发病率一致，在2006年和2007年均有显著差异，新陆早 8 号显著高于新陆早 12 号。

### 13.1.1.3 氨基酸有机肥对棉花产量的影响

2006 年施肥处理与对照相比（图 13-1），新陆早 8 号皮棉产量增加 4.6% ～ 28.6%，新陆早 12 号皮棉产量增加 3.1% ～ 22.8%，新陆早 12 号产量显著高于新陆早 8 号，各处理高 21.6% ～ 42.9%。

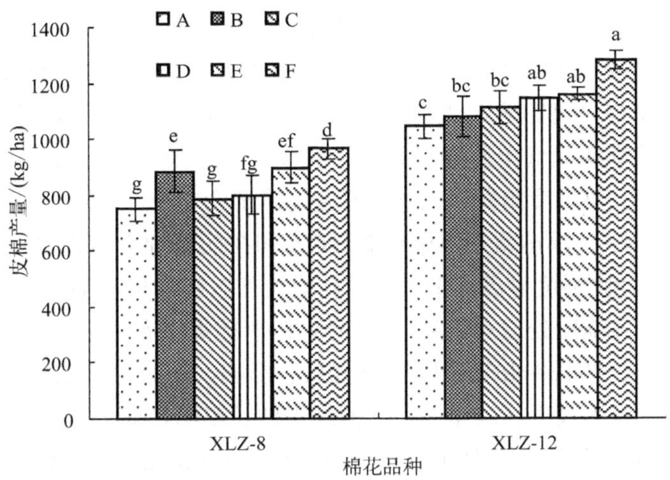


图 13-1 2006 年不同施肥处理的皮棉产量对比

图 13-2 显示，2007 年施肥处理与对照相比，新陆早 8 号皮棉产量分别增加 23.6%、9.5%、35.6%、40.2%、19.1%，新陆早 12 号皮棉产量分别增加 5.9%、7.6%、16.0%、10.8%、14.0%。新陆早 12 号皮棉产量显著高于新陆早 8 号，各处理分别是新陆早 8 号的 2.27 倍、1.95 倍、2.23 倍、1.94 倍、1.80 倍、2.17 倍，平均为 2.06 倍，表现出明显的品种差异。

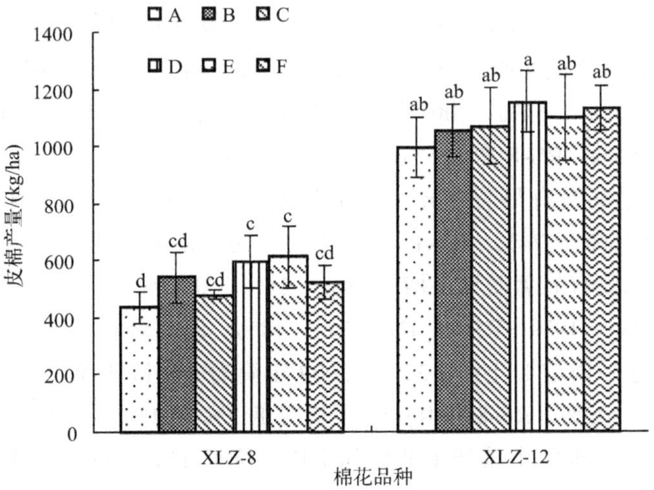


图 13-2 2007 年不同施肥处理的皮棉产量对比

2007 年各处理的平均棉花产量与 2006 年相比，新陆早 12 号差异不大，下降 4.7%，但新陆早 8 号下降明显，下降 37.4%，表明新陆早 12 号比新陆早 8 号产量的年度间稳定性好。

#### 13.1.1.4 氨基酸有机肥对棉花纤维品质的影响

2006 年淹灌条件下，C 和 D 处理的新陆早 8 号单铃子棉重显著低于对照和单施 750kg/$hm^2$ 氨基酸有机肥，其他处理差异不明显。施用无机肥料的各处理衣分率显著低于未施无机肥料处理。施用氨基酸有机肥料与对照或施用无机肥料相比，能增加棉花纤维的比强度。各施肥处理对新陆早 12 号单铃子棉重、衣分率、纤维上半部平均长度、整齐度指数、比强度、伸长率和麦克隆值没有显著影响。两个品种相比较，新陆早 12 号单铃子棉重显著高于新陆早 8 号，但纤维伸长率明显低于新陆早 8 号，部分处理达到了显著水平。各处理的衣分率、纤维上半部平均长度、整齐度指数、比强度和麦克隆值在 2 个品种上没有差异。

2007 年滴灌条件下，单施常规氮磷钾肥（C）和在此基础上施 375kg/$hm^2$ 氨基酸有机肥（D）处理的新陆早 8 号比强度显著低于对照，其他处理对新陆早 8 号的其他纤维品质、铃重、衣分没有显著影响。各施肥处理对新陆早 12 号单铃子棉重、衣分率、纤维上半部平均长度、整齐度指数、比强度、伸长率和麦克隆值没有显著影响。两个品种相比较，新陆早 12 号的单铃子棉重和比强度显著高于新陆早 8 号，但纤维伸长率明显低于新陆早 8 号，部分处理达到了显著水平。在 2007 年滴灌条件下，两个品种纤维伸长率的平均值比 2006 年增加 3.0%，但是单铃子棉重明显下降 14.4%，衣分率下降 6.7%，纤维上半部平均长度下降 0.6%，整齐度指数下降 1.0%，比强度下降 3.1%，麦克隆值明显下降 17.4%。这种年度间差异可能是 2007 年 5 月上旬持续低温，影响了棉花的生育进程，棉纤维发育受到影响所致。

#### 13.1.1.5 氨基酸有机肥对棉花根际土壤有效养分的影响

2 年大田试验表明，施用氨基酸有机肥能降低土壤 pH 值，但差异不显著。2 年的大田试验中，两品种根际土壤（RS）碱解氮均显著低于非根际土壤（BS），两品种之间没有显著差异，总体上 RS-8 略高于 RS-12。2006 年，与 BS 相比，RS-8 碱解氮降低 25% ～ 30%，RS-12 降低 23% ～ 30%。施氨基酸有机肥与对照相比碱解氮增加 3% ～ 17%。2007 年，与 BS 相比，RS-8 碱解氮降低 46% ～ 58%，RS-12 降低 44% ～ 62%。施用氨基酸有机肥与对照相比碱解氮增加 11% ～ 64%。2007 年滴灌非根际土壤碱解氮明显高于 2006 年淹灌非根际土壤，平均增加 55%，RS-8 增加 5%，RS-12 降低 3%。两品种根际土壤速效磷均高于非根际土壤，两品种之间没有显著差异，总体上 RS-8 略高于 RS-12。2006 年，与 BS 相比，RS-8 的速效磷增加 16% ～ 74%，RS-12 增加 17% ～ 62%。根际和非根际土壤所有施肥处理与对照相比速效磷均没有显著差异，增加 3% ～ 34%。2007 年根际土壤与非根际土壤相比，RS-8 速效磷增加 9% ～ 19%，RS-12 增加 6% ～ 18%，两品种根际土壤速效磷没有显著差异。施肥处理土壤速效磷增加 4% ～ 37%。2007 年滴灌非根际土壤速效磷明显高于 2006 年淹灌土壤，平均增加 22%，RS-8 和 RS-12 平均降低 7% 和 1%。2006 年根际和非根际土壤速效钾没有显著差异，根际土壤低于非根际土壤，降低 1% ～ 11%。2007 年两品种根际土壤速效钾均显著高于非根际土壤，增加 22% ～ 53%；两品种之间没有显著差异，RS-8 略高于 RS-12。2007 年滴灌与 2006 年淹灌相比，非根际土壤速效钾降低 2%，RS-8 和 RS-12 平均增加 34% 和 37%，滴灌根际土壤速效钾增加可能是由滴灌产生的频繁干湿交替造成的。

### 13.1.1.6 氨基酸有机肥对土壤微生物种群的影响

如表 13-1 所示，在 2006 年淹灌条件下，施用氨基酸肥料后，对非根际土壤真菌有增殖的作用，对新陆早 8 号根际土壤（RS-8）真菌影响不大，但对新陆早 12 号根际土壤（RS-12）真菌的促进作用较强。施肥对根际土壤及非根际土壤中放线菌的影响较小。施肥处理对土壤细菌数量的影响较大，一般随着施肥量增加；土壤细菌数量增加；根际土壤细菌数量明显高于非根际土壤，且新陆早 12 号高于新陆早 8 号。

表13-1 2006年不同处理土壤微生物数量 单位：CFU/g

| 微生物 | | A | B | C | D | E | F |
|---|---|---|---|---|---|---|---|
| 真菌（$\times10^3$） | BS | 1.2±0.6 | 4.6±1.5 | 2.2±0.7 | 2.5±0.9 | 2.2±0.7 | 2.6±1.5 |
| | RS-8 | 3.0±2.1 | 3.4±0.7 | 3.5±0.8 | 2.6±1.0 | 3.1±1.3 | 2.0±0.4 |
| | RS-12 | 1.9±1.0 | 2.0±1.4 | 2.6±0.9 | 5.7±3.6 | 4.4±1.3 | 3.9±0.4 |
| 放线菌（$\times10^5$） | BS | 6.0±1.2 | 4.0±1.6 | 6.0±3.2 | 5.4±1.2 | 8.9±0.9 | 4.5±1.5 |
| | RS-8 | 2.4±1.7 | 5.7±0.6 | 8.2±2.7 | 4.8±3.8 | 5.9±3.0 | 7.6±1.3 |
| | RS-12 | 4.7±1.4 | 12.5±6.4 | 8.3±2.0 | 5.6±4.8 | 6.4±2.7 | 3.0±1.0 |
| 细菌（$\times10^6$） | BS | 12.0±6.1 | 8.3±3.8 | 14.0±7.5 | 10.7±7.5 | 24.7±9.0 | 25.3±8.5 |
| | RS-8 | 47.0±20.4 | 80.0±29.6 | 80.3±28.6 | 64.7±22.0 | 74.7±23.2 | 104.3±83.6 |
| | RS-12 | 63.3±33.0 | 117.3±46.5 | 55.0±22.9 | 71.3±26.3 | 87.3±41.4 | 90.7±20.5 |

资料来源：李俊华，2011。

A、B、C、D、E、F 处理的土壤真菌：放线菌：细菌分别为 1∶273∶19718、1∶297∶28338、1∶277∶16988、1∶165∶13761、1∶245∶18464、1∶209∶28320［各处理比值为非根际（BS）、新陆早 8 号根际（RS-8）、新陆早 12 号根际（RS-12）的平均值］，说明施用氨基酸有机肥不但增加了土壤各类微生物的数量，还提高了细菌所占的比例。非根际、新陆早 8 号根际、新陆早 12 号根际的土壤真菌：放线菌：细菌分别为 1∶271∶7153、1∶206∶27211、1∶256∶28431（各处理比值为 A、B、C、D、E、F 六个处理的平均值），棉花根际土壤细菌的比例明显增加，其中易感病品种新陆早 8 号根际土壤放线菌比例明显较低，这可能是其易感病的原因之一。

表 13-2 表明，在 2007 年滴灌条件下，非根际土壤在施用常规氮磷钾肥的基础上施用 750kg/hm$^2$（处理 E）和 1500kg/hm$^2$（处理 F）的氨基酸有机肥处理能明显促进真菌增殖；施肥处理使新陆早 8 号根际土壤真菌增殖较多，但对新陆早 12 号根际土壤真菌影响不大，新陆早 8 号根际土壤真菌高于新陆早 12 号。施肥对土壤及根际放线菌影响较小，但新陆早 8 号根际土壤放线菌明显低于新陆早 12 号根际土壤和非根际土壤。施肥处理对土壤细菌数

量的影响较大，一般随着施肥量增加，土壤细菌数量增加。根际土壤细菌数量明显高于非根际土壤，且新陆早 12 号高于新陆早 8 号。

表13-2 2007年不同处理土壤微生物数量 单位：CFU/g

| 微生物 | | A | B | C | D | E | F |
|---|---|---|---|---|---|---|---|
| 真菌（$\times10^3$） | BS | 4.2±3.1 | 8.0±3.7 | 9.8±5.3 | 4.9±2.2 | 11.8±5.2 | 27.3±12.5 |
| | RS-8 | 14.2±9.4 | 6.2±6.8 | 15.3±14.9 | 8.5±2.8 | 17.5±18.0 | 19.0±10.9 |
| | RS-12 | 10.3±3.0 | 9.7±5.8 | 21.3±11.8 | 9.5±3.3 | 9.5±4.6 | 4.2±3.3 |
| 放线菌（$\times10^5$） | BS | 60.3±26.0 | 67.8±34.2 | 72.5±39.7 | 75.9±37.0 | 57.1±20.6 | 69.2±33.1 |
| | RS-8 | 17.3±6.0 | 11.5±5.1 | 14.7±2.0 | 27.0±14.0 | 18.3±12.8 | 19.7±8.5 |
| | RS-12 | 88.2±22.0 | 111.5±50.1 | 108.0±93.3 | 80.3±20.9 | 73.0±18.8 | 82.5±12.2 |
| 细菌（$\times10^6$） | BS | 38.3±15.5 | 26.8±10.0 | 38.4±13.2 | 37.1±18.0 | 22.3±9.1 | 40.3±27.5 |
| | RS-8 | 6.3±3.0 | 17.0±4.0 | 7.7±5.1 | 13.7±4.0 | 6.5±2.3 | 10.2±4.3 |
| | RS-12 | 54.7±34.3 | 98.5±58.6 | 47.2±40.6 | 27.5±19.8 | 23.2±14.1 | 21.5±13.1 |

资料来源：李俊华，2011。

2007 年 A、B、C、D、E、F 处理的土壤真菌：放线菌：细菌分别为 1∶808∶4979、1∶729∶5434、1∶446∶2206、1∶902∶4015、1∶454∶1568、1∶779∶2390（各处理比值为非根际、新陆早 8 号根际、新陆早 12 号根际的平均值），表明在滴灌条件下，灌水量少，土壤较干燥，放线菌数量明显增加，放线菌比例是 2006 年淹灌的 3 倍左右，而细菌的比例明显下降 4 ～ 10 倍。非根际、新陆早 8 号根际、新陆早 12 号根际的土壤真菌：放线菌：细菌分别为 1∶886∶4562、1∶155∶1036、1∶1018∶4697（各处理比值为 A、B、C、D、E、F 六个处理的平均值），易感病品种新陆早 8 号根际土壤放线菌比例和细菌比例明显较低，而较抗病品种新陆早 12 号棉花根际土壤放线菌比例、细菌比例有所增加。13.1.1.2 内容显示，新陆早 8 号的发病率和病情指数很高，而新陆早 12 号发病率和病情指数均较低，这可能就是土壤微生物区系失调，土壤放线菌、细菌比例下降造成的。

施用氨基酸有机肥能降低棉花黄萎病的发病率和病情指数，在 2 个棉花品种上均有增产作用，能增加和活化土壤养分，增加土壤微生物数量和土壤酶活性，有利于棉花土壤质量提升。

## 13.1.2 生物有机肥培肥棉田土壤

生物有机肥为南京农业大学植物营养与肥料学系研制，有机质含量≥ 30%，含氮磷钾 8%，其中氨基酸态氮占总氮的 60% 以上，含抗棉花黄萎病菌的功能微生物枯草芽孢杆菌达到 $10^8$CFU/g。

### 13.1.2.1 生物有机肥对棉花生长及产量的影响

在连作病土的盆栽试验中，施用 2 种生物有机肥，无论是新陆早 8 号还是新陆早 12 号棉花干物质均有所增加。施用生物有机肥 1 号 1g/kg 和 2g/kg 处理，新陆早 12 号干物质显著高于对照，而新陆早 8 号不显著；施用生物有机肥 2 号的两个浓度处理，两个棉花品种的干物质均有所增加，但均没有达到显著水平。试验结果表明，新陆早 12 号棉花苗期干物质显著高于新陆早 8 号。两种土壤上施用有机肥和生物有机肥处理，在苗期与对照相比棉花干物质差异很小，但到花期和铃期后，施肥处理棉花干物质明显高于对照处理。无论是新陆早 8 号还是新陆早 12 号，施用生物有机肥的棉花干物质均是最高的，表明生物有机肥有较好的促进棉花生长的作用。

李俊华等研究表明，在 2008 年小区试验中，施用生物有机肥和有机肥均显著增加新陆早 8 号产量；生物有机肥能显著增加新陆早 12 号棉花产量，有机肥也有增产作用，但差异不明显。较抗病品种新陆早 12 号产量明显高于易感病品种新陆早 8 号。2008 年有机肥和生物有机肥对新陆早 8 号的增产比例分别为 18.8% 和 21.4%，对新陆早 12 号的增产比例分别为 11.6% 和 17.6%。

2009 年生物有机肥在南疆、北疆的试验均有增产效果，133 团、149 团、尉犁县施肥处理分别比对照增产 240kg/hm$^2$、805kg/hm$^2$、840kg/hm$^2$，增产率 4.9%、10.6%、13.5%。3 个不同区域试验点种植品种和管理水平不一样，产量有很大差异；在同一试验点，施生物有机肥处理与对照相比，虽然产量有较大增加，但没有达到显著水平。

### 13.1.2.2 生物有机肥对棉花抗病性的影响

2008 年大田小区试验中有机肥和生物有机肥对棉花黄萎病均有一定的防治效应，发病率和病情指数均有明显下降，其中生物有机肥对 2 个品种的防效均达到显著水平，有机肥处理对易感病品种新陆早 8 号的防效达到显著水平。按病情指数计算，施用有机肥和生物有机肥对新陆早 8 号的防效分别为 20%、79%，对新陆早 12 号的防效分别为 52%、58%。生物有机肥对感病品种的防治效果优于抗病品种。

2009 年大田示范中，在 133 团的棉花黄萎病病田中，生物有机肥能显著降低棉花黄萎病的病情指数，防治效果达到 56.4%。但从发病率来看，差异不显著，说明生物有机肥使植物个体的抗病能力提高，发病的程度降低，减少棉花产量损失，相对于对照能增加棉花的产量。149 团的病田施生物有机肥能显著降低棉花黄萎病的发病率和病情指数。

由表 13-3 可知，在连续 3 年施肥间，不同土壤中的病情指数变化有所迥异，且在当年不同类型土壤中病情指数均随着施肥量的增加呈现先下降后上升的趋势。在高有机质含量的土壤（A 土壤）中，随着施肥年限的延长，其病情指数先增加后降低，在施肥第 3 年后与第 1 年相比有显著的降低，并且 T2 处理在 3 年间均较其他各处理低；在中有机质含量的土壤（B 土壤）中，3 年间病情指数的变化趋势与 A 土壤相似，与之不同的是不施肥（CK）和施用相对较少量的生物有机肥（T1、T2）时在施肥第 3 年较第 1 年有所增加，并且 T2 处理在第 2 年和 T3 处理在第 1 年、第 3 年均显著低于当年的其他各处理；低有机质含量的土壤（C 土壤）在 3 年间的病情指数变化情况与 B 土壤类似，不施肥（CK）在第 3 年较第 1 年有所增加，施肥各处理则反之，在 3 年中均以 T3 处理与其他处理相比病情指数最低。

表13-3 连续3年施用生物有机肥后的棉花黄萎病病情指数（花期）

| 土壤类型 | 处理 | 病情指数 | | |
|---|---|---|---|---|
| | | 2009 年 | 2010 年 | 2011 年 |
| A 土壤 | CK | 77.5±12.4a | 90.0±13.69a | 30.0±11.18a |
| | T1 | 42.5±12.4b | 75.0±17.68a | 10.0±13.69b |
| | T2 | 40.0±10.5b | 70.0±11.18a | 0 b |
| | T3 | 52.5±16.8ab | 75.0±17.68a | 5.0±11.18b |
| | T4 | 57.5±23.7ab | 80.0±20.92a | 10.0±13.69b |
| B 土壤 | CK | 40.0±14.3a | 45.0±11.18a | 40.0±22.36a |
| | T1 | 20.0±10.5ab | 35.0±13.69ab | 30.0±20.92ab |
| | T2 | 17.5±16.8ab | 10.0±13.69c | 25.0±17.68ab |
| | T3 | 10.0±10.5b | 15.0±13.69bc | 0 c |
| | T4 | 17.5±14.3ab | 20.0±20.92bc | 10.0±13.69bc |
| C 土壤 | CK | 30.0±12.7a | 40.0±13.69a | 37.5±14.43a |
| | T1 | 17.5±6.8ab | 35.0±13.69ab | 15.0±22.36b |
| | T2 | 15.0±6.3ab | 25.0±17.68ab | 5.0±11.18b |
| | T3 | 12.0±6.8b | 15.0±13.69b | 0 b |
| | T4 | 17.5±10.5ab | 20.0±11.18ab | 0 b |

### 13.1.2.3 生物有机肥对土壤微生物的影响

施用生物有机肥能明显增加三种土壤上两种棉花品种的各类微生物数量。在健康接菌土壤上，与接菌对照相比，新陆早 8 号施用生物有机肥土壤真菌、放线菌、细菌是对照的 3.7 倍、1.9 倍和 5.9 倍，新陆早 12 号为 0.8 倍、1.3 倍和 2.8 倍。棉花连作病土壤各类微生物数量明显低于健康土壤，但施用生物有机肥后，土壤微生物有所增加。有机肥处理土壤微生物数量也有增加，但没有生物有机肥增加明显。

连续施肥第 3 年土壤真菌数量随着生育期延长基本呈现“M”的变化趋势。在高有机质含量的土壤（A 土壤）中，随着施肥量的增加，土壤真菌数量先增加后降低，并且在 T2、T3 处理达到最大，分别较不施肥（CK）平均增加了 68%、84%；中有机质含量的土壤（B 土壤）变化趋势与高有机质含量的土壤（A 土壤）类似，在 T3 处理达到最高，较不施肥（CK）平均增加了 62%；低有机质含量的土壤（C 土壤）随着施肥量的增加则在逐步地增加，在 T4 处理达到最高，较不施肥（CK）平均增加了 57%。

不同土壤的真菌数量在施肥 3 年间均有不同程度的降低（见表 13-4）。高、中、低 3 种有机质含量的土壤（A 土壤、B 土壤、C 土壤）真菌数量在施肥第 3 年较第 1 年分别平均降低了 83.22%、82.86%、76.28%。3 种土壤施肥处理与不施肥（CK）均存在极显著差异。高有机质含量的土壤（A 土壤）在各施肥处理中，随着施肥量的增加，真菌数量逐步地减少，且 T1 处理与其他处理存在极显著差异；中、低有机质含量的土壤（B 土壤、C 土壤）中随着施肥量的增加真菌数量先增加后降低，并且均在 T2 处理达到最大。

表13-4 连续3年施肥对土壤真菌数量的影响（花期） 单位：$10^2$CFU/g

| 土壤类型 | 施肥年份 | CK | T1 | T2 | T3 | T4 | 平均 |
|---|---|---|---|---|---|---|---|
| A 土壤 | 2009 | 198.89±7.03 | 648.89±10.36 | 525.56±10.80 | 502.22±14.59 | 475.56±24.40 | 470.22aA |
| | 2010 | 48.83±25.82 | 95.00±26.89 | 119.33±24.54 | 100.50±27.12 | 53.00±20.48 | 83.33bB |
| | 2011 | 54.00±6.00 | 90.00±3.00 | 84.00±9.00 | 105.00±42.00 | 61.50±10.50 | 78.90bB |
| | 平均 | 100.57dD | 277.96aA | 242.96bB | 235.91bB | 196.69cC | |
| B 土壤 | 2009 | 167.78±1.35 | 238.89±5.17 | 332.22±5.83 | 195.56±6.50 | 185.56±2.71 | 224.00aA |
| | 2010 | 46.67±2.31 | 88.00±6.93 | 99.33±9.61 | 90.33±10.02 | 59.67±9.02 | 76.80bB |
| | 2011 | 28.50±1.50 | 33.00±6.00 | 40.50±1.50 | 58.50±1.50 | 31.50±1.50 | 38.40cC |
| | 平均 | 80.98dD | 119.96bB | 157.35aA | 114.80bB | 92.24cC | |
| C 土壤 | 2009 | 161.11±4.60 | 181.11±7.07 | 260.00±4.84 | 210.00±13.30 | 212.22±2.22 | 204.89aA |
| | 2010 | 60.33±11.02 | 93.00±7.94 | 112.33±15.87 | 130.33±1.15 | 87.00±13.53 | 96.60bB |
| | 2011 | 37.50±4.50 | 40.50±1.50 | 49.50±10.50 | 57.00±3.00 | 58.50±7.50 | 48.60cC |
| | 平均 | 86.31dD | 104.87cC | 140.61aA | 132.44aA | 119.24bB | |

注：表中不同小写字母表示 0.05 水平差异显著；不同大写字母表示 0.01 水平差异极显著，下同。

由试验结果可知，连续施肥第 3 年不同土壤中施用生物有机肥的细菌数量均显著高于不施肥。在高有机质含量的土壤（A 土壤）中，随着施肥量的增加，土壤细菌数量先增加后降低，并且在 T2 处理基本达到最大，较不施肥（CK）平均增加了 145%；中有机质含量的土壤（B 土壤）细菌数量变化趋势与高有机质含量的土壤（A 土壤）相同，在 T3 处理达到最高，较不施肥（CK）平均增加了 110%；低有机质含量的土壤（C 土壤）随着施肥量的增加土壤细菌数量则在逐步地增加，且在 T4 处理达到最大，较不施肥（CK）平均增加了 199%。A 土壤细菌数量从苗期到蕾期有所增加，花期有所减少，铃期基本达到最大，而到了吐絮期迅速地下降。

由表 13-5 可知，施用生物有机肥能显著地提高细菌数量，在连续施肥 3 年间土壤细菌数量表现为先增加后降低，施用生物有机肥第 3 年较第 1 年在高、中、低 3 种有机质含量的土壤中均有不同程度的增加，其平均增加率为 4.25%、109.63%、148.45%。各施肥处理的细菌数量在不同土壤中变化略有不同，高有机质含量的土壤（A 土壤）在 T2 处理达到最高（$66.7\times10^5$CFU/g），且与其他各处理有显著差异；中有机质含量的土壤（B 土壤）在 T2、T3 处理较大（$71.04\times10^5$CFU/g，$74.96\times10^5$CFU/g），并与其他处理之间表现为显著和极显著差异；低有机质含量的土壤（C 土壤）在 T3 处理达到最高（$62.44\times10^5$CFU/g），与其他各处理间也存在显著差异。

表13-5 连续3年施肥对土壤细菌数量的影响（花期） 单位：$10^5$CFU/g

| 土壤类型 | 施肥年份 | CK | T1 | T2 | T3 | T4 | 平均 |
|---|---|---|---|---|---|---|---|
| A 土壤 | 2009 | 11.33±8.36 | 29.78±9.26 | 60.78±2.83 | 54.44±6.85 | 50.89±3.84 | 41.44bB |
| | 2010 | 20.67±4.73 | 81.00±12.86 | 72.33±7.81 | 69.67±15.10 | 38.67±19.00 | 56.47aA |
| | 2011 | 30.00±2.00 | 56.00±6.00 | 67.00±11.00 | 41.00±9.00 | 22.00±4.00 | 43.20bB |
| | 平均 | 20.67dC | 55.59bA | 66.70aA | 55.04bA | 37.19cB | |
| B 土壤 | 2009 | 12.22±2.59 | 34.78±3.75 | 30.44±4.54 | 41.56±13.40 | 33.67±4.60 | 30.53bB |
| | 2010 | 20.00±1.73 | 88.00±17.16 | 92.67±4.00 | 73.33±4.04 | 51.67±4.93 | 65.13aA |
| | 2011 | 30.00±4.00 | 50.00±10.00 | 90.00±10.00 | 110.00±10.00 | 40.00±20.00 | 64.00aA |
| | 平均 | 20.74dD | 57.59bB | 71.04aA | 74.96aA | 41.78cC | |
| C 土壤 | 2009 | 15.78±2.14 | 24.33±1.71 | 26.56±5.69 | 19.67±6.35 | 18.33±0.84 | 20.93cC |
| | 2010 | 22.67±8.50 | 67.00±9.45 | 80.00±12.66 | 91.67±9.00 | 53.00±6.03 | 62.87aA |
| | 2011 | 20.00±12.00 | 34.00±14.00 | 50±10.00 | 76.00±4.00 | 80.00±20.00 | 52.00bB |
| | 平均 | 19.48dC | 41.78cB | 52.19bAB | 62.44aA | 50.44bcAB | |

连续施肥第 3 年不同土壤中施用生物有机肥的放线菌数量均显著高于不施肥。在高有机质含量的土壤（A 土壤）中，随着施肥量的增加，土壤放线菌数量先增加后降低的变化趋势，并且在 T2 处理基本达到最大，较不施肥（CK）平均增加了 50%；中有机质含量的土壤（B 土壤）放线菌数量变化趋势与高有机质含量的土壤（A 土壤）相同，在 T3 处理达到最高，较不施肥（CK）平均增加了 133%；低有机质含量的土壤（C 土壤）随着施肥量的增加放线菌数量则在逐步地增加，且在 T4 处理达到最大，较不施肥（CK）平均增加了 110%。

表13-6 连续3年施肥对土壤放线菌数量的影响（花期） 单位：$10^5$CFU/g

| 土壤类型 | 施肥年份 | CK | T1 | T2 | T3 | T4 | 平均 |
|---|---|---|---|---|---|---|---|
| A 土壤 | 2009 | 13.44±2.36 | 26.56±2.34 | 58.22±10.77 | 64.22±16.33 | 51.78±6.74 | 42.84aA |
| | 2010 | 22.67±4.16 | 48.22±8.44 | 54.00±6.00 | 46.44±6.30 | 39.11±9.10 | 42.09aA |
| | 2011 | 38.00±18.00 | 73.00±15.00 | 47.00±19.00 | 50.00±10.00 | 36.00±2.00 | 48.80aA |
| | 平均 | 24.70cB | 49.26abA | 53.07abA | 53.55aA | 42.30bA | |
| B 土壤 | 2009 | 12.33±4.55 | 23.56±9.53 | 35.78±9.31 | 50.22±13.42 | 32.00±1.00 | 30.78bB |
| | 2010 | 26.67±5.70 | 62.89±8.88 | 64.00±8.51 | 53.11±5.18 | 51.33±8.35 | 51.60aA |
| | 2011 | 38.00±18.00 | 43.00±19.00 | 45.00±5.00 | 62.00±6.00 | 58.00±20.00 | 49.20aA |
| | 平均 | 25.67cB | 43.15bA | 48.26abA | 55.11aA | 47.11abA | |

续表

| 土壤类型 | 施肥年份 | CK | T1 | T2 | T3 | T4 | 平均 |
|---|---|---|---|---|---|---|---|
| C 土壤 | 2009 | 9.67±2.60 | 11.00±4.36 | 16.89±5.42 | 26.11±1.39 | 27.00±3.11 | 18.13cB |
| | 2010 | 41.33±4.06 | 66.00±2.91 | 81.11±20.93 | 54.00±6.11 | 50.89±4.44 | 58.67aA |
| | 2011 | 15.00±1.00 | 25.00±9.00 | 25.00±7.00 | 38.00±10.00 | 30.00±18.00 | 26.60bB |
| | 平均 | 22.00bB | 34.00aA | 41.00aA | 39.37aA | 35.96aA | |

连续 3 年施用生物有机肥可以显著增加土壤放线菌数量（表 13-6），随着施肥年限的增加，不同土壤放线菌数量变化有所差异。其中高有机质含量的土壤（A 土壤）放线菌数量逐步地增加，并在第 3 年达到最大（$48.8\times10^5$CFU/g），各施肥处理均与不施肥存在极显著差异；中有机质含量的土壤（B 土壤）在 3 年间放线菌数量呈先增加后降低，施肥第 3 年比第 1 年增加了 59.84%，且 T3 处理与其他处理间存在显著的差异；低有机质含量的土壤（C 土壤）与中有机质含量的土壤（B 土壤）变化趋势较为类似，施肥 3 年比第 1 年增加了 46.72%，各施肥处理间差异不显著。

### 13.1.2.4　生物有机肥对土壤酶活性的影响

在病圃土壤上施用生物有机肥和有机肥后，土壤蔗糖酶、多酚氧化酶、磷酸酶、蛋白酶、脲酶、过氧化氢酶活性增加。

施生物有机肥处理的蔗糖酶活性最高，三个生育时期（蕾期、花期、铃期）均显著高于对照，其活性在蕾期、花期、铃期分别为对照的 1.34 倍、1.32 倍、1.35 倍；施有机肥（灭菌生物有机肥）处理的蔗糖酶活性三个时期均显著低于施生物有机肥处理，其活性为对照的 1.26 倍、1.28 倍、1.32 倍。蔗糖酶活性从蕾期到铃期的变化随生育期变化并不明显，但有下降的趋势。

三个生育时期两种施肥处理的多酚氧化酶活性均显著高于对照，生物有机肥处理的多酚氧化酶活性在蕾期、花期、铃期分别为对照的 2.55 倍、2.29 倍、1.89 倍；有机肥处理的多酚氧化酶活性分别是对照的 2.30 倍、2.07 倍、1.60 倍。在铃期生物有机肥处理的土壤多酚氧化酶活性显著高于有机肥处理，但其他两个时期差异不明显。对照和两种施肥处理的多酚氧化酶活性随着时间呈现增加趋势。

三个生育时期两种施肥处理的土壤蛋白酶活性均显著高于对照，生物有机肥处理在蕾期、花期、铃期分别为对照的 9.45 倍、4.48 倍、4.17 倍；有机肥处理分别是对照的 4.44 倍、2.60 倍、3.92 倍。生物有机肥和对照处理随生育期的变化呈上升趋势，但有机肥处理有所下降。在蕾期有机肥处理土壤蛋白酶活性均显著高于生物有机肥处理，但其他两个时期没有差异。

三个生育时期两种施肥处理的土壤碱性磷酸酶活性显著高于对照，生物有机肥处理在蕾期、花期、铃期分别是对照的 1.27 倍、1.19 倍、1.20 倍；有机肥处理分别是对照的 1.43 倍、1.22 倍、1.22 倍。各处理的蛋白酶活性随着生育进程逐渐增加。生物有机肥处理在蕾期、花期的碱性磷酸酶活性显著高于有机肥处理，但铃期没有差异。

三个生育时期两种施肥处理的脲酶活性显著高于对照，生物有机肥处理的脲酶活性在蕾期、花期、铃期分别是对照的 1.28 倍、1.18 倍、1.17 倍；有机肥处理的脲酶活性分别是对照的 1.26 倍、1.14 倍、1.18 倍。各处理脲酶活性随时间呈现缓慢升高的趋势。三个生育时期两种施肥处理之间的脲酶活性没有差异。

两种施肥处理土壤过氧化氢酶活性在蕾期显著高于对照，在花期各处理间差异不明显，在铃期生物有机肥处理显著高于对照，但有机肥处理和对照没有差异。各处理过氧化氢酶活性在各时期的变化很小，变幅在 1% ～ 3%，但是施肥处理的过氧化氢酶活性均随时间变化表现出逐渐降低的趋势。

### 13.1.2.5 生物有机肥对棉花养分吸收的影响

在不同类型土壤中棉花各器官均以纤维的氮吸收量最低，占整株氮吸收量的 1.91% ～ 33%；棉籽的氮吸收量最高，占整株氮吸收量的 45.06% ～ 70.08%。随着施肥量的增加，不同类型土壤中各器官的氮吸收量变化趋势有所差异，在高有机质含量的土壤中除棉籽外，其余各器官均表现为先上升后下降的趋势；在中有机质含量的土壤中各器官呈现先上升后下降的趋势；而在低有机质含量的土壤中各器官表现为上升的趋势。在整株中，不同类型土壤随着肥料用量的增加氮吸收量变化趋势与各器官类似，施肥处理较不施肥（CK）分别增加了 12% ～ 25%、107% ～ 162%、25% ～ 144%。

### 13.1.2.6 生物有机肥对土壤碳组分的影响

土壤微生物量可用土壤微生物量碳或氮表征，土壤微生物量碳既是土壤有机质和土壤养分转化和循环的动力，也是土壤有效活性成分。施肥第 1 年不同土壤表现出一致的变化趋势，不施肥处理的土壤微生物量碳含量均最小。3 种土壤的微生物量碳随着施肥量的增加均有不同程度的增加，其中高有机质含量的土壤各施肥处理与不施肥相比显著增加，随着施肥量的增加其显著性也在逐渐增大。中有机质含量的土壤与高有机质含量的土壤变化相似，施肥处理在不同时期较不施肥显著增加，并且各处理间也呈现显著性差异；低有机质含量的土壤在棉花苗期随着施肥量的增加，微生物量碳均有一定程度上的增加，各施肥处理比不施肥处理增加了 7.5%、37.5%、90%、248%，在棉花花期，施肥处理与不施肥处理间均有显著差异。

### 13.1.2.7 生物有机肥与土壤微生物量氮

土壤微生物量氮含量是土壤微生物对氮素矿化与固持作用的综合反映，因此，氮素矿化与固持过程的影响因素都会影响土壤微生物量氮的含量。从试验结果看出，施肥第 1 年不同土壤微生物量氮在各处理中变化趋势一致。高、中、低有机质含量的土壤各施肥处理较不施肥最大分别增加了 11.5%、32.9%、73.5%。棉花苗期土壤微生物量氮含量高于花期。

施肥第 2 年随着生育期的延长，不同土壤的微生物量氮呈现先上升后下降再上升的趋势，且基本在蕾期达到最大。随着施肥量的增加，高、中、低有机质含量土壤各施肥处理较不施肥最大分别增加了 25.4%、32.4%、128.2%。

施肥第 3 年不同土壤微生物量氮随着施肥量的增加均有不同程度的增加。其中高、中、低有机质含量的土壤各施肥处理较不施肥最大分别增加了 27.2%、33.9%、120%。随着生育期的延长，3 种土壤微生物量氮均表现为先下降后上升的趋势，且基本在棉花苗期达到最大。

随着施肥量的增加，不同土壤微生物量氮在3年间变化略有不同（见表13-7）。在高有机质含量的土壤（A土壤）中呈现先上升后下降的趋势，虽然在T3处理达到最大，但是在各处理之间的差异并不显著；在中、低有机质含量的土壤（B土壤、C土壤）中则表现为逐步上升的趋势，各处理之间有较为显著的差异。施肥量与土壤微生物量氮的相关关系表明，低有机质含量的土壤（C土壤）最高（$R^2$=0.732**，$n$=45），其次是中有机质含量的土壤（B土壤）（$R^2$=0.412**，$n$=45），最后则是高有机质含量的土壤（A土壤）（$R^2$=0.075，$n$=45）。不同类型土壤的施肥处理均高于不施肥处理（CK）。3种土壤微生物量氮含量在连续施肥3年间均无显著变化。

表13-7　连续施肥对土壤微生物量氮的影响（花期）　　单位：mg/kg

| 土壤类型 | 施肥年份 | CK | T1 | T2 | T3 | T4 |
|---|---|---|---|---|---|---|
| A土壤 | 2009 | 47.37±8.87 | 50.19±5.64 | 52.31±11.08 | 54.77±6.69 | 52.93±3.58 |
| | 2010 | 45.03±5.38 | 48.86±4.89 | 50.31±13.16 | 52.77±11.20 | 50.26±4.30 |
| | 2011 | 48.37±1.99 | 52.19±2.34 | 53.64±12.75 | 54.1±13.49 | 53.59±4.25 |
| | 平均 | 46.92a | 50.42a | 52.08a | 53.88a | 52.26a |
| B土壤 | 2009 | 30.71±7.74 | 34.77±9.89 | 34.09±10.31 | 42.76±5.85 | 45.42±10.67 |
| | 2010 | 29.04±2.26 | 33.10±2.77 | 32.75±5.96 | 40.43±6.65 | 42.09±7.99 |
| | 2011 | 31.04±5.32 | 34.10±3.94 | 35.09±6.04 | 41.43±5.99 | 44.09±4.86 |
| | 平均 | 30.26b | 33.99b | 33.98b | 41.54a | 43.87a |
| C土壤 | 2009 | 12.24±2.31 | 15.35±3.21 | 18.83±3.91 | 27.22±6.81 | 26.83±5.04 |
| | 2010 | 12.24±2.31 | 15.68±2.92 | 18.49±3.40 | 25.55±9.69 | 31.83±8.07 |
| | 2011 | 11.24±1.24 | 13.68±0.59 | 17.16±4.12 | 27.85±5.73 | 30.17±6.06 |
| | 平均 | 11.90d | 14.90cd | 18.16c | 26.87b | 29.61a |

生物有机肥在新疆有较好的防治棉花黄萎病效果，施用该生物有机肥还能明显增加土壤中速效氮、速效磷、速效钾等养分含量，提高土壤供肥能力，达到增加棉花产量的目的，值得在新疆推广应用。

## 13.2　有机（类）肥料与油菜土壤培肥

油菜是我国最重要的油料作物，兼具油用、肥用、菜用、饲用、休闲观光等价值，发展油菜生产对保障国家粮油安全具有重要意义。油菜对养分的需求量较高，生育期长，物质积累量大，充足的氮、磷、钾肥供应是满足植株生长的关键。长江流域作为我国冬油菜的主要种植区，油菜播种面积和产量占全国的比例均达到85%以上。有调查显示，该区域农业生产中化肥的使用率很高，并主要以高浓度三元复合肥或油菜专用肥的形式进行施用，有机肥施用的比例仅为19.8%，其中通过化肥形式提供的N、$P_2O_5$和$K_2O$分别占总投入量的

96.1%、92.1% 和 80.3%。在大量元素中，农户普遍重视氮肥的施用，施氮（N）量＞ 120kg/hm$^2$ 的农户比例为 64.3%；磷、钾肥施用过量和不足并存，同时存在氮、磷、钾养分投入比例不协调等问题。结合区域特色有针对性地优化氮肥用量、合理化磷钾肥投入，充分利用有机肥实现化肥替减是油菜减肥增效和绿色发展的新途径。长江流域不同区域化肥减量的潜力并不一致，以氮为例，在稳产的前提下其下游地区化肥氮减量空间约为 11%，中游和上游仅为 8% 和 7%。在现有栽培管理措施下，部分区域依靠减施化肥难以实现协同油菜减肥、增产和提效的目标，而有机无机肥配施作为一项有力的农业措施，能在有效提高作物产量和肥料利用效率的同时培肥土壤，应用前景广阔。

### 13.2.1 有机肥替代对冬油菜籽粒产量和经济效益的影响

对比长江流域上、中、下游不同区域开展的有机肥替代试验，结果表明在化肥减量的基础上增施有机肥能显著提高油菜籽粒产量。以各试验点农民习惯施肥（FFP）处理的油菜籽粒平均产量为对照，化肥减量 25%（F75%）处理下油菜籽粒平均产量下降 9.4%，而在此基础上增施有机肥可以显著提高油菜籽粒产量，增幅为 16.5% ～ 58.4%，并且随着有机肥投入量的增加，油菜籽粒产量总体呈上升趋势，其中以低有机肥用量时效果更为明显。此外，有机肥用量高于 2250kg/hm$^2$ 时，可超过农民习惯施肥处理的产量（1935kg/hm$^2$）；而当有机肥投入量为 2902kg/hm$^2$ 时，可达到最高产量（3001kg/hm$^2$）。

在长江流域油菜生产中实行有机肥替代能够在增产的同时有效降低化肥投入，提高养分效率和经济效益。化肥减量 25% 会降低油菜籽粒产量，而在此基础上增施大于 2250kg/ha 有机肥时可显著提高油菜籽粒产量，其主要通过提高油菜单株角果数来促进产量提升。化肥减量配施有机肥可有效提高油菜植株地上部生物量（4.0% ～ 34.5%），并能提升油菜的收获指数（0.7% ～ 5.5%），此外，可显著促进冬油菜植株对氮、磷、钾养分的吸收和利用，其中氮、磷、钾累积量可分别提高 22.6% ～ 25.9%、11.3% ～ 12.4%、33.5% ～ 44.6%。

### 13.2.2 有机无机肥配施减氮增效潜力评估

（1）有机肥与化学氮肥配施对油菜籽粒产量的影响　长江流域各试验点化学氮肥和有机肥配合施用后冬油菜的产量变化规律总体一致。单施化肥处理下，油菜籽粒产量与化学氮肥用量呈线性加平台关系。

（2）化学氮肥减施潜力及其影响因子　增施有机肥均显著降低化学氮肥用量并达到单施化肥处理下的最高产量，减氮潜力达 26.7% ～ 45.9%。

（3）有机肥与化学氮肥配施对油菜化学氮肥利用率的影响　有机肥用量、化学氮肥用量以及有机肥和化学氮肥交互作用均会影响油菜化学氮肥利用率。各试验点在单施化肥和增施有机肥处理下均表现为，随着施化学氮肥量增加，油菜化学氮肥偏生产力和农学效率呈下降趋势。等化学氮肥用量下，增施有机肥能提升化学氮肥偏生产力和农学效率。

（4）有机肥与化学氮肥配施对油菜产值及收益的影响　有机肥用量和有机肥与化学氮肥的交互作用均显著影响油菜增收效益。

（5）有机肥替代增产模式 化肥和有机肥对油菜籽粒产量的贡献可分为四部分，分别为土壤基础肥力贡献、单施有机肥贡献、单施化肥贡献和有机肥促效阶段，其对油菜籽粒产量的贡献分别为605kg/hm$^2$、751kg/hm$^2$、1917kg/hm$^2$和439kg/hm$^2$。各化学氮肥处理下，增施有机肥均能提高油菜籽粒产量，且在单施化肥处理达到最高产量时，增施有机肥可产生促效作用，进一步提高17.4%的油菜籽粒产量。

## 13.3 有机（类）肥料与茶园土壤培肥

茶树（*Camellia sinensis* L.）是我国重要的经济作物。据统计，2017年我国茶树种植面积已经达到300多万公顷，茶叶产量267万吨，产值2000多亿元。随着区域经济结构的调整和社会的快速发展，我国部分地区茶树种植已经成为农民增收的主导产业。随着茶叶产业的快速发展，农民过于追求产量，致使我国30%左右茶园存在过量施肥问题（表13-8）。长期过量施肥不仅使成本增加、肥料利用率降低，也会导致面源污染等环境质量问题，甚至影响茶叶品质。为了进一步促进茶叶产业绿色增长，农业部发布《到2020年化肥使用量零增长行动方案》和《开展果菜茶有机肥替代化肥行动方案》。目前提出的四种主要有机肥替代模式为“有机肥＋配方肥”“茶-沼-畜”“有机肥＋水肥一体化”“有机肥＋机械深施”，其重点在于通过改善茶园土壤环境来改善茶树的生长，达到稳产提质减肥的目标。有机肥配施化肥虽然可以保证茶树持续的养分供应，但并不能在采茶前快速补充茶树所需养分，限制产量提升。叶面施肥作为一种强化作物营养的施肥措施，可以通过叶面吸收的方式弥补根系养分吸收的不足，快速补充养分。

表13-8 我国主要茶区常规施肥处理施肥量

| 省份 | 有机肥N /（kg/hm$^2$） | 化肥N /（kg/hm$^2$） | 化肥P /（kg/hm$^2$） | 化肥K /（kg/hm$^2$） |
|---|---|---|---|---|
| 福建 | 48 | 414 | 344 | 358 |
| 江苏 | 64 | 669 | 346 | 345 |
| 四川 | 34 | 781 | 229 | 254 |
| 云南 | 14 | 700 | 218 | 198 |

土壤微生物是土壤生态功能的重要驱动者，在土壤有机质周转、养分转化、团聚体形成、重金属及有机污染物降解、温室气体排放等物质循环和能量转化过程中发挥着重要作用。同时土壤微生物数量和群落结构也会随着植被类型、土壤肥力、土壤pH值、降水等环境因子的改变而发生相应的变化。因此，调控土壤中微生物数量与群落结构对增加土壤养分有效性、改善土壤肥力、提高土壤生产力等具有重要意义。但是，目前关于有机肥调控下的茶园土壤微生物学特征却鲜有报道。细菌和真菌是土壤微生物群落的重要组成部分，在土壤有机质转化过程中起着重要作用。研究表明，土壤养分状况的改变、地上部植物生物量变化

以及植物的生理活动都会影响土壤微生物的群落结构。施肥是保证茶叶产量、提升茶叶品质的重要农艺措施，同时也是影响土壤肥力与养分状况的重要因素，研究不同施肥方式，特别是有机肥施用模式对茶园土壤细菌和真菌微生物多样性及其群落结构的影响，可以为茶园土壤肥力定向调控提供理论依据。

这里重点介绍一下不同种类有机肥对茶园土壤质量和土壤微生物区系的影响。

（1）不同种类有机肥对茶叶产量和品质的影响

比较分析了2017～2019年不同施肥处理下茶叶产量，结果如表13-9所示。受气候和生产管理的影响，不同年份茶树新梢长势和采摘次数不同，这导致不同年份间茶叶产量存在较大差异，其中2017年产量在78～161kg/hm$^2$之间，2018年在19～90kg/hm$^2$之间，2019年在254～971kg/hm$^2$之间。同一年份不同施肥处理下茶叶产量分析结果表明，试验实施第2～4年即2017～2019年不同处理间茶叶产量均未见显著差异，不施肥处理下茶叶产量也未见显著降低。从均值上看，菜籽饼处理下2017～2019年三年茶叶产量均表现出较高的趋势。

表13-9　不同施肥处理下茶叶产量

| 处理 | 产量（干重）/（kg/hm$^2$） | | |
|---|---|---|---|
| | 2017年 | 2018年 | 2019年 |
| 不施肥 | 110±33a | 37±17a | 542±227a |
| 化肥 | 110±29a | 39±16a | 501±156a |
| 鸡粪 | 129±8a | 43±8a | 443±170a |
| 猪粪 | 116±24a | 43±9a | 523±174a |
| 牛粪 | 123±21a | 48±22a | 544±332a |
| 菜籽饼 | 128±22a | 53±25a | 600±236a |

注：所用肥料为尿素、过磷酸钙和硫酸钾，肥料用量为300kg N/hm$^2$、150kg $P_2O_5$/hm$^2$和150kg $K_2O$/hm$^2$。各有机肥处理的有机肥用量根据氮养分投入量300kg N/hm$^2$施用，不再施用其他磷钾肥，下同

游离氨基酸、茶多酚、咖啡碱、水浸出物含量是反映绿茶品质的主要指标，2017～2019年有代表性的四次茶叶样品品质成分含量如表13-10所示。

表13-10　不同施肥处理下茶叶品质

| 品质成分 | 处理 | 含量 | | | |
|---|---|---|---|---|---|
| | | 20170415<br>1芽2叶 | 20170424<br>1芽3叶 | 20180410<br>1芽2叶 | 20190611<br>4～5叶 |
| 游离氨基酸/% | 不施肥 | 4.08±0.44b | 3.20±0.14b | 3.58±0.26b | 1.79±0.06b |
| | 化肥 | 4.94±0.43a | 3.79±0.29a | 3.99±0.05a | 2.03±0.12a |
| | 鸡粪 | 4.58±0.37ab | 3.47±0.29ab | 3.84±0.27ab | 1.88±0.07ab |
| | 猪粪 | 4.48±0.47ab | 3.23±0.08b | 3.82±0.16ab | 1.85±0.08ab |
| | 牛粪 | 4.45±0.23ab | 3.48±0.13ab | 3.76±0.25ab | 1.88±0.09ab |
| | 菜籽饼 | 4.78±0.16a | 3.41±0.20b | 3.96±0.42a | 1.97±0.06ab |

续表

| 品质成分 | 处理 | 含量 | | | |
|---|---|---|---|---|---|
| | | 20170415<br>1芽2叶 | 20170424<br>1芽3叶 | 20180410<br>1芽2叶 | 20190611<br>4～5叶 |
| 茶多酚/% | 不施肥 | 24.0±2.35ab | 22.7±0.56a | 27.1±0.63a | 16.4±0.89a |
| | 化肥 | 22.0±2.40b | 20.2±1.78b | 26.1±1.01a | 15.4±0.80a |
| | 鸡粪 | 24.2±1.95ab | 21.6±1.3ab | 26.2±0.36a | 15.9±1.54a |
| | 猪粪 | 23.6±1.62ab | 21.6±1.21ab | 26.5±0.23a | 15.5±0.35a |
| | 牛粪 | 24.3±3.28a | 22.8±1.22a | 27.3±1.43a | 15.7±2.21a |
| | 菜籽饼 | 25.0±2.47a | 22.1±1.57ab | 27.1±0.26a | 15.1±1.40a |
| 咖啡碱/% | 不施肥 | 3.45±0.24a | 3.17±0.26a | 3.03±0.29a | 1.79±0.17b |
| | 化肥 | 3.30±0.21a | 3.06±0.27a | 2.98±0.20a | 1.83±0.16b |
| | 鸡粪 | 3.33±0.05a | 3.04±0.35a | 3.09±0.06a | 1.81±0.14b |
| | 猪粪 | 3.29±0.16a | 2.89±0.13a | 2.92±0.32a | 1.90±0.32b |
| | 牛粪 | 3.32±0.15a | 3.14±0.10a | 2.88±0.36a | 1.87±0.17b |
| | 菜籽饼 | 3.42±0.30a | 3.17±0.09a | 2.87±0.20a | 2.26±0.17a |
| 水浸出物/% | 不施肥 | 40.7±1.44a | 42.9±0.61a | 42.8±0.57a | 37.7±1.42a |
| | 化肥 | 40.9±1.51a | 41.2±1.33ab | 42.5±1.32a | 37.5±0.78a |
| | 鸡粪 | 41.0±0.83a | 41.1±1.52b | 42.1±1.22a | 37.4±1.47a |
| | 猪粪 | 41.0±1.57a | 41.8±0.67ab | 42.1±0.36a | 37.4±0.45a |
| | 牛粪 | 41.6±1.92a | 43.0±0.19a | 43.3±0.88a | 37.7±2.79a |
| | 菜籽饼 | 41.5±0.50a | 42.2±1.19ab | 42.6±0.46a | 36.9±1.00a |

注：氨基酸、茶多酚、咖啡碱和水浸出物用于表征茶叶的品质。

施肥提高了茶叶中游离氨基酸含量，施肥四个批次茶叶游离氨基酸含量平均值分别为4.64%、3.48%、3.87%和1.92%，较不施肥处理分别提高了13.7%、8.8%、8.1%和7.3%。化肥处理下茶叶中游离氨基酸含量最高，较不施肥有显著提升，分别增加了21.1%、18.4%、11.5%和13.4%。菜籽饼处理下20170415和20180410两个1芽2叶批次茶叶中游离氨基酸含量较不施肥有显著增加，分别增加了17.2%和10.6%，而另两个采摘芽头较大的茶叶较不施肥略有提高但未见显著差异。鸡粪、猪粪和牛粪处理四个批次茶叶中游离氨基酸含量处于中等水平。

茶叶中茶多酚、咖啡碱和水浸出物含量不同处理间差异较小。茶多酚含量仅在2017年两个批次样品间出现显著差异，其中20170415批次茶叶样品茶多酚菜籽饼和牛粪处理显著高于化肥（分别高13.6%和10.5%），20170424批次牛粪和不施肥处理显著高于化肥（分别高12.8%和

12.4%)。2017 年和 2018 年茶叶的咖啡碱含量各处理间未见显著差异，20190611 批次菜籽饼处理下咖啡碱含量显著高于其他处理，提高了 19.1% ～ 26.2%。施肥并未影响茶叶中水浸出物含量。

（2）不同种类有机肥对茶叶氮素浓度的影响　不同处理下茶叶采摘新梢、成熟叶和成熟茎中氮浓度如图 13-3 所示。施肥影响采摘新梢的氮浓度，表现为：化肥＞菜籽饼＞鸡粪＞猪粪 / 牛粪＞不施肥。化肥处理下新梢的氮浓度为 58.4mg/g，较不施肥平均提高了 6.36%，较四个有机肥处理平均提高了 3.69%。菜籽饼处理下新梢的氮浓度为 56.9mg/g，较不施肥提高了 3.71%，较鸡粪、猪粪和牛粪分别高了 0.89%、1.79% 和 1.61%。鸡粪、猪粪和牛粪处理下新梢的氮浓度分别为 56.4mg/g、55.9mg/g 和 56.0mg/g，分别较不施肥提高了 2.75%、1.83% 和 1.98%。

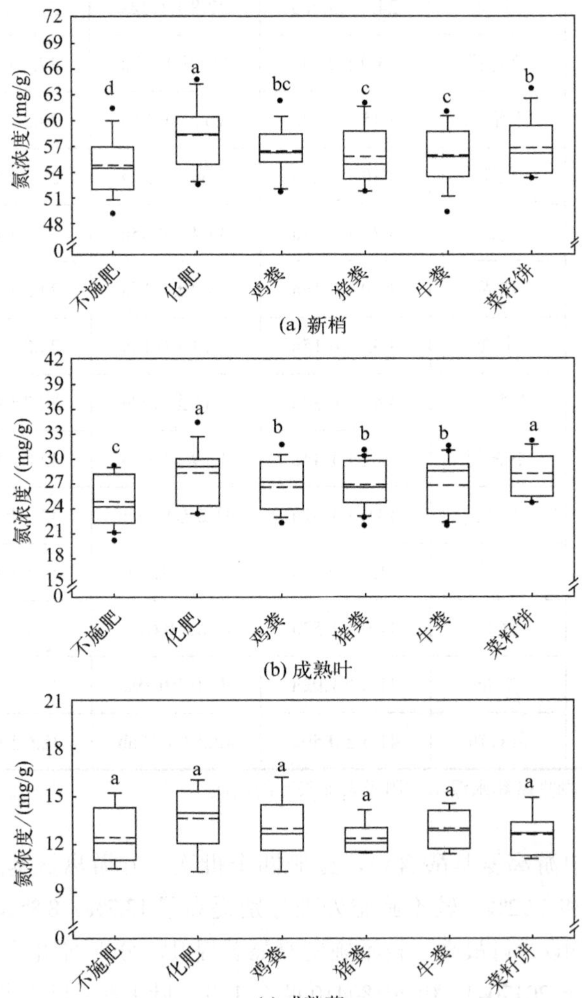


图 13-3　不同施肥处理下茶叶不同部位样品氮浓度

施肥也影响成熟叶的氮浓度，其中化肥和菜籽饼处理下最高，分别为 28.3mg/g 和 28.0mg/g，较不施肥分别提高了 14.2% 和 12.8%，均显著高于鸡粪、猪粪和牛粪。化肥较鸡粪、猪粪和牛粪分别提高了6.60%、5.45%和5.27%，菜籽饼较鸡粪、猪粪和牛粪分别提高了5.36%、4.22%和4.04%。鸡粪、猪粪和牛粪显著高于不施肥，分别提高了7.10%、8.26%和8.45%。

成熟茎中的氮浓度处理间的差异趋势与新梢和成熟叶一致，但未见显著差异。其中化肥处理下为13.6mg/g，四个有机肥处理下在12.3～12.9mg/g之间，不施肥处理下为12.5mg/g。

（3）不同种类有机肥对茶园土壤理化性状的影响　不同施肥处理下茶园土壤基本理化性状如表13-11所示。土壤容重在不同处理下未见显著差异。土壤pH值表现为鸡粪＞猪粪＞牛粪＞不施肥＞化肥＞菜籽饼，鸡粪、猪粪和牛粪处理下茶园土壤pH值较不施肥显著提高，但化肥和菜籽饼处理下茶园土壤pH值显著降低。土壤总碳和总氮含量均表现为鸡粪＞化肥＞不施肥，鸡粪处理下茶园土壤总碳和总氮含量较不施肥和化肥处理显著提高，其余三个有机肥处理土壤总碳和总氮含量居于中等水平。化肥处理下土壤无机氮含量最高，达21.40mg/kg，分别较不施肥、化肥、鸡粪、猪粪和牛粪高96.5%、44.6%、180.60%、88.1%和92.0%。其次是化肥处理，土壤无机氮含量为21.4mg/kg。鸡粪、猪粪和牛粪处理土壤无机氮浓度略低，分别为11.03mg/kg和16.45mg/kg和16.12mg/kg，与不施肥和化肥间未见显著差异。土壤速效磷含量鸡粪最高，其次是菜籽饼、化肥、牛粪和猪粪，不施肥处理最低。土壤速效钾鸡粪，牛粪次之，其次是猪粪和化肥处理，不施肥处理下最低。

表13-11　不同施肥处理下茶园土壤基本理化性状

| 处理 | 土壤容重（$g/cm^3$） | pH值 | TC /% | TN /% | C/N | $NH_4^+$-N /（mg/kg） | $NO_3^-$-N /（mg/kg） | AP /（mg/kg） | AK /（mg/kg） |
|---|---|---|---|---|---|---|---|---|---|
| 不施肥 | 1.33a | 4.94c | 1.04b | 0.12b | 8.44bc | 14.7b | 1.05b | 43c | 138c |
| 化肥 | 1.31a | 4.51d | 1.13b | 0.14b | 8.03c | 19.1b | 2.30a | 263b | 344ab |
| 鸡粪 | 1.26a | 6.10a | 1.93a | 0.24a | 8.12c | 10.8b | 0.23b | 569a | 448a |
| 猪粪 | 1.23a | 5.50b | 1.52ab | 0.18ab | 8.74ab | 16.0b | 0.45b | 156bc | 346ab |
| 牛粪 | 1.26a | 5.30bc | 1.50ab | 0.16ab | 9.08a | 15.5b | 0.62b | 204bc | 443a |
| 菜籽饼 | 1.25a | 4.49d | 1.47ab | 0.18ab | 8.04c | 27.9a | 3.05a | 266b | 263bc |

注：TC—全碳；TN—全氮；C/N—碳氮比；$NH_4^+$-N—铵态氮；$NO_3^-$-N—硝态氮；AP—速效磷；AK—速效钾。

（4）不同种类有机肥对茶园土壤微生物群落多样性和组成的影响　不同种类有机肥处理下茶园土壤微生物多样性Chao1和Shannon指数如表13-12所示，结果显示土壤微生物多样性（数量和丰度）在不同有机肥处理间有较大差异。土壤细菌群落中鸡粪、猪粪和牛粪处理下的细菌丰度（Chao1指数）显著高于化肥和菜籽饼处理，而鸡粪、猪粪和牛粪处理间无显著性差异，表明动物源有机肥有利于微生物的生长，相反植物源有机肥不利于微生物的生长；细菌多样性（Shannon指数）在鸡粪、牛粪处理下最高，其次是不施肥处理，而施化肥和菜籽饼不利于微生物多样性的形成。同细菌群落一样，茶园土壤真菌群落多样性（数量和丰度）在动物源有机肥处理下最高，在化肥和植物源有机肥处理下最低。

表13-12　不同种类有机肥处理下茶园土壤细菌和真菌多样性

| 处理 | 细菌 α 多样性 | | 真菌 α 多样性 | |
|---|---|---|---|---|
| | Chao1 指数 | Shannon 指数 | Chao1 指数 | Shannon 指数 |
| 不施肥 | 3659±300ab | 5.95±0.35a | 815±184ab | 3.43±0.7a |
| 化肥 | 3101±366bc | 5.38±0.56b | 680±161b | 3.49±0.6a |
| 鸡粪 | 4222±227a | 6.18±0.19a | 858±172ab | 3.94±0.28a |
| 猪粪 | 3902±750a | 5.88±0.48b | 769±201ab | 3.64±0.43a |
| 牛粪 | 4256±354a | 6.09±0.06a | 990±83a | 4.13±0.42a |
| 菜籽饼 | 2734±453c | 5.36±0.29b | 688±76b | 3.58±0.19a |

注：Chao1 指数表示微生物的丰度，Shannon 指数表示微生物的多样性。

分析结果表明，不同处理下的细菌（$R^2$=0.29，$P < 0.05$）和真菌（$R^2$=0.33，$P < 0.01$）群落存在显著差异。进一步对微生物群落和土壤理化性质进行 RDA 关联分析结果发现，土壤有效磷、pH 值、铵态氮和硝态氮显著影响细菌的群落组成，而对真菌群落组成影响较大的主要是有效磷和速效钾以及土壤总碳含量。

综上所述：①针对不同茶区不同生产模式的茶园，通过有机肥替代试验，探究并建立具有地区特色的有机肥替代化肥技术，为茶园化肥减施提供理论依据。综合产量、品质、效益及茶园土壤肥力指标等因素，在三个主产茶区的五个典型茶园使用有机肥替代化肥均可在保证产量和品质的基础上实现减少 35% 的化学氮肥投入，但是不同生产模式的茶园最佳替代技术也不同。在句容以制作名优绿茶为主的茶园，使用商品有机肥替代并配施木醋液类叶面肥效果最佳；在溧阳以种植叶片白化突变品种为主的茶园，使用商品有机肥替代并配施氨基酸类叶面肥效果最佳；在福安和大渡岗以机采制作大宗茶和普洱茶的茶园，使用商品有机肥替代并配施氨基酸类叶面肥效果最佳；在蒲江以手采和机采相结合的茶园，使用有机肥替代化肥可以与农民习惯施肥达到相接近的产量，可以综合考虑土壤理化性状、茶树品种和气候等因素适当减少替代比例。

② 短期有机无机肥配施会降低茶园土壤细菌和真菌的多样性；施肥通过直接改变土壤的理化性质，从而对微生物多样性和群落组成产生显著影响。对于多年生作物，在单一种植模式下，土壤自身的性质和质地类型，以及作物的类型对于微生物多样性和群落组成的效应可能会掩盖不同施肥处理对其的影响。长期采用有机肥替代部分化肥能够有效促进土壤有机质和养分含量的积累，且随有机肥替代比例的增加，微生物多样性显著增加，土壤物理化学指标、生物化学指标以及微生物学指标均与有机肥替代比例呈显著正相关关系。考虑茶叶产量和土壤肥力的综合效应，茶园系统中较为适宜的有机肥替代化肥比例在 25% 左右。不同种类有机肥会对土壤理化性质和微生物性质产生重要影响，动物源有机肥能够显著提高土壤 pH 值、有机质含量以及微生物多样性；而植物源有机肥会使酸化土壤，不利于土壤有机质的累积以及降低茶园土壤微生物的多样性。茶叶产量在不同施肥处理下无显著性差异，而茶叶品质在植物源有机肥处理下较佳。因此，从土壤培肥的角度建议茶园施用动物源有机肥，从提升茶叶品质角度建议茶园施用植物园有机肥。

# 13.4　有机（类）肥料与烟草土壤培肥

土壤资源是最重要的自然资源之一，是人类赖以生存的物质基础，也是生态环境的重要组成部分，其质量的优劣直接关系到农产品的质量安全、人类的健康以及社会经济的可持续发展。由于过去几十年不合理的利用，我国土壤退化十分严重，土壤质量总体水平不高，严重影响我国可持续发展和粮食安全。其中，土壤肥力质量是土壤提供植物养分和生产生物物质的能力，是保障粮食生产的根本，是体现土壤健康的重要指标之一。目前已有许多研究表明合理配施有机无机肥不仅营养均衡、养分全面，还能活化土壤中潜在的养分，改善土壤理化性状，增强土壤酶活性，提高土壤肥力。

烤烟作为云南省高原特色经济作物之一，也是全国重要的经济作物之一，在我国财政收入中占有很大比重。近年来，长期施用化肥而忽视有机肥料的施用，造成土壤有机质含量下降，烟田土壤酸化、板结，烟叶营养比例失调，已成为烟叶产量和品质提高的瓶颈。

因此，改良植烟土壤结构，提高植烟土壤质量，实现烤烟绿色增产增收，实现土壤可持续利用，恢复和维持土壤生态服务系统是解决问题的重要途径。通过田间定位施肥试验研究在连续化肥减量条件下，配施不同有机肥对烟叶产量和经济性状以及植烟土壤结构、养分性状、生物学性状、微生物代谢功能、微生物区系及群落结构等方面的影响，将为有机肥和生物有机肥对植烟土壤的培肥效果和减肥增效提供理论依据。

## 参考文献


[1] Angadi S V, Cutforth H W, Mcconkey B G, et al. Yield adjustment by canola grown at different plant populations under semiarid conditions[J]. Crop Science, 2003, 43(4): 1358-1366.

[2] Doran J W, Parkin T B.Defining and assessing soil quality[M].New York: John Wiley and Sons Ltd, 1994:3-21.

[3] Doran J W, Sarrantonio M, Liebig M A.Soil health and sustainability[J]. Adv Agron, 1996, 56:1-54.

[4] Fan X F, Yu H Y, Wu Q Y, et al. Effects of fertilization on microbial abundance and emissions of greenhouse gases ($CH_4$ and $N_2O$) in rice paddy fields[J]. Ecology and Evolution, 2016, 6(4): 1054-1063.

[5] Jin S P, Zhou F. Zero growth of chemical fertilizer and pesticide use: China's objectives, progress and challenges[J]. Journal of Resources and Ecology, 2018, 9(1): 50-58.

[6] Luo T, Ma L , Wei C Z, et al .Effects of compost tea on the spatial distribution of soil nutrients and growth of cotton under different fertilization strategies[J]. Journal of Plant Nutrition. 2022, 45(10): 1523-1535.

[7] Mohamed D J, Martiny J B. Patterns of fungal diversity and composition along a salinity gradient[J]. Isme Journal, 2011, 5(3): 379-388.

[8] Okano K, Chu tani K, Matsuo K. Suitable level of nitrogen fertilizer for tea (*Camellia sinensis* L.) plants in relation to growth, photosynthesis, nitrogen uptake and accumulation of free amino acids[J]. Japanese Journal of Crop Science, 1997, 66: 279-287.

[9] Olaniran A O, Balgobind A, Pillay B. Bioavailability of heavy metals in soil: Impact on microbial biodegradation of organic compounds and possible improvement strategies[J]. International Journal of Molecular Sciences, 2013, 14(5): 10197-10228.

[10] Pal R, Bhattacharyya P, Das P, et al. Relationship between acidity and microbiological properties in some tea soils[J]. Biology and Fertility of Soils, 2007, 44(2): 399-404.

[11] Read D J, Perezmoreno J. Mycorrhizas and nutrient cycling in ecosystems-a journey towards relevance[J]. New Phytologist, 2003, 157(3): 475-492.

[12] Siciliano S D, Palmer A S, Winsley T, et al. Soil fertility is associated with fungal and bacterial richness, whereas pH is associated with community composition in polar soil microbial communities[J]. Soil Biology and Biochemistry, 2014, 78: 10-20.

[13] Smith A P, Marín-Spiotta E, Graaff M D, et al. Microbial community structure varies across soil organic matter aggregate pools during tropical land cover change[J]. Soil Biology and Biochemistry, 2014, 77: 292-303.

[14] Sun R, Dsouza M, Gilbert J A, et al. Fungal community composition in soils subjected to long-term chemical fertilization is most influenced by the type of organic matter[J]. Environmental Microbiology, 2016, 18: 5137-5150.

[15] Luo T, Zhu Y J, Lu W D, et al. Acidic compost tea enhances phosphorus availability and cotton yield in calcareous soils by decreasing soil pH[J].Acta Agriculturae Scandinavica, Section B-Soil & Plant Science, 2021, 71(8): 657-666.

[16] Tian X M, Zhang F H, Li J H, et al.Effects of bio-organic fertilizer on soil microbiome against *Verticillium dahlia*[J]. Int J Agric Biol,

2016, 18:923-931.
[17] 曹志洪，周健民．中国土壤质量 [M]．北京：科学出版社，2008:1-9.
[18] 陈美军，段增强，林先贵．中国土壤质量标准研究现状及展望 [J]．土壤学报，2011, 48(5): 1059-1070.
[19] 崔宏卓．冬油菜适宜的有机肥用量及部分替代化学氮肥潜力研究 [D]．武汉：华中农业大学，2021.
[20] 国家统计局，国家统计局关于 2021 年棉花产量的公告 [OL]. http://www.stats.gov.cn/xxgk/sjfb/zxfb2020/202112/t20211214_1825249.html.
[21] 韩玉竹，曾兵，黄建国．多花黑麦草根际微生物研究 [J]．中国草地学，2011, 33(4): 78-82.
[22] 黄海峰，李奇亮．贫困山区农村经济转型研究：以四川省通江县茶产业经济转型为例 [J]．农村经济，2013 (8): 46-50.
[23] 蒋倩红，陆志峰，赵海燕，等．冬油菜有机肥替代化肥的适宜比例与施用技术 [J]．中国农机推广，2020, 35(S1): 96-98.
[24] 蒋倩红，陆志峰，赵海燕，等．长江中下游冬油菜产区有机无机配施下减氮增效潜力分析 [J]．中国农业科学，2020, 53(14): 2907-2918.
[25] 蒋倩红．长江中下游冬油菜有机无机配施技术及其增产促效原理分析 [D]．南京：南京农业大学，2020.
[26] 李海鹏．中国农业面源污染的经济分析与政策研究 [D]．武汉：华中农业大学，2007.
[27] 李俊华，蔡和森，尚杰，等．生物有机肥对新疆棉花黄萎病防治的生物效应研究 [J]．南京农业大学学报，2010, 33(6): 50-54.
[28] 李俊华，沈其荣，褚贵新，等．氨基酸有机肥对棉花根际和非根际土壤酶活性和土壤养分有效性的影响 [J]．土壤，2011, 43 (2): 277-284.
[29] 李俊华．施用微生物有机肥调控棉花黄萎病土壤微生物区系及效应研究 [D]．南京：南京农业大学，2011.
[30] 刘魁，王正旭，田阳阳，等．不同商品有机肥对烤烟根际土壤环境及烟叶质量的影响 [J]．中国烟草科学，2020, 41(3): 16-21.
[31] 刘希玉，王忠强，张心昱，等．施肥对红壤水稻土团聚体分布及其碳氮含量的影响 [J]．生态学报，2013, 33(160): 4949-4955.
[32] 鲁剑巍，任涛，丛日环，等．我国油菜施肥状况及施肥技术研究展望 [J]．中国油料作物学报，2018, 40(5): 712-720.
[33] 罗彤，李俊华，华瑞，等．滴施酸性有机肥浸提液对棉田土壤养分活化、利用效率的影响 [J]．植物营养与肥料学报，2018, 24(5): 1255-1265.
[34] 罗彤．酸性有机肥浸提液活化石灰性棉田土壤磷和微量元素机理研究 [D]．石河子：石河子大学，2022.
[35] 倪康，廖万有，伊晓云，等．我国茶园施肥现状与减施潜力分析 [J]．植物营养与肥料学报，2019, 25(3): 75-86.
[36] 农业部．农业部关于印发《开展果菜茶有机肥替代化肥行动方案》的通知 [R]．中华人民共和国农业部公告，2017(2): 36-40.
[37] 农业农村部种植业管理司．2017 年全国各产茶省茶园面积、产量和产值统计 [J]．中国茶叶，2018, 40(6): 27.
[38] 孙福来，张延霞，庞祥锋，等．长期定位施肥对土壤有机质和碱解氮及冬小麦产量的影响 [J]．土壤通报，2007, 38(5): 1016-1018.
[39] 孙宇龙，张永利，王烨军，等．机采茶园有机替代技术对土壤肥力和茶叶产量品质的影响 [J]．中国农学通报，2019, 35(21): 49-55.
[40] 田小明，李俊华，危常州，等．连续 3 年施用生物有机肥对土壤有机质组分、植株养分吸收及产量的影响 [J]．植物营养与肥料学报，2012, 18(5): 1111-1118.
[41] 田小明，李俊华，危常州，等．不同生物有机肥用量对棉花黄萎病防治的生物效应 [J]．干旱地区农业研究，2012, 30(5): 154-159.
[42] 田小明，李俊华，危常州，等．不同生物有机肥用量对土壤活性有机质和酶活性的影响 [J]．中国土壤与肥料，2012(1): 26-32.
[43] 王慧，卜容燕，韩上，等．有机肥配施化肥对直播油菜产量及养分吸收利用的影响 [J]．中国土壤与肥料，2021, (6): 156-165.
[44] 王磊，黄婷婷，刘秋凤，等．叶面追肥对机采茶园茶叶生长、机采效果及品质的影响 [J]．西南农业学报，2018, 31(2): 367-371.
[45] 魏小武，单世平，郭照辉，等．化肥减量配施生物有机肥对油菜产量的影响 [J]．湖南农业科学，2019(4): 37-40.
[46] 吴志丹，尤志明，江福英，等．配施有机肥对茶园土壤性状及茶叶产质量的影响 [J]．土壤，2015, 47(5): 874-879.
[47] 肖新，朱伟，杜超，等．轮作与施肥对滁菊连作土壤微生物特性的影响 [J]．应用生态学报，2015, 26(6) : 1779-1784.
[48] 熊廷浩，资涛，张媛，等．化肥减量条件下不同有机肥用量对油菜养分利用和产量的影响 [J]．作物杂志，2021(3): 133-139.
[49] 徐华丽，鲁剑巍，李小坤，等．江苏省油菜施肥状况调查 [J]．土壤，2011, 43(5): 746-750.
[50] 徐华丽．长江流域油菜施肥状况调查及配方施肥效果研究 [D]．武汉：华中农业大学，2012.
[51] 颜明娟，林琼，吴一群，等．不同施氮措施对茶叶品质及茶园土壤环境的影响 [J]．生态环境学报，2014, 23(3): 452-456.
[52] 伊晓云，马立锋，石元值，等．茶园有机肥使用和有机肥替代化肥技术 [J]．中国茶叶，2018, 40(6): 10-13.
[53] 张鹏，贾志宽，路文涛，等．不同有机肥施用量对宁南旱区土壤养分、酶活性及作物生产力的影响 [J]．植物营养与肥料学报，2011, 17(5): 1122-1130.
[54] 张振梅，石元值，马立锋，等．采摘标准与施氮水平对茶树春茶产量、品质及氮素利用的影响 [J]．茶叶科学，2014, 34(5): 506-514.